新世纪土木工程系列规划教材

建筑工程计量与计价

第 2 版

主　编　焦　红
副主编　李一凡　陈　慧
主　审　张连营

机 械 工 业 出 版 社

本书主要介绍工程造价的基本原理、工程造价的编制程序和编制方法，内容包括：国内外工程造价的发展现状、我国现行工程造价的构成、工程造价计价依据（GB 50500—2013《建设工程工程量清单计价规范》）、建筑面积的计算（GB/T 50353—2013《建筑工程建筑面积计算规范》）、工程量清单的编制、建筑工程工程量清单报价、工程量清单与施工合同管理、工程造价审计、工程造价管理的国际惯例等。书中案例结合实际工程应用，丰富、新颖、难度适宜。

通过对本书的学习，可使学生熟知工程造价的基本理论并掌握其确定方法，熟练应用 GB 50500—2013《建设工程工程量清单计价规范》进行土木工程各阶段造价的编制，特别是掌握施工图预算、结算阶段工程造价的编制。

本书可作为高校土木工程、工程管理、工程造价等专业教学用书，也可供相关工程技术人员参考。

本书配有 ppt 电子课件，免费提供给选用本书的授课教师。需要者请登录机械工业出版社教育服务网下载（网址：www.cmpedu.com），或根据书末的"信息反馈表"索取。

图书在版编目（CIP）数据

建筑工程计量与计价/焦红主编. —2 版. —北京：机械工业出版社，2014.7（2021.7 重印）
新世纪土木工程系列规划教材
ISBN 978 – 7 – 111 – 46731 – 1

Ⅰ. ①建…　Ⅱ. ①焦…　Ⅲ. ①建筑工程 – 计量 – 高等学校 – 教材②建筑造价 – 高等学校 – 教材　Ⅳ. ①TU723.3

中国版本图书馆 CIP 数据核字（2014）第 099468 号

机械工业出版社（北京市百万庄大街22 号　邮政编码100037）
策划编辑：刘　涛　责任编辑：刘　涛　臧程程
版式设计：霍永明　责任校对：刘秀丽
封面设计：张　静　责任印制：常天培
固安县铭成印刷有限公司印刷
2021 年 7 月第 2 版·第 5 次印刷
184mm×260mm·21 印张·515 千字
标准书号：ISBN 978 – 7 – 111 – 46731 – 1
定价：42.00 元

第2版前言

本书第 1 版自出版以来，由于其基本概念简洁、清晰，基本原理阐述由浅入深、通俗易懂，案例丰富、新颖、与实际工程结合度高，受到广大读者的喜爱，已被近 30 所专业院校所选用。本书最大的特色在于案例的设计。本书所选工程案例，取材新颖，案例选择难易适中，量大面广，实用性很强。目前建筑工程的主要结构形式是钢筋混凝土结构和钢结构，本书按照建筑工程的一般施工规律，从基础到主体，结合计价规范的项目设置，逐一设计案例。钢筋混凝土主体结构案例采用平法，钢结构工程案例按照门式刚架、网架、钢框架等设计，弥补了建筑工程造价方面的教材中无平法混凝土案例和钢结构案例的空白，有利于解决了学生动手能力差、所学知识与当前应用脱节的难题。

随着时代的发展，GB 50500—2013《建设工程工程量清单计价规范》开始实施，本书随之做了必要修订，同时根据教材使用情况的反馈，对书中部分案例和章节做了必要的删减，使其更加符合教学的需要。

全书共 9 章，由山东建筑大学焦红主编。第 1 章、第 2 章、第 4 章、第 5 章、第 6 章、第 9 章由焦红编写；第 3 章、第 7 章由李一凡编写；第 8 章由陈慧编写；第 4 章、第 5 章、第 6 章案例部分由焦红、李一凡、陈慧合编。全书由焦红统稿。

本书在再版过程中，参阅了许多专家和学者的论著。山东建筑大学王松岩教授为本书的编写提供并整理了大量的工程图例；山东建筑大学研究生严爽爽也做了大量文字修订工作；另外本书在编写过程中，得到山东建筑大学土木工程学院领导的大力支持。编者在此一并表示衷心的感谢。

由于编者水平有限，不足之处，在所难免，恳请广大读者予以批评指正。

编　者

第 1 版 前 言

目前关于工程造价的教材和相关书籍较多，本书在选择、消化及吸收的基础上，紧密结合当前经济全球化、我国建筑业与国际接轨时代高校本科应用型人才培养的实际需要，根据国家颁布的最新相关法规，进行了理论方面的研究，同时为提高学生的实践能力和动手能力，编写并详细分析了大量实际的工程实例。本书的主要内容包括：国内外工程造价的发展现状、我国的注册造价工程师执业制度、工程造价的构成、工程造价的计价依据、GB 50500—2008《建设工程工程量清单计价规范》的学习、GB/T 50353—2005《建筑工程建筑面积计算规范》的学习、工程量清单的编制、工程量清单的报价、施工图预算与工程结算的确定、工程审计、工程造价软件的介绍等。

本书在工程造价计价方法的确定上选用清单计价。众所周知，随着我国建筑业与国际接轨，工程造价的确定必须按照国际惯例选择清单计价。我国现阶段的工程项目造价管理与发达国家相比存在着很大差距，这些差距主要体现在工程项目造价管理体制方面和对于现代工程项目造价管理理论和方法的研究、推广和应用方面。我国工程造价管理体制仍然受到 20 世纪 50 年代引进的前苏联以标准定额管理为主的工程造价管理体制的束缚，但是现在国际上发达国家基本上已没有哪一个国家或地区还在使用按照标准定额管理工程造价的体制了。他们多数采用的是根据工程项目的特性、同类工程项目的统计数据、建筑市场行情和具体的施工技术水平与劳动生产率来确定和控制工程造价。另外，对于工程项目造价管理理论与方法的研究方面，我们多数部门是围绕着按标准定额管理体制展开有关工程造价管理理论和方法的研究，而发达国家则是按照工程项目造价管理的客观规律和社会需求在展开研究。所以，我们在工程造价管理理论和方法的研究方面相比之下还较落后。本科院校的教材必须走在时代的前沿，为工程实践提供完善的、成熟的理论支撑，推动我国工程造价管理理论和方法研究向前发展，力求在最短的时间内赶上和超过世界上的发达国家。选用清单计价模式，也便于学生们毕业后的全国人才流动，不受区域的影响。

本书由山东建筑大学、山东农业大学、烟台大学根据本科院校土木专业教学大纲编写，体系完整，内容全面，案例结合当前实际工程应用，丰富而新颖，难易适当。本书的案例很具特色。案例按照建筑工程的一般施工顺序，即由基础土石方、结构主体、屋面工程到装饰装修的施工顺序，邀请多年工作在一线、实际经验非常丰富的工程技术人员来编写，手把手地来教学生如何搞好工程造价工作，实用性非常强，基本解决了学生毕业后到相关工作岗位上工作时，遇到的理论较强、专业工作能力较弱的难题。同时本书所选案例，与当前工程相紧密结合，如钢筋混凝土部分基本构件柱、剪力墙、梁、板等案例都选用平法制图的案例；钢筋工程量的计算一直是学生的弱项，为了让学生们会算、能算、明明白白地计算钢筋的工程量，本书从结构设计、施工的源头上，加大钢筋案例的分析讲解；考虑到目前钢结构工程较多而学生在本科阶段的学习接触较少，毕业后往往不能满足工作需要的现状，增加了钢结构工程案例，解决了学生在校学习与工程实际脱节的现状，使学生们毕业后在第一时间能较快地满足相关工作岗位的需要。

全书共 10 章，由山东建筑大学焦红主编。第 1 章、第 2 章、第 4 章、第 5 章、第 6 章、第 10 章由焦红编写；第 3 章、第 7 章由李一凡编写；第 8 章、第 9 章由陈慧编写；第 4 章、第 5 章、第 6 章案例部分由焦红、李一凡、陈慧合编。全书由焦红统稿。本书在编写过程中，参阅了许多专家和学者的论著，并得到许多同行的大力支持。山东建筑大学王松岩教授为本书的编写提供并整理了大量的工程图例；济南大学马静教授、山东省广播电影电视局王光金为本书的编写提出了很多宝贵的意见；另外，本书在编写过程中，得到山东建筑大学土木学院领导的大力支持。天津大学张连营教授认真审核了本书，并提出了修改意见和建议，编者在此一并表示衷心的感谢。

由于编者水平有限，不足之处，在所难免，恳请广大读者予以批评指正。

编　者

目录

第1章 国内外工程造价的发展现状

1.1 我国工程造价与工程造价管理的发展与现状

人们对工程造价的认识是随着时代的发展、生产力的提高和管理科学的不断进步而逐步建立和加深的。造价管理从最初的家居建设项目成本控制，一直发展到现在像三峡工程这样大型的基础设施工程项目的造价管理，人们经历了几千年的不断学习、总结经验和探索与创新的过程，至今人们还在不懈地努力，不断地延续这一过程，从而使工程造价和工程造价管理的理论和方法不断地进步和发展，以适应人类社会不断进步的需要。

中华民族是人类对工程造价认识最早的民族之一。在中国的封建社会，许多朝代的官府都大兴土木，这使得工匠们积累了丰富的建筑与建筑管理方面的经验，在经过官员们的归纳、整理，逐步形成了工程项目施工管理与造价管理的理论和方法的雏形。据我国春秋战国时期的科学技术名著《考工记》"匠人为沟洫"一节的记载，早在两千多年前我们中华民族的先人就已经规定"凡修沟渠堤防，一定要先以匠人一天的修筑的进度为参照，再以一里工程所需的匠人数和天数来预算这个工程的劳力，然后方可调配人力，进行施工。"这是人类最早的工程预算和工程施工控制与工程造价控制方法的文字记录之一。另据《辑古纂经》的记载，我国唐代的时候就已经有了夯筑城台的定额——"功"。我国北宋李诫（主管建筑的大臣）所著的《营造法式》一书，汇集了北宋以前建筑造价管理技术的精华。该书中的"料例"和"功限"，就是我们现在所说的"材料消耗定额"和"劳动消耗定额"。这是人类采用定额进行工程造价管理最早的明文规定和文字记录之一。明代的工部（管辖官府建筑的政府部门）所编著的《工程做法》也是体现中华民族在工程项目造价管理理论与方法方面所作历史贡献的一部伟大著作。

新中国成立后，从1950~1957年是我国计划经济下的工程项目造价管理概预算定额制度的建立阶段。这一阶段在全面引进、消化和吸收前苏联的工程项目概预算管理制度的基础上，于1957年颁布了自己的《关于编制工业与民用建设预算的若干规定》。该规定给出了在工程项目各个不同设计阶段的工程造价概预算管理办法，并且明确规定了工程项目概预算在工程造价确定与工程造价控制中的作用。另外，当时的国务院和国家计划委员会还先后颁布了《基本建设工程设计与预算文件审核批准暂行办法》《工业与民用建设设计及预算编制办法》和《工业与民用建设预算编制暂行细则》等一系列全国性的法规和文件。在这一基础上，国家先后成立了一系列的工程标准定额局和处级部门，并于1956年成立了国家建筑经济局。该局随后在全国各地相继成立了自己的分支机构。可以说，从新中国成立到1957年这一阶段，是我国在计划经济条件下，工程项目造价管理的体制、工程造价的确定与管理方法基本确立的阶段。

1967~1976年，刚刚建立起来的工程造价管理队伍和人员或是改行，或是流失，大量刚刚积累起来的工程造价基础资料基本上被销毁，造成了当时许多工程项目处于设计无概算、施工无预算、竣工无决算的混乱局面。1973年，国家虽制定了一套《关于基本建设概算管理办法》，但是这一制度并未得到真正的贯彻落实。

自1977年开始到20世纪90年代初期，是我国工程造价管理工作恢复、整顿和发展的阶段。随着国家工作重点向以经济建设为中心的全面转移，从1977年我国开始恢复和重建国家的工程造价管理机构。1983年成立了国家基本建设标准定额局，随后又在1988年将国家标准定额局从国家计委划归到了建设部，成立了建设部标准定额司。接下来在建设部标准定额司、各专业部委和各省市自治区建委的领导下，组建了各省市和专业部委自己的定额管理机构（定额管理站、定额管理总站等）。这一阶段，全国颁布了大量关于工程造价管理方面的文件和一系列的工程造价概预算定额、工程造价管理方法以及工程项目财务与经济评价的方法和参数等指南、法规和文件。其中最重要的有：《建设项目经济评价方法》、《建设项目经济评价参数》、《中外合资经营项目经济评价方法》、《全国统一建设工程预算基础定额》、《全国统一安装工程预算基础定额》、《建设项目工程招投标管理办法》、《基本建设项目财务管理的若干规定》等。尤其是1990年7月中国工程造价管理协会成立以后，我国在工程造价管理理论和方法的研究方面和实践方面都大大加快了步伐。与此同时，国内的许多高等院校和学术机构开始介绍、引进当时国际上先进的工程造价管理理论、方法和技术。这些使得从1977年到20世纪90年代初期这一阶段成为新中国在工程造价管理理论和实践方面都获得了快速发展的一个阶段。

自1992年开始，随着我国改革力度的不断加大，经济建设的加速和向中国特色的社会主义市场经济的转变，工程造价管理模式、理论和方法同样也开始了全面的变革。我国传统的工程造价概预算定额管理模式中由于许多计划经济下行政命令与行政干预的影响，已经越来越无法适应市场经济的需要。当时我国的工程造价管理体制、基本理论和方法与改革开放的现实出现了很大的不相容性。因此，自1992年全国工程建设标准定额工作会议以后，我国的工程造价管理体制从原来的引进前苏联的"量、价统一"的工程造价定额管理模式，开始向"量、价分离"，逐步实现以市场机制为主导，由政府职能部门实行协调监督，与国际惯例全面接轨的工程项目造价管理新模式的转变。随后的一段时间里，全国各地的工程造价管理机构开始了我国工程造价管理模式、工程造价管理理论和工程造价管理方法的探索和改革，并且不断有好的工程造价管理经验和方法在全国获得推广。

从1995年开始准备到1997年，建设部和人事部共同组织试行和实施全国造价工程师执业资格考试和认证工作。同时，从1997年开始由建设部组织我国工程造价咨询单位的资质审查和批准工作。这方面的工作为我国工程项目造价管理的发展带来了很大的促进。现在我国的注册造价工程师和工程造价咨询单位都已经相继诞生。工程造价管理的许多专业性工作已经按照国际通行的中介咨询服务的方式在运作。所有这些进步，使得20世纪90年代后期，成为我国工程项目造价管理在适应经济体制转化和与国际工程项目造价管理惯例接轨方面发展最快的一个时期。

随着我国建筑市场的快速发展，招、投标制及合同制的逐步推行，及我国加入世界贸易组织（WTO）与国际接轨等要求，我国工程造价管理工作正在逐步走向由政府宏观调控、市场竞争形成建筑工程价格的工程造价管理模式，2003年7月1日起实施GB 50500—2003《建设工程工程量清单计价规范》。GB 50500—2003《建设工程工程量清单计价规范》的发布与实施，使我国计价工作向"政府宏观调控、企业自主报价、市场形成价格、社会全面监督"的目标迈出了坚实的一步。GB 50500—2013《建设工程工程量清单计价规范》经过再次修订，自 2013 年 7 月 1 日起实施。

当然，我国现阶段的工程项目造价管理与发达国家相比还是存在着很大差距，这些差距主要体现在工程项目造价管理体制方面和对于现代工程项目造价管理理论和方法的研究、推广和应用方面。我国工程造价管理体制仍然受到 20 世纪 50 年代引进的前苏联以标准定额管理为主的工程造价管理体制的束缚，因为现在国际上发达国家基本上没有哪一个国家或地区还在使用按照标准定额管理工程造价的体制了。他们多数采用的是根据工程项目的特性、同类工程项目的统计数据、建筑市场行情和具体的施工技术水平与劳动生产率来确定和控制工程造价。另外，对于工程项目造价管理理论与方法的研究方面，我们多数部门还是围绕着按标准定额管理体制展开有关工程造价管理理论和方法的研究，而发达国家则是按照工程项目造价管理的客观规律和社会需求展开研究的。所以我们在工程造价管理理论和方法的研究方面还是比较落后的。

1.2　世界工程造价与工程造价管理的发展与现状

在资本主义发展最早的英国，从 16 世纪开始出现了工程项目管理专业分工的细化，当时施工的工匠开始需要有人帮助他们去确定或估算一项工程需要的人工和材料，以及测量和确定已经完成的项目工作量，以便据此从业主或承包商处获得应得的报酬。正是这种需要使得工料测算师（Quantity Surveyor，QS）这一从事工程项目造价确定和控制的专门职业在英国诞生了。在英国和英联邦国家，人们仍然沿用这一名称去称呼那些从事工程造价管理的专业人员。也就是说，随着工程造价管理这一专门职业的诞生和发展，人们开始了对工程项目造价管理理论和方法的全面而深入的专业研究。

到 19 世纪，以英国为首的资本主义国家在工程建设中开始推行招标投标制度，这一制度要求工料测算师在工程项目设计完成之后而尚未开展建设施工之前，为业主或承包商进行整个工程工作量的测量和工程造价的预算，以便为项目业主确定标底，并为项目承包者确定投标书的报价。这样工程预算专业就正式诞生了。这使得人们对工程造价管理中有关工程造价的确定理论和方法的认识日益深入。与此同时，在业主和承包商为取得最大投资效益的动机驱动下，许多早期的工料测算师开始研究和探索工程造价管理中有关在工程项目设计和实施过程中，如何开展工程造价管理控制的理论和方法。随着人们对工程造价确定和控制的理论和方法的不断深入研究，一种独立的职业和一门专门的学科——工程造价管理就首先在英国诞生了。英国在 1868 年经皇家批准后成立了"英国特许测量师协会（Royal Institute of Charted Surveyors，RICS）"，其中最大的一个分会是工料测算师分会。这一工程造价管理专业协会的创立，标志着现代工程造价管理专业的正式诞生，使得工程造价管理走出了传统的管理阶段，进入了现代工程造价管理的阶段。

从 20 世纪三四十年代开始，由于资本主义经济学的发展，使得许多经济学的原理被开始应用到了工程造价领域。工程造价管理从一般的工程造价的确定和简单的工程造价控制的初始阶段，开始向重视投资效益的评估、重视工程项目的经济与财务分析等方向发展。在 20 世纪 30 年代末期，已经有人将简单的项目投资回收期计算、项目净现值分析与计算和项目的内部收益率分析与计算等现代投资经济与财务分析的方法，应用到了工程项目投资成本

/效益评价中，并且成立了"工程经济学"（Engineering Economics，EE）等与工程造价管理有关的基础理论和方法。同时有人将加工制造业使用的成本控制方法进行改造，并引入到了工程项目的造价控制中。工程造价管理理论与方法的这些进步，使得工程项目的经济效益大大提高，也使得全社会逐步认识到了工程造价管理科学及其研究的重要性，并且使得工程造价管理专业在这一时期得到了很大发展。尤其是在第二次世界大战以后的全球重建时期，大量的工程项目上马为人们进行工程项目造价管理的理论研究和实践提供了许多机会，由于许多新理论和新方法在这一时期得以创建和采用，使得工程造价管理在这一时期得到了很大的发展。

到20世纪50年代，1951年澳大利亚工料测算师协会（Australian Institute of Quantity Surveyors，AIQS）宣布成立。1956年，美国造价工程师协会（American Association of Cost Engineers，AACE）正式成立。1959年加拿大工料测算师协会（Canadian Institute of Quantity Surveyors，CIQS）也宣布成立。在这一时期前后，其他一些发达国家的工程造价管理协会也相继成立。这些发达国家的工程造价管理协会成立后，积极组织本协会的专业人员，对工程造价管理工作中的工程造价的确定、工程造价的控制、工程造价风险的管理等许多方面的理论和方法开展了全面的研究。同时他们还和一些大专院校和专业的研究团体合作，深入进行工程造价的管理理论体系与方法体系的研究。在创立了工程造价管理的基本理论与方法的基础上，发达国家的一些大专院校又建立了相应的工程造价管理的专科、本科、甚至硕士生的专业教育，开始全面培养工程造价管理方面的人才。这使得20世纪50年代到60年代，成了工程造价管理从理论与方法的研究，到专业人才的培养和管理实践推广等各个方面都有了很大的发展的时期。

从20世纪70年代到80年代，各国的造价工程师协会先后开始了自己的造价工程师职业资格认证工作，他们纷纷推出了自己的造价工程师或工料测算师资质认证所必须完成的专业课程教育以及实践经验和培训的基本要求。这些工作对工程造价管理学科的发展起了很大的推动作用。与此同时，美国国防部、能源部等政府部门，从1967年开始提出了"工程项目造价与工期控制系统的规范（Cost/Schedule Control Systems Criteria，C/SCSC）"。该规范经过反复修订，得到了不断的完善，美国现在使用的"工程项目造价与工期控制系统的规范"就是1991年的修订本。英国政府也在这一时期制定了类似的规范和标准，为在市场经济条件下政府性投资项目的工程造价管理理论与实践作出了贡献。特别值得一提的是，在1976年，由当时美国、英国、荷兰造价工程师协会以及墨西哥的经济、财务与造价工程学会发起成立了国际造价工程联合会（The International Cost Engineering Council，ICEC），联合会成立后，在联合全世界造价工程师及其协会、工料测算师及其协会和项目经理及其协会三方面的专业人员和专业协会，在推进工程造价管理理论与方法的研究与实践方面都做了大量的工作。国际造价工程师联合会成立20多年来，积极组织其二十几个会员国的各个造价工程师协会分别或共同工作，以提高人类对工程造价管理理论、方法与实践的全面认识。所有这些发展和变化，使得20世纪70年代和80年代成了工程造价管理在理论、方法和实践等各个方面全面发展的阶段。

经过多年的努力，20世纪80年代末和90年代初，人们对工程造价管理理论与实践的研究进入了综合与集成的阶段。各国纷纷在改进现有的工程造价确定与控制理论和方法的基础上，借助其他管理领域在理论和方法上的最新的发展，开始了对工程造价管理更为深入而全面的研究。在这一时期，以英国工程造价管理学界为主，提出了"全生命周期造价管理（Life Cycle Costing，LCC）"的工程项目投资评估与造价管理的理论和方法。在稍后一段时间，以美国为主的工程造价管理学界，推出了"全面造价管理（Total Cost Management，TCM）"这一涉及工程项目战略资产管理、工程项目造价管理的概念和理论。自从1991年有人在美国造价工程师协会的学术年会上提出全面造价管理这一名称和概念以来，美国造价工程师协会为推动自身发展和工程造价管理理论与实践的进步，在这一方面进行了一系列的研究和探讨，为工程造价管理领域全面造价管理理论和方法的创立与发展做出了巨大的努力。美国造价工程师协会为推动全面造价管理理论和方法的发展，还于1992年更名为"国际全面造价管理促进协会"。从此，国际上的工程造价管理研究与实践就进入到了一个全新阶段，这一阶段的主要标志就是对工程项目全面造价管理理论和方法的研究。

　　但是，自20世纪90年代初提出全面造价管理的概念至今，全世界对全面造价管理的研究仍然处于有关概念和原理研究上。在1998年6月在美国新新纳提举行的国际全面造价管理促进协会1998年度学术年会上，国际全面造价管理协会仍然把这次会议的主题定为"全面造价管理——21世纪的工程造价管理技术"。这一主题一方面告诉我们，全面造价管理的理论和技术方法是面向未来的；另一方面也告诉我们全面造价管理的理论和方法至今尚未成熟，但它是21世纪的工程造价管理的主流。可以说，20世纪90年代是工程造价管理步入全面造价管理的阶段。

1.3　当前世界工程造价管理理论的主要发展

1.3.1　全生命周期造价管理（Life Cycle Costing，LCC）

1.3.1.1　全生命周期造价管理的提出

　　建设项目全生命周期工程造价理论与方法主要是由英美的一些工程造价界的学者和实际工作者于20世纪70年代末提出的，后来在英国皇家测量师协会的直接组织和大力推动下，逐步形成了一种较为完整的工程造价管理理论和方法体系。全生命周期造价管理是从项目的全生命周期出发去分析和控制项目的造价，达到全生命周期成本最低的目标。全生命周期不仅包括初始阶段，还包括未来的运营维护以及拆除翻新阶段。

　　全生命周期工程造价管理按其产生和发展大致可分为三个阶段。

　　第一阶段：从1974～1977年间，是全生命周期工程造价管理理论概念和思想的萌芽时期。现在能够找到的最早使用"全生命周期造价"这一名词的文献是英国的Gordon A于1974年6月在英国皇家特许测量师协会《建筑与工料测量》季刊上发表的《3L概念的经济学》一文，以及1977年由美国建筑师协会（American Institute of Architects，AIA）发表的《全生命周期造价分析——建筑师指南》一文。它们给出了全生命周期工程造价管理的初步概念和思想，指出了开展研究的方向和分析方法。

　　第二阶段：从1977年到20世纪80年代后期，是全生命周期工程造价管理理论与方法基本形成体系并获得实际应用取得阶段性成果的时期。在这一阶段，英国皇家特许测量师协会不仅投入了很大的力量去推动全生命周期工程造价管理的发展，而且还与英国皇家特许建筑师协会合作，直接组织了对全生命周期造价管理的广泛而深入的研究和全面的推广。他们不仅在各种测量师的建筑师协会和专业刊物上刊登了大量有关全生命周期工程造价管理方面的研究论文，而且先后出版了《全生命周期造价管理：一个能够使用的范例》《建筑师全生命周期造价核算与初略设计手册》《建筑全生命周期造价管理指南》等一系列的行业专著和指南，以及许多有关全生命周期工程造价管理的文件和报告。

例如，Orshan 0 的《全生命周期造价：比较建筑方案的工具》一文从建筑设计方案比较的角度出发，探讨了在建筑方案设计中应该全面考虑项目的建造成本和运营维护成本的概念和思想。Petts RC 和 Brooks J 的《全生命周期造价模型及其可能的应用》一文不但给出了全生命周期造价管理的一套模型，而且全面探讨了全生命周期造价管理的应用范围。

第三阶段：自20世纪80年代后期开始，全生命周期工程造价管理理论与方法进入全面丰富与创新发展的完善时期，先后出现了造价管理的模型化和数字化，应用计算机管理支持系统和仿真系统，创新思想追求和满足全社会福利最大化的思想和方法。

20世纪90年代以后，对建设项目全生命周期工程造价管理的研究主要集中在以下方面：风险和不确定性因素的研究；实际应用领域方面的研究；全生命周期成本管理软件研究；全生命周期成本分析（LCCA）和全生命周期评价（LCA）集成研究；全生命周期成本控制（LCCC）研究。提出采用敏感性分析法、蒙特卡罗法、模糊数学法和神经网络法等不确定性分析方法来剔除风险，进行全生命周期成本分析。同时，全生命周期造价管理已经开始应用于建设领域，包括建筑、公路、桥梁、水利系统等。

1.3.1.2 全生命周期造价管理的含义

1. 全生命周期造价管理的三种含义

戚安邦在《工程项目全面造价管理》中给出了全生命周期造价管理的三种含义：

1）全生命周期造价管理是工程项目投资决策的一种分析工具。全生命周期造价管理是一种用来选择决策备选方案的数学方法。

这一说法给出了全生命周期造价管理的思想和方法在工程项目投资决策、可行性分析和项目备选方案评价等项目前期工作阶段中，作为一种决策思想和决策支持工具的地位和作用。

2）全生命周期造价管理是建筑设计的一种指导思想和手段。全生命周期造价管理是可以计算工程项目整个服务期的所有成本（以货币值），包括直接的、间接的、社会的、环境的等，以确定设计方案的一种技术方法。

这一说法给出了全生命周期造价管理的思想和方法，在工程项目的建筑设计阶段，作为一种设计指导思想和一种指导建筑设计与建材选择方法和手段的地位和作用。

3）全生命周期造价管理是一种实现工程项目全生命周期，包括建设前期、建设期、使用期和翻新与拆除期等阶段总造价最小化的方法。全生命周期造价管理是一种可审计跟踪的工程成本管理系统。

这一说法从工程项目全生命周期的阶段构成和全生命周期造价管理的目标出发，给出了全生命周期造价管理的定义，从"实现工程项目全生命周期总造价的最小化"出发，可以看出全生命周期造价管理方法不能只局限于工程项目建设前期的投资决策阶段和设计阶段，还应该进一步在施工组织设计方案的评价、工程合同的总体策划和工程建设的其他阶段中使用，尤其是要考虑项目的运营与维护阶段的成本管理。根据这种定义可以得出的结论是：全生命周期造价管理不仅需要在工程项目造价确定阶段中实施，而且还应该在工程项目造价控制阶段中实施。

2. 项目全生命周期及其影响因素

建设项目全生命周期是指建设项目从决策设计阶段、项目实施阶段、运营维护阶段直到项目拆除翻新所经历的全部时间。影响建设项目全生命周期的因素有以下几个：

（1）物理磨损　物理磨损是指建设工程产品在闲置或者使用过程中所发生的实体性磨损，主要表现为建设产品外观以及内部结构的逐渐破损。比如，长期经受雨雪侵蚀的混凝土屋顶局部所发生的渗漏情况。

（2）经济磨损　随着建设工程产品使用年限的增加或者其他相关因素的变化，继续使用该产品将在经济上变得不合理。这种由合理变为不合理的过程就是一种经济磨损的过程。比如，由于土地升值，对于业主来说，将原有建设工程产品占用的土地用于开发可能比改造建设产品用于出租在经济上更合理。

（3）功能和技术磨损　随着工程产品使用年限的增加或其他相关因素的变化，原有工程产品变得无法发挥其功能或无法满足业主对其功能的要求；同时，由于技术进步，社会上出现了技术更先进、生产效率更高、原材料及能源耗费更少的工程产品，使原有工程产品在技术上显得落后。为了降低经营费用或提高效率而放弃或重置原有的工程产品，这就是功能与技术磨损。

（4）社会和法律磨损　这是指由于人们非经济性的需求欲望变化引起的建设工程产品的磨损。比如，当前人们对于建筑产品的生态性要求越来越高，原来的建筑产品无法达到人们的这一要求，这就发生了社会和法律磨损。

3. 项目全生命周期成本

全生命周期工程造价管理理论包括全生命周期成本（Life Cycle Costing，LCC）估价和全生命周期成本控制（Life Cycle Cost Control，LCCC）。目前，国内外关于 LCCC 的研究较少，大量的研究和应用主要集中在全生命周期成本估价方面。

ISO 156868 将全生命周期成本估价定义为：全生命周期成本估价是一种能够进行成本比较的技术，它综合考虑在一个特定的时间周期内，包括初始化投资成本、未来运营和维护成本在内的所有成本因素所作出的估价。

全生命周期成本（life cycle cost）是指一个建筑物或建筑物系统在一段时期内的拥有、运行、维护和拆除的总成本。生命周期成本包括初始化成本和未来成本。在工程生命周期成本中，不仅包括资金意义上的成本，还应包括环境成本和社会成本。

（1）初始化成本　初始化成本是在设施获得之前将要发生的成本，即建设成本，也就是我国所说的工程造价，包括资本投资成本、购买和安装成本。

（2）未来成本　从设施开始运营到设施被拆除期间所发生的成本，包括能源成本、运行成本、维护和修理成本、替换成本、剩余值（任何转售或处置成本）。

1）能源成本。能源成本是设施使用期间持续性的能源消耗成本。

2）运行成本。运行成本是年度成本去掉维护和修理成本，包括在设施运行过程中的成本。这些成本多数与建筑物功能和保管服务有关。

3）维护和修理成本。维护和修理成本又分为维护成本和修理成本，这两个成本之间有着明显的不同。

维护成本是和设施维护有关的时间进度计划成本；修理成本是未曾预料到的支出，是为了延长建筑物的生命而不是替换这个系统所必需的。

一些维护成本每年都会发生，其他的发生频率会小一些。修理成本按照定义是不可预见的，所以预见它什么时候发生是不可能的。为了简单起见，维护和修理成本应该被当做年度成本来对待。

4）替换成本。替换成本是要求维护一个设施的正常运行，对该设施的主要建筑系统部件可以预料到的支出。替换成本是由于替换一个达到其使用寿命终点的建筑物系统或部件而产生的。

5）剩余值。剩余值是一个建筑物或建筑物系统全生命周期成本分析期末的纯价值。不像其他的未来支出，一个选择方案的剩余值可以是正的或负的成本或价值。

4. 全生命周期成本的构成分类

（1）按时间来分　生命周期成本可以分为初始化成本和未来成本。而未来成本又分为两个范畴，即一次性成本和重复发生的成本。重复发生的成本包括维护成本、修理成本、运行成本、管理成本等；一次性成本包括改建成本、大修成本等。为了清晰说明起见，我们给出了图1-1。

（2）按相关内容来分　生命周期成本按相关内容的分类见图1-2。

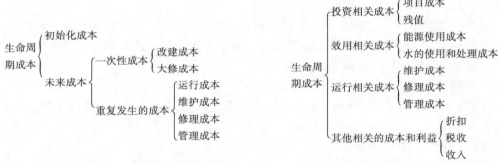

图1-1　生命周期成本按时间分类　　　　图1-2　生命周期成本按相关内容分类

（3）按成本范畴来分　首先生命周期成本被定义为三个范畴：建设成本、运行和维护成本、替换成本。每个成本范畴又被分为一些子范畴（例如资本、安装、维护等适合于本范畴的子范畴），直到成本函数可以定义为止。为了清楚起见，上述成本范畴的分解可以用树形结构来表示，以房屋为例，见图1-3。

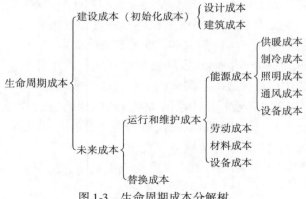

图1-3　生命周期成本分解树

5. 全生命周期成本中的环境成本和社会成本

全生命周期成本不仅包括如上的货币成本，还包括环境成本和社会成本。但由于环境成本和社会成本较难量化，所以现在的很多研究和实际应用中，往往忽略了环境成本和社会成本。

（1）生命周期环境成本　根据国际标准化组织环境管理系列（ISO 14040）精神，生命周期环境成本是指工程产品系列在其全生命周期内对于环境的潜在和显在的不利影响。工程建设对于环境的影响可能是正面的，也可能是负面的，前者体现为另一种形式的收益，后者则体现为某种形式的成本。在分析及计算环境成本时，应对环境影响进行分析甄别，剔除不属于成本的系列。在计量环境成本时，由于这种成本并不直接体现为某种货币化数值，必须借助于其他技术手段将环境影响货币化，这是计量环境成本的一个难点。

（2）生命周期社会成本　生命周期社会成本是指工程产品在从项目构思、产品建成投入使用直至报废不能再用全过程中对社会的不利影响。与环境成本一样，工程建设及工程产品对于社会的影响可以是正面的，也可以是负面的。因此，也必须对其进行甄别，剔除不属于成本的系列。比如，建设某个工程项目可以增加社会就业率，有助于社会安定，这种影响就不应计算为成本；另一方面，如果一个项目的建设会增加社会的运行成本，如由于工程建设引起大规模的移民，可能增加社会的不安定因素，这种影响就应计算为社会成本。

1.3.1.3 工程造价管理的全生命周期的含义

1. 工程造价管理的全生命周期

从理论上讲，工程生命周期是指工程产品从研究开发、设计、建造、使用直到报废所经历的全部时间。ISO在其技术报告中，将建设项目全生命周期划分为建造（creation）阶段、使用（use）阶段和废除阶段，其中建造阶段又进一步细分为开始（inception）、设计和施工，见图1-4。

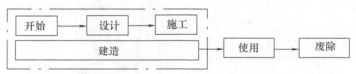

图1-4　ISO对建设项目全生命周期的阶段划分

借鉴ISO的全生命周期划分，并结合我国工程造价管理的具体情况，将建设项目全生命周期工程造价管理的生命周期的阶段划分为：决策阶段、设计阶段、实施阶段、竣工验收阶段、运营维护阶段以及拆除及翻新阶段。与每一个阶段有关的工程造价管理各方都有不同的管理。全生命周期工程造价管理阶段见图1-5。

2. 决策设计阶段对于控制造价的重要意义

在决策设计阶段进行工程造价的计价分析可以使工程造价更合理，提高资金的利用效率，并可以利用价值工程理论分析项目各个组成部分功能与成本的匹配程度，调整项目功能与成本，使其更趋于合理。

在决策设计阶段进行工程造价的计价分析可以提高投资控制效率。通过设计阶段的造价分析，可以了解工程造价各部分的投资比例，对于投资比例比较大的部分作为投资控制的重点，这样可以提高投资控制效率。

在决策设计阶段控制工程造价便于技术与经济的结合。工程设计工作往往是由建筑师等专业技术人员完成的。他们在设计过程中往往更关注工程的使用功能，力求采用比较先进的技术方法实现项目所需功能，而对经济因素考虑较少。造价师在决策设计阶段参与造价管理，使得设计从开始就建立在健全、科学的经济基础上，在方案选择时能够充分考虑方案的经济性。另外，投资限额确定后，建筑师的设计只能在确定的限额内进行，有利于发挥建筑师的个人创造力，选择一种最经济的方式实现技术目标，从而确保设计方案能较好地体现技术与经济的结合。

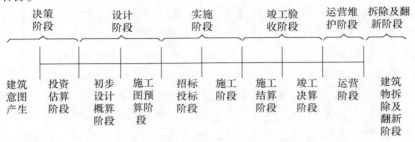

图 1-5　工程造价管理的全生命周期

在决策设计阶段控制工程造价效果更显著。项目决策的正确与否和设计方案的优劣直接影响项目的其他阶段，进而影响整个生命周期的费用。图 1-6 给出了全生命周期成本（LCC）及其影响可能性随时间的变化。由图可知，随着时间的增加，对生命周期成本影响的可能性在逐渐降低，决策阶段对 LCC 的影响最大，设计阶段对 LCC 的影响次之，这两个阶段完成以后，其他阶段对 LCC 虽然有一定的影响，但影响在大幅度降低。一次性建造费用在 LCC 中只占一小部分，运营维护费用却占很大比重。

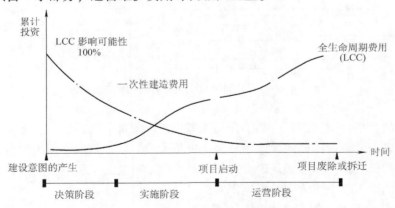

图 1-6　LCC 及其影响可能性随时间的变化

1.3.1.4　全生命周期造价管理各阶段的控制

1. 投资决策阶段

建设项目投资决策阶段的主要任务是对拟建项目进行策划，并对其可行性进行技术经济分析和论证，从而作出是否进行投资的决策。决策的依据是在所有外部条件因素都相同的情况下，生命周期成本最小的方案为可选择的方案。资金时间价值理论、成本效益分析、规划理论在投资项目评价时起着重要作用，这些构成了项目投资决策分析的基础理论，并在实践中得到了普遍运用。

项目决策阶段的影响因素包括：项目合理规模的确定、项目选址、项目技术方案的确定。

（1）项目合理规模的确定　项目规模过小或过大，都会使得资源得不到有效配置，使将来的经济效益低下。在确定项目规模时，不仅要考虑项目内部各因素之间的数量匹配、能力协调，还要使所有生产力因素共同形成的经济实体（如项目）在规模上大小适应。这样可以合理确定和有效控制工程造价，提高项目的经济效益。但同时也须注意，规模扩大所产生的效益不是无限的，它受到技术进步、管理水平、项目经济技术环境等多种因素的制约。超过一定限度，规模效益将不再出现，甚至可能出现单位成本递增和收益递减的现象。

（2）项目选址　项目选址决策对于降低项目的全生命周期成本，提高项目可持续性具有重要的意义。项目选址要考虑的因素包括：土地使用规划、交通情况、建筑布局及朝向、雨水处理、植被规划、项目地的水资源利用和化学物质使用情况等。

土地使用应提高土地利用效率，减少有限土地资源的浪费；项目选址规划应利用所在地的自然状况，如风向、日照、树荫，尽可能少破坏原植被，优化建筑布局及朝向等措施来减少能源消耗。传统的雨水处理是尽可能快地将雨水汇集并排出。但这会导致各种环境问题，如水土流失、地表侵蚀以及减少地下水补充。

（3）工程技术方案的确定　工程技术方案的确定主要包括生产工艺方案的确定和主要设备的选择两部分内容。工艺的选择要本着先进适用、经济合理的原则，而主要设备的选用也要注意进口设备之间以及国内外设备之间的衔接配套问题，进口设备与原有国产设备、厂房之间的配套问题，进口设备与原材料、备品备件及维修能力之间的配套问题。

2. 设计阶段

设计阶段是控制工程造价的重点。要在设计阶段有效地控制工程造价，应从组织、技术、经济、合同等各方面采取措施，随时纠正发生的投资偏差。在设计阶段，要考虑选址、能源、材料、建筑环境质量和运营维护等因素，进行全生命周期成本分析和估算，包括对初始建设成本、运营维护成本、拆除及翻新费用的计算。

一方面要充分重视价值工程的应用。价值工程的目的是以研究对象的最低生命周期成本，可靠地实现使用者所需功能，以获得最佳的综合效益。摒除不必要功能可以降低造价，改进不足功能可以增加建筑物价值。在工程选材和结构选型中应用价值工程，有利于提高工程质量，降低工程造价，达到二者的优化统一；利用价值工程分析还可以进行设计方案的优选。

另一方面，要充分重视可施工性规则在设计中的应用。可施工性就是把施工知识转移给设计者的方法。美国建筑业协会（CII）将可施工性研究定义为：将施工知识和经验最佳地应用到项目的策划、设计、采购和现场操作中，以实现项目的总体目标。设计与施工的分离既可能使设计者在设计时无法充分了解施工的要求，容易导致设计方案难以施工或不能施工，也可能导致一些有价值的施工方法由于得不到设计方的配合而无法在实践中应用。如果让有丰富施工知识和经验的人尽早参与项目实施，即在设计阶段就和设计人员合作，能够使设计者在设计过程中就考虑施工的需求和可实施性。使设计与施工集成，并不断深化，可以解决很多设计人员容易忽视的问题，从而优化施工流程，降低项目全生命周期成本。可施工性研究在国外推行多年并已获重大成效，在实施过程中降低了工程造价，提高了工程建设生产力。

为了提高工程建设投资效果，从选择建设场地和工程总平面布置开始，直到最后结构零件的设计，都应进行多方案比选，从中选取技术先进、经济合理的最佳设计方案。设计方案优选应遵循以下原则：

（1）设计方案必须要处理好经济合理性与技术先进性之间的关系 经济合理性要求全生命周期成本尽可能低。但如果一味地追求经济效果，可能会导致项目的功能水平偏低，无法满足使用者的要求。技术先进性追求技术的尽善尽美，项目功能水平先进，但可能会导致全生命周期成本偏高。因此，技术先进性与经济合理性是一对矛盾，设计者应妥善处理好二者的关系。一般情况下，要在满足使用者要求的前提下，尽可能降低全生命周期成本。但是，如果资金有限制，也可以在资金限制范围内，尽可能提高项目功能水平。

（2）设计方案必须兼顾建设与运营和维护，综合考虑项目的全生命周期成本 工程在建设过程中，建设成本是一个非常重要的目标。但是建设成本水平的变化又会影响项目未来的运营和维护成本。如果单纯降低建设成本，建造质量得不到保障，就会导致未来运营和维护费用很高，甚至有可能发生重大事故，给社会财产和人

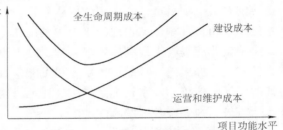

图1-7 建设成本、运营和维护成本与项目
功能之间的关系

民安全带来严重损害。一般情况下，项目技术水平与建设成本及运营和维护成本之间的关系见图1-7。在设计过程中应兼顾建设阶段和运营维护阶段，力求项目全生命周期成本最低。

（3）设计必须兼顾近期与远期的要求 一项工程建成后，往往会在很长的时间内发挥作用。如果按目前的要求设计工程，在不远的将来，可能会出现由于项目功能水平无法满足需要而重新建造的情况。但是如果按照未来的需要设计工程，又会出现由于功能水平过高而资源闲置浪费的现象。所以设计者要兼顾近期和远期的要求，选择项目合理的功能水平。既要根据近期发展需要满足项目必要功能要求，同时也要根据远景发展需要，适当留有发展余地。

3. 实施阶段

实施阶段的造价管理包括招投标和施工阶段的造价控制。

（1）招投标阶段的造价管理

1）选择合同方式和承发包模式。招投标阶段应根据不同的项目，选择适当合同方式和适当的承发包模式。目前我国提倡以设计单位为龙头进行工程总承包和以大型施工企业为主体的工程总承包公司进行总承包，这两种模式下，施工单位在设计阶段就可以参与项目的实施，有利于开展可施工性研究。

2）评标。评标分为投标文件的技术性评审和商务性评审两个过程。

技术性评审包括：方案可行性评估和关键工序评估，劳务、材料、机械设备、质量控制措施评估以及对施工现场周围环境污染的保护措施评估，全生命周期工程造价管理的投标文件评审还包括未来运营和维护方案的合理性评估。

商务性评审包括：投标报价校核，审查全部报价数据计算的正确性，分析报价构成的合理性，并与标底价格进行对比分析，修正后的投标报价经投标人确认后对其起约束作用。和我国传统的投标报价不同的是，评价的依据由原先的合理的建设成本最低变为合理的建设项目生命周期费用最低。

生命周期成本评标法，需将以后运行期各项后续费用（零配件、油料、燃料、维修保养等）折现并与建设成本合并考虑，以此为基础，选择总报价最低的投标作为中选投标。

在计算全生命周期成本时，可以根据实际情况，在投标文件报价的基础上，加上全部运行期内的各项后续费用，再扣除标的物净残值，得出生命周期成本。其中各年年度的后续费用及标的物净残值应当按照投标文件确定的规章折算为净现值。

生命周期成本法适用于大型建筑构筑物、大型成套设备等运行期内后续费用较高的投标项目的评标。

生命周期成本作为投标报价的依据在国外已有先例，有的甚至以法律形式加以约束，例如，美国爱荷华州就规定在合同被批准之前生命周期成本分析必须符合爱荷华州法律条文的要求。

（2）施工阶段的造价管理

1）绿色施工：在工程项目实施阶段，要在全生命周期造价管理的思想和方法的指导下综合考虑建设项目的全生命周期成本，使施工组织设计方案的评价、工程合同的总体策划和工程施工方案的确定等方面更加科学合理，实施绿色施工。

①减少场地干扰、尊重基地环境。工程施工过程会严重扰乱场地环境，这一点对于未开发区域的新建项目尤其严重。场地平整、土方开挖、施工降水、永久及临时设施建造、场地废物处理等均会对场地上现存的动植物资源、地形地貌、地下水位等造成影响；还会对场地内现存的文物、地方特色资源等带来破坏，影响当地文脉的继承和发扬。因此，施工中减少场地干扰、尊重基地环境对于保护生态环境，维持地方文脉具有重要的意义。业主、设计单位和承包商应当识别场地内现有的自然、文化和构筑物特征，并通过合理的设计、施工和管理工作将这些特征保存下来。可持续的场地设计对于减少这种干扰具有重要的作用。就工程施工而言，承包商应结合业主、设计单位对承包商使用场地的要求，制订满足这些要求的、能尽量减少场地干扰的场地使用计划。

计划中应明确：场地内哪些区域、哪些植物将被保护，并明确保护的方法；在满足施工、设计和经济方面要求的前提下，怎样尽量减少清理和扰动的区域面积，尽量减少临时设施，减少施工用管线；场地内哪些区域将被用作仓储和临时设施建设，如何合理安排承包商、分包商及各工种对施工场地的使用，减少材料和设备的搬动；各工种为了运送、安装和其他目的对场地通道的要求；废物将如何处理和消除，如有废物回填或填埋，应分析其对场地生态、环境的影响；怎样将场地与公众隔离。

②结合气候施工。承包商在选择施工方法、施工机械，安排施工顺序，布置施工场地时，应结合气候特征。这样可以减少因为气候原因而带来的施工措施的增加，以及资源和能源用量的增加，有效降低施工成本；可以减少因为额外措施对施工现场及环境的干扰；有利于施工现场环境质量品质的改善和工程质量的提高。承包商要做到施工结合气候，首先要了解现场所在地区的气象资料及特征，主要包括：降雨、降雪资料，如全年降雨量、降雪量、雨季起止日期、一日最大降雨量等；气温资料，如年平均气温，最高、最低气温及持续时间

等；风的资料，如风速、风向和风的频率等。

③节约资源（能源）。包括两个方面：一是减少材料的损耗。通过更仔细的采购及合理的现场保管，减少材料的搬运次数，减少包装，完善操作工艺，增加摊销材料的周转次数等，降低材料在使用中的消耗，提高材料的使用效率。二是可回收资源的利用是节约资源的主要手段，也是当前应加强的方向。主要体现在两个方面：一是使用可再生的或含有可再生成分的产品和材料，有助于将可回收部分从废弃物中分离出来，同时减少了原始材料的使用，即减少了自然资源的消耗。二是加大资源和材料的回收利用、循环利用，如在施工现场建立废物回收系统，再回收或重复利用在拆除时得到的材料，这可减少施工中材料的消耗量或通过销售来增加企业的收入，也可降低企业运输或填埋垃圾的费用。

④减少环境污染，提高环境品质。工程施工中产生的大量灰尘、噪声、有毒有害气体、废物等会对环境品质造成严重的影响，也有损现场工作人员、使用者以及公众的健康。因此，减少环境污染、提高环境品质也是绿色施工的基本原则。常用的提高施工场地空气品质的绿色施工技术措施有：a）制订有关室内外空气品质的施工管理计划；b）使用低挥发性的材料或产品；c）安装局部临时排风或局部净化和过滤设备；d）进行必要的绿化，经常洒水清扫，防止建筑垃圾堆积在建筑物内，贮存好可能造成污染的材料；e）采用更安全、健康的建筑机械或生产方式，如用商品混凝土代替现场混凝土搅拌，可大幅度地消除粉尘污染；f）合理安排施工顺序，尽量减少一些建筑材料，如地毯、顶棚饰面等对污染物的吸收。

绿色施工也强调对施工噪声的控制，以防止施工扰民。合理安排施工时间，实施封闭式施工，采用现代化的隔离防护设备，采用低噪声、低振动的建筑机械（如无声振捣设备等）是控制施工噪声的有效手段。

为降低全生命周期成本，还须确保工程质量。好的工程质量，可延长项目寿命，降低项目日常运行费用，有利于使用者的健康和安全，促进社会经济发展，本身就是可持续发展的体现。

2）加强变更、索赔管理，实施造价的动态控制：

①深入现场及时了解情况，收集相关信息资料。造价管理人员要深入现场，及时了解情况，注意收集可能会引起造价调整的各类资料，核对工程变更和现场签证的准确性、完整性和完成的时点。特别是对于一些大型工程，由于施工工期较长，一般合同规定可按物价指数进行价格调整，这项工作显得尤为重要。

②加强工程造价的动态跟踪控制。建设工程的施工周期一般较长，产生变更和索赔事件是不可避免的，而市场的变化，比如利率、汇率，在施工中所需的人工材料、机械等价格的变动，都会对工程造价产生影响。为了保证整个工程造价控制在合同范围内，首先要制定一套完善的计量、支付、变更的管理办法，突出事前控制，强化事中控制，完善事后控制；及时根据市场和现场的情况，综合已发生和将发生的费用现状，对工程造价进行跟踪，及时调整合同价款。

4. 竣工验收阶段

竣工验收阶段是确定最终建设造价和考核项目建设效益，办理项目资产移交，进行各阶段造价对比和资料整理、分析、积累的重要阶段，也是项目建设阶段的结束，运营维护阶段的开始，是综合检验决策、设计、施工质量的关键环节。要着力做好建设造价的确定、工程施工质量的评定、生产操作人员的培训等各项工作，为项目进入正式生产运营打下良好的基础。

1）工程结算是造价控制的最后阶段，在工程结算前应及时收集和整理各种计量、支付资料，做到完整无疏漏。在工程结算中，要注意工程预付款、保修金等价款的扣除，特别是某些业主可享受优惠政策或可减免一些税费的工程，以及由业主替施工单位缴纳的一些费用，这些费用已计入合同价。

2）考核分析建设项目的投资效果，通过建设项目后评估，全面总结项目投资管理中的经验教训，为业主及自身提高建设项目的管理水平提供宝贵的经验和依据。

5. 运营维护阶段

运营维护阶段的工程造价管理是指在保证建筑物质量目标和安全目标的前提下，通过制定合理的运营及维护方案，运用现代经营手段和修缮技术，按合同对已投入使用的各类设施实施多功能、全方位的统一管理，为设施的产权人和使用人提供高效、周到的服务，以提高设施的经济价值和实用价值，降低运营和维护成本。

（1）运营维护计划　为了达到全生命周期成本最低的目的，首先要制订合理的运营和维护计划。为了更好地实现运营维护管理的质量目标、安全目标和费用目标，运营和维护工作必须在项目决策阶段和实施阶段就开始，这是因为项目的决策和设计阶段对于运营和维护费用具有很大的影响，仅靠运营和维护阶段的工作很难弥补已建成项目的不足，例如结构功能和建筑功能。见图1-8，设施的质量水平越高，则项目的一次性投资越高，但这会带来运营维护费用的降低。在决策设计阶段，要制订运营和维护的计划，综合衡量一次性投资和运营维护费用，寻求全生命周期成本的最低。

运营和维护计划分为长期计划、短期计划和年度计划。如果在项目决策之时，已经进行了生命周期成本分析，则可以不再编制运营和维护的长期计划，按照决策时制订的运营和维护计划（或设计时修改后的运营和维护计划）实施就可以。如果建设期没有进行生命周期成本分析，制定运营和维护计划，则可

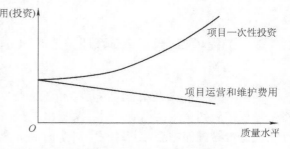

图1-8　建筑质量与运营和维护费用关系

以把建设项目的运营和维护作为一个独立的项目来进行生命周期成本分析，制定出生命周期运营和维护策略。

长期计划是在运营和维护短期计划的基础上作出的，一般为3～5年，运营和维护的长期计划由于时间过长，在实际操作时往往会造成很大的偏差，为了克服这种偏差，需要制订一个短期的计划来指导日常的养护活动。

年度计划一般在每年底作出，具体操作是根据每年运营和维护活动的内容、时间、频度和人工、材料、价格等信息，对下一年的运营和维护活动作出预测，给出下一年的运营维护策略、预算和成本分析。

（2）运营维护综合小组　如果没有运营维护人员的充分理解与执行，再好的计划也不会起到预期的作用。"综合小组"模式对此非常有效。在综合小组模式下，运营维护人员能够积极地参与到设施设计和运营维护，方案的开发中，使得运营、维护方案更有效，最重要的是能被忠实地执行，这能够改善工作环境，提高效率，减少能源和资源消耗的工作。综合

小组首先应当实施在运营中的能源和需求节约措施，并寻找具有费用效率的技术代替传统的技术，使用可更新的资源。其次，为了减少对环境的负面影响，必须改变各种标准、运营方案以及其他与这些设施设计和管理相关的文件，为确保这些修改的标准被执行，应实施全面的培训计划。

（3）应用管理信息系统 运营维护阶段工程造价管理包括运营维护活动的管理、运营维护资料的管理、运营维护费用的管理等。运营维护阶段工程造价管理的重要特点是日常管理活动繁杂、计算复杂、管理对象很多，因此有必要引入管理信息系统来辅助管理活动。

运营维护阶段要对很多日常的运营维护活动进行记录，这些运营维护活动往往很零散，记录的时候不仅要记载运营维护活动本身，还要考虑本次运营维护活动对未来运营维护活动的影响；不仅要记载运营维护活动的工作量，还要记载价格等信息，便于财务结算和进行月度、年度成本统计。

运营维护阶段工程造价管理还需要对已发生的年度成本与长期计划中对应年份的成本进行比较，从而对长期计划进行修正，并对未来的运营维护活动和成本进行预测。

6. 拆除与翻新阶段

在许多工程项目中，可循环使用的材料，如木材、金属等占到废物总量的75%，这意味着回收利用具有很大的空间。由于越来越多的垃圾场达到了容量的极限，新的垃圾场选址存在困难，许多垃圾场又排斥建筑垃圾。因此，垃圾排放费用将会上升，施工废物管理应注重降低资源消耗、材料重复利用、废物循环利用等；在项目更新或拆除时，原建筑仍具有功能价值的构件、材料，应被重新用于新工程，或储存起来用于将来的工程，或者在废品市场上进行销售。

1.3.2 工程项目全面造价管理（Total Cost Management for Engineering Projects，TCMEP）

1998年4月在荷兰举行的国际造价工程师联合会第15次专业大会上，许多专家学者在将全过程扩展到全生命周期以后，又提出了全面造价管理的概念。在经过广泛的讨论后，国际全面造价管理促进会在其章程中对全面造价管理给出了如下定义：

全面造价管理就是有效地使用专业知识和专门技术去计划和控制资源、造价、盈利和风险。简单地说，全面造价管理是一种管理各种企业、工作、设施、项目、产品或服务的全生命周期造价的系统方法。这是通过在整个管理过程中以造价工程和造价管理的原理、已获验证的方法和最新的技术为支持而得以实现的。

全面造价管理是一个工程实践领域。在这个领域中，需要工程经验和判断与科学原理和技术方法相结合，以解决经营管理和工作的计划、造价预算、经济和财务评价、造价工程、作业与项目管理、计划与排产和造价与进度的情况度量与变更控制。

1. 全面造价管理的主要内容

所谓全面造价管理，就是全生命周期的费用（造价）管理，包括全过程、全要素、全风险、全团队的造价管理。因此，关于工程项目全面造价管理方法论的构成就应该包括以下内容：一是工程项目全过程造价管理；二是工程项目全要素造价管理；三是工程项目全风险造价管理；四是工程项目全团队造价管理。

2. 工程项目全过程造价管理方法构成分析

工程项目是人类通过自己的生产技术活动，将各种资源转化为人们所需工程设施的一种独特过程。这一独特的生产技术活动过程既有明确的起点和终点，也有明确的阶段性和连续性。可以说，一个工程项目的全过程是由一系列的具体实践活动有机集合而成的。

虽然可以用不同的方法将工程项目全过程分成许多种不同阶段，但是通常一个工程项目的全过程只是被简单地分成几个阶段，例如，工程项目定义阶段；工程项目设计阶段；工程项目的承发包阶段；工程项目的实施阶段；工程项目的移交阶段等。

根据工程项目的阶段性，一个工程项目"全过程"的造价可以被分解成各阶段的造价，即

$$C = \sum_{i=1}^{n} c_i$$

式中　　C——工程项目造价；

　　　　c_i——工程项目第 i 阶段造价，$i = 1.2$，3，$\cdots$；

　　　　n——工程项目的阶段数。

同时工程项目每个阶段的造价又都是一系列具体活动造价的总和，也是由构成每个阶段的各项具体活动消耗和所占用的资源的费用形成的。因此，工程项目的各个阶段的造价又可以分解为各项具体活动的造价。这样，工程项目每个阶段的造价又可以进一步表示为在这个阶段中所开展的各项具体活动造价的总和。

由于具体活动和活动过程以及活动方法和手段的不同会导致项目消耗和占用资源数量的不同以及工程造价的差别，所以一个工程项目的具体活动和活动过程是形成项目造价的根本原因，而资源的消耗和占用只是项目活动的结果。采用不同的作业组织方式会使作业效率与效果不同，工程造价也会不同。要科学地控制工程造价就必须从分析项目的具体活动和活动过程入手，通过对这些具体活动造价的科学管理，降低和控制各项具体活动占用与消耗的资源，从而实现对于工程项目各个阶段的全面造价管理。这样，通过对工程项目各个阶段的全面造价管理，就可以实现对工程项目全面造价管理。

因此，工程项目全过程造价管理的技术方法就必须包括两方面的具体技术方法：

1）基于活动全过程的造价确定技术方法。

2）基于活动过程控制的全过程造价控制方法。

从成本或造价管理的理论上说，我国现有的工程项目造价管理办法并不是基于活动和过程的造价管理办法，而是基于资源和部门的传统造价管理方法，其工程造价的确定从概算到预算还是按照直接费、间接费、计划利润和税金等内容进行划分。其中，工程造价的直接费是参照国家或地方的标准定额与造价信息确定的，而不是按照具体作业活动和具体作业过程确定的。虽然我国提出"定额量、市场价、竞争费"的办法进行工程造价管理改革，但它仍然只是一种基于资源和部门的工程造价计价模式。这种计价方法最主要的缺陷就是因果倒置，没弄清具体活动是造价形成的根本原因，资源消耗和占用是活动的结果。于是无效的或不合理的作业活动、作业技术与方法不能得到消除和改进，并且难以从根本上控制和降低工程造价。

3. 工程项目全要素造价管理方法构成分析

在工程项目的全过程中，影响工程项目造价的基本要素有三个：工期要素、质量要素和造价要素本身。有人将这三个要素称为工程项目成功三要素。在工程项目全过程中，这三个

要素是可以相互影响和相互转化的。一个工程项目的工期和质量在一定条件下可以转化成工程项目的造价，因此对于工程项目的全面造价管理，必须分析和找出工期、质量、造价三要素的相互关系，进行全要素造价集成管理，掌握一套从全要素管理入手的全面造价管理具体技术方法。如果只对工程项目的造价这个单一要素进行管理，无论如何也无法实现工程项目的全面造价管理。

工程项目全要素造价管理的技术方法也需要有两方面的具体办法：

1）分析和预测工程项目三个要素变动与发展趋势的方法。

2）控制这三个要素的变动，从而实现全面造价管理目标的方法。

项目管理中的已获价值（也有译为"挣值"）管理（Earned Value Management，EVM）理论与方法实现了对工程造价全要素集成管理的新突破。已获价值方法能够实现对项目造价和工期的集成管理并获得有关项目管理工期和造价以及它们未来发展变化趋势的信息，弥补了传统工程造价管理方法的不足。

已获价值管理的基本思想是通过引进一个中间变量（即已获 EV 作为中间变量），帮助人们分析工程项目的工期和造价变动情况并给出相应的信息，使得项目的管理者和监督者能够对项目工期和造价的发展趋势作出科学的预测和判断。引入已获价值的精髓就是通过这个中间变量深入分析计划值与实际值之间的差距以及由价格和工期这两个要素分别造成的变化。

利用已获价值管理方法、开展全要素造价管理的基础是要设计和定义出一系列必要的分析指标及其计算方法。指标体系见表 1-1。

表 1-1 全要素造价管理技术方法指标体系

基本指标体系	项目预算总作业量；项目实际完成作业量；预算作业量；实际作业量；项目预算工期；项目已耗用工期；单位预算造价；单位实际造价；实际质量水平；预定质量水平
中间变量指标体系	项目的计划完成程度；质量指数；进度指数；项目的预算造价；计划作业的预算造价；整个项目计划作业预算造价；已完成作业预算造价；整个项目已完成作业预算造价；已完成作业的实际造价；已完成作业质量的实际造价
差异分析指标体系	已完作业造价的绝对差异；已完作业造价的相对差异；工程进度造价的绝对差异；工程进度造价的相对差异；工程质量造价的绝对差异；工程质量造价的相对差异；预算造价比率；实际造价比率；工程造价比率；项目估算造价差异；项目实际造价差异
指数分析指标体系	项目造价现状指数；项目工期现状指数；项目质量现状指数；项目剩余作业造价现状指数；项目工期造价指数；项目质量造价指数
预测分析指标体系	预计项目总造价；预计尚需工程造价；预计项目总工期；预计尚需工程工期；预计项目质量造价；预计尚需质量改善

全要素造价管理除了理论核心和分析预测指标体系外，还需要有一套具体的工作程序和方法。这些工作程序和方法是实现工程项目全要素集成管理的具体步骤。见图 1-9。

4. 工程项目全风险造价管理方法构成分析

工程项目的实现过程都是在一个相对存在许多风险和不确定因素的外部环境条件下进行的。外部环境条件都存在较大的不确定性（比如通货膨胀、气候条件、地质条件、施工环境等的变化），都有可能给工程项目带来风险，导致工程项目的造价发生不正常的变化。

这些不确定性因素的存在使得工程项目的造价一般可分三种不同成分：

1）确定性的造价，对此人们知道它确定会发生，而且知道其发生数额的大小。

2）风险性造价，对此人们只知道它可能发生以及它发生的概率和不同发生概率情况下造价的分布情况，但是不能肯定它一定会发生。

3）完全不确定性造价，对此人们既不知道其是否会发生，也不知道其发生的概率分布情况。

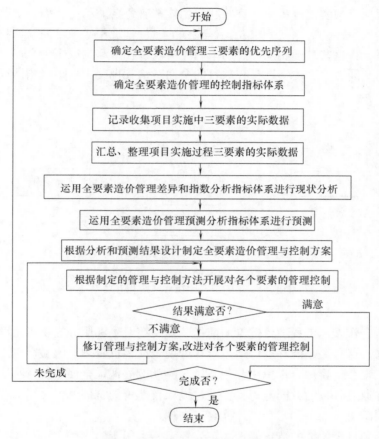

图 1-9 全要素造价管理工作程序图

这三类不同性质的造价一起构成了工程项目的总造价。工程造价的不确定性是绝对的，确定性是相对的。虽然在实际工作中对这些不确定性可以作各种各样的简化处理，但是工程项目造价的不确定性是客观存在的。这就要求在工程项目的造价管理中必须同时考虑对确定性造价、风险性造价和完全不确定性造价的管理，以实现对工程项目的全面造价管理。

工程项目全风险造价管理包括三方面的具体技术方法：

1）分析、识别和确定风险性事件与风险性造价的方法。

2）对于风险性事件的发生与发展实施进程控制方法。

3）对于全风险造价及其管理储备的直接控制方法。

这三个方面的具体技术方法将构成一套工程项目全风险造价技术方法。

5. 工程项目全团队造价管理方法构成分析

在工程项目实现过程中，必然会涉及参与项目建设的多个不同的利益主体。这些利益主体包括：工程项目的项目法人或业主，承担工程项目设计任务的设计单位或建筑师与工程师，承担工程项目监理工作的工程咨询单位或监理工程师，承担工程项目造价管理工作的造价工程咨询单位或造价工程师与工料测量师，承担工程项目施工任务的施工单位或承包商及分包商以及提供各种工程项目所需物料、设备的供应商等。这些不同的利益主体，一方面为实现同一工程项目而共同合作，一方面依分工去完成工程项目的不同任务而获得各自的收益。在一个工程项目的实现过程中，这些利益主体都有各自的利益，而且这些利益主体之间的利益有时还会发生冲突。这就要求在工程项目的造价管理中必须全面协调各个利益主体之间的利益与关系，将这些利益相互冲突的不同主体联合在一起构成一个全面合作的团队，并通过这个团队的共同努力，去实现工程项目的全面造价管理。工程项目团队成员间的关系见图 1-10。

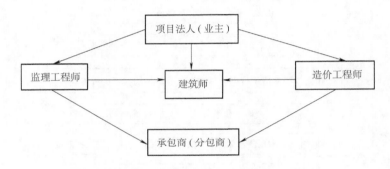

图 1-10　工程项目团队成员的相互关系

这种全团队合作管理工程项目造价的前提，是要在业主和服务提供者之间建立一种最新的合作伙伴关系。这种关系能够确保通过合作开展全面造价管理的收益合理地分配到每一个合作方。有了工程造价管理合作思想和收益风险，就能够保证全面造价管理团队的成员之间的真诚合作，并通过各方的共同努力，实现建设项目造价的全面降低。所以工程造价的管理还必须要有全团队成员的参加与合作才能真正实现。

要实现工程项目全团队的造价管理，首先要有一套用于建立一个工程项目全体团队成员之间新型合作伙伴关系的方法。这套方法应该能够改变原有建筑服务买卖双方之间的利益冲突关系，使一个工程项目的全体参加者形成一种合作伙伴关系，共同建立一个工程项目造价管理的合作团队。其次要有一套用于协调各方造价管理行动，消除各方的冲突，实现各方全面信息沟通的方法。

总之，以上四个方向的全面造价管理技术是相互联系的有机集成体。其逻辑关系见图1-11。

1）基于项目活动与过程的全过程造价管理方法是全面造价管理方法论的基础和出发点，全要素造价管理方法和全风险造价管理方法是在全过程造价管理基础上的更为深入的全面造价管理方法。从图 1-11 中可以看见三种技术方法逐层分解的关系。

2）项目工期、造价、质量的全要素造价管理方法是针对工程项目具体活动和活动过程的。它所管理和控制的正是各项具体活动和活动过程中的三大要素，通过降低各项活动与各个过程中三大要素的变化，实现降低整个工程项目造价的目标。

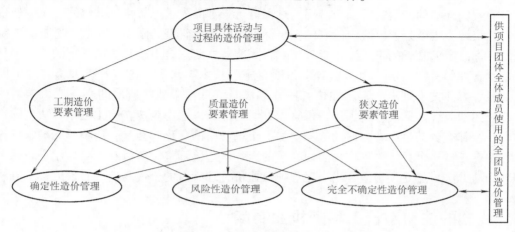

图 1-11 工程项目全团队造价管理方法论逻辑关系模型

3）针对项目风险性造价管理的全风险造价管理方法，最主要的是针对各项活动与过程中的工期、造价和质量风险。它所管理和控制的正是各项活动和过程中所存在的风险以及由这些风险所引起的造价变化。首先通过控制各项活动或过程的工期、质量和造价要素的风险，进而控制各项活动和过程的风险，最终控制整个项目的造价风险。

4）全团队造价管理技术方法既可以独立使用，或者与其他任何一种方法联合使用，也可以与其他三种方法共同使用。当这种方法与全过程造价管理技术方法结合使用时，它的主要作用是通过全团队的共同努力，改进和完善项目活动的方法和项目活动过程的合理安排，以降低工程造价；与全要素造价管理技术方法结合使用时，它的主要作用是协调全团队的力量，全面管理好项目的质量、工期、造价三大要素，以降低工程造价；与全风险造价管理技术方法结合使用时，它的作用是调动全团队力量去防范化解和处理风险及其引起的造价变化，降低工程造价。当同时使用全面造价管理的四种技术方法时，全团队造价管理方法的作用就是上述一种分别结合使用的综合。

1.3.3 全过程造价管理（Whole Process Cost Management，WPCM）

全过程造价管理是自 20 世纪 80 年代中期开始，我国工程造价管理领域的工作者像龚维丽、徐大图、刘尔成等，提出的对工程项目进行全过程造价管理的思想。进入 90 年代以后，我国工程造价管理领域的工作者对工程造价全过程管理的思想和内涵提出了许多看法和设想，使得我国的工程造价管理实践从简单的定额管理逐步走上全过程造价管理探索之路。

1997 年，中国建设工程造价管理协会为推动全过程造价管理的发展，进一步明确了有关工程造价管理目标和管理方针，在其当年下发的《建设工程造价管理要素（征求意见稿）》中提出："建设工程造价管理要达到目标：一是造价本身要合理，二是实际造价不超概算。为此要从建设工程的前期工作开始，采取'全过程、全方位'的管理方针。"其中，"一是造价本身要合理"是指在工程造价确定方面努力实现科学合理；"二是实际造价不超概算"是指要开展科学的工程造价控制；而"为此要从建设工程的前期工作开始，采取

'全过程、全方位'的管理方针"的核心是采取"全过程造价管理"的方针。这表明我国工程造价管理工作中采取"全过程造价管理"的大政方针已经确立。

目前我们面临的问题是，如何应用全过程造价管理的先进思想来打破传统的工程造价管理体制的束缚，也就是说要跳出原有的基于标准定额造价管理的限制。我们只有打破传统的国家统一标准定额管理的工程造价管理模式，才能建立起适合市场经济条件下的工程项目全过程造价管理的科学方法。因为随着工程项目施工技术与水平、施工管理方法与水平的提高，随着各方面技术进步的不断加快，随着市场经济日益激烈所造成的企业技术创新的发展，传统的国家统一标准定额工程造价管理方法已经难以适应企业在施工技术方法、施工管理技术、尤其是劳动生产率方面的差异，加上市场价格的变化等因素，传统的标准定额管理方法无法真正对一个具体工程项目实现科学的全过程造价管理，所以有必要运用最新的科学管理理论与方法，建立一套适合当今工程项目造价管理特点的全过程造价管理的技术方法。

1.4 我国的注册造价工程师执业制度

根据中华人民共和国建设部第75号令，我国造价工程师实行注册执业制度。《注册造价工程师管理办法》自2000年3月1日起施行。根据中华人民共和国建设部第150号令，新的《造价工程师注册管理办法》自2007年3月1日起施行，全文如下：

第一章 总 则

第一条 为了加强对注册造价工程师的管理，规范注册造价工程师执业行为，维护社会公共利益，制定本办法。

第二条 中华人民共和国境内注册造价工程师的注册、执业、继续教育和监督管理，适用本办法。

第三条 本办法所称注册造价工程师，是指通过全国造价工程师执业资格统一考试或者资格认定、资格互认，取得中华人民共和国造价工程师执业资格（以下简称执业资格），并按照本办法注册，取得中华人民共和国造价工程师注册执业证书（以下简称注册证书）和执业印章，从事工程造价活动的专业人员。

未取得注册证书和执业印章的人员，不得以注册造价工程师的名义从事工程造价活动。

第四条 国务院建设主管部门对全国注册造价工程师的注册、执业活动实施统一监督管理；国务院铁路、交通、水利、信息产业等有关部门按照国务院规定的职责分工，对有关专业注册造价工程师的注册、执业活动实施监督管理。

省、自治区、直辖市人民政府建设主管部门对本行政区域内注册造价工程师的注册、执业活动实施监督管理。

第五条 工程造价行业组织应当加强造价工程师自律管理。

鼓励注册造价工程师加入工程造价行业组织。

第二章 注 册

第六条 注册造价工程师实行注册执业管理制度。

取得执业资格的人员，经过注册方能以注册造价工程师的名义执业。

第七条 　 注册造价工程师的注册条件为：

（一）取得执业资格；

（二）受聘于一个工程造价咨询企业或者工程建设领域的建设、勘察设计、施工、招标代理、工程监理、工程造价管理等单位；

（三）无本办法第十二条不予注册的情形。

第八条 　 取得执业资格的人员申请注册的，应当向聘用单位工商注册所在地的省、自治区、直辖市人民政府建设主管部门（以下简称省级注册初审机关）或者国务院有关部门（以下简称部门注册初审机关）提出注册申请。

对申请初始注册的，注册初审机关应当自受理申请之日起 20 日内审查完毕，并将申请材料和初审意见报国务院建设主管部门（以下简称注册机关）。注册机关应当自受理之日起 20 日内作出决定。

对申请变更注册、延续注册的，注册初审机关应当自受理申请之日起 5 日内审查完毕，并将申请材料和初审意见报注册机关。注册机关应当自受理之日起 10 日内作出决定。

注册造价工程师的初始、变更、延续注册，逐步实行网上申报、受理和审批。

第九条 　 取得资格证书的人员，可自资格证书签发之日起 1 年内申请初始注册。逾期未申请者，须符合继续教育的要求后方可申请初始注册。初始注册的有效期为 4 年。

申请初始注册的，应当提交下列材料：

（一）初始注册申请表；

（二）执业资格证件和身份证件复印件；

（三）与聘用单位签订的劳动合同复印件；

（四）工程造价岗位工作证明；

（五）取得资格证书的人员，自资格证书签发之日起 1 年后申请初始注册的，应当提供继续教育合格证明；

（六）受聘于具有工程造价咨询资质的中介机构的，应当提供聘用单位为其交纳的社会基本养老保险凭证、人事代理合同复印件，或者劳动、人事部门颁发的离退休证复印件；

（七）外国人应当提供外国人就业许可证书，我国台港澳人员应提供就业证书复印件。

第十条 　 注册造价工程师注册有效期满需继续执业的，应当在注册有效期满 30 日前，按照本办法第八条规定的程序申请延续注册。延续注册的有效期为 4 年。

申请延续注册的，应当提交下列材料：

（一）延续注册申请表；

（二）注册证书；

（三）与聘用单位签订的劳动合同复印件；

（四）前一个注册期内的工作业绩证明；

（五）继续教育合格证明。

第十一条 　 在注册有效期内，注册造价工程师变更执业单位的，应当与原聘用单位解除劳动合同，并按照本办法第八条规定的程序办理变更注册手续。变更注册后延续原注册有效期。

申请变更注册的，应当提交下列材料：

（一）变更注册申请表；

（二）注册证书；

（三）与新聘用单位签订的劳动合同复印件；

（四）与原聘用单位解除劳动合同的证明文件；

（五）受聘于具有工程造价咨询资质的中介机构的，应当提供聘用单位为其交纳的社会基本养老保险凭证、人事代理合同复印件，或者劳动、人事部门颁发的离退休证复印件；

（六）外国人应当提供外国人就业许可证书，我国台港澳人员应提供就业证书复印件。

第十二条 有下列情形之一的，不予注册：

（一）不具有完全民事行为能力的；

（二）申请在两个或者两个以上单位注册的；

（三）未达到造价工程师继续教育合格标准的；

（四）前一个注册期内工作业绩达不到规定标准或未办理暂停执业手续而脱离工程造价业务岗位的；

（五）受刑事处罚，刑事处罚尚未执行完毕的；

（六）因工程造价业务活动受刑事处罚，自刑事处罚执行完毕之日起至申请注册之日止不满5年的；

（七）因前项规定以外原因受刑事处罚，自处罚决定之日起至申请注册之日止不满3年的；

（八）被吊销注册证书，自被处罚决定之日起至申请注册之日止不满3年的；

（九）以欺骗、贿赂等不正当手段获准注册被撤销，自被撤销注册之日起至申请注册之日止不满3年的；

（十）法律、法规规定不予注册的其他情形。

第十三条 被注销注册或者不予注册者，在具备注册条件后重新申请注册的，按照本办法第八条第一款、第二款规定的程序办理。

第十四条 准予注册的，由注册机关核发注册证书和执业印章。

注册证书和执业印章是注册造价工程师的执业凭证，应当由注册造价工程师本人保管、使用。

造价工程师注册证书由注册机关统一印制。

注册造价工程师遗失注册证书、执业印章，应当在公众媒体上声明作废后，按照本办法第八条第一款、第三款规定的程序申请补发。

第三章 执 业

第十五条 注册造价工程师执业范围包括：

（一）建设项目建议书、可行性研究投资估算的编制和审核，项目经济评价，工程概、预、结算、竣工结（决）算的编制和审核；

（二）工程量清单、标底（或者控制价）、投标报价的编制和审核，工程合同价款的签订及变更、调整、工程款支付与工程索赔费用的计算；

（三）建设项目管理过程中设计方案的优化、限额设计等工程造价分析与控制，工程保险理赔的核查；

（四）工程经济纠纷的鉴定。

第十六条　注册造价工程师享有下列权利：

（一）使用注册造价工程师名称；

（二）依法独立执行工程造价业务；

（三）在本人执业活动中形成的工程造价成果文件上签字并加盖执业印章；

（四）发起设立工程造价咨询企业；

（五）保管和使用本人的注册证书和执业印章；

（六）参加继续教育。

第十七条　注册造价工程师应当履行下列义务：

（一）遵守法律、法规、有关管理规定，恪守职业道德；

（二）保证执业活动成果的质量；

（三）接受继续教育，提高执业水平；

（四）执行工程造价计价标准和计价方法；

（五）与当事人有利害关系的，应当主动回避；

（六）保守在执业中知悉的国家秘密和他人的商业、技术秘密。

第十八条　注册造价工程师应当在本人承担的工程造价成果文件上签字并盖章。

第十九条　修改经注册造价工程师签字盖章的工程造价成果文件，应当由签字盖章的注册造价工程师本人进行；注册造价工程师本人因特殊情况不能进行修改的，应当由其他注册造价工程师修改，并签字盖章；修改工程造价成果文件的注册造价工程师对修改部分承担相应的法律责任。

第二十条　注册造价工程师不得有下列行为：

（一）不履行注册造价工程师义务；

（二）在执业过程中，索贿、受贿或者谋取合同约定费用外的其他利益；

（三）在执业过程中实施商业贿赂；

（四）签署有虚假记载、误导性陈述的工程造价成果文件；

（五）以个人名义承接工程造价业务；

（六）允许他人以自己名义从事工程造价业务；

（七）同时在两个或者两个以上单位执业；

（八）涂改、倒卖、出租、出借或者以其他形式非法转让注册证书或者执业印章；

（九）法律、法规、规章禁止的其他行为。

第二十一条　在注册有效期内，注册造价工程师因特殊原因需要暂停执业的，应当到注册初审机关办理暂停执业手续，并交回注册证书和执业印章。

第二十二条　注册造价工程师在每一注册期内应当达到注册机关规定的继续教育要求。

注册造价工程师继续教育分为必修课和选修课，每一注册有效期各为 60 学时。经继续教育达到合格标准的，颁发继续教育合格证明。

注册造价工程师继续教育，由中国建设工程造价管理协会负责组织。

第四章　监　督　管　理

第二十三条　县级以上人民政府建设主管部门和其他有关部门应当依照有关法律、法规和本办法的规定，对注册造价工程师的注册、执业和继续教育实施监督检查。

第二十四条 注册机关应当将造价工程师注册信息告知注册初审机关。

省级注册初审机关应当将造价工程师注册信息告知本行政区域内市、县人民政府建设主管部门。

第二十五条 县级以上人民政府建设主管部门和其他有关部门依法履行监督检查职责时，有权采取下列措施：

（一）要求被检查人员提供注册证书；

（二）要求被检查人员所在聘用单位提供有关人员签署的工程造价成果文件及相关业务文档；

（三）就有关问题询问签署工程造价成果文件的人员；

（四）纠正违反有关法律、法规和本办法及工程造价计价标准和计价办法的行为。

第二十六条 注册造价工程师违法从事工程造价活动的，违法行为发生地县级以上地方人民政府建设主管部门或者其他有关部门应当依法查处，并将违法事实、处理结果告知注册机关；依法应当撤销注册的，违法行为发生地县级以上地方人民政府建设主管部门或者其他有关部门应当将违法事实、处理建议及有关材料告知注册机关。

第二十七条 注册造价工程师有下列情形之一的，其注册证书失效：

（一）已与聘用单位解除劳动合同且未被其他单位聘用的；

（二）注册有效期满且未延续注册的；

（三）死亡或者不具有完全民事行为能力的；

（四）其他导致注册失效的情形。

第二十八条 有下列情形之一的，注册机关或者其上级行政机关依据职权或者根据利害关系人的请求，可以撤销注册造价工程师的注册：

（一）行政机关工作人员滥用职权、玩忽职守作出准予注册许可的；

（二）超越法定职权作出准予注册许可的；

（三）违反法定程序作出准予注册许可的；

（四）对不具备注册条件的申请人作出准予注册许可的；

（五）依法可以撤销注册的其他情形。

申请人以欺骗、贿赂等不正当手段获准注册的，应当予以撤销。

第二十九条 有下列情形之一的，由注册机关办理注销注册手续，收回注册证书和执业印章或者公告其注册证书和执业印章作废：

（一）有本办法第二十七条所列情形发生的；

（二）依法被撤销注册的；

（三）依法被吊销注册证书的；

（四）受到刑事处罚的；

（五）法律、法规规定应当注销注册的其他情形。

注册造价工程师有前款所列情形之一的，注册造价工程师本人和聘用单位应当及时向注册机关提出注销注册申请；有关单位和个人有权向注册机关举报；县级以上地方人民政府建设主管部门或者其他有关部门应当及时告知注册机关。

第三十条 注册造价工程师及其聘用单位应当按照有关规定，向注册机关提供真实、准确、完整的注册造价工程师信用档案信息。

注册造价工程师信用档案应当包括造价工程师的基本情况、业绩、良好行为、不良行为等内容。违法违规行为、被投诉举报处理、行政处罚等情况应当作为造价工程师的不良行为记入其信用档案。

注册造价工程师信用档案信息按有关规定向社会公示。

第五章　法　律　责　任

第三十一条　隐瞒有关情况或者提供虚假材料申请造价工程师注册的，不予受理或者不予注册，并给予警告，申请人在1年内不得再次申请造价工程师注册。

第三十二条　聘用单位为申请人提供虚假注册材料的，由县级以上地方人民政府建设主管部门或者其他有关部门给予警告，并可处以1万元以上3万元以下的罚款。

第三十三条　以欺骗、贿赂等不正当手段取得造价工程师注册的，由注册机关撤销其注册，3年内不得再次申请注册，并由县级以上地方人民政府建设主管部门处以罚款。其中，没有违法所得的，处以1万元以下罚款；有违法所得的，处以违法所得3倍以下且不超过3万元的罚款。

第三十四条　违反本办法规定，未经注册而以注册造价工程师的名义从事工程造价活动的，所签署的工程造价成果文件无效，由县级以上地方人民政府建设主管部门或者其他有关部门给予警告，责令停止违法活动，并可处以1万元以上3万元以下的罚款。

第三十五条　违反本办法规定，未办理变更注册而继续执业的，由县级以上人民政府建设主管部门或者其他有关部门责令限期改正；逾期不改的，可处以5000元以下的罚款。

第三十六条　注册造价工程师有本办法第二十条规定行为之一的，由县级以上地方人民政府建设主管部门或者其他有关部门给予警告，责令改正，没有违法所得的，处以1万元以下罚款，有违法所得的，处以违法所得3倍以下且不超过3万元的罚款。

第三十七条　违反本办法规定，注册造价工程师或者其聘用单位未按照要求提供造价工程师信用档案信息的，由县级以上地方人民政府建设主管部门或者其他有关部门责令限期改正；逾期未改正的，可处以1000元以上1万元以下的罚款。

第三十八条　县级以上人民政府建设主管部门和其他有关部门工作人员，在注册造价工程师管理工作中，有下列情形之一的，依法给予处分；构成犯罪的，依法追究刑事责任：

（一）对不符合注册条件的申请人准予注册许可或者超越法定职权作出注册许可决定的；

（二）对符合注册条件的申请人不予注册许可或者不在法定期限内作出注册许可决定的；

（三）对符合法定条件的申请不予受理或者未在法定期限内初审完毕的；

（四）利用职务之便，收取他人财物或者其他好处的；

（五）不依法履行监督管理职责，或者发现违法行为不予查处的。

第六章　附　　则

第三十九条　造价工程师执业资格考试工作按照国务院人事主管部门的有关规定执行。

第四十条　本办法自2007年3月1日起施行。2000年1月21日发布的《造价工程师注册管理办法》（建设部令第75号）同时废止。

第 2 章　我国现行工程造价的构成

2.1　工程造价概述

2.1.1　工程造价的含义

目前工程造价有两种含义，都离不开市场经济的大前提。

第一种含义：工程造价是指建设一项工程预期开支的全部固定资产投资费用。也就是一项工程通过建设形成相应的固定资产、无形资产所需一次性费用的总和。显然这一含义是从投资者——业主的角度来定义的。投资者选定一个投资项目，为了获得预期的效益，就要通过项目评估进行决策，然后进行设计招标、工程招标，直至竣工验收等一系列投资管理活动。在投资活动中支付的全部费用形成了固定资产和无形资产。所有这些开支就构成了工程造价。从这个意义上说，工程造价就是工程投资费用，建设项目工程造价就是建设项目固定资产投资。

第二种含义：工程造价是指工程价格。即为建成一项工程，预计或实际在土地市场、设备市场、技术劳务市场，以及承发包市场等交易活动中所形成的建筑安装工程的价格和建设工程总价格。显然，工程造价的第二种含义是以社会主义商品经济和市场经济为前提的。它以工程这种特定的商品形式作为交易对象，通过招投标、承发包或其他交易方式，在进行多次性预估的基础上，最终由市场形成的价格。

通常是把工程造价的第二种含义只认定为承发包价格。应该肯定，承发包价格是工程造价中一种重要的，也是最典型的价格形式。它是在建筑市场上通过招投标，由需求主体投资者和供给主体建筑商共同认可的价格。

所谓工程造价的两种含义是以不同角度把握同一事物的本质。从建设工程投资者来说，面对市场经济条件下的工程造价就是项目投资，是"购买"项目要付出的价格；同时也是投资者作为市场供给主体时"出售"项目时定价的基础。对于承包商、供应商和规划、设计等机构来说，工程造价是他们作为市场供给主体出售商品和劳务价格的总和，或是特指范围的工程造价，如建筑安装工程造价。

区别工程造价两种含义的理论意义在于，为投资者和以承包商为代表的供应商在工程建设领域的市场行为提供理论依据。当政府提出降低工程造价时，是站在投资者的角度充当着市场需求主体的角色；当承包商提出要提高工程造价、提高利润率，并获得更多的实际利润时，他是要实现一个市场供给主体的管理目标。这是市场运行机制的必然。不同利益主体绝不能混为一谈。同时，两种含义也是对单一计划经济理论的一个否定和反思。区别两种含义的现实意义在于，为实现不同的管理目标，不断充实工程造价的管理内容，完善管理方法，更好地为实现各自的目标服务，从而有利于推动建筑业乃至整个社会的经济增长。

工程造价的特点依赖于工程建设的特点。工程造价有以下特点：

（1）工程造价的大额性　能够发挥投资效用的任何一项工程，不仅实物形体庞大，而且造价高昂。工程造价的大额性使它关系到各方面重大经济利益，同时也会对宏观经济产生重大影响。这就决定了工程造价的特殊地位，也说明了造价管理的重要意义。

（2）工程造价的个别性、差异性　任何一项工程都有特定的用途、功能、规模。因此对每一工程的结构、造型、空间分割、设备配置和内外装饰都有具体要求，所以工程内容和实物形态都有个别性、差异性。产品的差异性决定了工程造价的个别性差异。同时每项工程所处地区、地段都不同，使这一特点得到强化。

（3）工程造价的动态性　任何一项工程从决策到竣工交付使用，都有一个较长的建设期，而且由于不可控因素影响，在施工期内许多影响工程造价的动态因素，如工程变更，设备材料价格变动，政策性费率、汇率等的变动，这种变化必然会影响到造价的变动。所以工程造价在整个建设期中处于不确定状态，直至竣工决算后才能最终确定工程的实际造价。

（4）工程造价的层次性　工程造价的层次性取决于工程的层次性。一个工程项目往往含有多项能够独立发挥专业效能的单项工程。一个单项工程又是由能够各自发挥专业效能的单位工程组成。与此相适应，工程造价有三个层次：建设项目总造价、单项工程造价和单位工程造价。如果专业分工更细，单位工程（如土建工程）的组成部分——分部分项工程也可以成为交工对象。从造价的计算和工程管理的角度看，工程造价的层次性也是非常突出的。

（5）工程造价的兼容性　造价的兼容性首先表现在它具有两种含义，其次表现在造价构成因素的广泛性和复杂性。在工程造价中，首先，成本因素非常复杂。其中为获得建设工程用地支出费用、项目科研和规划费用、与政府一定时期政策（特别是产业政策和税收政策）相关的费用均占有相当的份额。再次，盈利的构成也较为复杂，资金成本较大。

2.1.2　工程造价的职能和作用

1. 工程造价的职能

工程造价的职能既是价格职能的反映，也是价格职能在工程领域的特殊表现。工程造价的职能除一般商品价格职能以外，它还有自己特殊的职能。

（1）工程造价的预测职能　无论投资者或承包商都要对拟建工程进行预先测算。投资者对价格进行预先测算，工程造价不仅作为项目决策依据，同时也是筹集资金、控制造价的依据。承包商对工程造价的测算，既为投标决策提供依据，也为投标报价和成本管理提供依据。

（2）工程造价的控制职能　控制职能表现在两个方面：一方面是对投资的控制，即在投资的各个阶段，根据对造价的多次性预估，对造价进行全过程多层次的控制；另一方面是对承包商为代表的商品和劳务供应企业的成本控制。在价格一定的条件下，企业实际成本开支决定企业的盈利水平。成本越高盈利越低，成本高于造价就危及企业的生存。所以企业要以工程造价来控制成本，利用工程造价提供的信息资料作为成本控制的依据。

（3）工程造价的评价职能　工程造价是评价总投资和分项投资合理性和投资效益的主要依据之一。在评价土地价格、建筑安装产品和设备价格的合理性时，就必须利用工程造价资料；在评价建设项目偿贷能力、获利能力和宏观效益时，也可依据工程造价。工程造价也是评价建筑安装企业管理水平和经营成果的重要依据。

（4）工程造价的调控职能 工程建设直接关系到经济增长，也直接关系到国家重要资源分配和资金流向，对国计民生都产生重大影响。所以国家对建设规模、结构进行宏观调控是在任何条件下都不可缺的，对政府投资项目进行直接调控和管理也是非常必要的。这些都要用工程造价作为经济杠杆，对工程建设中的物资消耗水平、建设规模、投资方向等进行调控和管理。

2. 工程造价的作用

工程造价涉及国民经济各部门、各行业，涉及社会生产中的各个环节，也直接关系到人民群众的生活和城镇居民的居住条件，所以它的作用范围和影响程度都很大。其作用主要有以下几点：

1）建设工程造价是项目决策的工具。建设工程投资大、生产和使用周期长等特点决定了项目决策的重要性。工程造价决定着项目的一次性投资费用。

2）建设工程造价是制订投资计划和控制投资的有效工具。

3）建设工程造价是筹集建设资金的依据。

4）建设工程造价是合理利益分配和调节产业结构的手段。

5）工程造价是评价投资效果的重要指标。

建设工程造价是一个包含着多层次工程造价的体系，就一个工程项目来说，它既是一个建设项目的总造价，又包含单项工程的造价和单位工程的造价，同时也包含单位生产能力的造价，或每平方米建设面积的造价等。所有这些，使工程造价本身形成了一个指标体系。所以它能够为评价投资效果提供多种指标，并能够形成新的价格信息，为今后类似项目的投资提供参考。

2.1.3 工程造价管理的含义

工程造价管理有两种含义：一是建设工程投资费用管理，二是工程价格管理。工程造价确定依据的管理和工程造价专业队伍建设的管理则是为这两种管理服务的。

工程投资费用管理属于投资管理范畴。明确地说，它属于建设工程投资管理范畴。

作为工程造价的第二种含义的管理，即工程价格管理，它属于价格管理的范畴。在社会主义市场经济条件下，价格管理分两个层次。在微观上讲，是生产企业在掌握市场价格信息的基础上，为实现管理目标而进行的成本控制、计价、定价和竞价的系统活动。它反映了微观主体按支配价格运动的经济规律，对商品价格进行能动的计划、预测、监控和调整，并接受价格对生产的调节。在宏观层次上，是政府根据社会经济发展的要求，利用法律手段、经济手段和行政手段对价格进行管理和调控，以及通过市场管理规范市场主体价格行为的系统活动。工程建设关系国计民生，同时，政府投资公共、公益性项目在今后仍然会占相当份额。因此国家对工程造价的管理，不仅承担一般商品价格的调控职能，而且在政府投资项目上也承担着微观主体的管理职能，是工程造价管理的一大特色。区别两种管理职能，进而制定不同的管理目标，采用不同的管理方法是必然的发展趋势。

2.1.4 工程造价管理的基本内容

工程造价管理的基本内容就是合理地确定和有效地控制工程造价（表2-1）。

所谓工程造价的合理确定，就是在建设程序的各个阶段，合理确定投资估算、概算造价、预算造价、承包合同价、结算价、竣工结算价。

表 2-1　各阶段工程造价的确定

项目建议书阶段	按照有关规定，应编制初步投资估算，经有关权威部门批准，作为拟建项目列入国家中长期计划和开展前期工作的控制造价
可行性研究阶段	按照有关规定编制的投资估算，经有关权威部门批准，即为该项目控制造价
初步设计阶段	按照有关规定编制的初步设计总概算，经有关权威部门批准，即作为拟建项目工程造价的最高限额。对初步设计阶段，实行建设项目招标承包制签订承包合同协议的，其合同价也应在最高限价（总概算）相应的范围内
施工图设计阶段	按规定编制施工图预算，用以核实施工图阶段预算造价是否超过批准的初步设计概算
招标阶段	对施工图预算为基础的招投标的工程，承包合同价也是以经济合同形式确定的建筑安装工程总造价
工程实施阶段	按照承包方实际完成的工程量，以合同价为基础，同时考虑物价上涨所引起的造价变动，考虑到设计中难以预计的而在施工阶段实际发生的工程和费用，合理确定结算价
竣工验收阶段	全面汇集在工程建设过程中实际花费的全部费用，编制竣工决算，如实体现该建设工程的实际造价

工程造价的有效控制就是在优化建设方案、设计方案的基础上，在建设程序的各个阶段，采用一定的方法和措施把工程造价控制在合理的范围和核定的造价限额以内。具体说，要用投资估算价控制设计方案的选择和初步设计概算造价；用概算造价控制技术设计和修正概算造价；用概算造价或修正概算造价控制施工图设计和预算造价，以求合理使用人力、物力和财力，取得较好的投资效益（控制造价在这里强调的是控制项目投资）。

2.2　工程造价的构成

建设项目投资含固定资产投资和流动资产投资两部分，建设项目总投资中的固定资产投资与建设项目的工程造价在量上相等。工程造价的构成按工程项目建设过程中各类费用的支出或花费的性质、途径等来确定，是通过费用划分和汇集所形成的工程造价的费用分解构成。工程造价基本构成中，包括用于购买工程项目所含各种设备的费用，用于建筑施工和安装所需的支出的费用，用于委托工程勘察设计应支付的费用，用于购置土地所需的费用，也包括用于建设单位自身进行项目筹建和项目管理所花费的费用等。总之，工程造价是工程项目按照建设内容、建设规模、建设标准、功能要求和使用要求等全部建成并验收合格交付使用所需的全部费用。

我国现行的工程造价的构成主要划分为设备及工器具购置费用、建筑安装工程费用、工程建设其他费用、预备费、建设期贷款利息、固定资产投资方向调节税（该税种目前已停征）等几项，见图 2-1。

2.2.1　建筑安装工程费用

1. 我国现行的建筑安装工程费用构成

建筑工程费用由分部分项工程费用、措施项目费用、其他项目费用、规费和税金组成。

这是工程量清单计价模式下的建筑工程费用项目组成，见图2-2。这种费用组成把实体消耗所需的费用、非实体消耗所需的费用、招标人特殊要求所需的费用分别列出，清晰、简单，突出非实体消耗的竞争性。分部分项工程费、措施项目费、其他项目费均实行"综合单价"，体现了与国际惯例做法的一致性。考虑我国的实际情况，将规费、税金单独列出。

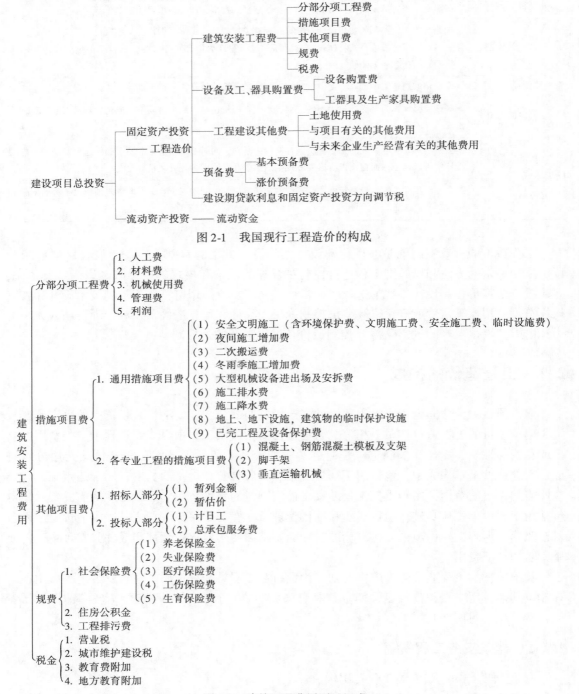

图 2-1　我国现行工程造价的构成

图 2-2　建筑工程费用项目组成

2. 建筑安装工程费用构成详析

（1）分部分项工程费用　分部分项工程费由人工费、材料费、机械使用费、管理费、利润组成。

1）人工费。人工费是指为直接从事建筑安装工程施工的生产工人支付的有关费用。人工单价内容包括：基本工资、辅助工资、工资性津贴、福利费、劳动保护费。

①基本工资：指按企业工资标准发放给生产工人的基本工资。

②辅助工资：指生产工人除法定节假日以外非工作时间的工资。包括职工学习、探亲、女工哺乳期的工资，病假在六个月以内的工资及产、婚、丧假期的工资等。

③工资性津贴：指在基本工资之外的各类补贴，包括：物价补贴、煤和燃气补贴、交通补贴、住房补贴和流动施工津贴等。

④福利费：指按规定标准计提的生产工人福利费。

⑤劳动保护费：指按国家有关部门规定标准发放的生产工人劳动保护用品的购置费及修理费，防暑降温费，以及在有碍身体健康环境中施工的保健费用等。

2）材料费。材料费指施工过程中耗用的、构成工程实体的原材料、辅助材料、构配件（半成品）、零件的费用，以及材料、构配件的检验试验费用。

材料单价内容包括：材料原价（或供应价格）、材料运杂费、采购及保管费、检验试验费等四项费用（元/每计量单位）。

①材料原价（或供应价格）：指材料的出厂价、进口材料抵岸价格或市场批发价（元/每计量单位）。

②材料运杂费：指材料自来源地运至工地仓库或指定堆放地点所发生的装卸、运输费用，以及运输、装卸过程中不可避免的损耗，运输过程中包装材料的摊销等费用。

③采购及保管费：指材料采购和保管、供应所发生的采购费、仓储费、工地保管费、仓储损耗费等。

$$采购及保管费 = (材料原价 + 材料运杂费) \times 采购及保管费率(元/每计量单位)$$

④检验试验费：指规范规定的对建筑材料、构件进行鉴定、检查所发生的费用。包括自设试验室进行试验所耗用的材料和化学药品等费用。不包括新结构、新材料的试验费和建设单位对具有出厂合格证明的材料进行检验及对构件做破坏性试验的费用。

3）施工机械使用费。施工机械使用费指施工机械作业所发生的机械使用费用及机械安装、拆卸、场外运输费等。它包括土（石）方机械、打桩机械、水平运输机械、垂直运输机械、混凝土及砂浆机械、泵类机械、焊接机械、动力机械、地下工程机械、加工机械、其他机械等机械使用的费用。

机械台班单价内容包括：折旧费、大修理费、经常修理费、机上人工费、燃料动力费、机械安拆和场外运输费、养路费及车船使用税等七项费用（元/台班）。或机械台班单价 = 租赁单价（元/台班）。

①折旧费：指施工机械在规定的使用年限内，陆续收回其原值及购置资金的时间价值。

$$折旧费 = 预算价格 \times (1 - 残值率) \times 时间价值系数/耐用总台班(元/台班)$$

②大修理费：指施工机械按规定的大修理间隔台班进行必要的大修理，以恢复其正常功能所需的费用。

$$大修理费 = 一次大修理费 \times 寿命期内大修理次数/耐用总台班(元/台班)$$

③经常修理费：指施工机械除大修理以外的各级保养和临时故障排除所需的费用。

④机上人工费：指机上司机（司炉）和其他操作人员的工作台班人工费及上述人员工作台班以外的人工费。

⑤燃料动力费：指施工机械在运转作业中所消耗的固体燃料、液体燃料及水、电等费用。燃料动力费 = $\sum$（台班燃料动力消耗数量 × 相应燃料单价）（元/台班）

⑥除大型机械安拆和场外运输费以外的其他机械安拆和场外运输费。

⑦养路费及车船使用税：指施工机械按国家规定和省有关部门规定应交纳的养路费、车船使用税、保险费及年检费等。

4）管理费：是指建筑安装企业组织施工生产和经营管理所需费用，包括：

①管理人员工资：是指管理人员的基本工资、工资性补贴、职工福利费、劳动保护费等。

②办公费：指企业办公用的文具、纸张、账表、印刷、邮电、书报、会议、水电燃气等费用。

③差旅交通费：指职工因公出差的差旅费、住勤补助费、市内交通费和午餐补助费、职工探亲路费、劳动力招募费、工伤人员就医路费，工地转移费及管理部门使用的交通工具油料、燃料、养路费及牌照费等。

④固定资产使用费：指属于固定资产的房屋、设备、仪器等的折旧、大修、维修或租赁费等。

⑤工具用具使用费：指不属于固定资产的工具、器具、家具、交通工具、检验用具、消防用具等的购置、维修和摊销费用等。

⑥劳动保险费：是指由企业支付离退休职工的易地安家补助费、职工退职金、六个月以上的病假人员工资、职工死亡丧葬补助费、抚恤费、按规定支付给离休干部的各项经费。

⑦工会经费：是指企业按职工工资总额计提的工会经费。

⑧职工教育经费：是指企业为职工学习先进技术和提高文化水平，按职工工资总额计提的费用。

⑨财产保险费：是指施工管理用财产、车辆保险。

⑩财务费：是指企业为筹集资金而发生的各种费用。

⑪税金：是指企业按规定缴纳的房产税、车船使用税、土地使用税、印花税等。

⑫其他：包括技术转让费、技术开发费、业务招待费、绿化费、广告费、公证费、法律顾问费、审计费、咨询费等。

5）利润：利润是指施工企业完成所承包工程应收取的利润。

（2）措施项目费　措施项目费是指为完成工程项目施工，发生于该工程施工准备和施工过程中的技术、生活、安全、环境保护等方面的项目。由通用措施项目和专业措施项目构成。通用措施项目包括下列各项：

1）安全文明施工。含环境保护费、文明施工费、安全施工费、临时设施费。

环境保护费：是指施工现场为达到环保部门要求所需要的各项费用。

文明施工费：是指施工现场文明施工所需要的各项费用。

安全施工费：是指施工现场安全施工所需要的各项费用。

临时设施费：指施工企业为进行建筑工程施工所必需的生活和生产用临时建筑物、构筑物和其他临时设施等的搭设、维修、拆除费或摊销费。临时设施包括：临时生活设施、办公室、文化娱乐用房、构筑物、仓库、加工棚及规定范围内供水、供电（用电设施除外）、排水管道等。

2）夜间施工增加费：指因工程结构及施工工艺要求，必须进行夜间施工所发生的降低工效、夜班补助、夜间施工照明设备摊销及照明用电等费用。

3）二次搬运费：指因施工现场场地窄小等特殊情况，经过批准的施工组织设计，施工用主要材料需二次倒运所发生的费用。

4）冬雨季施工增加费：指在冬雨季施工期间，为保证工程质量，采取保温、防护措施所增加的费用，以及因工效和机械作业效率降低所增加的费用。

5）大型机械设备进出场及安拆费：指机械整体或分体，自停放场地运至施工现场或由一个施工地点运至另一个施工地点，所发生的机械进出场运输转移费用及机械在施工现场进行安装、拆卸所需的人工费、材料费、机械费、试运转费和安装所需的辅助设施的费用。

6）施工排水费：指为确保工程在正常条件下施工，采取各种排水措施降低地下水位所发生的各种费用。

7）施工降水费：指为确保工程在正常条件下施工，采取各种降水措施降低地下水位所发生的各种费用。

8）地上、地下设施，建筑物的临时保护设施费：指施工期间，为降低或保证地下管线、地下设施及周围一定范围内的已有建筑建筑，不受施工影响而采取的保护措施所发生的费用。

9）已完工程及设备保护费：指竣工验收前，对已完工程及设备进行保护所需费用。

专业措施项目需要造价师根据具体的工程性质和实际情况进行选择列项。

（3）规费　根据国家法律、法规规定，由省级政府或省级有关权力部门规定施工企业必须缴纳的，应计入建筑安装工程造价的费用。包括：

1）社会保险费：包括养老保险费、失业保险费、医疗保险费、工伤保险费、生育保险费。

养老保险费：是指企业按照国家规定标准为职工缴纳的养老保险费。

失业保险费：是指企业按照国家规定标准为职工缴纳的失业保险费。

医疗保险费：是指企业按照国家规定标准为职工缴纳的基本医疗保险费。

工伤保险费：是指企业按照国家规定标准为职工缴纳的工伤保险费。

生育保险费：是指企业按照国家规定标准为职工缴纳的生育保险费。

2）住房公积金：是指企业按规定标准为职工缴纳的住房公积金。

3）工程排污费：是指施工现场按规定缴纳的工程排污费。

（4）税金　税金是指国家税法规定的应计入建筑工程造价内的营业税、城市维护建设税、教育费附加和地方教育附加。国家为了集中必要的资金，保证重点建设，加强基本建设管理，控制固定资产投资规模，对各施工企业承包工程的收入征收营业税，以及对承建工程单位征收的城市建设维护税、教育附加费和地方教育附加。该费用由施工企业代收，与税务部门进行结算。

3. 国外建筑安装工程费用的构成

国外建筑安装工程费用的构成与我国的情况大致相同，尤其是直接费的计算基本一致。

但是由于历史的原因，国外基本上是市场经济条件下的计算习惯，并以西方经济学为依据，为竞争的目的而估价；而我国却是在计划经济条件下，按固定价格进行预算而进行的计价习惯，故在构成上还是有差异的。国外建筑安装工程费用的构成可用图2-3表示。

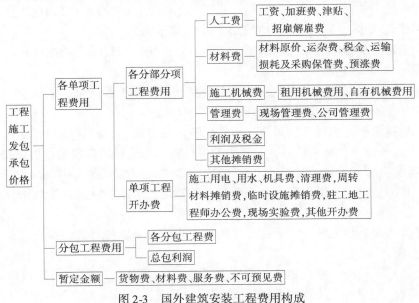

图2-3 国外建筑安装工程费用构成

（1）直接费的构成

1）工资。国外一般工程施工人员按技术要求划分为高级技工、熟练工、半熟练工和壮工。当工程价格采用平均工资计算时，要按各类工人总数的比例进行加权计算。工资应该包括工资、加班费、津贴、招雇解雇费等。

2）材料费。包括材料原价、运杂费、税金、运输损耗及采购保管费、预涨费。

材料原价：在当地材料市场中采购的材料则为采购价，包括材料出厂价和采购供销手续费等；进口材料一般是指到达当地海港的交货价。

运杂费：在当地采购的材料是指从采购地点至工程施工现场的短途运输费、装卸费；进口材料则为从当地海港运至工程施工现场的运输费、装卸费。

税金：在当地采购的材料，采购价格中已经包括税金；进口材料则为工程所在国的进口关税和手续费等。

运输损耗：运输中的损耗所产生的费用。

采购保管费：材料在采购和保管过程中产生的费用。

预涨费：根据当地材料价格年平均上涨率和施工年数，按材料原价、运杂费、税金之和的一定比例计算。

3）施工机械费。大型自有机械台时单价，一般由每台时应摊折旧费、应摊维修费、台时消耗的能源和动力费、台时应摊的驾驶工人工资以及工程机械设备险投保费、第三者责任险投保费等组成。如使用租赁施工机械时，其费用则包括租赁费、租赁机械的进出场费等。

（2）管理费 管理费包括工程现场管理费（约占整个管理费的20%～30%）和公司管理费（约占整个管理费的70%～75%）。管理费除了包括与我国施工管理费构成相似的工作人员工资、工作人员辅助工资、办公费、差旅交通费、固定资产使用费、生活设施使用费、工具用具使用费、劳动保护费、检验试验费以外，还含有业务经费。业务经费包括：

1）广告宣传费。

2）交际费。如日常接待饮料、宴请及礼品费等。

3）业务资料费。如购买投标文件、文件及资料复印费等。

4）业务所需手续费。施工企业参加投标时，必须由银行开具投标保函；在中标后必须由银行开具履约保函；在收到业主的工程预付款以前必须由银行开具付款保函；在工程竣工后，必须由银行开具质量或维修保函。在开具以上保函时，银行要收取一定的担保费。

5）代理人费用和佣金。施工企业为争取中标或为加强收取工程款，于是在工程所在地（所在国）寻找代理人或签订代理合同，因而付出的佣金和费用。

6）保险费。包括建筑安装工程一切险投保费、第三者责任险投保费等。

7）税金。包括印花税、转手税、公司所得税、个人所得税、营业税、社会安定税等。

8）向银行贷款的利息。在许多国家，施工企业的业务及管理费往往是管理费中所占比例最大的一项，大约占整个管理费的 30% ~ 38%。

（3）开办费　在许多国家，开办费一般是在各分部分项工程造价的前面按单项工程分别单独列出。单项工程建筑安装工程量越大，开办费在工程价格中的比例就越小；反之开办费就越大。一般开办费约占工程价格的 10% ~ 20%。开办费包括的内容因国家和工程的不同而异，大致包括以下内容：

1）施工用水、用电费。施工用水费，按实际打井、抽水、送水发生的费用估算，也可以按占直接费的比率估计。施工用电费，按实际需要的电费或自行发电费估算，也可按照占直接费的比率估算。

2）工地清理费及完工后清理费，建筑物烘干费，临时围墙、安全信号、防护用品的费用以及恶劣气候条件下的工程防护费、污染费、噪声费，其他法定的防护费用。

3）周转材料摊销费。如脚手架、模板的摊销费等。

4）临时设施摊销费。包括生活用房、生产用房、临时通信、室外工程（包括道路、停车场、围墙、给排水管道、输电线路等）的费用，可按实际需要计算。

5）驻工地工程师的现场办公室及所需设备的费用，现场材料试验及所需设备的费用。一般在招标文件的技术规范中有明确的面积、质量标准及设备清单等要求。如要求配备一定的服务人员或实验助理人员，则其工资费用也需计入。

6）其他。包括工人现场福利费及安全费、职工交通费、日常气候报表费、现场道路及进出场道路修筑及维护费、恶劣天气下的工程保护措施费、现场保卫设施费等。

（4）利润　国际市场上，施工企业的利润一般占成本的 10% ~ 15%，也有的管理费与利润合取，占直接费的 30% 左右。具体工程的利润率要根据具体情况，如工程难易、现场条件、工期长短、竞争对手的情况等随行就市确定。

（5）暂定金额　这是指包括在合同中，供工程任何部分的施工或提供货物、材料、设备或服务、不可预料事件的费用使用的一项金额，这项金额只有工程师批准后才能动用。

（6）分包工程费用　包括分包工程的直接费、管理费和利润。是指分包单位向总包单位交纳的总包管理费、其他服务费和利润。

2.2.2　设备及工器具购置费用

设备及工器具购置费用是由设备购置费用和工器具及生产家具购置费组成的，它是固定资产投资中的积极部分。在生产性工程建设中，设备及工、器具购置费用占工程造价比重的增大，意味着生产技术的进步和资本有机构成的提高。

1. 设备购置费的构成及计算

设备购置费是指建设项目购置或自制的达到固定资产标准的各种国产或进口设备、工具、器具的购置费用。它由设备原价和设备运杂费构成。

$$设备购置费 = 设备原价 + 设备运杂费 \tag{2-1}$$

上式中，设备原价指国产设备或进口设备的原价；设备运杂费指除设备原价之外的关于设备采购、运输、途中包装及仓库保管等方面支出费用的总和。

（1）国产设备原价的构成及计算　国产设备原价一般指的是设备制造厂的交货价，或订货合同价。它一般根据生产厂或供应商的询价、报价、合同价确定，或采用一定的方法计算确定。国产设备原价分为国产标准设备原价和国产非标准设备原价。

1）国产标准设备原价。国产标准设备是指按照主管部门颁布的标准图样和技术要求，由我国设备生产厂批量生产的，符合国家质量检测标准的设备。国产标准设备原价有两种，即带有备件的原价和不带有备件的原价。在计算时，一般采用带有备件的原价。

2）国产非标准设备原价。国产非标准设备是指国家尚无定型标准，各设备生产厂不可能在工艺过程中采用批量生产，只能按一次订货，并根据具体的设计图样制造的设备。非标准设备原价有多种不同的计算方法，如成本计算估价法、系列设备插入估价法、分部组合估价法、定额估价法等。但无论采用哪种方法，都应该使非标准设备计价接近实际出厂价，并且计算方法要简便。按成本计算估价法，非标准设备的原价由以下各项组成：

①材料费。其计算公式如下：

$$材料费 = 材料净重 \times (1 + 加工损耗系数) \times 每吨材料综合价$$

②加工费。包括生产工人工资和工资附加费、燃料动力费、设备折旧费、车间经费等。其计算公式如下：

$$加工费 = 设备总重量(t) \times 设备每吨加工费$$

③辅助材料费（简称辅材费），包括焊条、焊丝、氧气、氩气、氮气、油漆、电石等费用。其计算公式如下：

$$辅助材料费 = 设备总重量 \times 辅助材料费指标$$

④专用工具费。按①~③项之和乘以一定百分比计算。

⑤废品损失费。按①~④项之和乘以一定百分比计算。

⑥外购配套件费。按设备设计图样所列的外购配套件的名称、型号、规格、数量、重量，根据相应的价格加运杂费计算。

⑦包装费。按以上①~⑥项之和乘以一定百分比计算。

⑧利润。可按①~⑤项加第⑦项之和乘以一定利润率计算。

⑨税金。主要指增值税。计算公式为

$$增值税 = 当期销项税额 - 当期进项税额$$

$$当期销项税额 = 销售额 \times 适用增值税率$$

⑩非标准设备设计费：按国家规定的设计费收费标准计算。

综上所述，单台非标准设备原价可用下面的公式表达：

单台非标准设备原价 = ｛[（材料费 + 加工费 + 辅助材料费）×（1 + 专用工具费率）×（1 + 废品损失费率）+ 外购配套件费] ×（1 + 包装费率）– 外购配套件费｝×（1 + 利润率）+ 销项税金 + 非标准设备设计费 + 外购配套件费

（2）进口设备原价的构成及计算　进口设备的原价是指进口设备的抵岸价，即抵达买方边境港口或边境车站，且交完关税等税费后形成的价格。进口设备抵岸价的构成与进口设备的交货类别有关。

1）进口设备的交货类别。进口设备的交货类别可分为内陆交货类、目的地交货类、装运港交货类。

内陆交货类。即卖方在出口国内陆的某个地点交货。在交货地点，卖方及时提交合同规定的货物和有关凭证，并负担交货前的一切费用和风险；买方按时接收货物，交付货款，负担接货后的一切费用和风险，并自行办理出口手续和装运出口。货物的所有权也在交货后由卖方转移给买方。

目的地交货类。即卖方在进口国的港口或内地交货。有目的港船上交货价、目的港船边交货价（FOS）和目的港码头交货价（关税已付）及完税后交货价（进口国的指定地点）等几种交货价。它们的特点是：买卖双方承担的责任、费用和风险是以目的地约定交货点为分界线，只有当卖方在交货点将货物置于买方控制下才算交货，才能向买方收取货款。这种交货类别对卖方来说承担的风险较大，在国际贸易中卖方一般不愿采用。

装运港交货类。即卖方在出口国装运港交货，主要有装运港船上交货价（FOB），习惯称离岸价格，运费在内价（C&F）和运费、保险费在内价（CIF），习惯称到岸价格。它们的特点是：卖方按照约定的时间在装运港交货，只要卖方把合同规定的货物装船后提供货运单据便完成交货任务，可凭单据收回货款。

装运港船上交货价（FOB）是我国进口设备采用最多的一种货价。采用船上交货价时卖方的责任是：在规定的期限内，负责在合同规定的装运港口将货物装上买方指定的船舱，并及时通知买方；负担货物装船前的一切费用和风险，负责办理出口手续；提供出口国政府或有关方面签发的证件；负责提供有关装运单据。买方的责任是：负责租船或订舱，支付运费，并将船期、船名通知卖方；负担货物装船后的一切费用和风险；负责办理保险及支付保险费，办理在目的港的进口和收货手续；接受卖方提供的有关装运单据，并按合同规定支付货款。

2）进口设备抵岸价的构成及计算：进口设备采用最多的是装运港船上交货价（FOB），其抵岸价的构成可概括为

进口设备抵岸价 = 货价 + 国际运费 + 运输保险费 + 银行财务费 + 外贸手续费 + 关税 + 增值税 + 消费税 + 海关监管手续费 + 车辆购置附加费

①货价。一般指装运港船上交货价（FOB）。设备货价分为原币货价和人民币货价。原币货价一律折算为美元表示，人民币货价按原币货价乘以外汇市场美元兑换人民币中间价确定。进口设备货价按有关生产厂商询价、报价、订货合同价计算。

②国际运费。即从装运港（站）到达我国抵达港（站）的运费。我国进口设备大部分采用海洋运输，小部分采用铁路运输，个别采用航空运输。进口设备国际运费计算公式为

$$国际运费（海、陆、空）＝原币货价（FOB）×运费率$$
$$国际运费（海、陆、空）＝运量×单位运价$$

其中，运费率或单位运价参照有关部门或进出口公司的规定执行。

③运输保险费。对外贸易货物运输保险是由保险人（保险公司）与被保险人（出口人或进口人）订立保险契约，在被保险人交付议定的保险费后，保险人根据保险契约的规定对货物在运输过程中发生的承保责任范围内的损失给予经济上的补偿。这是一种财产保险。计算公式为

$$运输保险费＝\frac{原币货价（FOB）＋国外运费}{1－保险费率}×保险费率$$

其中，保险费率按保险公司规定的进口货物保险费率计算。

④银行财务费。一般是指中国银行手续费，可按下式简化计算：

$$银行财务费＝人民币货价（FOB）×人民币外汇牌价×银行财务费率$$

⑤外贸手续费。指按对外经济贸易部规定的外贸手续费率计取的费用。外贸手续费率一般取1.5%。计算公式为

$$外贸手续费＝（装运港船上交货价（FOB）＋国际运费＋运输保险费）$$
$$×外贸手续费率$$

⑥关税。由海关对进出国境或关境的货物和物品征收的一种税。计算公式为

$$关税＝到岸价格（CIF）×进口关税税率$$

其中，到岸价格（CIF）包括离岸价格（FOB）、国际运费、运输保险费等费用，它作为关税完税价格。

进口关税税率分为优惠税率和普通税率两种。优惠税率适用于与我国签订有关税互惠条款的贸易条约或协定的国家的进口设备；普通税率适用于与我国未签订有关税互惠条款的贸易条约或协定的国家的进口设备。进口关税税率按我国海关总署发布的进口关税税率计算。

⑦增值税。是对从事进口贸易的单位和个人，在进口商品报关进口后征收的税种。我国增值税条例规定，进口应税产品均按组成计税价格和增值税税率直接计算应纳税额。即

$$进口产品增值税额＝组成计税价格×增值税税率$$
$$组成计税价格＝关税完税价格＋关税＋消费税$$

增值税税率根据规定的税率计算。

⑧消费税。对部分进口设备（如轿车、摩托车等）征收，一般计算公式为

$$应纳消费税额＝\frac{到岸价＋关税}{1－消费税税率}×消费税税率$$

其中，消费税税率根据规定的税率计算。

⑨海关监管手续费。指海关对进口减税、免税、保税货物实施监督、管理、提供服务的手续费。对于全额征收进口关税的货物不计本项费用。其公式如下：

$$海关监管手续费＝到岸价×海关监管手续费率（一般为0.3%）$$

⑩车辆购置附加费。进口车辆需缴进口车辆购置附加费。其公式如下：

$$进口车辆购置附加费＝（到岸价＋关税＋消费税＋增值税）$$
$$×进口车辆购置附加费率$$

（3）设备运杂费的构成及计算

1）设备运杂费的构成。设备运杂费通常由下列各项构成：

①运费和装卸费。国产设备由设备制造厂交货地点起至工地仓库（或施工组织设计指定的需要安装设备的堆放地点）止所发生的运费和装卸费；进口设备则由我国到岸港口或边境车站起至工地仓库（或施工组织设计指定的需安装设备的堆放地点）止所发生的运费和装卸费。

②包装费。在设备原价中没有包含的，为运输而进行的包装支出的各种费用。

③设备供销部门的手续费。按有关部门规定的统一费率计算。

④采购与仓库保管费。指采购、验收、保管和收发设备所发生的各种费用，包括设备采购人员、保管人员和管理人员的工资、工资附加费、办公费、差旅交通费，设备供应部门办公和仓库所占固定资产使用费、工具用具使用费、劳动保护费、检验试验费等。这些费用可按主管部门规定的采购与保管费费率计算。

2）设备运杂费的计算。设备运杂费按设备原价乘以设备运杂费率计算，其公式为

$$设备运杂费 = 设备原价 \times 设备运杂费率$$

其中，设备运杂费率按各部门及省、市等的规定计取。

2. 工具器具及生产家具购置费的构成及计算

工具器具及生产家具购置费是指新建或扩建项目初步设计规定的，保证初期正常生产必须购置的没有达到固定资产标准的设备、仪器、工卡模具、器具、生产家具和备品备件等的购置费用。一般以设备购置费为计算基数，按照部门或行业规定的工器具及生产家具费率计算。计算公式为

$$工器具及生产家具购置费 = 设备购置费 \times 定额费率$$

2.2.3　工程建设其他费用构成

工程建设其他费用是指从工程筹建起工程竣工验收交付使用的整个建设期间，除建筑安装工程费用和设备及工器具购置费用以外的，为保证工程建设顺利完成和交付使用后能够正常发挥效用而发生的各项费用。

工程建设其他费用，按其内容大体可分为三类，第一类指土地使用费；第二类指与工程建设有关的其他费用；第三类指与未来企业生产经营有关的其他费用。

1. 土地使用费

任何一个建设项目都固定于一定地点与地面相连接，必须占用一定量的土地，也就必然要发生为获得建设用地而支付的费用，这就是土地使用费。它是指通过划拨方式取得土地使用权而支付的土地征用及迁移补偿费，或者通过土地使用权出让方式取得土地使用权而支付的土地使用权出让金。

（1）土地征用及迁移补偿费　土地征用及迁移补偿费，是指建设项目通过划拨方式取得无限期的土地使用权，依照《中华人民共和国土地管理法》等规定所支付的费用。其内容包括：土地补偿费；青苗补偿费和被征用土地上的房屋、水井、树木等附着物补偿费；安置补助费；缴纳的耕地占用税或城镇土地使用税、土地登记费及征地管理费等；征地动迁费；水利水电工程水库淹没处理补偿费；建设单位在建设过程中发生的土地复垦费用和土地损失补偿费用以及建设期间临时占地补偿费。

（2）土地使用权出让金　土地使用权出让金是指建设项目通过土地使用权出让方式，

取得有限期的土地使用权，依照《中华人民共和国城镇国有土地使用权出让和转让暂行条例》规定支付的土地使用权出让金。其内容包括以下几项：

1）明确国家是城市土地的唯一所有者，并分层次、有偿、有限期地出让、转让城市土地。第一层次是城市政府将国有土地使用权出让给用地者，该层次由城市政府垄断经营。出让对象可以是有法人资格的企事业单位，也可以是外商。第二层次及以下层次的转让则发生在使用者之间。

2）城市土地的出让和转让可采用协议、招标、公开拍卖等方式。

协议方式是由用地单位申请，经市政府批准同意后双方洽谈具体地块及地价。该方式适用于市政工程、公益事业用地以及需要减免地价的机关、部队用地和需要重点扶持、优先发展的产业用地。

招标方式是在规定的期限内，由用地单位以书面形式投标，市政府根据投标报价、所提供的规划方案以及企业信誉综合考虑，择优而取。该方式适用于一般工程建设用地。

公开拍卖是指在指定的地点和时间，由申请用地者叫价应价，价高者得。这完全是由市场竞争决定，适用于盈利高的行业用地。

3）在有偿出让和转让土地时，政府对地价不作统一规定，但应坚持以下原则：地价对目前的投资环境不产生大的影响；地价与当地的社会经济承受能力相适应；地价要考虑已投入的土地开发费用、土地市场供求关系、土地用途和使用年限。

4）关于政府有偿出让土地使用权的年限，各地可根据时间、区位等各种条件作不同的规定，一般可在30~99年之间。

土地有偿出让和转让，土地使用者和所有者要签约，明确使用者对土地享有的权利和对土地所有者应承担的义务：有偿出让和转让使用权，要向土地受让者征收契税；转让土地如有增值，要向转让者征收土地增值税；在土地转让期间，国家要区别不同地段、不同用途向土地使用者收取土地占用费。

2. 与项目建设有关的其他费用

根据项目的不同，与项目建设有关的其他费用的构成也不尽相同，一般包括以下各项。在进行工程估算及概算中可根据实际情况进行计算。

（1）建设单位管理费 建设单位管理费是指建设项目立项、筹建、建设、联合试运转、竣工验收、交付使用及后评估等全过程管理所需的费用，内容包括：

1）建设单位开办费。指新建项目为保证筹建和建设工作正常进行所需办公设备、生活家具、用具、交通工具等购置的费用。

2）建设单位经费。包括工作人员的基本工资、工资性补贴、职工福利费、劳动保护费、劳动保险费、办公费、差旅交通费、工会经费、职工教育经费、固定资产使用费、工具用具使用费、技术图书资料费、生产人员招募费、工程招标费、合同契约公证费、工程质量监督检测费、工程咨询费、法律顾问费、审计费、业务招待费、排污费、竣工交付使用清理及竣工验收费、后评估等费用。不包括应计入设备、材料预算价格的建设单位采购及保管设备材料所需的费用。

建设单位管理费按照单项工程费用之和（包括设备、工器具购置费和建筑安装工程费用）乘以建设单位管理费率计算。

（2）勘察设计费 勘察设计费是指为本建设项目提供项目建议书、可行性研究报告及设计文件等所需费用，内容包括：

1）编制项目建议书、可行性研究报告及投资估算、工程咨询、评价以及为编制上述文件所进行勘察、设计、研究试验等所需费用。

2）委托勘察、设计单位进行初步设计、施工图设计及概预算编制等所需费用。

3）在规定范围内由建设单位自行完成的勘察、设计工作所需费用。

勘察设计费中，项目建议书、可行性研究报告按国家颁布的收费标准计算，设计费按国家颁布的工程设计收费标准计算。

（3）研究试验费　研究试验费是指为建设项目提供和验证设计参数、数据、资料等所进行的必要的试验费用以及设计规定在施工中必须进行试验、验证所需费用，包括自行或委托其他部门研究试验所需人工费、材料费、试验设备及仪器使用费等。这项费用按照设计单位根据本工程项目的需要提出的研究试验内容和要求计算。

（4）建设单位临时设施费　建设单位临时设施费是指建设期间建设单位所需临时设施的搭设、维修、摊销费用或租赁费用。

临时设施包括临时宿舍、文化福利及公用事业房屋与构筑物、仓库、办公室、加工厂以及规定范围内的道路、水、电、管线等临时设施和小型设施。

（5）工程监理费　工程监理费是指建设单位委托工程监理单位对工程实施监理工作所需费用。根据原国家物价局、建设部《关于发布工程建设监理费用有关规定的通知》（［1992］价费字 479 号）等文件规定，选择下列方法之一计算：

1）一般情况应按工程建设监理收费标准计算，即按所监理工程概算或预算的百分比计算。

2）对于单工种或临时性项目可根据参与监理的年度平均人数按 3.5~5 万元/（人·年）计算。

（6）工程保险费　工程保险费是指建设项目在建设期间根据需要实施工程保险所需的费用。包括以各种建筑工程及其在施工过程中的物料、机器设备为保险标的建筑工程一切险，以安装工程中的各种机器、机械设备为保险标的安装工程一切险，以及机器损坏保险等。

（7）引进技术和进口设备其他费用　引进技术及进口设备其他费用包括出国人员费用、国外工程技术人员来华费用、技术引进费、分期或延期付款利息、担保费以及进口设备检验鉴定费。

1）出国人员费用。指为引进技术和进口设备派出人员在国外培训和进行设计联络、设备检验等的差旅费、制装费、生活费等。这项费用根据设计规定的出国培训和工作的人数、时间及派往国家，按财政部、外交部规定的临时出国人员费用开支标准及中国民用航空公司现行国际航线票价等进行计算，其中使用外汇部分应计算银行财务费用。

2）国外工程技术人员来华费用。指为安装进口设备、引进国外技术等聘用外国工程技术人员进行技术指导工作所发生的费用。包括技术服务费，外国技术人员的在华工资、生活补贴、差旅费、医药费、住宿费、交通费、宴请费、参观游览等招待费用。这项费用按每人每月费用指标计算。

3）技术引进费。指为引进国外先进技术而支付的费用。包括专利费、专有技术费（技术保密费）、国外设计及技术资料费、计算机软件费等。这项费用根据合同或协议的价格计算。

4）分期或延期付款利息。指利用出口信贷引进技术或进口设备采取分期或延期付款的办法所支付的利息。

5）担保费。指国内金融机构为买方出具保函的担保费。这项费用按有关金融机构规定的担保费率计算（一般可按承保金额的5‰计算）。

6）进口设备检验鉴定费用。指进口设备按规定付给商品检验部门的进口设备检验鉴定费。这项费用按进口设备货价的3‰～5‰计算。

（8）工程承包费　工程承包费是指具有总承包条件的工程公司对工程建设项目从开始建设至竣工投产全过程的总承包所需的管理费用。具体内容包括组织勘察设计、设备材料采购、非标设备设计制造与销售、施工招标、发包、工程预决算、项目管理、施工质量监督、隐蔽工程检查、验收和试车直至竣工投产的各种管理费用。该费用按国家主管部门或省、自治区、直辖市协调规定的工程总承包费取费标准计算。

3. 与未来企业生产经营有关的其他费用

（1）联合试运转费　联合试运转费是指新建企业或新增加生产工艺过程的扩建企业在竣工验收前，按照设计规定的工程质量标准，进行整个车间的负荷或无负荷联合试运转发生的费用支出大于试运转收入的亏损部分。费用内容包括：试运转所需的原料、燃料、油料和动力的费用，机械使用费用，低值易耗品及其他物品的购置费用和施工单位参加联合试运转人员的工资等。试运转收入包括试运转产品销售和其他收入。不包括应由设备安装工程费项下开支的单台设备调试费及试车费用。联合试运转费一般根据不同性质的项目，按需要试运转车间的工艺设备购置费的百分比计算。

（2）生产准备费　生产准备费是指新建企业或新增生产能力的企业，为保证竣工交付使用进行必要的生产准备所发生的费用。费用内容包括：

1）生产人员培训费，包括自行培训、委托其他单位培训的人员的工资、工资性补贴、职工福利费、差旅交通费、学习资料费、学习费、劳动保护费等。

2）生产单位提前进场参加施工，设备安装、调试等以及熟悉工艺流程及设备性能等人员的工资、工资性补贴、职工福利费、差旅交通费、劳动保护费等。

生产准备费一般根据需要培训和提前进场人员的人数及培训时间，按生产准备费指标进行估算。

应该指出，生产准备费在实际执行中是一笔在时间上、人数上、培训深度上很难划分的、活口很大的支出，尤其要严格掌握。

（3）办公和生活家具购置费　办公和生活家具购置费是指为保证新建、改建、扩建项目初期正常生产、使用和管理所必须购置的办公和生活家具、用具的费用。改、扩建项目所需的办公和生活用具购置费应低于新建项目。其范围包括办公室、会议室、资料档案室、阅览室、文娱室、食堂、浴室、理发室、单身宿舍和设计规定必须建设的托儿所、卫生所、招待所、中小学校等家具用具购置费。

2.2.4　预备费、建设期贷款利息、固定资产投资方向调节税

1. 预备费

预备费又称不可预见费。按我国现行规定，预备费包括基本预备费和涨价预备费。

（1）基本预备费　基本预备费是指在初步设计及概算内难以预料的工程费用，内容包括：

1）在批准的初步设计范围内，技术设计、施工图设计及施工过程中所增加的工程费用；设计变更、局部地基处理等增加的费用。

2）一般自然灾害造成的损失和预防自然灾害所采取的措施费用。实行工程保险的工程项目费用应适当降低。

3）竣工验收时为鉴定工程质量对隐蔽工程进行必要的挖掘和修复费用。

基本预备费是按设备及工、器具购置费，建筑安装工程费用和工程建设其他费用三者之和为计取基础，乘以基本预备费率进行计算。

基本预备费 =（设备及工器具购置费 + 建筑安装工程费用 + 工程建设其他费用）× 基本预备费率

基本预备费率的取值应执行国家及部门的有关规定。

（2）涨价预备费　涨价预备费是指建设项目在建设期间由于价格等变化引起工程造价变化的预测预留费用。费用内容包括：人工、设备、材料、施工机械的价差费，建筑安装工程费及工程建设其他费用调整，利率、汇率调整等增加的费用。

涨价预备费的测算方法，一般根据国家规定的投资综合价格指数，以估算年份价格水平的投资额为基数，采用复利方法计算。计算公式为

$$PF = \sum_{t=1}^{n} I_t \left[(1+f)^t - 1 \right]$$

式中　PF——涨价预备费；

　　　n——建设期年份数；

　　　I_t——建设期中第 t 年的投资计划额，包括设备及工器具购置费、建筑安装工程费、工程建设其他费用及基本预备费；

　　　f——年均投资价格上涨率。

【案例 2-1】　某建设项目，建设期为三年，各年投资计划额如下：第一年贷款 7200 万元，第二年 10800 万元，第三年 3600 万元，年均投资价格上涨率为 6%，求建设项目建设期间涨价预备费。

解：第一年涨价预备费为　$PF_1 = I_1 \left[(1+f) - 1 \right] = 7200$ 万元 $\times 0.06$

第二年涨价预备费为　$PF_2 = I_2 \left[(1+f)^2 - 1 \right] = 10800$ 万元 $\times (1.06^2 - 1)$

第三年涨价预备费为　$PF_3 = I_3 \left[(1+f)^3 - 1 \right] = 3600$ 万元 $\times (1.06^3 - 1)$

所以，建设期的涨价预备费为

$$PF = \left[7200 \times 0.06 + 10800 \times (1.06^2 - 1) + 3600 \times (1.06^3 - 1) \right] 万元$$
$$= 2454.54 \ 万元$$

2. 建设期贷款利息

建设期贷款利息包括向国内银行和其他非银行金融机构贷款、出口信贷、外国政府贷款、国际商业银行贷款以及在境内外发行的债券等在建设期间内应偿还的借款利息。

当总贷款是分年均衡发放时，建设期利息的计算可按当年借款在年中支用考虑，即当年贷款按半年计息，上年贷款按全年计息。计算公式为

$$q_j = \left(P_{j-1} + \frac{1}{2}A_j\right)i$$

式中　q_j——建设期第 j 年应计利息；

　　P_{j-1}——建设期第 $(j-1)$ 年末贷款累计金额与利息累计金额之和；

　　A_j——建设期第 j 年贷款金额；

　　i——年利率。

国外贷款利息的计算中，还应包括国外贷款银行根据贷款协议向贷款方以年利率的方式收取的手续费、管理费、承诺费；以及国内代理机构经国家主管部门批准的以年利率的方式向贷款单位收取的转贷费、担保费、管理费等。

【案例 2-2】 某新建项目，建设期为三年，分年均衡进行贷款，第一年贷款 300 万元，第二年 600 万元，第三年 400 万元，年利率为 12%，建设期内利息只计息不支付，计算建设期贷款利息。

解： 在建设期，各年利息计算如下：

$$q_1 = \frac{1}{2}A_1 i = \frac{1}{2} \times 300 \times 12\% \text{万元} = 18 \text{ 万元}$$

$$q_2 = \left(P_1 + \frac{1}{2}A_2\right)i = \left(300 + 18 + \frac{1}{2} \times 600\right) \times 12\% \text{万元} = 74.16 \text{ 万元}$$

$$q_3 = \left(P_2 + \frac{1}{2}A_3\right)i = \left(318 + 600 + 74.16 + \frac{1}{2} \times 400\right) \times 12\% \text{万元} = 143.06 \text{ 万元}$$

所以，建设期贷款利息 $= q_1 + q_2 + q_3 = (18 + 74.16 + 143.06) \text{万元} = 235.22 \text{ 万元}$

3. 固定资产投资方向调节税

为了贯彻国家产业政策，控制投资规模，引导投资方向，调整投资结构，加强重点建设，促进国民经济持续、稳定、协调发展，对在我国境内进行固定资产投资的单位和个人征收固定资产投资方向调节税（简称投资方向调节税）。目前固定资产调节税已停征。

2.3　基本建设程序

1. 基本建设的概念

基本建设是国民经济各部门固定资产的再生产。即是人们使用各种施工机具对各种建筑材料、机械设备等进行建造和安装，使之成为固定资产的过程。其中包括生产性和非生产性固定资产的更新、改建、扩建和新建。与此相关的工作，如征用土地、勘察、设计、筹建机构、培训生产职工等也包括在内。

基本建设一般有五部分的内容：建筑工程，设备安装工程，设备购置，工器具及生产家具的购置，其他基本建设工作。

2. 工程建设项目的划分

工程建设项目是通过建筑业的勘察设计、施工活动以及其他有关部门的经济活动来实现的。它包括从项目意向、项目策划、可行性研究和项目决策，到地质勘察、工程设计、建筑施工、安装施工、生产准备、竣工验收和联动试车等一系列非常复杂的技术经济活动，既包括物质生产活动，又包括非物质生产活动。

建设工程建设项目是一个系统工程，根据工程建设项目的组成内容和层次不同，从大到小，依次可作如下划分：

（1）建设项目　建设项目是指按照一个总体设计或初步设计进行施工的一个或几个单项工程的总体。建设一个项目，一般来说是指进行某一项工程的建设，广义地讲是指固定资产的建构，也就是投资进行建筑、安装和购置固定资产的活动以及与此联系的其他工作。

建设项目一般针对一个企业、事业单位（即建设单位）的建设而言，如某工（矿）企业、某学校等。

为方便对建设工程管理和确定建筑产品价格，将建设项目的整体根据其组成进行科学的分解，可划分为若干单项工程、单位工程、分部工程、分项工程和子项工程。

（2）单项工程　单项工程是指在一个建设项目中，具有独立的设计文件，竣工后可以独立发挥生产能力或效益的工程。如学校中的一栋教学楼、某工（矿）企业中的车间等。单项工程具有独立存在意义，由许多单位工程组成。

（3）单位工程　单位工程是指竣工后不能独立发挥生产能力或效益，但具有独立设计，可以独立组织施工的工程。如教学楼中的土建工程、水暖工程等；生产车间中的管道工程和电气安装工程等。

（4）分部工程　分部工程是单位工程的组成部分。按照工程部位、设备种类和型号、工种和结构的不同，可将一个单位工程分解成若干个分部工程。如土建工程中土石方工程、砌筑工程、屋面工程等。

（5）分项工程　分项工程是分部工程的组成部分，也是建筑工程的基本构成要素。按照不同的施工方法、不同的材料、不同的结构构件规格，可将一个分部工程分解成若干个分项工程。如基础工程中的垫层、回填等。分项工程是可以通过较为简单的施工过程生产出来，并可以适当的计量单位测算或计算其消耗的假想建筑产品。分项工程没有独立存在实用意义，它只是建筑或安装工程构成的一部分，是建筑工程预算中所取定的最小计算单元，是为了确定建筑或安装工程项目造价而划分出来的假定性产品。

综上所述，一个建设项目由一个或几个单项工程组成，一个单项工程由几个单位工程组成，一个单位工程又可划分为若干个分部、分项工程。工程概预算的编制工作就是从分项工程开始，计算不同专业的单位工程造价，汇总各单位工程造价形成单项工程造价，进而综合成为建设项目总造价。因此，分项工程是组织施工作业和编制施工图预算的最基本单元，单位工程是各专业计算造价的对象，单项工程造价是各专业的汇总。

3. 基本建设程序

基本建设程序就是基本建设工作中必须遵循的先后次序。它包括从项目设想、选择、评估、决策、设计、施工到竣工验收、投入生产等整个工作必须遵循的先后次序。

基本建设程序的主要阶段包括：项目建议书阶段、可行性研究阶段、设计阶段和建设准备阶段、施工阶段、竣工验收阶段和项目后评估阶段。

建设工程周期长、规模大、造价高，因此按照建设程序要分阶段进行，相应地也要在不同阶段进行多次计价，以保证工程造价确定与控制的科学性。多次计价是逐步深化、逐步细化、逐步接近实际造价的过程，其计价过程见图 2-4。

（1）投资估算　在编制项目建议书阶段和可行性研究阶段，必须对投资需要量进行估算。投资估算是指在项目建议书阶段和可行性研究阶段对拟建项目所需投资，通过编制估算文件预先测算和确定的过程，也称为估算造价。投资估算造价是决策、筹资和控制造价的主要依据。

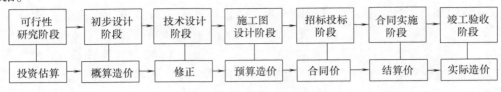

图 2-4 工程多次计价示意图

（2）概算造价 概算造价是指在初步设计阶段，根据设计意图，通过编制工程概算文件预先测算和确定的工程造价。概算造价较投资估算造价准确性有所提高，但它受估算造价的控制。概算造价的层次性十分明显，分为建设项目概算总造价、各个单项工程概算综合造价、各个单位工程概算造价。

（3）修正概算造价 修正概算造价是指在采用三阶段设计的技术设计阶段，根据技术设计的要求，通过编制修正概算文件，预先测算和确定的工程造价。它对初步设计概算进行修正调整，比概算造价准确，但受概算造价控制。

（4）预算造价 预算造价是指在施工图设计阶段，根据施工图样通过编制预算文件，预先测算和确定的工程造价。它同样受前一阶段所确定的工程造价的控制，但比概算造价或修正概算造价更为详尽和准确。

（5）合同价 合同价是指在工程招投标阶段通过签订总承包合同、建筑安装工程承包合同、设备材料采购合同，以及技术和咨询服务合同确定的价格。合同价属于市场价格的性质，它是由承包双方，即商品和劳务买卖双方根据市场行情共同议定和认可的成交价格，但它并不等同于实际工程造价。

（6）结算价 结算价是指在合同实施阶段，在工程结算时按照合同调价范围和调价方法，对实际发生的工程量增减、设备和材料价差等进行调整后计算和确定的价格。结算价是该工程的实际价格。

（7）决算价 决算价是指竣工决算阶段，通过为建设单位编制竣工决算，最终确定的实际工程造价。

工程造价的多次性计价是由一个由粗到细、由浅到深、由概略到精确的计价过程，也是一个复杂而重要的管理系统。计价过程各环节之间相互衔接，前者制约后者，后者补充前者。

国家要求：决算不能超过预算，预算不能超过概算。

第3章 工程造价计价依据

所谓定额，就是一种标准，是在一定的生产条件下，用科学的方法制定出的完成单位质量合格产品所必需的劳动力、材料、机械台班的数量标准。在建筑工程定额中，不仅规定了该计量单位产品的消耗资源数量标准，而且还规定了完成该产品的工程内容、质量标准和安全要求。

定额的制定是在认真分析研究和总结广大工人生产实践经验的基础上，实事求是地广泛搜集资料，经过科学分析研究后确定的。定额的项目内容经过实践证明是切实可行的，因而能够正确反映单位产品生产所需要的数量。所以定额中各种数据的确定具有可靠的科学性。

在建筑工程施工过程中，为了完成一定计量单位建筑产品的生产，消耗的人力、物力是随着生产条件和生产水平的变化而变化的。所以，定额中各种数据的确定具有一定的时效性。

3.1 施工定额

3.1.1 施工定额的概念及其作用

1. 施工定额的概念

施工定额是在正常施工条件下，生产单位合格产品所消耗的人工、材料、机械台班的数量标准。

施工定额是企业内部用于建筑施工管理的一种定额。根据施工定额可以直接计算出不同工程项目的人工、材料和机械台班的需要量，它是编制施工预算、编制施工组织设计以及施工队向工人班组签发施工任务单和限额领料卡的依据。

2. 施工定额的作用

1) 供建筑施工企业编制施工预算。

2) 是编制施工项目管理规划及实施细则的依据。

3) 是建筑企业内部进行经济核算的依据。

4) 是与工程队或班组签发任务单的依据。

5) 供计件工资和超额奖励计算的依据。

6) 作为限额领料和节约材料奖励的依据。

7) 是编制预算定额和单位估价表的基础。

施工定额是建筑企业内部使用的定额。它使用的目的是提高企业的劳动生产率，降低材料消耗，正确计算劳动成果和加强企业管理。

施工定额是以工作过程为标定对象，定额制定的水平要以"平均先进"的水平为准，在内容和形式上要满足施工管理中的各项需要，以便于应用为原则；制定方法要通过时间和长期积累的大量统计资料，并应用科学的方法编制。所谓平均先进水平，是指在施工任务饱满、动力和原料供应及时、劳动组织合理、企业管理健全等正常条件下，大多数工人可以通过努力达到，少数工人可以接近，个别工人可以超过的水平。

施工定额由劳动消耗定额、材料消耗定额、机械台班定额组成。

3.1.2 劳动消耗定额

1. 劳动定额的概念

劳动消耗定额简称劳动定额或人工定额，它规定在一定生产技术组织条件下，完成单位合格产品所必需的劳动消耗量的标准。这个标准是国家和企业对工人在单位时间内完成的产品数量和质量的综合要求，它是表示建筑安装工人劳动生产率的一个先进合理指标。

全国统一劳动定额与企业内部劳动定额在水平上具有一定的差距。企业应以全国统一劳动定额为标准，结合单位实际情况，制定符合本企业实际的企业内部劳动定额，不能完全照搬照套。

劳动定额按其表示形式有时间定额和产量定额两种。

1）时间定额：是指在一定的生产技术和生产组织条件下，某工种、某技术等级的工人小组和个人完成单位合格产品所必须消耗的工作时间。定额时间包括工人有效的工作时间、必须的休息时间和不可避免的中断时间。时间定额以工日为单位，每一个工日按 8h 计算，计算方法如下：

$$单位产品时间定额（工日）= \frac{1}{每工产量}$$

$$单位产品时间定额（工日）= \frac{小组成员工日数的总和}{台班产量（班组完成产品数量）}$$

2）产量定额：是指在一定的生产技术和生产组织条件下，某工种、某技术等级的工人小组和个人，在单位时间（工日）内完成合格产品的数量。其计算方法如下：

$$产量定额 = \frac{1}{单位产品时间定额（工日）}$$

$$台班产量 = \frac{小组成员工日数的总和}{单位产品时间定额（工日）}$$

产量定额的计量单位，以单位时间的产品计量单位表示，如立方米（m^3）、平方米（m^2）、千克（kg）等。

产量定额是根据时间定额计算的，其高低与时间定额成反比，两者互为倒数关系，即

$$时间定额 = \frac{1}{产量定额}, \quad 产量定额 = \frac{1}{时间定额}$$

2. 劳动定额的作用

劳动定额的作用主要表现在组织生产和按劳分配两个方面。具体作用如下：

1）劳动定额是制定建筑工程定额的依据。

2）劳动定额是计划管理下达施工任务书的依据。

3）劳动定额是作为衡量劳动生产率的标准。

4）劳动定额是按劳分配和推行经济责任制的依据。

5）劳动定额是推广先进技术和劳动竞赛的基本条件。

6）劳动定额是建筑企业经济核算的依据。

7）劳动定额是确定定员编制与合理劳动组织的依据。

3. 工作时间分析

由于工人的工作和机械工作的特点不同，工作时间应按工人工作时间和机械工作时间两部分进行分析。工人工作时间分析见图3-1。

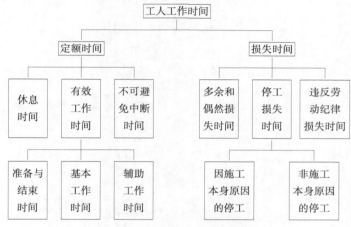

图 3-1　工人工作时间分析图

（1）工人工作时间分析　工人工作时间分为定额时间和非定额时间两部分。

定额时间是完成某一部分建筑产品所必须消耗的工作时间。它是由休息时间、有效工作时间和不可避免的中断时间三部分构成。

1）休息时间：是指工人为了恢复体力所必需的暂时休息以及生理需要（如喝水、排泄等）所消耗的时间。

2）不可避免的中断时间：是由于施工技术操作或施工组织本身的特点所必须中断的时间。如汽车驾驶员等候装货、安装工人等候屋架起吊所消耗的时间。

3）有效工作时间：是指对工人完成生产任务起着积极效果所消耗的时间。它包括准备与结束时间、基本工作时间和辅助工作时间。

准备与结束时间是指工人在工作开始前的准备工作（如研究图样、技术交底、领取工具等）和下班前或任务完成后的结束工作（如工具清理、工作地点的清理等）；基本工作时间是指工人直接完成某项产品所必需消耗的工作时间；辅助工作时间是指为完成基本工作而需要的辅助工作时间，如浇筑混凝土前的润湿模板等。

非定额时间是指非生产必需的工作时间（损失时间）。它是由多余和偶然工作损失时间、停工损失时间和违反劳动纪律的损失时间三部分构成。

1）多余和偶然工作损失时间：是指在正常施工条件下不应发生的或是意外因素造成的时间消耗。如产品质量不合格的返工等。

2）违反劳动纪律的损失时间：是指工人迟到、早退、擅自离岗、工作时间闲谈等影响工作的时间，也包括个别工人违反劳动纪律而影响他人无法工作的工时损失。

3）停工损失时间：是指工作班内工人停止工作而造成的工时损失。它可以分为施工本身造成的和非施工本身造成的两种停工时间。施工本身造成的停工是指由于施工组织不当造成的停工（如停工待料等）。非施工本身造成的停工是指由于外部原因造成的停工（如气候变化、停水、停电等）。

（2）机械工作时间分析 机械工作时间分为定额时间和非定额时间两部分。机械工作时间分析详见图3-2。

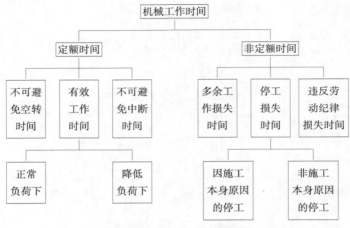

图 3-2 机械工作时间分析图

机械定额时间是由有效工作时间、不可避免的无负荷时间和不可避免的中断时间三部分构成。

1）有效工作时间：包括正常负荷下的工作时间和降低负荷下的工作时间。正常负荷下的工作时间是指机械在其说明书规定的正常负荷下进行工作的时间。降低负荷下的工作时间是指由于受施工的操作条件、材料特性的限制，造成机械在低于其规定的负荷下工作的时间，如汽车装运货物，其体积大质量轻而不能充分利用其吨位。

2）不可避免的中断时间：是指由于技术操作和施工过程组织的特性而造成的机械工作中断时间，其中又分为：与操作有关的不可避免的中断时间，如汽车装、卸货的停歇时间；与机械有关的不可避免的中断时间，如工人在准备与结束工作时使机械暂停的中断时间；因工人必须休息而引起的机械工作中断时间。

3）不可避免的无负荷时间：是由于施工过程的特性和机械的特点而引起的空转时间。如铲运机返回到铲土地点。

机械的非定额时间是指非生产必需的工作时间（损失时间）。它由多余的工作时间、停工损失时间和违反劳动纪律的损失时间三部分构成。

1）多余的工作时间：是指可以避免的机械无负荷下的工作或者在负荷下的多余工作。前者如工人没及时给混凝土搅拌机装料而引起的空转，后者如混凝土搅拌机搅拌混凝土时超过规定的搅拌时间。

2）停工损失时间：是指由于施工本身和非施工本身所造成的停工时间。施工本身造成的停工时间是指由于施工组织不当、机械维护不良而造成的停工；非施工本身造成的停工时间是指由于外部原因造成的停工，如气候变化、停水、停电等。

3）违反劳动纪律的损失时间：是指工人迟到、早退及其他违反劳动纪律的行为而引起的机械停歇。

4. 劳动定额编制的依据

1)《施工及验收规范》和《施工操作规程》。

2)《建筑安装工人技术等级标准》。

3)《安全技术操作规程》和企业有关安全规定。

4) 现行建筑材料产品质量标准。

5) 有关定额测定和统计资料。

5. 劳动定额制定的基本方法

劳动定额制定的基本方法通常有经验估算法、统计分析法、比较类推法和技术测定法四种。

(1) 经验估算法　一般是指根据定额人员、生产技术管理人员和老工人的实践经验，并参照有关的技术资料，通过座谈讨论、分析研究和计算而制定的企业定额的方法。

(2) 统计分析法　它是根据一定时期内生产同类产品各工序的实际工时消耗和完成产品的数量的统计，经过整理分析制定定额的方法。

(3) 比较类推法　是以同类产品定额项目的水平或技术测定的实耗工时为标准，经过分析比较类推出同一组定额中的相邻项目定额水平的方法。

(4) 技术测定法　是指在正常施工条件下，对施工过程各工序工作时间的各个组成要素进行工日写实、测定观察，分别测定每一工序的工时消耗，然后通过测定的资料进行分析计算来制定定额的方法。

上述四种方法可以结合具体情况具体分析，灵活运用，在实际工作中常常是几种方法并用。

6. 劳动定额的应用

劳动定额的应用非常广泛，下面举例说明劳动定额在生产计划中的一般用途。

【案例 3-1】　某工程有 79m^3 一砖单面清水墙，每天有 12 名工人在现场施工，时间定额是 1.37 工日/m^3。试计算完成该工程所需施工天数。

解：完成该工程所需劳动量 = 1.37 × 79 工日 = 108.23 工日

需要的施工天数 = (108.23 ÷ 12)天 ≈ 9 天

【案例 3-2】　某住宅有内墙抹灰面积 3315m^2，计划 25 天完成任务。内墙的抹灰产量定额为 10.20 m^2/工日。问安排多少人才能完成该项任务？

解：该工程所需劳动量 = (3315 ÷ 10.20) 工日 = 325 工日

该工程每天需要人数 = (325 ÷ 25)人 = 13 人

3.1.3　材料消耗定额

1. 材料消耗定额的概念

材料消耗定额是指在合理使用与节约材料的条件下，生产单位合格产品所必须消耗的一定规格的建筑材料、半成品或构配件的数量标准。它包括材料的净用量和必要的工艺性损耗数量。

$$材料的消耗量 = 材料的净用量 + 材料损耗量$$

材料的损耗量与材料的净用量之比的百分数为材料的损耗率。用公式表示为

$$材料的损耗率 = \frac{材料的损耗量}{材料的净用量} \times 100\%$$

或 $$材料的损耗量 = 材料净用量 \times 材料损耗率$$

材料的损耗率是通过观测和统计得到的，通常由国家有关部门确定。

材料消耗定额不仅是实行经济核算，保证材料合理使用的有效措施，而且是确定材料需用量、编制材料计划的基础，同时也是定额承包或限额领料、考核和分析材料利用情况的依据。

2. 制定材料消耗定额的基本方法

材料消耗定额是通过施工过程中材料消耗的观测测定、在实验室条件下的试验以及技术资料的统计和理论计算等方法制订的。

（1）观测法 观测法是在合理使用和节约材料的前提下，用来观察、测定施工现场各种材料消耗定额的方法。用这种方法拟定难以避免的损耗数量最为适宜，因为该部分数字用统计和计算的方法是不可能得到的。

正确选择测定对象和测定方法是提高用观测法制定定额的重要条件。同时还要注意所使用的建筑材料品种和质量应符合设计和施工技术规范的要求。

（2）试验法 试验法是指在实验室中进行试验和测定，确定材料消耗定额的方法。它只适用于在实验室条件下，测定混凝土、沥青、砂浆、油漆等材料消耗。

由于实验室工作条件与施工现场条件存在一定的差别，施工中的某些因素对材料消耗量的影响不一定能充分考虑到。因此，对测算出的数据还要用观测法校核修正。

（3）统计法 统计法是通过对施工现场用料的大量统计资料分析计算，以拟定材料消耗定额的方法。此法简单易行，不需要专门的人进行观测和试验，但不能分别确定出材料的净用量和材料的损耗量。其精确程度受统计资料的影响和实际使用材料的影响，存在较大的片面性。

采用此法时，必须要准确统计和测算与相应部位的产品完全对应起来的耗用材料。在施工现场中的某些材料，往往难以区分用在各个不同部位上的准确数量。因此，要有意识地加以区分，才能得到有效的统计数据，保证定额的准确性。

（4）计算法 计算法是根据建筑材料、施工图样等用理论计算的方法来确定材料消耗定额的方法。这种方法主要用于制定块料、板类材料的消耗定额。如砖、油毡、装饰工程中的镶贴等。

上述四种方法各有优缺点，在制定定额时几种方法可以结合使用，相互验证。

3. 材料用量计算

（1）10m² 块料面层材料消耗量的计算 块料面层一般是指有一定的规格尺寸的瓷砖、花岗石板、大理石板及各种装饰板材，通常以 10m² 为单位，其计算公式如下：

$$10m^2 \text{ 面层用量} = \frac{10}{(块长+拼缝) \times (块宽+拼缝)} \times (1+损耗率)$$

【案例3-3】 石膏装饰板规格为 $500mm \times 500mm$，其拼缝宽度 2mm，损耗率 1%，计算 $10m^2$ 需用石膏板的块数。

解： $石膏装饰板材消耗量 = \dfrac{10}{(0.5+0.002) \times (0.5+0.002)} \times (1+1\%) 块 = 40 块$

（2）普通抹灰砂浆配合比用料计算　抹灰砂浆配合比通常是按砂浆的体积比计算的，每立方米（m³）砂浆各种材料消耗量计算公式如下：

$$砂的消耗量（m³）=\frac{砂的比例数}{配合比总比例数-砂比例数×砂空隙率}×(1+损耗率)$$

$$水泥消耗量（kg）=\frac{水泥比例数×水泥密度}{砂比例数}×砂用量×(1+损耗率)$$

$$石灰膏的消耗量（m³）=\frac{石灰膏比例数}{砂比例数}×砂用量×(1+损耗率)$$

【案例 3-4】　水泥、石灰、砂的配合比是 1∶1∶3，砂的空隙率是 41%，水泥密度 1200kg/m³，砂的损耗率 2%，水泥、石灰膏的损耗率各为 1%。求每立方米（m³）砂浆各种材料用量。

解：$砂的消耗量=\dfrac{3}{(1+1+3)-3×0.41}×(1+2\%)m³=0.81m³$

$$水泥的消耗量=\frac{1×1200}{3}×0.81×(1+1\%)kg=327kg$$

$$石灰膏的消耗量=\frac{1}{3}×0.81×(1+1\%)m³=0.27m³$$

当砂的用量超过 1m³ 时，因其空隙容积已大于灰浆数量，故均按 1m³ 计算。

3.1.4　机械台班消耗定额

机械台班消耗定额，简称机械台班定额。它是指施工机械在正常的施工条件下，合理地均衡地组织劳动和使用机械时，该机械在单位时间（台班）内的生产效率。

机械台班定额按其表现形式不同，可分为机械时间定额和机械产量定额两种。

1. 机械时间定额

机械时间定额是指在合理的劳动组织与合理使用机械条件下，生产某一单位合格产品所必须消耗的机械台班数量。计算单位用"台班"或"台时"表示。

工人使用一台机械，工作一个班次（8h）称为一个台班。它既包括机械本身的工作时间，又包括使用该机械的工人的工作。

2. 机械产量定额

机械产量定额是指在合理的劳动组织与合理使用机械条件下，规定某种机械在单位时间（台班）内，必须完成合格产品的数量。其计算单位是用产品的计量单位来表示的。

机械时间定额与机械产量定额互为倒数关系。

$$机械时间定额=\frac{1}{机械台班产量定额}$$

由于机械必须有工人小组配合，所以列出单位合格产品的时间定额，必须同时列出工人的时间定额。

$$单位产品人工时间定额（工日）=\frac{小组成员工日数总和}{台班产量}$$

机械施工以考核产量定额为主，时间定额为辅。

3.2 消耗量定额

3.2.1 消耗量定额的概念

消耗量定额是完成一定计量单位的合格产品所消耗的人工、材料和机械台班的数量标准。统一的消耗量定额是一种社会平均消耗水平，是一种综合性的定额。消耗量定额的作用：

1）是编制建筑安装工程预算，确定工程造价，进行工程拨款及竣工结算的依据。

2）是编制招标控制价，投标报价的基础资料。

3）是建筑企业贯彻经济核算制，考核工程成本的依据。

4）是编制地区单位估价表和概算定额的基础。

5）是设计单位对设计方案进行技术经济分析比较的依据。

预算定额的编制遵循了"平均合理"的原则，按照产品生产中所消耗的社会必要劳动时间来确定其水平，即社会平均水平。

消耗量定额的编制依据有：

1）现行的施工定额和全国统一基础定额。

2）现行的设计规范、施工及验收规范、质量评定标准和安全操作规程。

3）通用标准图集和定型设计图样，有代表性的设计图样和图集。

4）新技术、新结构、新材料和先进经验资料。

5）有关科学实验、技术测定、统计分析资料。

6）现行的人工工资标准、材料预算价格和施工机械台班预算价格。

7）现行的预算定额及其编制的基础资料和有代表性的补充单位估价表。

3.2.2 消耗量定额消耗指标的确定

人工、材料和机械台班的消耗指标是消耗量定额的重要内容。消耗量定额水平的高低主要取决于这些指标的合理确定。

消耗量定额是一种综合性的定额，是以综合施工过程为标定对象，在企业定额的基础上综合扩大而成。在确定各项指标前，应根据编制方案所确定的定额项目和已选定的典型图样，按定额子目和已确定的计算单位，按工程量计算规则分别计算工程量，在此基础上再计算人工、材料和机械台班的消耗指标。

（1）人工消耗指标的内容 消耗量定额中人工消耗指标包括了各种用工量。有基本用工、辅助用工、超运距用工、人工幅度差四项，其中后三项综合称为其他用工。

1）基本用工：是指完成分项工程或子项工程的主要用工量。如铺地砖工程中的铺砖、调制砂浆、运地砖、运砂浆的用工量。

2）辅助用工：是指在现场发生的材料加工等用工。如筛砂子、淋石灰膏等增加的用工。

3）超运距用工：是指预算定额中材料及半成品的运输距离超过劳动定额规定的运距时所需增加的工日数。

4）人工幅度差：是指在劳动定额中未包括，而在正常施工中又不可避免的一些零星用工因素。这些因素不能单独列项计算，一般是综合定出一个人工幅度差系数，即增加一定比例的用工量，纳入消耗量定额。国家现行规定人工幅度差系数为 10%。

人工幅度差包括的因素：工序搭接和工种交叉配合的停歇时间；机械的临时维护、小修、移动而发生的不可避免的损失时间；工程质量检查与隐蔽工程验收而影响工人操作时间；工种交叉作业造成已完工程局部损坏而增加的修理用工时间；施工中不可避免的少数零星用工所需要的时间。

消耗量定额子目中的用工数量是根据它的工程内容范围和综合取定的工程数量，在劳动定额相应子目的人工工日基础上，经过综合，加上人工幅度差计算出来的。其基本计算公式如下：

$$基本用工数量 = \sum (工序或工作过程工程量 \times 时间定额)$$

$$超运距用工数量 = \sum (超运距材料数量 \times 时间定额)$$

其中，超运距 = 消耗量定额规定的运距 − 劳动定额规定的运距

$$辅助工用工数量 = \sum (加工材料的数量 \times 时间定额)$$

人工幅度差(工日) = (基本工 + 超运距用工 + 辅助用工) × 人工幅度差系数

合计工日数量(工日) = 基本工 + 超运距用工 + 辅助用工 + 人工幅度差用工

或合计工日数量(工日) = (基本工 + 超运距用工 + 辅助用工) × (1 + 人工幅度差系数)

（2）材料消耗指标的内容　材料消耗指标的构成包括构成工程实体的材料消耗、工艺性材料损耗和非工艺性材料损耗三部分。

直接构成工程实体的材料消耗是材料的有效消耗部分，即材料的净用量；工艺性材料损耗是材料在加工过程中的损耗（如边角余料）和施工过程中的损耗（如落地灰等）；非工艺性材料损耗，如材料保管不善、大材小用、材料数量不足和废次品的损耗等。

前两部分构成工艺消耗定额，施工定额即属此类，加上第三部分，即构成综合消耗定额，消耗量定额即属此类（由于考虑材料的非工艺性损耗，所以预算定额的材料消耗量大于施工定额的材料消耗标准，这是预算定额编制水平与施工定额编制水平的差距所在）。

1）主要材料净用量的计算。一般根据设计施工规范和材料规格采用理论方法计算后，再按定额项目综合的内容和实际资料适当调整确定。

2）材料损耗量的确定。材料损耗量，包括工艺性材料损耗和非工艺性材料损耗。其损耗率在正常条件下，采用比较先进的施工方法，合理确定。

3）次要材料的确定。在工程中用量不多、价值不大的材料，可采用估算等方法计算其用量后，合并为一个"其他材料"的项目，以百分数表示。

4）周转性材料消耗量的确定。周转性材料是指在施工过程中多次周转使用的工具性材料，如模板、脚手架等。消耗量定额中的周转性材料是按多次使用、分次摊销的方法进行计算的。周转性材料消耗指标有两个：一次使用量和摊销量。

一次使用量是指在不重复使用的条件下的一次用量指标，它供建设单位和施工单位申请备料和编制作业计划使用。

摊销量是应分摊到每一计量单位分项工程或结构构件上的消耗数量。

$$材料的摊销量 = \frac{一次使用量}{周转次数}$$

周转次数是指能够反复周转使用的总次数。

（3）机械台班消耗指标的内容 消耗量定额中的施工机械台班消耗指标是以台班为单位进行计算的，每个台班为8h。定额的机械化水平应以多数施工企业采用和已推广的先进设备为标准。

编制消耗量定额以施工定额中各种机械施工项目的台班产量为基础进行计算，还应考虑在合理施工组织条件下的机械停歇因素，增加一定的机械幅度差。

机械幅度差包括的因素有：

1）施工中作业区之间的转移及配套机械相互影响的损失时间。

2）在正常施工情况下机械施工中不可避免的工序间歇。

3）工程结束时工作量不饱满所损失的时间。

4）工程质量检查和临时停水停电等引起机械停歇时间。

5）机械临时维修、小修和水电线路移动所引起的机械停歇时间。

根据以上影响因素，在施工定额的基础上增加一个附加额，这个附加额用相对数表示，称为幅度差系数。大型机械的机械幅度差系数一般取1.3左右。

按工人小组产量计算公式为

$$小组总产量 = 小组总人数 \times \sum（分项计算取定的比重 \times 劳动定额每工综合产量）$$

$$定额机械台班使用量 = \frac{一次使用量}{周转次数}$$

按机械台班产量计算公式为

$$定额机械台班使用量 = \frac{一次使用量}{周转次数} \times 机械幅度差系数$$

3.3 企业定额

1. 企业定额的概念

企业定额是施工企业根据本企业的施工技术和管理水平而编制的人工、材料和施工机械台班等的消耗标准。它应该能反映企业的综合实力、技术水准和经营水准，是企业确定工程成本和投标报价的依据。

2. 企业定额的作用

1）企业定额可供建筑施工企业编制施工预算。

2）企业定额是编制施工组织设计的依据。

3）企业定额是建筑施工企业内部进行经济核算的依据。

4）企业定额是与工程队或班组签发任务单的依据。

5）企业定额是计件工资和超额奖励计算的依据。

6）企业定额是作为限额领料和节约材料奖励的依据。

7）企业定额是编制消耗量定额和单位估价表的基础。

3. 企业定额的编制原则

1) 平均先进原则：指在正常的施工条件下，大多数生产者经过努力能够达到和超过的水平。企业定额的编制应能够反映比较成熟的先进技术和先进经验，有利于降低工料消耗，提高企业管理水平，达到鼓励先进、勉励中间、鞭策落后的效果。

2) 简明适用性原则：企业定额设置应简单明了，便于查阅。计算要满足劳动组织分工、明确经济责任与核算个人生产成本的劳动报酬的需要。同时，企业自行设定的定额标准也要符合《建设工程工程量清单计价规范》"四个统一"的要求，定额项目的设置要尽量齐全完备，根据企业特点合理划分定额步距，常用的对工料消耗影响大的定额项目步距可小一些，反之，步距可大一些，这样有利于企业报价与成本分析。

3) 以专家为主编制定额的原则：企业定额的编制要求有一支经验丰富、技术与管理知识全面、有一定政策水平的专家队伍，可以保证编制施工定额的延续性、专业性和实践性。

4) 坚持实事求是、动态管理的原则：企业定额应本着实事求是的原则，结合企业经营管理的特点，确定工料机各项消耗的数量，对影响造价较大的主要常用项目，要多考虑施工组织设计、先进的工艺，从而使定额在运用上更贴近实际，技术上更先进，经济上更合理，使工程单价真实反映企业的个别成本。

此外，还应注意到市场行情瞬息万变，企业的管理水平和技术水平也在不断地更新，不同的工程，在不同的时段，都有不同的价格，因此企业定额的编制还要注意便于动态管理的原则。

5) 企业定额的编制还要注意量价分离，及时采用新技术、新结构、新材料、新工艺等原则。

4. 企业定额编制的主要依据和内容

(1) 企业定额的编制依据　企业定额的编制依据主要有：现行的建筑安装工程施工及验收规范、施工图样、标准图集、企业现场施工的组织方案、现场调查和测算的具体数据，以及新工艺、新材料、新设备的使用情况。

(2) 企业定额编制的内容　为适应工程量清单计价的要求，企业定额应包含工料消耗定额与管理费定额两个部分。这两部分定额编制时应考虑全省统一定额的水平，同时更要兼顾企业各方面的实际情况，从而形成一个切实可行、实事求是的企业计价定额。

除工料消耗定额外，企业还需要根据建筑市场竞争情况和企业内部定额管理水平、财务状况编制一些费用定额，如现场施工措施费定额、管理费定额等。

5. 编制企业定额应该注意的问题

1) 企业定额牵涉到企业的重大经济利益，合理的企业定额的水平能够支持企业正确的决策，提升企业的竞争能力，指导企业提高经营效益。因此，企业定额从编制到施行，必须经过科学、审慎的论证，才能用于企业招投标工作和成本核算管理。

2) 企业生产技术的发展，新材料、新工艺的不断出现，会有一些建筑产品被淘汰，一些施工工艺落伍，因此企业定额总有一定的滞后性，施工企业应该设立专门的部门和组织，及时搜集和了解各类市场信息和变化因素的具体资料，对企业定额进行不断的补充和完善调整，使之更具生命力和科学性，同时改进企业各项管理工作，保持企业在建筑市场中的竞争优势。

3) 在工程量清单计价方式下，不同的工程有不同的工程特征、施工方案等因素，报价方式也有所不同，因此对企业定额要进行科学有效的动态管理，针对不同的工程，灵活使用企业定额，建立完整的工程资料库。

4) 要用先进的思想和科学的手段来管理企业定额，施工单位应利用高速度发展的计算机技术建立起完善的工程测算信息系统，从而提高企业定额的工作效率和管理效能。

3.4 GB 50500—2013《建设工程工程量清单计价规范》

3.4.1 《建设工程工程量清单计价规范》的编制及修订过程

1. GB 50500—2003《建设工程工程量清单计价规范》的编制意义

随着我国建设市场的快速发展，招标投标制、合同制的逐步推行，以及加入世界贸易组织（WTO）与国际惯例接轨等要求，工程造价计价依据改革不断深化。为改革工程造价计价方法，推行工程量清单计价，建设部标准定额研究所受建设部标准定额司的委托，于2002年2月28日开始组织有关部门和地区工程造价专家编制了《建设工程工程量清单计价规范》（以下简称"计价规范"），经建设部批准为国家标准，于2003年7月1日正式实施。

工程量清单计价方法是建设工程招标投标中，招标人按照国家统一的工程量计算规则提供工程数量，由投标人依据工程量清单自主报价，并按照经评审低价中标的工程造价计价方式。

实行工程量清单计价是工程造价深化改革的产物；是规范建设市场秩序，适应社会主义市场经济发展的需要；是为促进建设市场有序竞争和企业健康发展的需要；有利于我国工程造价管理政府职能的转变；是适应我国加入世界贸易组织，融入世界大市场的需要。

2. "计价规范"编制的指导思想和原则

根据建设部令第107号《建筑工程施工发包与承包计价管理办法》，结合我国工程造价管理现状，总结有关省市工程量清单试点的经验，参照国际上有关工程量清单计价通行的做法，编制中遵循的指导思想是按照政府宏观调控、市场竞争形成价格的要求，创造公平、公正、公开竞争的环境，以建立全国统一的、有序的建筑市场，既要与国际惯例接轨，又要考虑我国的实际。

编制工作除了遵循上述指导思想外，主要坚持以下原则：

1) 政府宏观调控、企业自主报价、市场竞争形成价格的原则。

2) 与现行预算定额既有机结合又有所区别的原则。

3) 既考虑我国工程造价管理的现状，又尽可能与国际惯例接轨的原则。

3. "计价规范"的特点

1) 强制性。强制性主要表现在：一是由建设主管部门按照强制性国家标准的要求批准颁布，规定全部使用国有资金或国有资金投资为主的大中型建设工程应按计价规范规定执行；二是明确工程量清单是招标文件的组成部分，并规定了招标人在编制工程量清单时必须遵守的规则，做到四统一，即统一项目编码、统一项目名称、统一计量单位、统一工程量计算规则。

2) 实用性。附录中工程量清单项目及计算规则的项目名称表现的是工程实体项目，项目名称明确清晰，工程量计算规则简洁明了；特别还列有项目特征和工程内容。易于编制工程量清单时确定具体项目名称和投标报价。

3）竞争性。竞争性主要表现在两个方面：一是"计价规范"中的措施项目，在工程量清单中只列"措施项目"一栏，具体采用什么措施由投标人根据企业的施工组织设计，视具体情况报价；二是"计价规范"中人工、材料和施工机械没有具体的消耗量，投标企业可以依据企业的定额和市场价格信息，也可以参照建设行政主管部门发布的社会平均消耗量定额进行报价，"计价规范"将报价权交给了企业。

4）通用性。采用工程量清单计价将与国际惯例接轨，符合工程量计算方法标准化、工程量计算规则统一化、工程造价确定市场化的要求。

4. GB 50500—2008《建设工程工程量清单计价规范》修订概况

GB 50500—2008《建设工程工程量清单计价规范》（以下简称08规范）是在原GB 50500—2003《建设工程工程量清单计价规范》（以下简称03规范）的基础上进行修订的。"03规范"实施以来，对规范工程招标中的发、承包计价行为起到了重要作用，为建立市场形成工程造价的机制奠定了基础。但在使用中也存在需要进一步完善的地方，如"03规范"主要侧重于工程招标投标中的工程量清单计价，对工程合同签订、工程计量与价款支付、工程变更、工程价款调整、工程索赔和工程结算等方面缺乏相应的内容，不适应深入推行工程量清单计价改革工作。

为此，原建设部标准定额司于2006年开始组织修订，由标准定额研究所、四川省建设工程造价管理总站等单位组织编制组。修订中分析"03规范"存在的问题，总结各地方、各部门推行工程量清单计价的经验，广泛征求各方面的意见，按照国家标准的修订程序和要求进行修订工作。

"08规范"新增加条文92条，包括强制性条文15条，增加了工程量清单计价中有关招标控制价、投标报价、合同价款的约定、工程计量与价款支付、工程价款调整、工程索赔和工程结算、工程计价争议处理等内容，并增加了条文说明。

5. GB 50500—2013《建设工程工程量清单计价规范》修订概况

GB 50500—2013《建设工程工程量清单计价规范》（以下简称13规范）由住房和城乡建设部标准定额研究所、四川省建设工程造价管理总站会同有关单位共同在GB 50500—2008《建筑工程工程量清单计价规范》正文部分的基础上修订的。

"13规范"专业划分更加精细。将"08规范"六个专业重新进行了精细化调整：将建筑、装饰专业进行合并为一个专业，将仿古从园林专业中分开，拆解为一个新专业，同时新增了构筑物、城市轨道交通、爆破工程三个专业。这样"13规范"由建筑与装饰、安装工程、市政工程、园林绿化工程、矿山工程、仿古建筑工程、构筑物工程、城市轨道交通工程、爆破工程九个专业组成。

"13规范"术语定义更加明确。新增招标工程量清单、已标价工程量清单、工程量偏差等的阐释。

"13规范"对措施项目提出清晰明确要求，施行综合单价。同时对非国有投资的项目执行计价方式说明、计价风险说明等条款改为黑色条文。取消了定额测定费，增加了工伤保险，与市场发展同步。同时很多条款责任划分更加明确，对于一些纠纷可执行性更强。"13规范"新增了《合同解除的价款结算与支付》，明确了发承包双方应承担的责任，提高了工程造价管理的规范性。"13规范"新增了《工程计价资料与档案》章节说明，明确了工程造价文档资料管理的规范性。

总的来说，"13 规范"对工程造价管理的专业性要求会越来越高，同时更好地营造公开、公平、公正的市场竞争环境，以及对争议的处理会越来越明确，可执行性更强。相信"计价规范"会在工程造价领域的应用迈上一个新的台阶。

3.4.2　GB 50500—2013《建设工程工程量清单计价规范》的学习

1　总　　则

1.0.1　为规范建设工程造价计价行为，统一建设工程计价文件的编制原则和计价方法，根据《中华人民共和国建筑法》《中华人民共和国合同法》《中华人民共和国招标投标法》等法律法规，制定本规范。

1.0.2　本规范适用于建设工程发承包及实施阶段的计价活动。

1.0.3　建设工程发承包及实施阶段的工程造价应由分部分项工程费、措施项目费、其他项目费、规费和税金组成。

1.0.4　招标工程量清单、招标控制价、投标报价、工程计量、合同价款调整、合同价款结算与支付以及工程造价鉴定等工程造价文件的编制与核对，应由具有专业资格的工程造价人员承担。

1.0.5　承担工程造价文件的编制与核对的工程造价人员及其所在单位，应对工程造价文件的质量负责。

1.0.6　建设工程发承包及实施阶段的计价活动应遵循客观、公正、公平的原则。

1.0.7　建设工程发承包及实施阶段的计价活动，除应符合本规范外，尚应符合国家现行有关标准的规定。

2　术　　语

2.0.1　工程量清单　　bills of quantities（BQ）

载明建设工程分部分项工程项目、措施项目、其他项目的名称和相应数量以及规费、税金项目等内容的明细清单。

2.0.2　招标工程量清单　　BQ for tendering

招标人依据国家标准、招标文件、设计文件以及施工现场实际情况编制的，随招标文件发布供投标报价的工程量清单，包括其说明和表格。

2.0.3　已标价工程量清单　　priced BQ

构成合同文件组成部分的投标文件中已标明价格，经算术性错误修正（如有）且承包人已确认的工程量清单，包括其说明和表格。

2.0.4　分部分项工程　　work sections and trades

分部工程是单项或单位工程的组成部分，是按结构部位、路段长度及施工特点或施工任务将单项或单位工程划分为若干分部的工程；分项工程是分部工程的组成部分，是按不同施工方法、材料、工序及路段长度等将分部工程划分为若干个分项或项目的工程。

2.0.5　措施项目　　preliminaries

为完成工程项目施工，发生于该工程施工准备和施工过程中的技术、生活、安全、环境保护等方面的项目。

2.0.6　项目编码　item code

分部分项工程和措施项目清单名称的阿拉伯数字标识。

2.0.7　项目特征　item description

构成分部分项工程项目、措施项目自身价值的本质特征。

2.0.8　综合单价　all-in unit rate

完成一个规定清单项目所需的人工费、材料和工程设备费、施工机具使用费和企业管理费、利润以及一定范围内的风险费用。

2.0.9　风险费用　risk allowance

隐含于已标价工程量清单综合单价中，用于化解发承包双方在工程合同中约定内容和范围内的市场价格波动风险的费用。

2.0.10　工程成本　construction cost

承包人为实施合同工程并达到质量标准，在确保安全施工的前提下，必须消耗或使用的人工、材料、工程设备、施工机械台班及其管理等方面发生的费用和按规定缴纳的规费和税金。

2.0.11　单价合同　unit rate contract

发承包双方约定以工程量清单及其综合单价进行合同价款计算、调整和确认的建设工程施工合同。

2.0.12　总价合同　lump sum contract

发承包双方约定以施工图及其预算和有关条件进行合同价款计算、调整和确认的建设工程施工合同。

2.0.13　成本加酬金合同　cost plus contract

发承包双方约定以施工工程成本再加合同约定酬金进行合同价款计算、调整和确认的建设工程施工合同。

2.0.14　工程造价信息　guidance cost information

工程造价管理机构根据调查和测算发布的建设工程人工、材料、工程设备、施工机械台班的价格信息，以及各类工程的造价指数、指标。

2.0.15　工程造价指数　construction cost index

反映一定时期的工程造价相对于某一固定时期的工程造价变化程度的比值或比率。包括按单位或单项工程划分的造价指数，按工程造价构成要素划分的人工、材料、机械等价格指数。

2.0.16　工程变更　variation order

合同工程实施过程中由发包人提出或由承包人提出经发包人批准的合同工程任何一项工作的增、减、取消或施工工艺、顺序、时间的改变；设计图纸的修改；施工条件的改变；招标工程量清单的错、漏从而引起合同条件的改变或工程量的增减变化。

2.0.17　工程量偏差　discrepancy in BQ quantity

承包人按照合同工程的图纸（含经发包人批准由承包人提供的图纸）实施，按照现行国家计量规范规定的工程量计算规则计算得到的完成合同工程项目应予计量的工程量与相应的招标工程量清单项目列出的工程量之间出现的量差。

2.0.18 暂列金额 provisional sum

招标人在工程量清单中暂定并包括在合同价款中的一笔款项。用于工程合同签订时尚未确定或者不可预见的所需材料、工程设备、服务的采购，施工中可能发生的工程变更、合同约定调整因素出现时的合同价款调整以及发生的索赔、现场签证确认等的费用。

2.0.19 暂估价 prime cost sum

招标人在工程量清单中提供的用于支付必然发生但暂时不能确定价格的材料、工程设备的单价以及专业工程的金额。

2.0.20 计日工 dayworks

在施工过程中，承包人完成发包人提出的工程合同范围以外的零星项目或工作，按合同中约定的单价计价的一种方式。

2.0.21 总承包服务费 main contractor's attendance

总承包人为配合协调发包人进行的专业工程发包，对发包人自行采购的材料、工程设备等进行保管以及施工现场管理、竣工资料汇总整理等服务所需的费用。

2.0.22 安全文明施工费 health, safety and environmental provisions

在合同履行过程中，承包人按照国家法律、法规、标准等规定，为保证安全施工、文明施工，保护现场内外环境和搭拆临时设施等所采用的措施而发生的费用。

2.0.23 索赔 claim

在工程合同履行过程中，合同当事人一方因非己方的原因而遭受损失，按合同约定或法律法规规定应由对方承担责任，从而向对方提出补偿的要求。

2.0.24 现场签证 site instruction

发包人现场代表（或其授权的监理人、工程造价咨询人）与承包人现场代表就施工过程中涉及的责任事件所作的签认证明。

2.0.25 提前竣工（赶工）费 early completion (acceleration) cost

承包人应发包人的要求而采取加快工程进度措施，使合同工程工期缩短，由此产生的应由发包人支付的费用。

2.0.26 误期赔偿费 delay damages

承包人未按照合同工程的计划进度施工，导致实际工期超过合同工期（包括经发包人批准的延长工期），承包人应向发包人赔偿损失的费用。

2.0.27 不可抗力 force majeure

发承包双方在工程合同签订时不能预见的，对其发生的后果不能避免，并且不能克服的自然灾害和社会性突发事件。

2.0.28 工程设备 engineering facility

指构成或计划构成永久工程一部分的机电设备、金属结构设备、仪器装置及其他类似的设备和装置。

2.0.29 缺陷责任期 defect liability period

指承包人对已交付使用的合同工程承担合同约定的缺陷修复责任的期限。

2.0.30 质量保证金 retention money

发承包双方在工程合同中约定，从应付合同价款中预留，用以保证承包人在缺陷责任期内履行缺陷修复义务的金额。

2.0.31 费用 fee

承包人为履行合同所发生或将要发生的所有合理开支，包括管理费和应分摊的其他费用，但不包括利润。

2.0.32 利润 profit

承包人完成合同工程获得的盈利。

2.0.33 企业定额 corporate rate

施工企业根据本企业的施工技术、机械装备和管理水平而编制的人工、材料和施工机械台班等的消耗标准。

2.0.34 规费 statutory fee

根据国家法律、法规规定，由省级政府或省级有关权力部门规定施工企业必须缴纳的，应计入建筑安装工程造价的费用。

2.0.35 税金 tax

国家税法规定的应计入建筑安装工程造价内的营业税、城市维护建设税、教育费附加和地方教育附加。

2.0.36 发包人 employer

具有工程发包主体资格和支付工程价款能力的当事人以及取得该当事人资格的合法继承人，本规范有时又称招标人。

2.0.37 承包人 contractor

被发包人接受的具有工程施工承包主体资格的当事人以及取得该当事人资格的合法继承人，本规范有时又称投标人。

2.0.38 工程造价咨询人 cost engineering consultant（quantity surveyor）

取得工程造价咨询资质等级证书，接受委托从事建设工程造价咨询活动的当事人以及取得该当事人资格的合法继承人。

2.0.39 造价工程师 cost engineer（quantity surveyor）

取得造价工程师注册证书，在一个单位注册、从事建设工程造价活动的专业人员。

2.0.40 造价员 cost engineering technician

取得全国建设工程造价员资格证书，在一个单位注册、从事建设工程造价活动的专业人员。

2.0.41 单价项目 unit rate project

工程量清单中以单价计价的项目，即根据合同工程图纸（含设计变更）和相关工程现行国家计量规范规定的工程量计算规则进行计量，与已标价工程量清单相应综合单价进行价款计算的项目。

2.0.42 总价项目 lump sum project

工程量清单中以总价计价的项目，即此类项目在相关工程现行国家计量规范中无工程量计算规则，以总价（或计算基础乘费率）计算的项目。

2.0.43 工程计量 measurement of quantities

发承包双方根据合同约定，对承包人完成合同工程的数量进行的计算和确认。

2.0.44 工程结算 final account

发承包双方根据合同约定，对合同工程在实施中、终止时、已完工后进行的合同价款计算、调整和确认。包括期中结算、终止结算、竣工结算。

2.0.45 招标控制价 tender sum limit

招标人根据国家或省级、行业建设主管部门颁发的有关计价依据和办法，以及拟定的招标文件和招标工程量清单，结合工程具体情况编制的招标工程的最高投标限价。

2.0.46 投标价 tender sum

投标人投标时响应招标文件要求所报出的对已标价工程量清单汇总后标明的总价。

2.0.47 签约合同价（合同价款） contract sum

发承包双方在工程合同中约定的工程造价，即包括了分部分项工程费、措施项目费、其他项目费、规费和税金的合同总金额。

2.0.48 预付款 advance payment

在开工前，发包人按照合同约定，预先支付给承包人用于购买合同工程施工所需的材料、工程设备，以及组织施工机械和人员进场等的款项。

2.0.49 进度款 interim payment

在合同工程施工过程中，发包人按照合同约定对付款周期内承包人完成的合同价款给予支付的款项，也是合同价款期中结算支付。

2.0.50 合同价款调整 adjustment in contract sum

在合同价款调整因素出现后，发承包双方根据合同约定，对合同价款进行变动的提出、计算和确认。

2.0.51 竣工结算价 final account at completion

发承包双方依据国家有关法律、法规和标准规定，按照合同约定确定的，包括在履行合同过程中按合同约定进行的合同价款调整，是承包人按合同约定完成了全部承包工作后，发包人应付给承包人的合同总金额。

2.0.52 工程造价鉴定 construction cost verification

工程造价咨询人接受人民法院、仲裁机关委托，对施工合同纠纷案件中的工程造价争议，运用专门知识进行鉴别、判断和评定，并提供鉴定意见的活动。也称为工程造价司法鉴定。

3 一般规定

3.1 计价方式

3.1.1 使用国有资金投资的建设工程发承包，必须采用工程量清单计价。

3.1.2 非国有资金投资的建设工程，宜采用工程量清单计价。

3.1.3 不采用工程量清单计价的建设工程，应执行本规范除工程量清单等专门性规定外的其他规定。

3.1.4 工程量清单应采用综合单价计价。

3.1.5 措施项目中的安全文明施工费必须按国家或省级、行业建设主管部门的规定计算，不得作为竞争性费用。

3.1.6 规费和税金必须按国家或省级、行业建设主管部门的规定计算，不得作为竞争性费用。

3.2 发包人提供材料和工程设备

3.2.1 发包人提供的材料和工程设备（以下简称甲供材料）应在招标文件中按照本规范附录 L.1 的规定填写《发包人提供材料和工程设备一览表》，写明甲供材料的名称、规格、数量、单价、交货方式、交货地点等。

承包人投标时，甲供材料单价应计入相应项目的综合单价中，签约后，发包人应按合同约定扣除甲供材料款，不予支付。

3.2.2 承包人应根据合同工程进度计划的安排，向发包人提交甲供材料交货的日期计划。发包人应按计划提供。

3.2.3 发包人提供的甲供材料如规格、数量或质量不符合合同要求，或由于发包人原因发生交货日期延误、交货地点及交货方式变更等情况的，发包人应承担由此增加的费用和（或）工期延误，并应向承包人支付合理利润。

3.2.4 发承包双方对甲供材料的数量发生争议不能达成一致的，应按照相关工程的计价定额同类项目规定的材料消耗量计算。

3.2.5 若发包人要求承包人采购已在招标文件中确定为甲供材料的，材料价格应由发承包双方根据市场调查确定，并应另行签订补充协议。

3.3 承包人提供材料和工程设备

3.3.1 除合同约定的发包人提供的甲供材料外，合同工程所需的材料和工程设备应由承包人提供，承包人提供的材料和工程设备均应由承包人负责采购、运输和保管。

3.3.2 承包人应按合同约定将采购材料和工程设备的供货人及品种、规格、数量和供货时间等提交发包人确认，并负责提供材料和工程设备的质量证明文件，满足合同约定的质量标准。

3.3.3 对承包人提供的材料和工程设备经检测不符合合同约定的质量标准，发包人应立即要求承包人更换，由此增加的费用和（或）工期延误应由承包人承担。对发包人要求检测承包人已具有合格证明的材料、工程设备，但经检测证明该项材料、工程设备符合合同约定的质量标准，发包人应承担由此增加的费用和（或）工期延误，并向承包人支付合理利润。

3.4 计价风险

3.4.1 建设工程发承包，必须在招标文件、合同中明确计价中的风险内容及其范围，不得采用无限风险、所有风险或类似语句规定计价中的风险内容及范围。

3.4.2 由于下列因素出现，影响合同价款调整的，应由发包人承担：

1 国家法律、法规、规章和政策发生变化；

2 省级或行业建设主管部门发布的人工费调整，但承包人对人工费或人工单价的报价高于发布的除外；

3 由政府定价或政府指导价管理的原材料等价格进行了调整。

因承包人原因导致工期延误的，应按本规范第9.2.2条、第9.8.3条的规定执行。

3.4.3 由于市场物价波动影响合同价款的，应由发承包双方合理分摊，按本规范附录 L.2 或 L.3 填写《承包人提供主要材料和工程设备一览表》作为合同附件；当合同中没有约定，发承包双方发生争议时，应按本规范第9.8.1~9.8.3条的规定调整合同价款。

3.4.4 由于承包人使用机械设备、施工技术以及组织管理水平等自身原因造成施工费用增加的，应由承包人全部承担。

3.4.5 当不可抗力发生，影响合同价款时，应按本规范第9.10节的规定执行。

4 工程量清单编制

4.1 一般规定

4.1.1 招标工程量清单应由具有编制能力的招标人或受其委托、具有相应资质的工程造价咨询人编制。

4.1.2 招标工程量清单必须作为招标文件的组成部分,其准确性和完整性应由招标人负责。

4.1.3 招标工程量清单是工程量清单计价的基础,应作为编制招标控制价、投标报价、计算或调整工量、索赔等的依据之一。

4.1.4 招标工程量清单应以单位(项)工程为单位编制,应由分部分项工程项目清单、措施项目清单、其他项目清单、规费和税金项目清单组成。

4.1.5 编制招标工程量清单应依据:

1 本规范和相关工程的国家计量规范;

2 国家或省级、行业建设主管部门颁发的计价定额和办法;

3 建设工程设计文件及相关资料;

4 与建设工程有关的标准、规范、技术资料;

5 拟定的招标文件;

6 施工现场情况、地勘水文资料、工程特点及常规施工方案;

7 其他相关资料。

4.2 分部分项工程项目

4.2.1 分部分项工程项目清单必须载明项目编码、项目名称、项目特征、计量单位和工程量。

4.2.2 分部分项工程项目清单必须根据相关工程现行国家计量规范规定的项目编码、项目名称、项目特征、计量单位和工程量计算规则进行编制。

4.3 措施项目

4.3.1 措施项目清单必须根据相关工程现行国家计量规范的规定编制。

4.3.2 措施项目清单应根据拟建工程的实际情况列项。

4.4 其他项目

4.4.1 其他项目清单应按照下列内容列项:

1 暂列金额;

2 暂估价,包括材料暂估单价、工程设备暂估单价、专业工程暂估价;

3 计日工;

4 总承包服务费。

4.4.2 暂列金额应根据工程特点按有关计价规定估算。

4.4.3 暂估价中的材料、工程设备暂估单价应根据工程造价信息或参照市场价格估算,列出明细表;专业工程暂估价应分不同专业,按有关计价规定估算,列出明细表。

4.4.4 计日工应列出项目名称、计量单位和暂估数量。

4.4.5 总承包服务费应列出服务项目及其内容等。

4.4.6 出现本规范第 4.4.1 条未列的项目,应根据工程实际情况补充。

4.5 规费

4.5.1　规费项目清单应按照下列内容列项：

　　1　社会保险费：包括养老保险费、失业保险费、医疗保险费、工伤保险费、生育保险费；

　　2　住房公积金；

　　3　工程排污费。

4.5.2　出现本规范第4.5.1条未列的项目，应根据省级政府或省级有关部门的规定列项。

4.6　税金

4.6.1　税金项目清单应包括下列内容：

　　1　营业税；

　　2　城市维护建设税；

　　3　教育费附加；

　　4　地方教育附加。

4.6.2　出现本规范第4.6.1条未列的项目，应根据税务部门的规定列项。

5　招标控制价

5.1　一般规定

5.1.1　国有资金投资的建设工程招标，招标人必须编制招标控制价。

5.1.2　招标控制价应由具有编制能力的招标人或受其委托具有相应资质的工程造价咨询人编制和复核。

5.1.3　工程造价咨询人接受招标人委托编制招标控制价，不得再就同一工程接受投标人委托编制投标报价。

5.1.4　招标控制价应按照本规范第5.2.1条的规定编制，不应上调或下浮。

5.1.5　当招标控制价超过批准的概算时，招标人应将其报原概算审批部门审核。

5.1.6　招标人应在发布招标文件时公布招标控制价，同时应将招标控制价及有关资料报送工程所在地或有该工程管辖权的行业管理部门工程造价管理机构备查。

5.2　编制与复核

5.2.1　招标控制价应根据下列依据编制与复核：

　　1　本规范；

　　2　国家或省级、行业建设主管部门颁发的计价定额和计价办法；

　　3　建设工程设计文件及相关资料；

　　4　拟定的招标文件及招标工程量清单；

　　5　与建设项目相关的标准、规范、技术资料；

　　6　施工现场情况、工程特点及常规施工方案；

　　7　工程造价管理机构发布的工程造价信息，当工程造价信息没有发布时，参照市场价；

　　8　其他的相关资料。

5.2.2　综合单价中应包括招标文件中划分的应由投标人承担的风险范围及其费用。招标文件中没有明确的，如是工程造价咨询人编制，应提请招标人明确；如是招标人编制，应予明确。

5.2.3　分部分项工程和措施项目中的单价项目，应根据拟定的招标文件和招标工程量清单项目中的特征描述及有关要求确定综合单价计算。

5.2.4 措施项目中的总价项目应根据拟定的招标文件和常规施工方案按本规范第3.1.4条和3.1.5条的规定计价。

5.2.5 其他项目应按下列规定计价：

  1 暂列金额应按招标工程量清单中列出的金额填写；

  2 暂估价中的材料、工程设备单价应按招标工程量清单中列出的单价计入综合单价；

  3 暂估价中的专业工程金额应按招标工程量清单中列出的金额填写；

  4 计日工应按招标工程量清单中列出的项目根据工程特点和有关计价依据确定综合单价计算；

  5 总承包服务费应根据招标工程量清单列出的内容和要求估算。

5.2.6 规费和税金应按本规范第3.1.6条的规定计算。

5.3 投诉与处理

5.3.1 投标人经复核认为招标人公布的招标控制价未按照本规范的规定进行编制的，应在招标控制价公布后5天内向招投标监督机构和工程造价管理机构投诉。

5.3.2 投诉人投诉时，应当提交由单位盖章和法定代表人或其委托人签名或盖章的书面投诉书。投诉书应包括下列内容：

  1 投诉人与被投诉人的名称、地址及有效联系方式；

  2 投诉的招标工程名称、具体事项及理由；

  3 投诉依据及有关证明材料；

  4 相关的请求及主张。

5.3.3 投诉人不得进行虚假、恶意投诉，阻碍招投标活动的正常进行。

5.3.4 工程造价管理机构在接到投诉书后应在2个工作日内进行审查，对有下列情况之一的，不予受理：

  1 投诉人不是所投诉招标工程招标文件的收受人；

  2 投诉书提交的时间不符合本规范第5.3.1条规定的；

  3 投诉书不符合本规范第5.3.2条规定的；

  4 投诉事项已进入行政复议或行政诉讼程序的。

5.3.5 工程造价管理机构应在不迟于结束审查的次日将是否受理投诉的决定书面通知投诉人、被投诉人以及负责该工程招投标监督的招投标管理机构。

5.3.6 工程造价管理机构受理投诉后，应立即对招标控制价进行复查，组织投诉人、被投诉人或其委托的招标控制价编制人等单位人员对投诉问题逐一核对。有关当事人应当予以配合，并应保证所提供资料的真实性。

5.3.7 工程造价管理机构应当在受理投诉的10天内完成复查，特殊情况下可适当延长，并作出书面结论通知投诉人、被投诉人及负责该工程招投标监督的招投标管理机构。

5.3.8 当招标控制价复查结论与原公布的招标控制价误差大于±3%时，应当责成招标人改正。

5.3.9 招标人根据招标控制价复查结论需要重新公布招标控制价的，其最终公布的时间至招标文件要求提交投标文件截止时间不足15天的，应相应延长投标文件的截止时间。

6 投 标 报 价

6.1 一般规定

6.1.1 投标价应由投标人或受其委托具有相应资质的工程造价咨询人编制。

6.1.2 投标人应依据本规范第6.2.1条的规定自主确定投标报价。

6.1.3 投标报价不得低于工程成本。

6.1.4 投标人必须按招标工程量清单填报价格。项目编码、项目名称、项目特征、计量单位、工程量必须与招标工程量清单一致。

6.1.5 投标人的投标报价高于招标控制价的应予废标。

6.2 编制与复核

6.2.1 投标报价应根据下列依据编制和复核:

  1 本规范;

  2 国家或省级、行业建设主管部门颁发的计价办法;

  3 企业定额,国家或省级、行业建设主管部门颁发的计价定额和计价办法;

  4 招标文件、招标工程量清单及其补充通知、答疑纪要;

  5 建设工程设计文件及相关资料;

  6 施工现场情况、工程特点及投标时拟定的施工组织设计或施工方案;

  7 与建设项目相关的标准、规范等技术资料;

  8 市场价格信息或工程造价管理机构发布的工程造价信息;

  9 其他的相关资料。

6.2.2 综合单价中应包括招标文件中划分的应由投标人承担的风险范围及其费用,招标文件中没有明确的,应提请招标人明确。

6.2.3 分部分项工程和措施项目中的单价项目,应根据招标文件和招标工程量清单项目中的特征描述确定综合单价计算。

6.2.4 措施项目中的总价项目金额应根据招标文件及投标时拟定的施工组织设计或施工方案,按本规范第3.1.4条的规定自主确定。其中安全文明施工费应按照本规范第3.1.5条的规定确定。

6.2.5 其他项目应按下列规定报价:

  1 暂列金额应按招标工程量清单中列出的金额填写;

  2 材料、工程设备暂估价应按招标工程量清单中列出的单价计入综合单价;

  3 专业工程暂估价应按招标工程量清单中列出的金额填写;

  4 计日工应按招标工程量清单中列出的项目和数量,自主确定综合单价并计算计日工金额;

  5 总承包服务费应根据招标工程量清单中列出的内容和提出的要求自主确定。

6.2.6 规费和税金应按本规范第3.1.6条的规定确定。

6.2.7 招标工程量清单与计价表中列明的所有需要填写单价和合价的项目,投标人均应填写且只允许有一个报价。未填写单价和合价的项目,可视为此项费用已包含在已标价工程量清单中其他项目的单价和合价之中。当竣工结算时,此项目不得重新组价予以调整。

6.2.8 投标总价应当与分部分项工程费、措施项目费、其他项目费和规费、税金的合计金额一致。

7 合同价款约定

7.1 一般规定

7.1.1 实行招标的工程合同价款应在中标通知书发出之日起30天内，由发承包双方依据招标文件和中标人的投标文件在书面合同中约定。

合同约定不得违背招标、投标文件中关于工期、造价、质量等方面的实质性内容。招标文件与中标人投标文件不一致的地方，应以投标文件为准。

7.1.2 不实行招标的工程合同价款，应在发承包双方认可的工程价款基础上，由发承包双方在合同中约定。

7.1.3 实行工程量清单计价的工程，应采用单价合同；建设规模较小，技术难度较低，工期较短，且施工图设计已审查批准的建设工程可采用总价合同；紧急抢险、救灾以及施工技术特别复杂的建设工程可采用成本加酬金合同。

7.2 约定内容

7.2.1 发承包双方应在合同条款中对下列事项进行约定：

1 预付工程款的数额、支付时间及抵扣方式；
2 安全文明施工措施的支付计划，使用要求等；
3 工程计量与支付工程进度款的方式、数额及时间；
4 工程价款的调整因素、方法、程序、支付及时间；
5 施工索赔与现场签证的程序、金额确认与支付时间；
6 承担计价风险的内容、范围以及超出约定内容、范围的调整办法；
7 工程竣工价款结算编制与核对、支付及时间；
8 工程质量保证金的数额、预留方式及时间；
9 违约责任以及发生合同价款争议的解决方法及时间；
10 与履行合同、支付价款有关的其他事项等。

7.2.2 合同中没有按照本规范第7.2.1条的要求约定或约定不明的，若发承包双方在合同履行中发生争议由双方协商确定；当协商不能达成一致时，应按本规范的规定执行。

8 工 程 计 量

8.1 一般规定

8.1.1 工程量必须按照相关工程现行国家计量规范规定的工程量计算规则计算。

8.1.2 工程计量可选择按月或按工程形象进度分段计量，具体计量周期应在合同中约定。

8.1.3 因承包人原因造成的超出合同工程范围施工或返工的工程量，发包人不予计量。

8.1.4 成本加酬金合同应按本规范第8.2节的规定计量。

8.2 单价合同的计量

8.2.1 工程量必须以承包人完成合同工程应予计量的工程量确定。

8.2.2 施工中进行工程计量，当发现招标工程量清单中出现缺项、工程量偏差，或因工程变更引起工程量增减时，应按承包人在履行合同义务中完成的工程量计算。

8.2.3 承包人应当按照合同约定的计量周期和时间向发包人提交当期已完工程量报告。发包人应在收到报告后 7 天内核实，并将核实计量结果通知承包人。发包人未在约定时间内进行核实的，承包人提交的计量报告中所列的工程量应视为承包人实际完成的工程量。

8.2.4　发包人认为需要进行现场计量核实时，应在计量前 24 小时通知承包人，承包人应为计量提供便利条件并派人参加。当双方均同意核实结果时，双方应在上述记录上签字确认。承包人收到通知后不派人参加计量，视为认可发包人的计量核实结果。发包人不按照约定时间通知承包人，致使承包人未能派人参加计量，计量核实结果无效。

8.2.5　当承包人认为发包人核实后的计量结果有误时，应在收到计量结果通知后的 7 天内向发包人提出书面意见，并应附上其认为正确的计量结果和详细的计算资料。发包人收到书面意见后，应在 7 天内对承包人的计量结果进行复核后通知承包人。承包人对复核计量结果仍有异议的，按照合同约定的争议解决办法处理。

8.2.6　承包人完成已标价工程量清单中每个项目的工程量并经发包人核实无误后，发承包双方应对每个项目的历次计量报表进行汇总，以核实最终结算工程量，并应在汇总表上签字确认。

8.3　总价合同的计量

8.3.1　采用工程量清单方式招标形成的总价合同，其工程量应按照本规范第 8.2 节的规定计算。

8.3.2　采用经审定批准的施工图纸及其预算方式发包形成的总价合同，除按照工程变更规定的工程量增减外，总价合同各项目的工程量应为承包人用于结算的最终工程量。

8.3.3　总价合同约定的项目计量应以合同工程经审定批准的施工图纸为依据，发承包双方应在合同中约定工程计量的形象目标或时间节点进行计量。

8.3.4　承包人应在合同约定的每个计量周期内对已完成的工程进行计量，并向发包人提交达到工程形象目标完成的工程量和有关计量资料的报告。

8.3.5　发包人应在收到报告后 7 天内对承包人提交的上述资料进行复核，以确定实际完成的工程量和工程形象目标。对其有异议的，应通知承包人进行共同复核。

9　合同价款调整

9.1　一般规定

9.1.1　下列事项（但不限于）发生，发承包双方应当按照合同约定调整合同价款：

1　法律法规变化；

2　工程变更；

3　项目特征不符；

4　工程量清单缺项；

5　工程量偏差；

6　计日工；

7　物价变化；

8　暂估价；

9　不可抗力；

10　提前竣工（赶工补偿）；

11　误期赔偿；

12 索赔；

13 现场签证；

14 暂列金额；

15 发承包双方约定的其他调整事项。

9.1.2 出现合同价款调增事项（不含工程量偏差、计日工、现场签证、索赔）后的14天内，承包人应向发包人提交合同价款调增报告并附上相关资料；承包人在14天内未提交合同价款调增报告的，应视为承包人对该事项不存在调整价款请求。

9.1.3 出现合同价款调减事项（不含工程量偏差、索赔）后的14天内，发包人应向承包人提交合同价款调减报告并附相关资料；发包人在14天内未提交合同价款调减报告的，应视为发包人对该事项不存在调整价款请求。

9.1.4 发（承）包人应在收到承（发）包人合同价款调增（减）报告及相关资料之日起14天内对其核实，予以确认的应书面通知承（发）包人。当有疑问时，应向承（发）包人提出协商意见。发（承）包人在收到合同价款调增（减）报告之日起14天内未确认也未提出协商意见的，应视为承（发）包人提交的合同价款调增（减）报告已被发（承）包人认可。发（承）包人提出协商意见的，承（发）包人应在收到协商意见后的14天内对其核实，予以确认的应书面通知发（承）包人。承（发）包人在收到发（承）包人的协商意见后14天内既不确认也未提出不同意见的，应视为发（承）包人提出的意见已被承（发）包人认可。

9.1.5 发包人与承包人对合同价款调整的不同意见不能达成一致的，只要对发承包双方履约不产生实质影响，双方应继续履行合同义务，直到其按照合同约定的争议解决方式得到处理。

9.1.6 经发承包双方确认调整的合同价款，作为追加（减）合同价款，应与工程进度款或结算款同期支付。

9.2 法律法规变化

9.2.1 招标工程以投标截止日前28天、非招标工程以合同签订前28天为基准日，其后因国家的法律、法规、规章和政策发生变化引起工程造价增减变化的，发承包双方应按照省级或行业建设主管部门或其授权的工程造价管理机构据此发布的规定调整合同价款。

9.2.2 因承包人原因导致工期延误的，按本规范第9.2.1条规定的调整时间，在合同工程原定竣工时间之后，合同价款调增的不予调整，合同价款调减的予以调整。

9.3 工程变更

9.3.1 因工程变更引起已标价工程量清单项目或其工程数量发生变化时，应按照下列规定调整：

1 已标价工程量清单中有适用于变更工程项目的，应采用该项目的单价；但当工程变更导致该清单项目的工程数量发生变化，且工程量偏差超过15%时，该项目单价应按照本规范第9.6.2条的规定调整。

2 已标价工程量清单中没有适用但有类似于变更工程项目的，可在合理范围内参照类似项目的单价。

3 已标价工程量清单中没有适用也没有类似于变更工程项目的，应由承包人根据变更工程资料、计量规则和计价办法、工程造价管理机构发布的信息价格和承包人报价浮动率提出变更工程项目的单价，并应报发包人确认后调整。承包人报价浮动率可按下列公式计算：

招标工程：

$$承包人报价浮动率 L = (1 - 中标价/招标控制价) \times 100\% \qquad (9.3.1-1)$$

非招标工程：

$$承包人报价浮动率 L = (1 - 报价/施工图预算) \times 100\% \qquad (9.3.2-2)$$

4 已标价工程量清单中没有适用也没有类似于变更工程项目，且工程造价管理机构发布的信息价格缺价的，应由承包人根据变更工程资料、计量规则、计价办法和通过市场调查等取得有合法依据的市场价格提出变更工程项目的单价，并应报发包人确认后调整。

9.3.2 工程变更引起施工方案改变并使措施项目发生变化时，承包人提出调整措施项目费的，应事先将拟实施的方案提交发包人确认，并应详细说明与原方案措施项目相比的变化情况。拟实施的方案经发承包双方确认后执行，并应按照下列规定调整措施项目费：

1 安全文明施工费应按照实际发生变化的措施项目依据本规范第3.1.5条的规定计算。

2 采用单价计算的措施项目费，应按照实际发生变化的措施项目，按本规范第9.3.1条的规定确定单价。

3 按总价（或系数）计算的措施项目费，按照实际发生变化的措施项目调整，但应考虑承包人报价浮动因素，即调整金额按照实际调整金额乘以本规范第9.3.1条规定的承包人报价浮动率计算。

如果承包人未事先将拟实施的方案提交给发包人确认，则应视为工程变更不引起措施项目费的调整或承包人放弃调整措施项目费的权利。

9.3.3 当发包人提出的工程变更因非承包人原因删减了合同中的某项原定工作或工程，致使承包人发生的费用或（和）得到的收益不能被包括在其他已支付或应支付的项目中，也未被包含在任何替代的工作或工程中时，承包人有权提出并应得到合理的费用及利润补偿。

9.4 项目特征不符

9.4.1 发包人在招标工程量清单中对项目特征的描述，应被认为是准确的和全面的，并且与实际施工要求相符合。承包人应按照发包人提供的招标工程量清单，根据项目特征描述的内容及有关要求实施合同工程，直到项目被改变为止。

9.4.2 承包人应按照发包人提供的设计图纸实施合同工程，若在合同履行期间出现设计图纸（含设计变更）与招标工程量清单任一项目的特征描述不符，且该变化引起该项目工程造价增减变化的，应按照实际施工的项目特征，按本规范第9.3节相关条款的规定重新确定相应工程量清单项目的综合单价，并调整合同价款。

9.5 工程量清单缺项

9.5.1 合同履行期间，由于招标工程量清单中缺项，新增分部分项工程清单项目的，应按照本规范第9.3.1条的规定确定单价，并调整合同价款。

9.5.2 新增分部分项工程清单项目后，引起措施项目发生变化的，应按照本规范第9.3.2条的规定，在承包人提交的实施方案被发包人批准后调整合同价款。

9.5.3 由于招标工程量清单中措施项目缺项，承包人应将新增措施项目实施方案提交发包人批准后，按照本规范第9.3.1条、第9.3.2条的规定调整合同价款。

9.6 工程量偏差

9.6.1 合同履行期间，当应予计算的实际工程量与招标工程量清单出现偏差，且符合本规范第9.6.2条、第9.6.3条规定时，发承包双方应调整合同价款。

9.6.2 对于任一招标工程量清单项目，当因本节规定的工程量偏差和第9.3节规定的工程变更等原因导致工程量偏差超过15%时，可进行调整。当工程量增加15%以上时，增加部分的工程量的综合单价应予调低；当工程量减少15%以上时，减少后剩余部分的工程量的综合单价应予调高。

9.6.3 当工程量出现本规范第9.6.2条的变化，且该变化引起相关措施项目相应发生变化时，按系数或单一总价方式计价的，工程量增加的措施项目费调增，工程量减少的措施项目费调减。

9.7 计日工

9.7.1 发包人通知承包人以计日工方式实施的零星工作，承包人应予执行。

9.7.2 采用计日工计价的任何一项变更工作，在该项变更的实施过程中，承包人应按合同约定提交下列报表和有关凭证送发包人复核：

　　1 工作名称、内容和数量；

　　2 投入该工作所有人员的姓名、工种、级别和耗用工时；

　　3 投入该工作的材料名称、类别和数量；

　　4 投入该工作的施工设备型号、台数和耗用台时；

　　5 发包人要求提交的其他资料和凭证。

9.7.3 任一计日工项目持续进行时，承包人应在该项工作实施结束后的24小时内向发包人提交有计日工记录汇总的现场签证报告一式三份。发包人在收到承包人提交现场签证报告后的2天内予以确认并将其中一份返还给承包人，作为计日工计价和支付的依据。发包人逾期未确认也未提出修改意见的，应视为承包人提交的现场签证报告已被发包人认可。

9.7.4 任一计日工项目实施结束后，承包人应按照确认的计日工现场签证报告核实该类项目的工程数量，并应根据核实的工程数量和承包人已标价工程量清单中的计日工单价计算，提出应付价款；已标价工程量清单中没有该类计日工单价的，由发承包双方按本规范第9.3节的规定商定计日工单价计算。

9.7.5 每个支付期末，承包人应按照本规范第10.3节的规定向发包人提交本期间所有计日工记录的签证汇总表，并应说明本期间自己认为有权得到的计日工金额，调整合同价款，列入进度款支付。

9.8 物价变化

9.8.1 合同履行期间，因人工、材料、工程设备、机械台班价格波动影响合同价款时，应根据合同约定，按本规范附录A的方法之一调整合同价款。

9.8.2 承包人采购材料和工程设备的，应在合同中约定主要材料、工程设备价格变化的范围或幅度；当没有约定，且材料、工程设备单价变化超过5%时，超过部分的价格应按照本规范附录A的方法计算调整材料、工程设备费。

9.8.3 发生合同工程工期延误的，应按照下列规定确定合同履行期的价格调整：

　　1 因非承包人原因导致工期延误的，计划进度日期后续工程的价格，应采用计划进度日期与实际进度日期两者的较高者。

　　2 因承包人原因导致工期延误的，计划进度日期后续工程的价格，应采用计划进度日期与实际进度日期两者的较低者。

9.8.4　发包人供应材料和工程设备的，不适用本规范第 9.8.1 条、第 9.8.2 条规定，应由发包人按照实际变化调整，列入合同工程的工程造价内。

9.9　暂估价

9.9.1　发包人在招标工程量清单中给定暂估价的材料、工程设备属于依法必须招标的，应由发承包双方以招标的方式选择供应商，确定价格，并应以此为依据取代暂估价，调整合同价款。

9.9.2　发包人在招标工程量清单中给定暂估价的材料、工程设备不属于依法必须招标的，应由承包人按照合同约定采购，经发包人确认单价后取代暂估价，调整合同价款。

9.9.3　发包人在工程量清单中给定暂估价的专业工程不属于依法必须招标的，应按照本规范第 9.3 节相应条款的规定确定专业工程价款，并应以此为依据取代专业工程暂估价，调整合同价款。

9.9.4　发包人在招标工程量清单中给定暂估价的专业工程，依法必须招标的，应当由发承包双方依法组织招标选择专业分包人，并接受有管辖权的建设工程招标投标管理机构的监督，还应符合下列要求：

　　1　除合同另有约定外，承包人不参加投标的专业工程发包招标，应由承包人作为招标人，但拟定的招标文件、评标工作、评标结果应报送发包人批准。与组织招标工作有关的费用应当被认为已经包括在承包人的签约合同价（投标总报价）中。

　　2　承包人参加投标的专业工程发包招标，应由发包人作为招标人，与组织招标工作有关的费用由发包人承担。同等条件下，应优先选择承包人中标。

　　3　应以专业工程发包中标价为依据取代专业工程暂估价，调整合同价款。

9.10　不可抗力

9.10.1　因不可抗力事件导致的人员伤亡、财产损失及其费用增加，发承包双方应按下列原则分别承担并调整合同价款和工期：

　　1　合同工程本身的损害、因工程损害导致第三方人员伤亡和财产损失以及运至施工场地用于施工的材料和待安装的设备的损害，应由发包人承担；

　　2　发包人、承包人人员伤亡应由其所在单位负责，并应承担相应费用；

　　3　承包人的施工机械设备损坏及停工损失，应由承包人承担；

　　4　停工期间，承包人应发包人要求留在施工场地的必要的管理人员及保卫人员的费用应由发包人承担；

　　5　工程所需清理、修复费用，应由发包人承担。

9.10.2　不可抗力解除后复工的，若不能按期竣工，应合理延长工期。发包人要求赶工的，赶工费用应由发包人承担。

9.10.3　因不可抗力解除合同的，应按本规范第 12.0.2 条的规定办理。

9.11　提前竣工（赶工补偿）

9.11.1　招标人应依据相关工程的工期定额合理计算工期，压缩的工期天数不得超过定额工期的 20%，超过者，应在招标文件中明示增加赶工费用。

9.11.2　发包人要求合同工程提前竣工的，应征得承包人同意后与承包人商定采取加快工程进度的措施，并应修订合同工程进度计划。发包人应承担承包人由此增加的提前竣工（赶工补偿）费用。

9.11.3 发承包双方应在合同中约定提前竣工每日历天应补偿额度，此项费用应作为增加合同价款列入竣工结算文件中，应与结算款一并支付。

9.12 误期赔偿

9.12.1 承包人未按照合同约定施工，导致实际进度迟于计划进度的，承包人应加快进度，实现合同工期。合同工程发生误期，承包人应赔偿发包人由此造成的损失，并应按照合同约定向发包人支付误期赔偿费。即使承包人支付误期赔偿费，也不能免除承包人按照合同约定应承担的任何责任和应履行的任何义务。

9.12.2 发承包双方应在合同中约定误期赔偿费，并应明确每日历天应赔额度。误期赔偿费应列入竣工结算文件中，并应在结算款中扣除。

9.12.3 在工程竣工之前，合同工程内的某单项（位）工程已通过了竣工验收，且该单项（位）工程接收证书中表明的竣工日期并未延误，而是合同工程的其他部分产生了工期延误时，误期赔偿费应按照已颁发工程接收证书的单项（位）工程造价占合同价款的比例幅度予以扣减。

9.13 索赔

9.13.1 当合同一方向另一方提出索赔时，应有正当的索赔理由和有效证据，并应符合合同的相关约定。

9.13.2 根据合同约定，承包人认为非承包人原因发生的事件造成了承包人的损失，应按下列程序向发包人提出索赔：

1 承包人应在知道或应当知道索赔事件发生后28天内，向发包人提交索赔意向通知书，说明发生索赔事件的事由。承包人逾期未发出索赔意向通知书的，丧失索赔的权利。

2 承包人应在发出索赔意向通知书后28天内，向发包人正式提交索赔通知书。索赔通知书应详细说明索赔理由和要求，并应附必要的记录和证明材料。

3 索赔事件具有连续影响的，承包人应继续提交延续索赔通知，说明连续影响的实际情况和记录。

4 在索赔事件影响结束后的28天内，承包人应向发包人提交最终索赔通知书，说明最终索赔要求，并应附必要的记录和证明材料。

9.13.3 承包人索赔应按下列程序处理：

1 发包人收到承包人的索赔通知书后，应及时查验承包人的记录和证明材料。

2 发包人应在收到索赔通知书或有关索赔的进一步证明材料后的28天内，将索赔处理结果答复承包人，如果发包人逾期未作出答复，视为承包人索赔要求已被发包人认可。

3 承包人接受索赔处理结果的，索赔款项应作为增加合同价款，在当期进度款中进行支付；承包人不接受索赔处理结果的，应按合同约定的争议解决方式办理。

9.13.4 承包人要求赔偿时，可以选择下列一项或几项方式获得赔偿：

1 延长工期；

2 要求发包人支付实际发生的额外费用；

3 要求发包人支付合理的预期利润；

4 要求发包人按合同的约定支付违约金。

9.13.5 当承包人的费用索赔与工期索赔要求相关联时，发包人在作出费用索赔的批准决定时，应结合工程延期，综合作出费用赔偿和工程延期的决定。

9.13.6 发承包双方在按合同约定办理了竣工结算后，应被认为承包人已无权再提出竣工结算前所发生的任何索赔。承包人在提交的最终结清申请中，只限于提出竣工结算后的索赔，提出索赔的期限应自发承包双方最终结清时终止。

9.13.7 根据合同约定，发包人认为由于承包人的原因造成发包人的损失，宜按承包人索赔的程序进行索赔。

9.13.8 发包人要求赔偿时，可以选择下列一项或几项方式获得赔偿：

    1 延长质量缺陷修复期限；

    2 要求承包人支付实际发生的额外费用；

    3 要求承包人按合同的约定支付违约金。

9.13.9 承包人应付给发包人的索赔金额可从拟支付给承包人的合同价款中扣除，或由承包人以其他方式支付给发包人。

9.14 现场签证

9.14.1 承包人应发包人要求完成合同以外的零星项目、非承包人责任事件等工作的，发包人应及时以书面形式向承包人发出指令，并应提供所需的相关资料；承包人在收到指令后，应及时向发包人提出现场签证要求。

9.14.2 承包人应在收到发包人指令后的 7 天内向发包人提交现场签证报告，发包人应在收到现场签证报告后的 48 小时内对报告内容进行核实，予以确认或提出修改意见。发包人在收到承包人现场签证报告后的 48 小时内未确认也未提出修改意见的，应视为承包人提交的现场签证报告已被发包人认可。

9.14.3 现场签证的工作如已有相应的计日工单价，现场签证中应列明完成该类项目所需的人工、材料、工程设备和施工机械台班的数量。

    如现场签证的工作没有相应的计日工单价，应在现场签证报告中列明完成该签证工作所需的人工、材料设备和施工机械台班的数量及单价。

9.14.4 合同工程发生现场签证事项，未经发包人签证确认，承包人便擅自施工的，除非征得发包人书面同意，否则发生的费用应由承包人承担。

9.14.5 现场签证工作完成后的 7 天内，承包人应按照现场签证内容计算价款，报送发包人确认后，作为增加合同价款，与进度款同期支付。

9.14.6 在施工过程中，当发现合同工程内容因场地条件、地质水文、发包人要求等不一致时，承包人应提供所需的相关资料，并提交发包人签证认可，作为合同价款调整的依据。

9.15 暂列金额

9.15.1 已签约合同价中的暂列金额应由发包人掌握使用。

9.15.2 发包人按照本规范第9.1节至第9.14节的规定支付后，暂列金额余额应归发包人所有。

10 合同价款期中支付

10.1 预付款

10.1.1 承包人应将预付款专用于合同工程。

10.1.2 包工包料工程的预付款的支付比例不得低于签约合同价（扣除暂列金额）的10%，不宜高于签约合同价（扣除暂列金额）的30%。

10.1.3 承包人应在签订合同或向发包人提供与预付款等额的预付款保函后向发包人提交预付款支付申请。

10.1.4 发包人应在收到支付申请的7天内进行核实，向承包人发出预付款支付证书，并在签发支付证书后的7天内向承包人支付预付款。

10.1.5 发包人没有按合同约定按时支付预付款的，承包人可催告发包人支付；发包人在预付款期满后的7天内仍未支付的，承包人可在付款期满后的第8天起暂停施工。发包人应承担由此增加的费用和延误的工期，并应向承包人支付合理利润。

10.1.6 预付款应从每一个支付期应支付给承包人的工程进度款中扣回，直到扣回的金额达到合同约定的预付款金额为止。

10.1.7 承包人的预付款保函的担保金额根据预付款扣回的数额相应递减，但在预付款全部扣回之前一直保持有效。发包人应在预付款扣完后的14天内将预付款保函退还给承包人。

10.2 安全文明施工费

10.2.1 安全文明施工费包括的内容和使用范围，应符合国家有关文件和计量规范的规定。

10.2.2 发包人应在工程开工后的28天内预付不低于当年施工进度计划的安全文明施工费总额的60%，其余部分应按照提前安排的原则进行分解，并应与进度款同期支付。

10.2.3 发包人没有按时支付安全文明施工费的，承包人可催告发包人支付；发包人在付款期满后的7天内仍未支付的，若发生安全事故，发包人应承担相应责任。

10.2.4 承包人对安全文明施工费应专款专用，在财务账目中应单独列项备查，不得挪作他用，否则发包人有权要求其限期改正；逾期未改正的，造成的损失和延误的工期应由承包人承担。

10.3 进度款

10.3.1 发承包双方应按照合同约定的时间、程序和方法，根据工程计量结果，办理期中价款结算，支付进度款。

10.3.2 进度款支付周期应与合同约定的工程计量周期一致。

10.3.3 已标价工程量清单中的单价项目，承包人应按工程计量确认的工程量与综合单价计算；综合单价发生调整的，以发承包双方确认调整的综合单价计算进度款。

10.3.4 已标价工程量清单中的总价项目和按照本规范第8.3.2条规定形成的总价合同，承包人应按合同中约定的进度款支付分解，分别列入进度款支付申请中的安全文明施工费和本周期应支付的总价项目的金额中。

10.3.5 发包人提供的甲供材料金额，应按照发包人签约提供的单价和数量从进度款支付中扣除，列入本周期应扣减的金额中。

10.3.6 承包人现场签证和得到发包人确认的索赔金额应列入本周期应增加的金额中。

10.3.7 进度款的支付比例按照合同约定，按期中结算价款总额计，不低于60%，不高于90%。

10.3.8 承包人应在每个计量周期到期后的7天内向发包人提交已完工程进度款支付申请一式四份，详细说明此周期认为有权得到的款额，包括分包人已完工程的价款。支付申请应包括下列内容：

    1 累计已完成的合同价款；

    2 累计已实际支付的合同价款；

3　本周期合计完成的合同价款：

1）本周期已完成单价项目的金额；

2）本周期应支付的总价项目的金额；

3）本周期已完成的计日工价款；

4）本周期应支付的安全文明施工费；

5）本周期应增加的金额；

4　本周期合计应扣减的金额：

1）本周期应扣回的预付款；

2）本周期应扣减的金额；

5　本周期实际应支付的合同价款。

10.3.9　发包人应在收到承包人进度款支付申请后的 14 天内，根据计量结果和合同约定对申请内容予以核实，确认后向承包人出具进度款支付证书。若发承包双方对部分清单项目的计量结果出现争议，发包人应对无争议部分的工程计量结果向承包人出具进度款支付证书。

10.3.10　发包人应在签发进度款支付证书后的 14 天内，按照支付证书列明的金额向承包人支付进度款。

10.3.11　若发包人逾期未签发进度款支付证书，则视为承包人提交的进度款支付申请已被发包人认可，承包人可向发包人发出催告付款的通知。发包人应在收到通知后的 14 天内，按照承包人支付申请的金额向承包人支付进度款。

10.3.12　发包人未按照本规范第 10.3.9～10.3.11 条的规定支付进度款的，承包人可催告发包人支付，并有权获得延迟支付的利息；发包人在付款期满后的 7 天内仍未支付的，承包人可在付款期满后的第 8 天起暂停施工。发包人应承担由此增加的费用和延误的工期，向承包人支付合理利润，并应承担违约责任。

10.3.13　发现已签发的任何支付证书有错、漏或重复的数额，发包人有权予以修正，承包人也有权提出修正申请。经发承包双方复核同意修正的，应在本次到期的进度款中支付或扣除。

11　竣工结算与支付

11.1　一般规定

11.1.1　工程完工后，发承包双方必须在合同约定时间内办理工程竣工结算。

11.1.2　工程竣工结算应由承包人或受其委托具有相应资质的工程造价咨询人编制，并应由发包人或受其委托具有相应资质的工程造价咨询人核对。

11.1.3　当发承包双方或一方对工程造价咨询人出具的竣工结算文件有异议时，可向工程造价管理机构投诉，申请对其进行执业质量鉴定。

11.1.4　工程造价管理机构对投诉的竣工结算文件进行质量鉴定，宜按本规范第 14 章的相关规定进行。

11.1.5　竣工结算办理完毕，发包人应将竣工结算文件报送工程所在地或有该工程管辖权的行业管理部门的工程造价管理机构备案，竣工结算文件应作为工程竣工验收备案、交付使用的必备文件。

11.2　编制与复核

11.2.1　工程竣工结算应根据下列依据编制和复核：

1　本规范；

2　工程合同；

3　发承包双方实施过程中已确认的工程量及其结算的合同价款；

4　发承包双方实施过程中已确认调整后追加（减）的合同价款；

5　建设工程设计文件及相关资料；

6　投标文件；

7　其他依据。

11.2.2　分部分项工程和措施项目中的单价项目应依据发承包双方确认的工程量与已标价工程量清单的综合单价计算；发生调整的，应以发承包双方确认调整的综合单价计算。

11.2.3　措施项目中的总价项目应依据已标价工程量清单的项目和金额计算；发生调整的，应以发承包双方确认调整的金额计算，其中安全文明施工费应按本规范第3.1.5条的规定计算。

11.2.4　其他项目应按下列规定计价：

1　计日工应按发包人实际签证确认的事项计算；

2　暂估价应按本规范第9.9节的规定计算；

3　总承包服务费应依据已标价工程量清单金额计算；发生调整的，应以发承包双方确认调整的金额计算；

4　索赔费用应依据发承包双方确认的索赔事项和金额计算；

5　现场签证费用应依据发承包双方签证资料确认的金额计算；

6　暂列金额应减去合同价款调整（包括索赔、现场签证）金额计算，如有余额归发包人。

11.2.5　规费和税金应按本规范第3.1.6条的规定计算。规费中的工程排污费应按工程所在地环境保护部门规定的标准缴纳后按实列入。

11.2.6　发承包双方在合同工程实施过程中已经确认的工程计量结果和合同价款，在竣工结算办理中应直接进入结算。

11.3　竣工结算

11.3.1　合同工程完工后，承包人应在经发承包双方确认的合同工程期中价款结算的基础上汇总编制完成竣工结算文件，应在提交竣工验收申请的同时向发包人提交竣工结算文件。

承包人未在合同约定的时间内提交竣工结算文件，经发包人催告后14天内仍未提交或没有明确答复的，发包人有权根据已有资料编制竣工结算文件，作为办理竣工结算和支付结算款的依据，承包人应予以认可。

11.3.2　发包人应在收到承包人提交的竣工结算文件后的28天内核对。发包人经核实，认为承包人还应进一步补充资料和修改结算文件，应在上述时限内向承包人提出核实意见，承包人在收到核实意见后的28天内应按照发包人提出的合理要求补充资料，修改竣工结算文件，并应再次提交给发包人复核后批准。

11.3.3　发包人应在收到承包人再次提交的竣工结算文件后的28天内予以复核，将复核结果通知承包人，并应遵守下列规定：

1　发包人、承包人对复核结果无异议的，应在7天内在竣工结算文件上签字确认，竣工结算办理完毕；

　　2　发包人或承包人对复核结果认为有误的，无异议部分按照本条第 1 款规定办理不完全竣工结算；有异议部分由发承包双方协商解决；协商不成的，应按照合同约定的争议解决方式处理。

11.3.4　发包人在收到承包人竣工结算文件后的 28 天内，不核对竣工结算或未提出核对意见的，应视为承包人提交的竣工结算文件已被发包人认可，竣工结算办理完毕。

11.3.5　承包人在收到发包人提出的核实意见后的 28 天内，不确认也未提出异议的，应视为发包人提出的核实意见已被承包人认可，竣工结算办理完毕。

11.3.6　发包人委托工程造价咨询人核对竣工结算的，工程造价咨询人应在 28 天内核对完毕，核对结论与承包人竣工结算文件不一致的，应提交给承包人复核；承包人应在 14 天内将同意核对结论或不同意见的说明提交工程造价咨询人。工程造价咨询人收到承包人提出的异议后，应再次复核，复核无异议的，应按本规范第 11.3.3 条第 1 款的规定办理，复核后仍有异议的，按本规范第 11.3.3 条第 2 款的规定办理。

　　承包人逾期未提出书面异议的，应视为工程造价咨询人核对的竣工结算文件已经承包人认可。

11.3.7　对发包人或发包人委托的工程造价咨询人指派的专业人员与承包人指派的专业人员经核对后无异议并签名确认的竣工结算文件，除非发承包人能提出具体、详细的不同意见，发承包人都应在竣工结算文件上签名确认，如其中一方拒不签认的，按下列规定办理：

　　1　若发包人拒不签认的，承包人可不提供竣工验收备案资料，并有权拒绝与发包人或其上级部门委托的工程造价咨询人重新核对竣工结算文件。

　　2　若承包人拒不签认的，发包人要求办理竣工验收备案的，承包人不得拒绝提供竣工验收资料，否则，由此造成的损失，承包人承担相应责任。

11.3.8　合同工程竣工结算核对完成，发承包双方签字确认后，发包人不得要求承包人与另一个或多个工程造价咨询人重复核对竣工结算。

11.3.9　发包人对工程质量有异议，拒绝办理工程竣工结算的，已竣工验收或已竣工未验收但实际投入使用的工程，其质量争议应按该工程保修合同执行，竣工结算应按合同约定办理；已竣工未验收且未实际投入使用的工程以及停工、停建工程的质量争议，双方应就有争议的部分委托有资质的检测鉴定机构进行检测，并应根据检测结果确定解决方案，或按工程质量监督机构的处理决定执行后办理竣工结算，无争议部分的竣工结算应按合同约定办理。

11.4　结算款支付

11.4.1　承包人应根据办理的竣工结算文件向发包人提交竣工结算款支付申请。申请应包括下列内容：

　　1　竣工结算合同价款总额；

　　2　累计已实际支付的合同价款；

　　3　应预留的质量保证金；

　　4　实际应支付的竣工结算款金额。

11.4.2　发包人应在收到承包人提交竣工结算款支付申请后 7 天内予以核实，向承包人签发竣工结算支付证书。

11.4.3　发包人签发竣工结算支付证书后的 14 天内，应按照竣工结算支付证书列明的金额向承包人支付结算款。

11.4.4 发包人在收到承包人提交的竣工结算款支付申请后 7 天内不予核实，不向承包人签发竣工结算支付证书的，视为承包人的竣工结算款支付申请已被发包人认可；发包人应在收到承包人提交的竣工结算款支付申请 7 天后的 14 天内，按照承包人提交的竣工结算款支付申请列明的金额向承包人支付结算款。

11.4.5 发包人未按照本规范第 11.4.3 条、第 11.4.4 条规定支付竣工结算款的，承包人可催告发包人支付，并有权获得延迟支付的利息。发包人在竣工结算支付证书签发后或者在收到承包人提交的竣工结算款支付申请 7 天后的 56 天内仍未支付的，除法律另有规定外，承包人可与发包人协商将该工程折价，也可直接向人民法院申请将该工程依法拍卖。承包人应就该工程折价或拍卖的价款优先受偿。

11.5 质量保证金

11.5.1 发包人应按照合同约定的质量保证金比例从结算款中预留质量保证金。

11.5.2 承包人未按照合同约定履行属于自身责任的工程缺陷修复义务的，发包人有权从质量保证金中扣除用于缺陷修复的各项支出。经查验，工程缺陷属于发包人原因造成的，应由发包人承担查验和缺陷修复的费用。

11.5.3 在合同约定的缺陷责任期终止后，发包人应按照本规范第 11.6 节的规定，将剩余的质量保证金返还给承包人。

11.6 最终结清

11.6.1 缺陷责任期终止后，承包人应按照合同约定向发包人提交最终结清支付申请。发包人对最终结清支付申请有异议的，有权要求承包人进行修正和提供补充资料。承包人修正后，应再次向发包人提交修正后的最终结清支付申请。

11.6.2 发包人应在收到最终结清支付申请后的 14 天内予以核实，并应向承包人签发最终结清支付证书。

11.6.3 发包人应在签发最终结清支付证书后的 14 天内，按照最终结清支付证书列明的金额向承包人支付最终结清款。

11.6.4 发包人未在约定的时间内核实，又未提出具体意见的，应视为承包人提交的最终结清支付申请已被发包人认可。

11.6.5 发包人未按期最终结清支付的，承包人可催告发包人支付，并有权获得延迟支付的利息。

11.6.6 最终结清时，承包人被预留的质量保证金不足以抵减发包人工程缺陷修复费用的，承包人应承担不足部分的补偿责任。

11.6.7 承包人对发包人支付的最终结清款有异议的，应按照合同约定的争议解决方式处理。

12 合同解除的价款结算与支付

12.0.1 发承包双方协商一致解除合同的，应按照达成的协议办理结算和支付合同价款。

12.0.2 由于不可抗力致使合同无法履行解除合同的，发包人应向承包人支付合同解除之日前已完成工程但尚未支付的合同价款，此外，还应支付下列金额：

    1 本规范第 9.11.1 条规定的由发包人承担的费用；

2　已实施或部分实施的措施项目应付价款；

3　承包人为合同工程合理订购且已交付的材料和工程设备货款；

4　承包人撤离现场所需的合理费用，包括员工遣送费和临时工程拆除、施工设备运离现场的费用；

5　承包人为完成合同工程而预期开支的任何合理费用，且该项费用未包括在本款其他各项支付之内。

发承包双方办理结算合同价款时，应扣除合同解除之日前发包人应向承包人收回的价款。当发包人应扣除的金额超过了应支付的金额，承包人应在合同解除后的 56 天内将其差额退还给发包人。

12.0.3　因承包人违约解除合同的，发包人应暂停向承包人支付任何价款。发包人应在合同解除后 28 天内核实合同解除时承包人已完成的全部合同价款以及按施工进度计划已运至现场的材料和工程设备货款，按合同约定核算承包人应支付的违约金以及造成损失的索赔金额，并将结果通知承包人。发承包双方应在 28 天内予以确认或提出意见，并应办理结算合同价款。如果发包人应扣除的金额超过了应支付的金额，承包人应在合同解除后的 56 天内将其差额退还给发包人。发承包双方不能就解除合同后的结算达成一致的，按照合同约定的争议解决方式处理。

12.0.4　因发包人违约解除合同的，发包人除应按照本规范第 12.0.2 条的规定向承包人支付各项价款外，应按合同约定核算发包人应支付的违约金以及给承包人造成损失或损害的索赔金额费用。该笔费用应由承包人提出，发包人核实后应与承包人协商确定后的 7 天内向承包人签发支付证书。协商不能达成一致的，应按照合同约定的争议解决方式处理。

13　合同价款争议的解决

13.1　监理或造价工程师暂定

13.1.1　若发包人和承包人之间就工程质量、进度、价款支付与扣除、工期延期、索赔、价款调整等发生任何法律上、经济上或技术上的争议，首先应根据已签约合同的规定，提交合同约定职责范围的总监理工程师或造价工程师解决，并应抄送另一方。总监理工程师或造价工程师在收到此提交件后 14 天内应将暂定结果通知发包人和承包人。发承包双方对暂定结果认可的，应以书面形式予以确认，暂定结果成为最终决定。

13.1.2　发承包双方在收到总监理工程师或造价工程师的暂定结果通知之后的 14 天内未对暂定结果予以确认也未提出不同意见的，应视为发承包双方已认可该暂定结果。

13.1.3　发承包双方或一方不同意暂定结果的，应以书面形式向总监理工程师或造价工程师提出，说明自己认为正确的结果，同时抄送另一方，此时该暂定结果成为争议。在暂定结果对发承包双方当事人履约不产生实质影响的前提下，发承包双方应实施该结果，直到按照发承包双方认可的争议解决办法被改变为止。

13.2　管理机构的解释或认定

13.2.1　合同价款争议发生后，发承包双方可就工程计价依据的争议以书面形式提请工程造价管理机构对争议以书面文件进行解释或认定。

13.2.2　工程造价管理机构应在收到申请的 10 个工作日内就发承包双方提请的争议问题进行解释或认定。

13.2.3 发承包双方或一方在收到工程造价管理机构书面解释或认定后仍可按照合同约定的争议解决方式提请仲裁或诉讼。除工程造价管理机构的上级管理部门作出了不同的解释或认定，或在仲裁裁决或法院判决中不予采信的外，工程造价管理机构作出的书面解释或认定应为最终结果，并应对发承包双方均有约束力。

13.3 协商和解

13.3.1 合同价款争议发生后，发承包双方任何时候都可以进行协商。协商达成一致的，双方应签订书面和解协议，和解协议对发承包双方均有约束力。

13.3.2 如果协商不能达成一致协议，发包人或承包人都可以按合同约定的其他方式解决争议。

13.4 调解

13.4.1 发承包双方应在合同中约定或在合同签订后共同约定争议调解人，负责双方在合同履行过程中发生争议的调解。

13.4.2 合同履行期间，发承包双方可协议调换或终止任何调解人，但发包人或承包人都不能单独采取行动。除非双方另有协议，在最终结清支付证书生效后，调解人的任期应即终止。

13.4.3 如果发承包双方发生了争议，任何一方可将该争议以书面形式提交调解人，并将副本抄送另一方，委托调解人调解。

13.4.4 发承包双方应按照调解人提出的要求，给调解人提供所需要的资料、现场进入权及相应设施。调解人应被视为不是在进行仲裁人的工作。

13.4.5 调解人应在收到调解委托后28天内或由调解人建议并经发承包双方认可的其他期限内提出调解书，发承包双方接受调解书的，经双方签字后作为合同的补充文件，对发承包双方均具有约束力，双方都应立即遵照执行。

13.4.6 当发承包双方中任一方对调解人的调解书有异议时，应在收到调解书后28天内向另一方发出异议通知，并应说明争议的事项和理由。但除非并直到调解书在协商和解或仲裁裁决、诉讼判决中作出修改，或合同已经解除，承包人应继续按照合同实施工程。

13.4.7 当调解人已就争议事项向发承包双方提交了调解书，而任一方在收到调解书后28天内均未发出表示异议的通知时，调解书对发承包双方应均具有约束力。

13.5 仲裁、诉讼

13.5.1 发承包双方的协商和解或调解均未达成一致意见，其中的一方已就此争议事项根据合同约定的仲裁协议申请仲裁，应同时通知另一方。

13.5.2 仲裁可在竣工之前或之后进行，但发包人、承包人、调解人各自的义务不得因在工程实施期间进行仲裁而有所改变。当仲裁是在仲裁机构要求停止施工的情况下进行时，承包人应对合同工程采取保护措施，由此增加的费用应由败诉方承担。

13.5.3 在本规范第13.1节至第13.4节规定的期限之内，暂定或和解协议或调解书已经有约束力的情况下，当发承包中一方未能遵守暂定或和解协议或调解书时，另一方可在不损害他可能具有的任何其他权利的情况下，将未能遵守暂定或不执行和解协议或调解书达成的事项提交仲裁。

13.5.4 发包人、承包人在履行合同时发生争议，双方不愿和解、调解或者和解、调解不成，又没有达成仲裁协议的，可依法向人民法院提起诉讼。

14 工程造价鉴定

14.1 一般规定

14.1.1 在工程合同价款纠纷案件处理中，需作工程造价司法鉴定的，应委托具有相应资质的工程造价咨询人进行。

14.1.2 工程造价咨询人接受委托时提供工程造价司法鉴定服务，应按仲裁、诉讼程序和要求进行，并应符合国家关于司法鉴定的规定。

14.1.3 工程造价咨询人进行工程造价司法鉴定时，应指派专业对口、经验丰富的注册造价工程师承担鉴定工作。

14.1.4 工程造价咨询人应在收到工程造价司法鉴定资料后 10 天内，根据自身专业能力和证据资料判断能否胜任该项委托，如不能，应辞去该项委托。工程造价咨询人不得在鉴定期满后以上述理由不作出鉴定结论，影响案件处理。

14.1.5 接受工程造价司法鉴定委托的工程造价咨询人或造价工程师如是鉴定项目一方当事人的近亲属或代理人、咨询人以及其他关系可能影响鉴定公正的，应当自行回避；未自行回避，鉴定项目委托人以该理由要求其回避的，必须回避。

14.1.6 工程造价咨询人应当依法出庭接受鉴定项目当事人对工程造价司法鉴定意见书的质询。如确因特殊原因无法出庭的，经审理该鉴定项目的仲裁机关或人民法院准许，可以书面形式答复当事人的质询。

14.2 取证

14.2.1 工程造价咨询人进行工程造价鉴定工作时，应自行收集以下（但不限于）鉴定资料：

1 适用于鉴定项目的法律、法规、规章、规范性文件以及规范、标准、定额；

2 鉴定项目同时期同类型工程的技术经济指标及其各类要素价格等。

14.2.2 工程造价咨询人收集鉴定项目的鉴定依据时，应向鉴定项目委托人提出具体书面要求，其内容包括：

1 与鉴定项目相关的合同、协议及其附件；

2 相应的施工图纸等技术经济文件；

3 施工过程中的施工组织、质量、工期和造价等工程资料；

4 存在争议的事实及各方当事人的理由；

5 其他有关资料。

14.2.3 工程造价咨询人在鉴定过程中要求鉴定项目当事人对缺陷资料进行补充的，应征得鉴定项目委托人同意，或者协调鉴定项目各方当事人共同签认。

14.2.4 根据鉴定工作需要现场勘验的，工程造价咨询人应提请鉴定项目委托人组织各方当事人对被鉴定项目所涉及的实物标的进行现场勘验。

14.2.5 勘验现场应制作勘验记录、笔录或勘验图表，记录勘验的时间、地点、勘验人、在场人、勘验经过、结果，由勘验人、在场人签名或者盖章确认。绘制的现场图应注明绘制的时间、测绘人姓名、身份等内容。必要时应采取拍照或摄像取证，留下影像资料。

14.2.6 鉴定项目当事人未对现场勘验图表或勘验笔录等签字确认的，工程造价咨询人应提请鉴定项目委托人决定处理意见，并在鉴定意见书中作出表述。

14.3 鉴定

14.3.1 工程造价咨询人在鉴定项目合同有效的情况下应根据合同约定进行鉴定，不得任意改变双方合法的合意。

14.3.2 工程造价咨询人在鉴定项目合同无效或合同条款约定不明确的情况下应根据法律法规、相关国家标准和本规范的规定，选择相应专业工程的计价依据和方法进行鉴定。

14.3.3 工程造价咨询人出具正式鉴定意见书之前，可报请鉴定项目委托人向鉴定项目各方当事人发出鉴定意见书征求意见稿，并指明应书面答复的期限及其不答复的相应法律责任。

14.3.4 工程造价咨询人收到鉴定项目各方当事人对鉴定意见书征求意见稿的书面复函后，应对不同意见认真复核，修改完善后再出具正式鉴定意见书。

14.3.5 工程造价咨询人出具的工程造价鉴定书应包括下列内容：

1 鉴定项目委托人名称、委托鉴定的内容；

2 委托鉴定的证据材料；

3 鉴定的依据及使用的专业技术手段；

4 对鉴定过程的说明；

5 明确的鉴定结论；

6 其他需说明的事宜；

7 工程造价咨询人盖章及注册造价工程师签名盖执业专用章。

14.3.6 工程造价咨询人应在委托鉴定项目的鉴定期限内完成鉴定工作，如确因特殊原因不能在原定期限内完成鉴定工作时，应按照相应法规提前向鉴定项目委托人申请延长鉴定期限，并应在此期限内完成鉴定工作。

经鉴定项目委托人同意等待鉴定项目当事人提交、补充证据的，质证所用的时间不应计入鉴定期限。

14.3.7 对于已经出具的正式鉴定意见书中有部分缺陷的鉴定结论，工程造价咨询人应通过补充鉴定作出补充结论。

15 工程计价资料与档案

15.1 计价资料

15.1.1 发承包双方应当在合同中约定各自在合同工程中现场管理人员的职责范围，双方现场管理人员在职责范围内签字确认的书面文件是工程计价的有效凭证，但如有其他有效证据或经实证证明其是虚假的除外。

15.1.2 发承包双方不论在何种场合对与工程计价有关的事项所给予的批准、证明、同意、指令、商定、确定、确认、通知和请求，或表示同意、否定、提出要求和意见等，均应采用书面形式，口头指令不得作为计价凭证。

15.1.3 任何书面文件送达时，应由对方签收，通过邮寄应采用挂号、特快专递传送，或以发承包双方商定的电子传输方式发送，交付、传送或传输至指定的接收人的地址。如接收人通知了另外地址时，随后通信信息应按新地址发送。

15.1.4 发承包双方分别向对方发出的任何书面文件，均应将其抄送现场管理人员，如系复印件应加盖合同工程管理机构印章，证明与原件相同。双方现场管理人员向对方所发任何书面文件，也应将其复印件发送给发承包双方，复印件应加盖合同工程管理机构印章，证明与原件相同。

15.1.5 发承包双方均应当及时签收另一方送达其指定接收地点的来往信函，拒不签收的，送达信函的一方可以采用特快专递或者公证方式送达，所造成的费用增加（包括被迫采用特殊送达方式所发生的费用）和延误的工期由拒绝签收一方承担。

15.1.6 书面文件和通知不得扣压，一方能够提供证据证明另一方拒绝签收或已送达的，应视为对方已签收并应承担相应责任。

15.2 计价档案

15.2.1 发承包双方以及工程造价咨询人对具有保存价值的各种载体的计价文件，均应收集齐全，整理立卷后归档。

15.2.2 发承包双方和工程造价咨询人应建立完善的工程计价档案管理制度，并应符合国家和有关部门发布的档案管理相关规定。

15.2.3 工程造价咨询人归档的计价文件，保存期不宜少于五年。

15.2.4 归档的工程计价成果文件应包括纸质原件和电子文件，其他归档文件及依据可为纸质原件、复印件或电子文件。

15.2.5 归档文件应经过分类整理，并应组成符合要求的案卷。

15.2.6 归档可以分阶段进行，也可以在项目竣工结算完成后进行。

15.2.7 向接受单位移交档案时，应编制移交清单，双方应签字、盖章后方可交接。

16 工程计价表格

16.0.1 工程计价表宜采用统一格式。各省、自治区、直辖市建设行政主管部门和行业建设主管部门可根据本地区、本行业的实际情况，在本规范附录 B 至附录 L 计价表格的基础上补充完善。

16.0.2 工程计价表格的设置应满足工程计价的需要，方便使用。

16.0.3 工程量清单的编制应符合下列规定：

　　1 工程量清单编制使用表格包括：封-1、扉-1、表-01、表-08、表-11、表-12（不含表-12-6～表-12-8）、表-13、表-20、表-21 或表-22。

　　2 扉页应按规定的内容填写、签字、盖章，由造价员编制的工程量清单应有负责审核的造价工程师签字、盖章。受委托编制的工程量清单，应有造价工程师签字、盖章以及工程造价咨询人盖章。

　　3 总说明应按下列内容填写：

　　1）工程概况：建设规模、工程特征、计划工期、施工现场实际情况、自然地理条件、环境保护要求等。

　　2）工程招标和专业工程发包范围。

　　3）工程量清单编制依据。

　　4）工程质量、材料、施工等的特殊要求。

　　5）其他需要说明的问题。

16.0.4 招标控制价、投标报价、竣工结算的编制应符合下列规定：

　　1 使用表格：

　　1）招标控制价使用表格包括：封-2、扉-2、表-01、表-02、表-03、表-04、表-08、表-

09、表-11、表-12（不含表-12-6～表-12-8）、表-13、表-20、表-21或表-22。

2）投标报价使用的表格包括：封-3、扉-3、表-01、表-02、表-03、表-04、表-08、表-09、表-11、表-12（不含表-12-6～表-12-8）、表-13、表-16、招标文件提供的表-20、表-21或表-22。

3）竣工结算使用的表格包括：封-4、扉-4、表-01、表-05、表-06、表-07、表-08、表-09、表-10、表-11、表-12、表-13、表-14、表-15、表-16、表-17、表-18、表-19、表-20、表-21或表-22。

2 扉页应按规定的内容填写、签字、盖章，除承包人自行编制的投标报价和竣工结算外，受委托编制的招标控制价、投标报价、竣工结算，由造价员编制的应有负责审核的造价工程师签字、盖章以及工造价咨询人盖章。

3 总说明应按下列内容填写：

1）工程概况：建设规模、工程特征、计划工期、合同工期、实际工期、施工现场及变化情况、施工组织设计的特点、自然地理条件、环境保护要求等。

2）编制依据等。

16.0.5 工程造价鉴定应符合下列规定：

1 工程造价鉴定使用表格包括：封-5、扉-5、表-01、表-05～表-20、表-21或表-22。

2 扉页应按规定内容填写、签字、盖章，应有承担鉴定和负责审核的注册造价工程师签字、盖执业专用章。

3 说明应按本规范第14.3.5条第1款至第6款的规定填写。

16.0.6 投标人应按招标文件的要求，附工程量清单综合单价分析表。

附录 A 物价变化合同价款调整方法

A.1 价格指数调整价格差额

A.1.1 价格调整公式。因人工、材料和工程设备、施工机械台班等价格波动影响合同价格时，根据招标人提供的本规范附录L.3的表-22，并由投标人在投标函附录中的价格指数和权重表约定的数据，应按下式计算差额并调整合同价款：

$$\Delta P = P_0 \left[A + \left(B_1 \times \frac{F_{t1}}{F_{01}} + B_2 \times \frac{F_{t2}}{F_{02}} + B_3 \times \frac{F_{t3}}{F_{03}} + \cdots + B_n \times \frac{F_{tn}}{F_{0n}} \right) - 1 \right] \qquad (A.1.1)$$

式中

ΔP——需调整的价格差额；

P_0——约定的付款证书中承包人应得到的已完成工程量的金额。此项金额应不包括价格调整、不计质量保证金的扣留和支付、预付款的支付和扣回。约定的变更及其他金额已按现行价格计价的，也不计在内；

A——定值权重（即不调部分的权重）；

B_1、B_2、B_3、$\cdots$、B_n——各可调因子的变值权重（即可调部分的权重），为各可调因子在投标函投标总报价中所占的比例；

F_{t1}、F_{t2}、F_{t3}、$\cdots$、F_{tn}——各可调因子的现行价格指数，指约定的付款证书相关周期最后一天的前42天的各可调因子的价格指数；

F_{01}、F_{02}、F_{03}、$\cdots$、F_{0n}——各可调因子的基本价格指数，指基准日期的各可调因子的价格指数。

以上价格调整公式中的各可调因子、定值和变值权重，以及基本价格指数及其来源在投标函附录价格指数和权重表中约定。价格指数应首先采用工程造价管理机构提供的价格指数，缺乏上述价格指数时，可采用工程造价管理机构提供的价格代替。

A.1.2 暂时确定调整差额。在计算调整差额时得不到现行价格指数的，可暂用上一次价格指数计算，并在以后的付款中再按实际价格指数进行调整。

A.1.3 权重的调整。约定的变更导致原定合同中的权重不合理时，由承包人和发包人协商后进行调整。

A.1.4 承包人工期延误后的价格调整。由于承包人原因未在约定的工期内竣工的，对原约定竣工日期后继续施工的工程，在使用第 A.1.1 条的价格调整公式时，应采用原约定竣工日期与实际竣工日期的两个价格指数中较低的一个作为现行价格指数。

A.1.5 若可调因子包括了人工在内，则不适用本规范第 3.4.2 条第 2 款的规定。

A.2 造价信息调整价格差额

A.2.1 施工期内，因人工、材料和工程设备、施工机械台班价格波动影响合同价格时，人工、机械使用费按照国家或省、自治区、直辖市建设行政管理部门、行业建设管理部门或其授权的工程造价管理机构发布的人工成本信息、机械台班单价或机械使用费系数进行调整；需要进行价格调整的材料，其单价和采购数应由发包人复核，发包人确认需调整的材料单价及数量，作为调整合同价款差额的依据。

A.2.2 人工单价发生变化且符合本规范第 3.4.2 条第 2 款规定的条件时，发承包双方应按省级或行业建设主管部门或其授权的工程造价管理机构发布的人工成本文件调整合同价款。

A.2.3 材料、工程设备价格变化按照发包人提供的本规范附录 L.2 的表-21，由发承包双方约定的风险范围按下列规定调整合同价款：

1 承包人投标报价中材料单价低于基准单价：施工期间材料单价涨幅以基准单价为基础超过合同约定的风险幅度值，或材料单价跌幅以投标报价为基础超过合同约定的风险幅度值时，其超过部分按实调整。

2 承包人投标报价中材料单价高于基准单价：施工期间材料单价跌幅以基准单价为基础超过合同约定的风险幅度值，或材料单价涨幅以投标报价为基础超过合同约定的风险幅度值时，其超过部分按实调整。

3 承包人投标报价中材料单价等于基准单价：施工期间材料单价涨、跌幅以基准单价为基础超过合同约定的风险幅度值时，其超过部分按实调整。

4 承包人应在采购材料前将采购数量和新的材料单价报送发包人核对，确认用于本合同工程时，发包人应确认采购材料的数量和单价。发包人在收到承包人报送的确认资料后 3 个工作日不予答复的视为已经认可，作为调整合同价款的依据。如果承包人未报经发包人核对即自行采购材料，再报发包人确认调整合同价款的，如发包人不同意，则不作调整。

A.2.4 施工机械台班单价或施工机械使用费发生变化超过省级或行业建设主管部门或其授权的工程造价管理机构规定的范围时，按其规定调整合同价款。

注：计价表格使用规定

工程量清单与计价宜采用统一格式。各省、自治区、直辖市建设行政主管部门和行业建设主管部门可根据本地区、本行业的实际情况，在规范计价表格的基础上补充完善。

具体全部计价规范表格，限于篇幅，在此不能一一选录，请读者具体参见13计价规范。本书仅以常用表格为例，供读者学习参照。

附录 B 工程计价文件封面

B.1 招标工程量清单封面

工程
_____

招标工程量清单

招 标 人：_____
(单位盖章)

造价咨询人：_____
(单位盖章)

年 月 日

B. 2　招标控制价封面

_____工程

招标控制价

招　标　人：_____

（单位盖章）

造价咨询人：_____

（单位盖章）

年　　月　　日

B. 3   投标总价封面

_____**工程**

投 标 总 价

投 标 人：_____

（单位盖章）

年   月   日

B. 4　竣工结算书封面

_____工程

竣工结算书

发　包　人：_____

（单位盖章）

承　包　人：_____

（单位盖章）

造价咨询人：_____

（单位盖章）

年　　月　　日

B.5　工程造价鉴定意见书封面

_____工程

编号：×××［2×××］××号

工程造价鉴定意见书

造价咨询人：_____

（单位盖章）

年　　月　　日

附录 C　工程计价文件扉页

C.1　招标工程量清单扉页

_____**工程**

招标工程量清单

招　标　人：_____　　　造价咨询人：_____
　　　　　　　（单位盖章）　　　　　　　　　　　（单位资质专用章）

法定代表人　　　　　　　　　　　　法定代表人
或其授权人：_____　　　或其授权人：_____
　　　　　　　（签字或盖章）　　　　　　　　　　（签字或盖章）

编　制　人：_____　　　复　核　人：_____
　　　　（造价人员签字盖专用章）　　　　　　　（造价工程师签字盖专用章）

编制时间：　年　月　日　　　复核时间：　年　月　日

C.2　招标控制价扉页

_____工程

招标控制价

招标控制价（小写）：_____

　　　　（大写）：_____

招　标　人：_____　　造价咨询人：_____

　　　　　　　（单位盖章）　　　　　　　　　　　　　　　　（单位资质专用章）

法定代表人　　　　　　　　　　　　　　法定代表人

或其授权人：_____　　或其授权人：_____

　　　　　　　（签字或盖章）　　　　　　　　　　　　　　　（签字或盖章）

编　制　人：_____　　复　核　人：_____

　　　　　（造价人员签字盖专用章）　　　　　　　　　（造价工程师签字盖专用章）

编制时间：　年　月　日　　复核时间：　年　月　日

C. 3　投标总价扉页

投 标 总 价

招 标 人：_____

工 程 名 称：_____

投标总价（小写）：_____

（大写）：_____

投 标 人：_____

（单位盖章）

法定代表人
或其授权人：_____

（签字或盖章）

编 制 人：_____

（造价人员签字盖专用章）

时 间：　　年　月　日

C.4 竣工结算总价扉页

_____工程

竣工结算总价

签约合同价（小写）：_____ （大写）：_____

竣工结算价（小写）：_____ （大写）：_____

发 包 人：_____ 承 包 人：_____ 造价咨询人：_____
　　　　　（单位盖章）　　　　　　（单位盖章）　　　　　　（单位资质专用章）

法定代表人　　　　　　　法定代表人　　　　　　　法定代表人
或其授权人：_____　或其授权人：_____　或其授权人：_____
　　　　（签字或盖章）　　　　　（签字或盖章）　　　　　（签字或盖章）

编 制 人：_____ 核 对 人：_____
　　（造价人员签字盖专用章）　　　　　（造价工程师签字盖专用章）

编制时间：　年　月　日　　核对时间：　年　月　日

C.5 工程造价鉴定意见书扉页

_____工程

工程造价鉴定意见书

鉴 定 结 论：

造价咨询人：_____

（盖单位章及资质专用章）

法定代表人：_____

（签字或盖章）

造价工程师：_____

（签字盖专用章）

年   月   日

附录 D 工程计价总说明

总 说 明

工程名称: 第 页 共 页

表-01

附录 E　工程计价汇总表

E.1　建设项目招标控制价/投标报价汇总表

工程名称：　　　　　　　　　　　　　　　　　　　　　　　　　第　页　共　页

序号	单项工程名称	金额（元）	其中：（元）		
			暂估价	安全文明施工费	规费
	合　　计				

注：本表适用于建设项目招标控制价或投标报价的汇总。

表-02

E. 2 单项工程招标控制价/投标报价汇总表

工程名称：   第 页 共 页

序号	单项工程名称	金额（元）	其中：（元）		
			暂估价	安全文明施工费	规费
	合　计				

注：本表适用于单项工程招标控制价或投标报价的汇总。暂估价包括分部分项工程中的暂估价和专业工程暂估价。

表-03

E. 3　单位工程招标控制价/投标报价汇总表

工程名称：　　　　　　　　　　标段：　　　　　　　第 页 共 页

序号	汇总内容	金额(元)	其中:暂估价(元)
1	分部分项工程		
1.1			
1.2			
1.3			
1.4			
1.5			
2	措施项目		
2.1	其中:安全文明施工费		
3	其他项目		
3.1	其中:暂列金额		
3.2	其中:专业工程暂估价		
3.3	其中:计日工		
3.4	其中:总承包服务费		
4	规费		
5	税金		
	招标控制价合计 = 1 + 2 + 3 + 4 + 5		

注：本表适用于单位工程招标控制价或投标报价的汇总，如无单位工程划分，单项工程也使用本表汇总。

表-04

E.4 建设项目竣工结算汇总表

工程名称：　　　　　　　　　　　　　　　　　　　　　　第 页 共 页

序号	单项工程名称	金额(元)	其中：（元）	
			安全文明施工费	规费
	合　　计			

表-05

E. 5　单项工程竣工结算汇总表

工程名称：　　　　　　　　　　　　　　　　　　　　　　　　　　第　页　共　页

序号	单项工程名称	金额(元)	其中：（元）	
			安全文明施工费	规费
	合　　计			

表-06

E.6 单位工程竣工结算汇总表

工程名称： 标段： 第 页 共 页

序号	汇 总 内 容	金 额(元)
1	分部分项工程	
1.1		
1.2		
1.3		
1.4		
1.5		
2	措施项目	
2.1	其中:安全文明施工费	
3	其他项目	
3.1	其中:专业工程结算价	
3.2	其中:计日工	
3.3	其中:总承包服务费	
3.4	其中:索赔与现场签证	
4	规费	
5	税金	
竣工结算总价合计 = 1 + 2 + 3 + 4 + 5		

注：如无单位工程划分，单项工程也使用本表汇总。

表-07

附录 F　分部分项工程和措施项目计价表

F.1　分部分项工程和单价措施项目清单与计价表

工程名称：　　　　　　　　　　　　标段：　　　　　　　　　第　页　共　页

序号	项目编码	项目名称	项目特征描述	计量单位	工程量	金　额(元)		
						综合单价	合价	其中
								暂估价
			本页小计					
			合　计					

注：为计取规费等的使用，可在表中增设其中："定额人工费"。

表-08

F.2 综合单价分析表

工程名称：　　　　　　　　　　　标段：　　　　　　　　　　第 页 共 页

项目编码		项目名称		计量单位		工程量	

| 清单综合单价组成明细 |

定额 编号	定额项目 名称	定额 单位	数量	单　价				合　价			
				人工费	材料费	机械费	管理费 和利润	人工费	材料费	机械费	管理费 和利润

人工单价		小　计									
元/工日		未计价材料费									
清单项目综合单价											

材料费明细	主要材料名称、规格、型号		单位	数量	单价 （元）	合价 （元）	暂估单价 （元）	暂估合价 （元）
	其他材料费				—		—	
	材料费小计				—		—	

注：1. 如不使用省级或行业建设主管部门发布的计价依据，可不填定额编号、名称等。

　　2. 招标文件提供了暂估单价的材料，按暂估的单价填入表内"暂估单价"栏及"暂估合价"栏。

表-09

F.3　综合单价调整表

工程名称：　　　　　　　　　　　标段：　　　　　　　　　　第　页　共　页

序号	项目编码	项目名称	已标价清单综合单价(元)					调整后综合单价(元)				
			综合单价	其中				综合单价	其中			
				人工费	材料费	机械费	管理费和利润		人工费	材料费	机械费	管理费和利润

造价工程师(签章)：　　　发包人代表(签章)：　　　　　　造价人员(签章)：　　　承包人代表(签章)：

日期：　　　　　　　　　　　　　　　　　　日期：

注：综合单价调整应附调整依据。

表-10

F.4 总价措施项目清单与计价表

工程名称：　　　　　　　　　　标段：　　　　　　　　　　第　页 共　页

序号	项目编码	项目名称	计算基础	费率（%）	金额（元）	调整费率（%）	调整后金额（元）	备注
		安全文明施工费						
		夜间施工增加费						
		二次搬运费						
		冬雨季施工增加费						
		已完工程及设备保护费						
		合　计						

编制人（造价人员）：　　　　　　　　　　　　　复核人（造价工程师）：

注：1. "计算基础"中安全文明施工费可为"定额基价"、"定额人工费"或"定额人工费+定额机械费"，其他项目可为"定额人工费"或"定额人工费+定额机械费"。

2. 按施工方案计算的措施费，若无"计算基础"和"费率"的数值，也可只填"金额"数值，但应在备注栏说明施工方案出处或计算方法。

表-11

附录 G 其他项目计价表

G. 1 其他项目清单与计价汇总表

工程名称：   标段：   第 页 共 页

序号	项 目 名 称	金额（元）	结算金额（元）	备注
1	暂列金额			明细详见 表-12-1
2	暂估价			
2.1	材料（工程设备）暂估价/结算价	—		明细详见 表-12-2
2.2	专业工程暂估价/结算价			明细详见 表-12-3
3	计日工			明细详见 表-12-4
4	总承包服务费			明细详见 表-12-5
5	索赔与现场签证	—		明细详见 表-12-6
	合　　计			—

注：材料（工程设备）暂估单价进入清单项目综合单价，此处不汇总。

表-12

G.2 暂列金额明细表

工程名称：   标段：   第 页 共 页

序号	项 目 名 称	计量单位	暂定金额 （元）	备 注
1				
2				
3				
4				
5				
6				
7				
8				
9				
10				
11				
合 计				—

注：此表由招标人填写，如不能详列，也可只列暂定金额总额，投标人应将上述暂列金额计入投标总价中。

表-12-1

G.3　材料（工程设备）暂估单价及调整表

工程名称：　　　　　　　　　　　标段：　　　　　　　　　第　页　共　页

序号	材料（工程设备）名称、规格、型号	计量单位	数量		暂估(元)		确认(元)		差额±(元)		备注
			暂估	确认	单价	合价	单价	合价	单价	合价	
合　计											

注：此表由招标人填写"暂估单价"，并在备注栏说明暂估价的材料、工程设备拟用在哪些清单项目上，投标人应将上述材料、工程设备暂估单价计入工程量清单综合单价报价中。

表-12-2

G. 4 专业工程暂估价及结算价表

工程名称： 标段： 第 页 共 页

序号	工程名称	工程内容	暂估金额 （元）	结算金额 （元）	差额 ±（元）	备注
合　计						

注：此表"暂估金额"由招标人填写，投标人应将"暂估金额"计入投标总价中。结算时按合同约定结算金额填写。

表-12-3

G. 5　计 日 工 表

工程名称：　　　　　　　　　标段：　　　　　　　第 页 共 页

编号	项目名称	单位	暂定数量	实际数量	综合单价（元）	合价(元)	
						暂定	实际
一	人　工						
1							
2							
3							
4							
人工小计							
二	材　料						
1							
2							
3							
4							
5							
6							
材料小计							
三	施工机械						
1							
2							
3							
4							
施工机械小计							
四、企业管理费和利润							
合　计							

注：此表项目名称、暂定数量由招标人填写，编制招标控制价时，单价由招标人按有关计价规定确定；投标时，单价由投标人自主报价，按暂定数量计算合价计入投标总价中。结算时，按发承包双方确认的实际数量计算合价。

表-12-4

G. 6 总承包服务费计价表

工程名称： 标段： 第 页 共 页

序号	项目名称	项目价值(元)	服务内容	计算基础	费率(%)	金额(元)
1	发包人发包专业工程					
2	发包人提供材料					
	合　计	—	—		—	

注：此表项目名称、服务内容由招标人填写，编制招标控制价时，费率及金额由招标人按有关计价规定确定；投标时，费率及金额由投标人自主报价，计入投标总价中。

表-12-5

G.7 索赔与现场签证计价汇总表

工程名称：　　　　　　　　　　标段：　　　　　　　　　第 页 共 页

序号	签证及索赔项目名称	计量单位	数量	单价(元)	合价(元)	索赔及签证依据
—	本页小计	—	—	—		—
—	合　计	—	—	—		—

注：签证及索赔依据是指经双方认可的签证单和索赔依据的编号。

表-12-6

G.8 费用索赔申请（核准）表

工程名称： 　　　　　　　　　标段： 　　　　　　　　　编号：

<table>
<tr><td colspan="2">
致：_____（发包人全称）
　　根据施工合同条款_____条的约定，由于_____原因，我方要求索赔金额（大写）_____
（小写_____），请予核准。
附：1. 费用索赔的详细理由和依据：
　　2. 索赔金额的计算：
　　3. 证明材料：

　　　　　　　　　　　　　　　　　　　　　　　　　　　　　　　　承包人（章）
造价人员_____　　　　　承包人代表_____　　　　日　期_____
</td></tr>
<tr>
<td>
复核意见：
　　根据施工合同条款_____条的约定，你方提出的费用索赔申请经复核：
　　□不同意此项索赔，具体意见见附件。
　　□同意此项索赔，索赔金额的计算，由造价工程师复核。

　　　　　　　　　　监理工程师_____
　　　　　　　　　　日　期_____
</td>
<td>
复核意见：
　　根据施工合同条款_____条的约定，你方提出的费用索赔申请经复核，索赔金额为（大写）_____元（小写_____）。

　　　　　　　　　　造价工程师_____
　　　　　　　　　　日　期_____
</td>
</tr>
<tr><td colspan="2">
审核意见：
　　□不同意此项索赔。
　　□同意此项索赔，与本期进度款同期支付。

　　　　　　　　　　　　　　　　　　　　　　　　　　　　　　　　发包人（章）
　　　　　　　　　　　　　　　　　　　　　　　　　　　　发包人代表_____
　　　　　　　　　　　　　　　　　　　　　　　　　　　　日　期_____
</td></tr>
</table>

注：1. 在选择栏中的"□"内作标识"✓"。

　　2. 本表一式四份，由承包人填报，发包人、监理人、造价咨询人、承包人各存一份。

表-12-7

G.9　现场签证表

工程名称：　　　　　　　　　　标段：　　　　　　　　　　编号：

施工部位		日期	

致：＿＿＿＿＿＿＿＿＿＿＿＿＿＿＿＿＿＿＿＿＿＿＿＿＿＿＿＿＿＿＿（发包人全称）

　　根据＿＿＿＿＿＿（指令人姓名）　年　月　日的口头指令或你方＿＿＿＿＿＿＿（或监理人）　年　月　日的书面通知,我方要求完成此项工作应支付价款金额为(大写)＿＿＿＿＿＿＿＿＿(小写＿＿＿＿＿＿＿＿＿),请予核准。

　　附：1. 签证事由及原因：

　　　　2. 附图及计算式：

承包人(章)

造价人员＿＿＿＿＿＿＿＿＿　　承包人代表＿＿＿＿＿＿＿＿＿　　　　日　期＿＿＿＿＿＿

复核意见： 　　你方提出的此项签证申请经复核： □不同意此项签证,具体意见见附件。 □同意此项签证,签证金额的计算,由造价工程师复核。 监理工程师＿＿＿＿＿＿＿ 日　期＿＿＿＿＿＿＿	复核意见： 　　□此项签证按承包人中标的计日工单价计算,金额为(大写)＿＿＿＿＿＿＿元,(小写＿＿＿＿＿＿＿元) 　　□此项签证因无计日工单价,金额为(大写)＿＿＿＿＿＿＿元,(小写＿＿＿＿＿＿＿元)。 造价工程师＿＿＿＿＿＿＿ 日　期＿＿＿＿＿＿＿

审核意见：

　　□不同意此项签证。

　　□同意此项签证,价款与本期进度款同期支付。

发包人(章)

发包人代表＿＿＿＿＿＿＿＿＿＿

日　期＿＿＿＿＿＿＿＿＿＿

注：1. 在选择栏中的"□"内作标识"√"。

　　2. 本表一式四份，由承包人在收到发包人（监理人）的口头或书面通知后填写，发包人、监理人、造价咨询人、承包人各存一份。

表-12-8

附录 H 规费、税金项目计价表

工程名称：   标段：   第 页 共 页

序号	项目名称	计 算 基 础	计算基数	计算费率（%）	金额（元）
1	规费	定额人工费			
1.1	社会保险费	定额人工费			
(1)	养老保险费	定额人工费			
(2)	失业保险费	定额人工费			
(3)	医疗保险费	定额人工费			
(4)	工伤保险费	定额人工费			
(5)	生育保险费	定额人工费			
1.2	住房公积金	定额人工费			
1.3	工程排污费	按工程所在地环境保护部门收取标准,按实计入			
2	税金	分部分项工程费＋措施项目费＋其他项目费＋规费－按规定不计税的工程设备金额			
合 计					

编制人（造价人员）：   复核人（造价工程师）：

表-13

附录 J 工程计量申请（核准）表

工程名称： 标段： 第 页 共 页

序号	项目编码	项目名称	计量单位	承包人申报数量	发包人核实数量	发承包人确认数量	备注

承包人代表：	监理工程师：	造价工程师：	发包人代表：
日期：	日期：	日期：	日期：

表-14

附录 K 合同价款支付申请（核准）表

K.1 预付款支付申请（核准）表

工程名称：　　　　　　　　　　标段：　　　　　　　　　　编号：

致：_____（发包人全称）

　　我方根据施工合同的约定，现申请支付工程预付款额为（大写）_____（小写_____），请予核准。

序号	名　　称	申请金额(元)	复核金额(元)	备注
1	已签约合同价款金额			
2	其中:安全文明施工费			
3	应支付的预付款			
4	应支付的安全文明施工费			
5	合计应支付的预付款			

承包人（章）

造价人员_____　　　承包人代表_____　　　日　期_____

复核意见： □与合同约定不相符,修改意见见附件。 □与合同约定相符,具体金额由造价工程师复核。 监理工程师_____ 日　期_____	复核意见： 　你方提出的支付申请经复核,应支付预付款金额为（大写）_____（小写_____）。 造价工程师_____ 日　期_____

审核意见：

□不同意。

□同意,支付时间为本表签发后的15天内。

发包人（章）

发包人代表_____

日　期_____

注：1. 在选择栏中的"□"内作标识"✓"。

　　2. 本表一式四份,由承包人填报,发包人、监理人、造价咨询人、承包人各存一份。

表-15

K. 2　总价项目进度款支付分解表

工程名称：　　　　　　　　　　　　标段：　　　　　　　　　　　单位：元

序号	项目名称	总价金额	首次支付	二次支付	三次支付	四次支付	五次支付	
	安全文明施工费							
	夜间施工增加费							
	二次搬运费							
	社会保险费							
	住房公积金							
	合　　计							

编制人（造价人员）：　　　　　　　　　　　　　复核人（造价工程师）：

注：1. 本表应由承包人在投标报价时根据发包人在招标文件明确的进度款支付周期与报价填写，签订合同时，发承
　　　包双方可就支付分解协商调整后作为合同附件。

　　2. 单价合同使用本表，"支付"栏时间应与单价项目进度款支付周期相同。

　　3. 总价合同使用本表，"支付"栏时间应与约定的工程计量周期相同。

表-16

K.3　进度款支付申请（核准）表

工程名称：　　　　　　　　　　标段：　　　　　　　　　　编号：

致：＿＿＿＿＿＿＿＿＿＿＿＿＿＿＿＿＿＿＿＿＿＿＿＿＿＿＿＿＿＿＿＿（发包人全称）

　　我方于＿＿＿＿＿至＿＿＿＿＿期间已完成了＿＿＿＿＿＿工作，根据施工合同的约定，现申请支付本周期的合同款额为（大写）＿＿＿＿＿＿（小写＿＿＿＿＿＿），请予核准。

序号	名　　称	实际金额(元)	申请金额(元)	复核金额(元)	备注
1	累计已完成的合同价款		—		
2	累计已实际支付的合同价款		—		
3	本周期合计完成的合同价款				
3.1	本周期已完成单价项目的金额				
3.2	本周期应支付的总价项目的金额				
3.3	本周期已完成的计日工价款				
3.4	本周期应支付的安全文明施工费				
3.5	本周期应增加的合同价款				
4	本周期合计应扣减的金额				
4.1	本周期应抵扣的预付款				
4.2	本周期应扣减的金额				
5	本周期应支付的合同价款				

附：上述3、4详见附件清单。

　　　　　　　　　　　　　　　　　　　　　　　　　　　　承包人（章）

　　造价人员＿＿＿＿＿＿　　　　承包人代表＿＿＿＿＿＿　　日　　期＿＿＿＿＿＿

复核意见：	复核意见：
□与实际施工情况不相符，修改意见见附件。 □与实际施工情况相符，具体金额由造价工程师复核。 　　　　　　　监理工程师＿＿＿＿＿＿ 　　　　　　　日　　期＿＿＿＿＿＿	你方提出的支付申请经复核，本周期已完成合同款额为（大写）＿＿＿＿＿＿（小写＿＿＿＿＿＿），本周期应支付金额为（大写）＿＿＿＿＿＿（小写＿＿＿＿）。 　　　　　　　造价工程师＿＿＿＿＿＿ 　　　　　　　日　　期＿＿＿＿＿＿

审核意见：

　□不同意。

　□同意，支付时间为本表签发后的15天内。

　　　　　　　　　　　　　　　　　　　　　　　　　发包人（章）

　　　　　　　　　　　　　　　　　　　　　　　　发包人代表＿＿＿＿＿＿

　　　　　　　　　　　　　　　　　　　　　　　　日　　期＿＿＿＿＿＿

注：1. 在选择栏中的"□"内作标识"√"。

　　2. 本表一式四份，由承包人填报，发包人、监理人、造价咨询人、承包人各存一份。

表-17

K.4　竣工结算款支付申请（核准）表

工程名称：　　　　　　　　　　　　　标段：　　　　　　　　　　　　　编号：

致：＿＿＿＿＿＿＿＿＿＿＿＿＿＿＿＿＿＿＿＿＿＿＿＿＿＿＿＿＿＿＿（发包人全称）

　　我方于＿＿＿＿＿＿至＿＿＿＿＿＿期间已完成合同约定的工作，工程已经完工，根据施工合同的约定，现申请支付竣工结算合同款额为（大写）＿＿＿＿＿＿＿＿（小写＿＿＿＿＿＿），请予核准。

序号	名　　称	申请金额(元)	复核金额(元)	备　　注
1	竣工结算合同价款总额		—	
2	累计已实际支付的合同价款			
3	应预留的质量保证金			
4	应支付的竣工结算款金额			

承包人（章）

造价人员＿＿＿＿＿＿　　　承包人代表＿＿＿＿＿＿　　　日　期＿＿＿＿＿＿

复核意见：	复核意见：
□与实际施工情况不相符，修改意见见附件。 □与实际施工情况相符，具体金额由造价工程师复核。 监理工程师＿＿＿＿＿＿ 日　　期＿＿＿＿＿＿	你方提出的竣工结算款支付申请经复核，竣工结算款总额为（大写）＿＿＿＿＿＿＿（小写＿＿＿＿＿＿），扣除前期支付以及质量保证金后应支付金额为（大写）＿＿＿＿＿（小写＿＿＿＿＿＿）。 造价工程师＿＿＿＿＿＿ 日　　期＿＿＿＿＿＿

审核意见：

　　□不同意。

　　□同意，支付时间为本表签发后的 15 天内。

发包人（章）

发包人代表＿＿＿＿＿＿

日　　期＿＿＿＿＿＿

注：1. 在选择栏中的"□"内作标识"√"。

　　2. 本表一式四份，由承包人填报，发包人、监理人、造价咨询人、承包人各存一份。

表-18

K.5 最终结清支付申请（核准）表

工程名称： 标段： 编号：

致：＿＿＿＿＿＿＿＿＿＿＿＿＿＿＿＿＿＿＿＿＿＿＿＿＿＿＿＿＿＿＿（发包人全称）

　　我方于＿＿＿＿＿＿至＿＿＿＿＿＿期间已完成了缺陷修复工作，根据施工合同的约定，现申请支付最终结清合同款额为（大写）＿＿＿＿＿＿＿＿＿（小写＿＿＿＿＿＿＿＿），请予核准。

序号	名　称	申请金额（元）	复核金额（元）	备注
1	已预留的质量保证金			
2	应增加因发包人原因造成缺陷的修复金额			
3	应扣减承包人不修复缺陷、发包人组织修复的金额			
4	最终应支付的合同价款			

上述3、4详见附件清单。

承包人（章）

造价人员＿＿＿＿＿＿　　　　　承包人代表＿＿＿＿＿＿　　　日　期＿＿＿＿＿＿

复核意见： □与实际施工情况不相符，修改意见见附件。 □与实际施工情况相符，具体金额由造价工程师复核。 　　　　监理工程师＿＿＿＿＿＿ 　　　　日　期＿＿＿＿＿＿	复核意见： 　　你方提出的支付申请经复核，最终应支付金额为（大写）＿＿＿＿＿＿＿＿＿（小写＿＿＿＿＿＿＿＿）。 　　　　造价工程师＿＿＿＿＿＿ 　　　　日　期＿＿＿＿＿＿

审核意见：
□不同意。
□同意，支付时间为本表签发后的15天内。

发包人（章）
发包人代表＿＿＿＿＿＿
日　期＿＿＿＿＿＿

注：1. 在选择栏中的"□"内作标识"✓"。如监理人已退场，监理工程师栏可空缺。
　　2. 本表一式四份，由承包人填报，发包人、监理人、造价咨询人、承包人各存一份。

表-19

附录 L　主要材料、工程设备一览表

L.1　发包人提供材料和工程设备一览表

工程名称：　　　　　　　　　　　标段：　　　　　　　　第　页　共　页

序号	材料(工程设备)名称、规格、型号	单位	数量	单价(元)	交货方式	送达地点	备注

注：此表由招标人填写，供投标人在投标报价、确定总承包服务费时参考。

表-20

L.2 承包人提供主要材料和工程设备一览表

（适用于造价信息差额调整法）

工程名称： 标段： 第 页 共 页

序号	名称、规格、型号	单位	数量	风险系数 （%）	基准单价 （元）	投标单价 （元）	发承包人 确认单价 （元）	备注

注：1. 此表由招标人填写除"投标单价"栏的内容，投标人在投标时自主确定投标单价。

2. 招标人应优先采用工程造价管理机构发布的单价作为基准单价，未发布的，通过市场调查确定其基准单价。

表-21

L.3　承包人提供主要材料和工程设备一览表

（适用于价格指数差额调整法）

工程名称：　　　　　　　　　　　　　标段：　　　　　　　　　第　页　共　页

序号	名称、规格、型号	变值权重 B	基本价格指数 F_0	现行价格指数 F_t	备注
定值权重 A			—	—	
合计		1	—	—	

注：1. "名称、规格、型号"、"基本价格指数"栏由招标人填写，基本价格指数应首先采用工程造价管理机构发布的价格指数，没有时，可采用发布的价格代替。如人工、机械费也采用本法调整，由招标人在"名称"栏填写。

2. "变值权重"栏由投标人根据该项人工、机械费和材料、工程设备价值在投标总报价中所占的比例填写，1 减去其比例为定值权重。

3. "现行价格指数"按约定的付款证书相关周期最后一天的前 42 天的各项价格指数填写，该指数应首先采用工程造价管理机构发布的价格指数，没有时，可采用发布的价格代替。

表-22

第 4 章　建筑面积的计算

掌握建筑工程建筑面积的计算，是从事工程造价工作的基本技能之一。从建筑工程的设计概算、施工图预算，一直到工程的竣工结算，建筑面积的计算和复核贯穿始终。一直以来，《建筑面积计算规则》在建筑工程造价管理方面起着非常重要的作用，是建筑房屋计算工程量的主要指标，是计算单位工程平方米预算造价的主要依据，是统计部门汇总发布房屋建筑面积完成情况的基础。正确理解和掌握建筑面积的计算，是工程造价人员及相关技术人员必须掌握的重要知识。

我国《建筑面积计算规则》是在 20 世纪 70 年代依据前苏联的做法结合我国的情况制订的。1982 年，原国家经委基本建设办公室（82）经基设字 58 号印发了《建筑面积计算规则》，这是对 70 年代的《建筑面积计算规则》的修订。1995 年，原建设部发布了《全国统一建筑工程预算工程量计算规则》（土建工程 GJD$_{GZ}$—101—95），其中含"建筑面积计算规则"，这是对 1982 年的《建筑面积计算规则》的修订。

随着社会的不断发展，新的结构形式、新技术不断涌现，为了统一我国建筑工程建筑面积的计算，建设部于 2005 年 4 月 15 日颁布了 GB/T 50353—2005《建筑工程建筑面积计算规范》。该规范是在 1995 年原建设部发布的《全国统一建筑工程预算工程量计算规则》的基础上修订而成的。规范在修订过程中，充分反映出新的建筑结构和新技术等对建筑面积计算的影响，考虑了建筑面积的计算习惯和国际上通用的做法，同时与《住宅设计规范》和《房产测量规范》的有关内容做了协调。该规范于 2005 年 7 月 1 日实施。

GB/T 50353—2013《建筑工程建筑面积计算规范》是在总结 GB/T 50353—2005《建筑工程建筑面积计算规范》实施情况的基础上进行修订的，鉴于建筑发展中出现的新结构、新材料、新技术、新的施工方法，为了解决建筑技术的发展产生的面积计算问题，本着不重算，不漏算的原则，对建筑面积的计算范围和计算方法进行了修改统一和完善。修订的主要技术内容是：

1）增加了建筑物架空层的面积计算规定，取消了深基础架空层。

2）取消了有永久性顶盖的面积计算规定，增加了无围护结构有围护设施的面积计算规定。

3）修订了落地橱窗、门斗、挑廊、走廊、檐廊的面积计算规定。

4）增加了凸（飘）窗的建筑面积计算要求。

5）修订了围护结构不垂直于水平面而超出底板外沿的建筑物的面积计算规定。

6）删除了原室外楼梯强调的有永久性顶盖的面积计算要求。

7）修订了阳台的面积计算规定。

8）修订了外保温层的面积计算规定。

9）修订了设备层、管道层的面积计算规定。

10）增加了门廊的面积计算规定。

11）增加了有顶盖的采光井的面积计算规定。

GB/T 50353—2013《建筑工程建筑面积计算规范》于 2014 年 7 月 1 日实施。

4.1 GB/T 50353—2013《建筑工程建筑面积计算规范》

1 总 则

1.0.1 为规范工业与民用建筑工程建设全过程的建筑面积计算，统一计算方法，制定本规范。

1.0.2 本规范适用于新建、扩建、改建的工业与民用建筑工程建设全过程的建筑面积计算。

1.0.3 建筑工程的建筑面积计算，除应符合本规范外，尚应符合国家现行有关标准的规定。

2 术 语

2.0.1 建筑面积 construction area
建筑物（包括墙体）所形成的楼地面面积。

2.0.2 自然层 floor
按楼地面结构分层的楼层。

2.0.3 结构层高 structure story height
楼面或地面结构层上表面至上部结构层上表面之间的垂直距离。

2.0.4 围护结构 building enclosure
围合建筑空间的墙体、门、窗。

2.0.5 建筑空间 space
以建筑界面限定的、供人们生活和活动的场所。

2.0.6 结构净高 structure net height
楼面或地面结构层上表面至上部结构层下表面之间的垂直距离。

2.0.7 围护设施 enclosure facilities
为保障安全而设置的栏杆、栏板等围挡。

2.0.8 地下室 basement
室内地平面低于室外地平面的高度超过室内净高的 1/2 的房间。

2.0.9 半地下室 semi-basement
室内地平面低于室外地平面的高度超过室内净高的 1/3，且不超过 1/2 的房间。

2.0.10 架空层 stilt floor
仅有结构支撑而无外围护结构的开敞空间层。

2.0.11 走廊 corridor
建筑物中的水平交通空间。

2.0.12 架空走廊 elevated corridor
专门设置在建筑物的二层或二层以上，作为不同建筑物之间水平交通的空间。

2.0.13 结构层 structure layer
整体结构体系中承重的楼板层。

2.0.14 落地橱窗 french window

突出外墙面且根基落地的橱窗。

2.0.15 凸窗（飘窗）bay window

凸出建筑物外墙面的窗户。

2.0.16 檐廊 eaves gallery

建筑物挑檐下的水平交通空间。

2.0.17 挑廊 overhanging corridor

挑出建筑物外墙的水平交通空间。

2.0.18 门斗 air lock

建筑物入口处两道门之间的空间。

2.0.19 雨篷 canopy

建筑出入口上方为遮挡雨水而设置的部件。

2.0.20 门廊 porch

建筑物入口前有顶棚的半围合空间。

2.0.21 楼梯 stairs

由连续行走的梯级、休息平台和维护安全的栏杆（或栏板）、扶手以及相应的支托结构组成的作为楼层之间垂直交通使用的建筑部件。

2.0.22 阳台 balcony

附设于建筑物外墙，设有栏杆或栏板，可供人活动的室外空间。

2.0.23 主体结构 major structure

接受、承担和传递建设工程所有上部荷载，维持上部结构整体性、稳定性和安全性的有机联系的构造。

2.0.24 变形缝 deformation joint

防止建筑物在某些因素作用下引起开裂甚至破坏而预留的构造缝。

2.0.25 骑楼 overhang

建筑底层沿街面后退且留出公共人行空间的建筑物。

2.0.26 过街楼 overhead building

跨越道路上空并与两边建筑相连接的建筑物。

2.0.27 建筑物通道 passage

为穿过建筑物而设置的空间。

2.0.28 露台 terrace

设置在屋面、首层地面或雨篷上的供人室外活动的有围护设施的平台。

2.0.29 勒脚 plinth

在房屋外墙接近地面部位设置的饰面保护构造。

2.0.30 台阶 step

联系室内外地坪或同楼层不同标高而设置的阶梯形踏步。

3 计算建筑面积的规定

3.0.1 建筑物的建筑面积应按自然层外墙结构外围水平面积之和计算。结构层高在 2.20m 及以上的，应计算全面积；结构层高在 2.20m 以下的，应计算 1/2 面积。

3.0.2　建筑物内设有局部楼层时，对于局部楼层的二层及以上楼层，有围护结构的应按其围护结构外围水平面积计算，无围护结构的应按其结构底板水平面积计算，且结构层高在2.20m及以上的，应计算全面积，结构层高在2.20m以下的，应计算1/2面积。

3.0.3　对于形成建筑空间的坡屋顶，结构净高在2.10m及以上的部位应计算全面积；结构净高在1.20m及以上至2.10m以下的部位应计算1/2面积；结构净高在1.20m以下的部位不应计算建筑面积。

3.0.4　对于场馆看台下的建筑空间，结构净高在2.10m及以上的部位应计算全面积；结构净高在1.20m及以上至2.10m以下的部位应计算1/2面积；结构净高在1.20m以下的部位不应计算建筑面积。室内单独设置的有围护设施的悬挑看台，应按看台结构底板水平投影面积计算建筑面积。有顶盖无围护结构的场馆看台应按其顶盖水平投影面积的1/2计算面积。

3.0.5　地下室、半地下室应按其结构外围水平面积计算。结构层高在2.20m及以上的，应计算全面积；结构层高在2.20m以下的，应计算1/2面积。

3.0.6　出入口外墙外侧坡道有顶盖的部位，应按其外墙结构外围水平面积的1/2计算面积。

3.0.7　建筑物架空层及坡地建筑物吊脚架空层，应按其顶板水平投影计算建筑面积。结构层高在2.20m及以上的，应计算全面积；结构层高在2.20m以下的，应计算1/2面积。

3.0.8　建筑物的门厅、大厅应按一层计算建筑面积，门厅、大厅内设置的走廊应按走廊结构底板水平投影面积计算建筑面积。结构层高在2.20m及以上的，应计算全面积；结构层高在2.20m以下的，应计算1/2面积。

3.0.9　对于建筑物间的架空走廊，有顶盖和围护设施的，应按其围护结构外围水平面积计算全面积；无围护结构、有围护设施的，应按其结构底板水平投影面积计算1/2面积。

3.0.10　对于立体书库、立体仓库、立体车库，有围护结构的，应按其围护结构外围水平面积计算建筑面积；无围护结构、有围护设施的，应按其结构底板水平投影面积计算建筑面积。无结构层的应按一层计算，有结构层的应按其结构层面积分别计算。结构层高在2.20m及以上的，应计算全面积；结构层高在2.20m以下的，应计算1/2面积。

3.0.11　有围护结构的舞台灯光控制室，应按其围护结构外围水平面积计算。结构层高在2.20m及以上的，应计算全面积；结构层高在2.20m以下的，应计算1/2面积。

3.0.12　附属在建筑物外墙的落地橱窗，应按其围护结构外围水平面积计算。结构层高在2.20m及以上的，应计算全面积；结构层高在2.20m以下的，应计算1/2面积。

3.0.13　窗台与室内楼地面高差在0.45m以下且结构净高在2.10m及以上的凸（飘）窗，应按其围护结构外围水平面积计算1/2面积。

3.0.14　有围护设施的室外走廊（挑廊），应按其结构底板水平投影面积计算1/2面积；有围护设施（或柱）的檐廊，应按其围护设施（或柱）外围水平面积计算1/2面积。

3.0.15　门斗应按其围护结构外围水平面积计算建筑面积，且结构层高在2.20m及以上的，应计算全面积；结构层高在2.20m以下的，应计算1/2面积。

3.0.16　门廊应按其顶板的水平投影面积的1/2计算建筑面积；有柱雨篷应按其结构板水平投影面积的1/2计算建筑面积；无柱雨篷的结构外边线至外墙结构外边线的宽度在2.10m及以上的，应按雨篷结构板的水平投影面积的1/2计算建筑面积。

3.0.17　设在建筑物顶部的、有围护结构的楼梯间、水箱间、电梯机房等，结构层高在

2.20m 及以上的应计算全面积；结构层高在 2.20m 以下的，应计算 1/2 面积。

3.0.18 围护结构不垂直于水平面的楼层，应按其底板面的外墙外围水平面积计算。结构净高在 2.10m 及以上的部位，应计算全面积；结构净高在 1.20m 及以上至 2.10m 以下的部位，应计算 1/2 面积；结构净高在 1.20m 以下的部位，不应计算建筑面积。

3.0.19 建筑物的室内楼梯、电梯井、提物井、管道井、通风排气竖井、烟道，应并入建筑物的自然层计算建筑面积。有顶盖的采光井应按一层计算面积，且结构净高在 2.10m 及以上的，应计算全面积；结构净高在 2.10m 以下的，应计算 1/2 面积。

3.0.20 室外楼梯应并入所依附建筑物自然层，并应按其水平投影面积的 1/2 计算建筑面积。

3.0.21 在主体结构内的阳台，应按其结构外围水平面积计算全面积；在主体结构外的阳台，应按其结构底板水平投影面积计算 1/2 面积。

3.0.22 有顶盖无围护结构的车棚、货棚、站台、加油站、收费站等，应按其顶盖水平投影面积的 1/2 计算建筑面积。

3.0.23 以幕墙作为围护结构的建筑物，应按幕墙外边线计算建筑面积。

3.0.24 建筑物的外墙外保温层，应按其保温材料的水平截面积计算，并计入自然层建筑面积。

3.0.25 与室内相通的变形缝，应按其自然层合并在建筑物建筑面积内计算。对于高低联跨的建筑物，当高低跨内部连通时，其变形缝应计算在低跨面积内。

3.0.26 对于建筑物内的设备层、管道层、避难层等有结构层的楼层，结构层高在 2.20m 及以上的，应计算全面积；结构层高在 2.20m 以下的，应计算 1/2 面积。

3.0.27 下列项目不应计算建筑面积：

1. 与建筑物内不相连通的建筑部件；

2. 骑楼、过街楼底层的开放公共空间和建筑物通道；

3. 舞台及后台悬挂幕布和布景的天桥、挑台等；

4. 露台、露天游泳池、花架、屋顶的水箱及装饰性结构构件；

5. 建筑物内的操作平台、上料平台、安装箱和罐体的平台；

6. 勒脚、附墙柱、垛、台阶、墙面抹灰、装饰面、镶贴块料面层、装饰性幕墙，主体结构外的空调室外机搁板（箱）、构件、配件，挑出宽度在 2.10m 以下的无柱雨篷和顶盖高度达到或超过两个楼层的无柱雨篷；

7. 窗台与室内地面高差在 0.45m 以下且结构净高在 2.10m 以下的凸（飘）窗，窗台与室内地面高差在 0.45m 及以上的凸（飘）窗；

8. 室外爬梯、室外专用消防钢楼梯；

9. 无围护结构的观光电梯；

10. 建筑物以外的地下人防通道，独立的烟囱、烟道、地沟、油（水）罐、气柜、水塔、贮油（水）池、贮仓、栈桥等构筑物。

本规范用词说明

1. 为便于在执行本规范条文时区别对待，对要求严格程度不同的用词说明如下：

1) 表示很严格，非这样做不可的：

正面词采用"必须",反面词采用"严禁"。

2)表示严格,在正常情况下均应这样做的:

正面词采用"应",反面词采用"不应"或"不得"。

3)表示允许稍有选择,在条件许可时首先应这样做的:

正面词采用"宜",反面词采用"不宜"。

4)表示有选择,在一定条件下可以这样做的,采用"可"。

2. 条文中指明应按其他有关标准执行的写法为:"应符合……的规定"或"应按……执行"。

4.2 建筑面积计算案例分析

【案例4-1】 某钢结构单层工业厂房,檐高7.5m,建筑施工平面图详见图4-1。计算该厂房的建筑面积。

【案例分析】 建筑面积的计算主要根据建筑施工平面图(以下简称建施图)来计算,配合立面图、部分建筑详图如墙体大样图等。该案例建筑面积的计算比较简单,单层工业厂房只计算一层建筑面积(层高满足建筑面积计算规则)。建施图一般有三道尺寸线,该工程平面设计简单,呈"一"字形,按照建筑面积计算规则,建筑面积的计算是建筑物外墙勒脚以上水平面积,所以该工程建筑面积的计算直接采用第三道尺寸即建筑物外墙外围尺寸来计算建筑面积。

$$S = 30.774 \times 54.68 \text{m}^2 = 1682.72 \text{m}^2$$

注意:1. 计算时将图样单位mm换成m;

2. 边轴线到建筑物外墙外皮的尺寸387mm和340mm,是由钢柱的尺寸来决定的(图4-2)。有时建施图上没标该尺寸,应该到建筑结构施工平面布置图(以下简称结施图)上去确定钢柱的截面尺寸,再根据定位轴线与钢柱的关系(在钢结构工程设计中,定位轴线有时设计在钢柱截面的中心线上,有时设计在钢柱的外皮上,要注意!)来确定外围尺寸。

【案例4-2】 试计算见图4-3、图4-4所示二层小住宅的建筑面积。

【案例分析】 计算建筑面积之前,首先应熟悉图样,对图样各轴线及各局部尺寸进行复合检查。从图中可以看出,该小住宅可分为底层和楼层两部分,内、外墙均为240墙,所标尺寸均为轴线尺寸,建筑面积是一层与二层建筑面积之和。

底层属规则图形,所以可以按一大矩形块计算建筑面积,然后再减去凹进来的小矩形块。

注意前后台阶均不应计算建筑面积。

楼层计算方法同底层。不同之处是无卫生间,推拉门改为240墙,需要分别计算内墙净长线,有一个阳台,阳台计算一半建筑面积,雨篷则不应计算建筑面积。

计算如下:

1)底层:

$$建筑面积 S_{底} = [(11.10 + 0.24) \times (9.20 + 0.24) - (4.40 \times 1.80)] \text{m}^2$$
$$= 99.13 \text{m}^2$$

2)楼层:

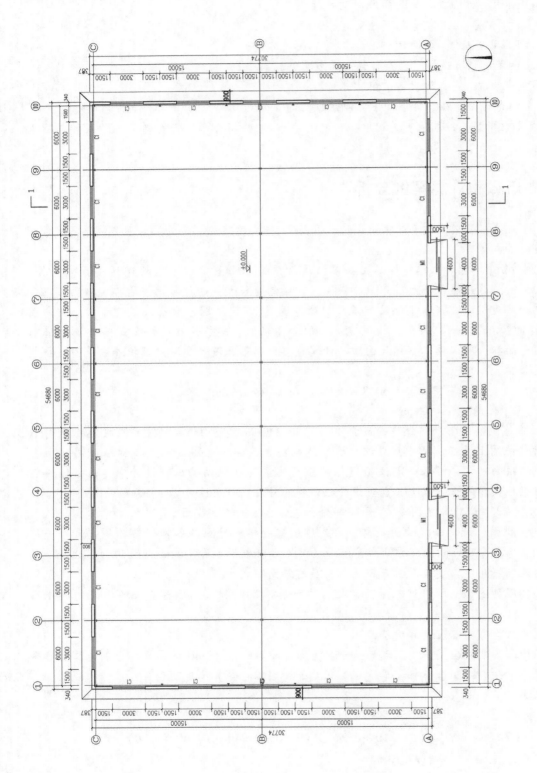

图 4-1 某单层工业厂房建筑平面施工图

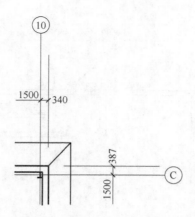

图 4-2　一层钢柱轴线与外墙关系图

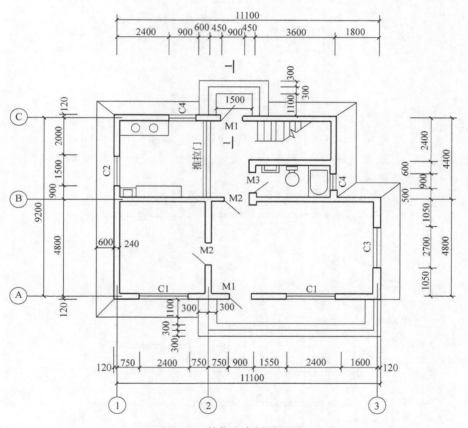

图 4-3　某住宅底层平面图

$$建筑面积 S_2 = \Big[(11.10+0.24) \times (9.20+0.24) - (4.40 \times 1.80) -$$

$$\frac{1}{2}(7.2-0.12) \times (1.2-0.12) \Big] m^2$$

$$= (107.05 - 7.92 - 3.82) m^2 = 95.31 m^2$$

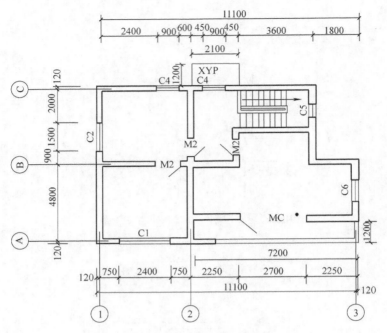

图4-4 某住宅二层平面图

总建筑面积 $S = S_{底} + S_2 = (99.13 + 95.31)\,\mathrm{m}^2 = 194.44\,\mathrm{m}^2$

【**案例4-3**】 某五层建筑物的各层建筑面积一样，底层外墙尺寸见图4-5，墙厚均为240mm，试计算建筑面积（轴线居中）。

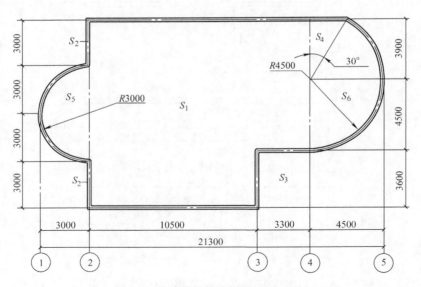

图4-5 某建筑物标准层平面图1:100

解：用面积分割法进行计算：

1）②~④轴线间矩形面积：$S_1 = 13.8 \times 12.24\,\mathrm{m}^2 = 168.912\,\mathrm{m}^2$；

2）$S_2 = 3 \times 0.12 \times 2 m^2 = 0.72 m^2$；

3）扣除 $S_3 = 3.6 \times 3.18 m^2 = 11.448 m^2$；

4）三角形 $S_4 = 0.5 \times 4.02 \times 2.31 m^2 = 4.643 m^2$；

5）半圆 $S_5 = 3.14 \times 3.122 \times 0.5 m^2 = 15.283 m^2$；

6）扇形 $S_6 = 3.14 \times 4.622 \times 150°/360° m^2 = 27.926 m^2$；

$$
\begin{aligned}
\text{总建筑面积：} S &= (S_1 + S_2 - S_3 + S_4 + S_5 + S_6) \times 5 \\
&= (168.912 + 0.72 - 11.448 + 4.643 + 15.283 + 27.926) m^2 \\
&= 1030.18 m^2
\end{aligned}
$$

第5章 工程量清单的编制

5.1 工程量清单编制的准备工作

1. 建设工程计价依据

本书主要介绍编制施工图概预算的依据材料。

（1）经过批准和会审的全部施工图设计文件　在编制施工图预算之前，施工图必须经过建设主管部门批准，同时还要经过图样会审，并签署"图样会审纪要"；审批和会审后的施工图样及技术资料表明了工程的具体内容、各部分做法、结构尺寸、技术特征等，它是编制施工图预算、计算工程量的主要依据。同时还要备齐图样所需的全部标准图集、通用图集。

（2）经过批准的工程设计概算文件　设计单位编制的设计概算文件经过主管部门批准后，是国家控制工程投资的最高限额和单位工程预算的主要依据。施工企业编制的施工图预算或投标报价是由建设单位根据设计概算文件进行控制的。

（3）经过批准的项目管理规划或施工组织设计文件　项目管理规划或施工组织设计是确定单位工程的施工方法、施工进度计划、施工现场平面布置和主要技术措施等内容的技术文件；是对建筑工程规划、组织施工有关问题的设计说明。拟建工程项目管理规划或施工组织设计经有关部门批准后，就成为指导施工活动的重要技术经济文件，它所确定的施工方案和相应的技术组织措施就成为预算部门必须具备的依据之一；经过批准的项目管理规划或施工组织设计也是计取有关费用和某些措施项目单价的重要依据之一。

（4）计价规范　国家颁发的 GB 50500—2013《建设工程工程量清单计价规范》详细地规定了分项项目的划分及项目编码，分项工程名称及工程内容，工程量计算规则和项目使用说明等内容，是编制施工图预算的主要依据。

（5）企业定额　清单计价充分体现企业的竞争性，三大生产要素即人工、材料、机械的消耗量由企业定额说了算，所以算标人员应充分熟悉自己企业的生产水平，掌握本企业定额的编制水平，并要有一定的风险胆识，快速地进行工程量清单的编制。

（6）人工工资标准、材料预算价格、施工机械台班单价　这些资料是计取人工费、材料费、施工机械台班使用费的主要依据，是编制综合单价的基础，是计取各项费用的重要依据，也是调整价差或确定市场价格的依据。

实行清单报价，要求定标人员在报价期间，迅速地落实价格，并将掌握的价格资料汇集、整理，形成定价。实行清单计价，对定标人的要求比按定额计价的要求要高很多，清单计价要求定标人要有深厚且宽广的专业知识，如设计、施工、项目管理、工程经济、造价等，并且要有丰富的工程经验和风险胆识，例如施工期间材料是否会上涨、工程本身是否会出现变更、业主资金是否会及时到位、公司本身在组织施工过程中是否会出现一些问题等，同时对本企业要熟悉。当然单位领导必须赋予定标人定价的权利。

（7）预算工作手册　该手册主要包括：各种常用的数据和计算公式、各种标准构件的工程量和材料量、金属材料规格和计量单位之间的转换，以及投资估算指标、概算指标、单位工程造价指标和工期定额等参考资料。它能为准确、快速编制施工图预算提供方便。

（8）工程承发包合同文件　合同会对造价方面提出约束性条款，工程计价时必须考虑。

2. 单位工程施工图预算编制步骤

（1）收集编制预算的基础文件和资料　预算的基础文件和资料主要包括：施工图设计文件、施工项目管理文件、设计概算、企业定额、工程承包合同、材料和设备价格资料、机械和人工单价资料以及造价手册等。

（2）熟悉施工图设计图样　在编制预算之前，应结合"图样会审记录"，对施工图的结构、建筑做法、材料品种及其规格质量、设计尺寸等进行充分地熟悉和详细地审阅（如发现问题，应及时向设计人员提出修改，其修改结果必须征得设计单位签认，在后期编制预算时采用）。要求通过图样审阅，预算工程在造价工程技术人员头脑中形成完整的、系统的、清晰的工程实物形象，以免在工程量计算上发生错误，同时也便于加快预算速度。

熟悉施工图设计图样的步骤如下：

1）首先熟悉图样目录和设计总说明，了解工程性质、建筑面积、建设和设计单位名称、图样张数等，做到对工程情况有一个初步的了解。

2）按图样目录检查图样是否齐全；建筑、结构、设备图样是否配套；施工图样与说明书是否一致；各单位工程图样之间有无矛盾。

3）熟悉建筑总平面图，了解建筑物的地理位置、高程、朝向以及有关的建筑情况。掌握工程结构形式、特点和全貌；了解工程地质和水文地质资料。

4）熟悉建筑平面图，了解房屋的长、宽、高、轴线尺寸、开间大小、平面布局，并核对分尺寸之和是否与总尺寸相符。然后看立面和剖面图，了解建筑做法、标高等。同时要核对平、立、剖之间有无矛盾。

5）根据索引查看详图，如做法不对，应及时提出问题、解决问题，以便于施工。

6）熟悉建筑构件、配件、标准图集及设计变更。

（3）熟悉施工项目管理规划大纲、实施细则和施工现场情况　施工项目管理规划大纲和实施细则是由施工单位根据工程特点编制的，它与预算编制关系密切。预算人员必须对分部分项工程的施工方案、施工方法、加工构件的加工方法、运输方式和运距、安装构件的施工方案和起重机械的选择、脚手架的形式和安装方法、生产设备的订货和运输方式等与编制预算有关的问题了解清楚。

施工现场的情况对编制单位工程预算影响也比较大。例如施工现场障碍物的清除状况；场地是否平整；土方开挖和基础施工状况；工程地质和水文地质状况；施工顺序和施工项目划分状况；主要建筑材料、构配件和制品的供应情况以及其他施工条件、施工方法和技术组织措施的实施状况，并做好记录以备应用。

（4）划分工程项目与计算工程量

1）合理划分工程项目。工程项目的划分主要取决于施工图样、项目管理实施细则所采用的施工方法、清单计价规范规定的工程内容。一般情况下，项目内容、排列顺序、计量单位应与计价规范一致。

2）正确计算工程量。工程量是单位工程预算编制的原始数据，工程量计算是一项工程量大而又细致地工作。传统的预算编制都是采用手算工程量，即图样提取技术数据，根据工程量计算规则手工列式、计算结果，在整个预算的编制过程中，约占预算编制工作的 70% 以上的时间。工程量计算一般采用表格形式逐项分析处理（要充分利用 Excel 表格的巨大功能），复核后，按计价规范规定的清单格式进行列表汇总。

目前工程量的计算也有专门的计算软件来进行工程量的统计，如广联达的预算软件等。利用计价软件进行工程量的统计，除前面讲到的注意事项以外，还应熟悉计价软件的操作要点，以便于快速、正确地进行预算的编制。

（5）计算各项费用　计算人工费、材料费、机械费、管理费、规费、风险费、利润、税金等各项费用。

（6）工料分析及汇总　工料分析是预算书的重要组成部分，也是施工企业内部进行经济核算和加强经营管理的重要措施，也是投标报价时，评标的重要参数。

（7）编制说明、填写封面　编制说明主要描述在工程预算编制过程中，预算书上所表达不了的、而又需要审核单位或预算单位知道的内容。

按清单规定格式填写。在封面规定处加盖造价师印章、在单位位置加盖公章后，预算书即成为一份具有法律效力的经济文件。

（8）复核、装订、审批　审核无误后，一式多份，装订成册，报送相关部门。

5.2　建筑工程工程量的计算

工程量是指以物理计量单位或自然计量单位所表示的各个具体分部分项工程和构配件的实物量。物理计量单位是指需要度量的具有物理性质的单位，如长度以米（m）为计量单位，面积以平方米（m²）为计量单位，体积以立方米（m³）为计量单位，质量以千克（kg）或吨（t）为计量单位等。自然计量单位指不需要度量的具有自然属性的单位，如屋顶水箱以"座"为单位，施工机械以"台班"为单位，等等。

计量单位的选择关系到工程量计算的繁简和准确性，因此，要正确采用各种计量单位。一般可以依据建筑构件的形体特点来确定：当构件三个度量都发生变化时，采用立方米（m³）为计量单位，如土石方工程、混凝土工程等；当构件的厚度有一定的规格而其他两个度量经常发生变化时，采用平方米（m²）为计量单位，如楼地面、屋面工程等；当构件的断面有一定的形状和大小，但长度经常发生变化时，采用米（m）为计量单位，如扶手、管道等；当构件主要取决于设备或材料的质量时，可以采用千克（kg）或吨（t）为计量单位，如钢筋工程、钢结构构件等；当构件没有一定的规格，其构造又较为复杂，可采用个、台、组、座等为计量单位，如卫生洁具、照明灯具等。

1. 工程量的作用和计算依据

（1）作用　计算工程量就是根据施工图、工程量计算规则，按照预算要求列出分部分项工程名称和计算式，最后计算出结果的过程。

计算工程量是施工图预算最重要也是工作量最大的一步，其结果的准确性直接影响单位工程造价的确定，这是造价工程师的基本功，需要大量的练习。要求预算人员具有高度的责任心，耐心细致地进行计算。准确计算工程量的前提是要具备识图、熟记工程量计算规则、掌握一定的计算技巧等基本技能。

（2）计算依据　项目管理规范实施细则或施工组织设计、设计图样、工程量计算规则、预算工作手册等。

2. 工程量计算的基本要求、步骤和顺序

（1）工程量计算的要求

1）关于工程量计算时对小数点的规定。计价规范规定，工程量在计算过程中，一般可保留三位小数。以"吨"为单位，应保留小数点后三位，第四位四舍五入；以"立方米"、"平方米"、"米"为单位，应保留小数点后两位，第三位四舍五入；以"个"为单位，应取整数。计算的精确度要符合计价规范的要求。

2）工程量计算规则。工程量计算过程中，计算规则要与计价规范一致，这样才有统一的计算标准，防止错算。具体的计算规则详见附录。同时工程量计算的要求还有，工作内容必须与计价规范包括的内容和范围一致；计量单位必须与计价规范一致；计算式要力求简单明了，按一定顺序排列。为了便于工程量的核对，在计算过程中要注明层次、部位、断面、图号等。工程量计算式一般按照长、宽、高（厚）、的顺序排列。如计算体积时，按照长 × 宽 × 高等。

（2）工程量计算的步骤　工程量计算大体上可按照下列步骤进行：

1）计算基数。所谓基数，是指在工程量计算过程中反复使用的基本数据。在工程量计算过程中离不开几个基数，即"三线一面"，见图 5-1。其中"三线"是指建筑平面图中的外墙中心线（$L_{中}$）、外墙外边线（$L_{外}$）、内墙净长线（$L_{内}$）。"一面"是指底层建筑面积（S_d）。

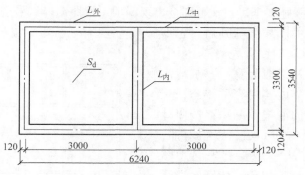

图 5-1　"三线一面"示意图

$L_{中} = (3.00 \times 2 + 3.30) \times 2m = 18.60m;$

$L_{外} = (6.24 + 3.54) \times 2m = 19.56m$ 或 $L_{外} = (18.60 + 0.24 \times 4)m = 19.56m;$

$L_{内} = (3.30 - 0.24)m = 3.06m;$

$S_{底建} = 6.24 \times 3.54m^2 = 22.09m^2;$

利用好"三线一面"，会使许多工程量计算化繁为简，起到事半功倍的作用。例如利用 $L_{中}$ 可计算外墙基槽土方、垫层、基础、圈梁、防潮层、外墙墙体等工程量；利用 $L_{外}$ 可计算外墙抹灰、勾缝、散水工程量；利用 $L_{内}$ 可计算内墙防潮层、内墙墙体等分项工程量；利用 S_d 可计算场地平整、地面垫层、面层、顶棚装饰等工程量。在计算过程中要尽可能注意使用前面已经计算出来的数据，减少重复计算。

2）编制统计表。所谓统计表，在土建工程中主要是指门窗洞口面积统计表和墙体构件体积统计表。在工程量计算过程中，通常会多次用到这些数据，可以预先把这些数据计算出来供以后查阅使用。例如计算砖墙、抹灰工程量时会用到门窗的工程量。

3）编制加工构件的加工委托计划。目前钢结构工程非常多，为了不影响施工进度，一般要把加工的构件提前编制出来，委托加工厂加工。这项工作多由造价人员来做，也有设计人员与施工人员来做的。需要注意的是，此项委托计划应把施工现场自己加工的与委托加工厂加工或去厂家订购的分开编制，以满足施工实际需要。

在做好以上三项工作的前提下，可进行下面的工作。

4）计算工程量。

5）计算其他项目。不能用线面基数计算的其他项目工程量，如水槽、水池、楼梯扶手、花台、阳台、台阶等，这些零星项目应分别计算，列入各章节中，要特别注意清点，防止遗漏。

6）工程量整理、汇总。最后按计价规范的章节对工程量进行整理、汇总，核对无误后，为定价做准备。

（3）工程量计算的一般顺序 工程量计算应按照一定的顺序依次进行，这样既可以节省时间加快计算速度，又可以避免漏算或重复计算。

1）单位工程计算顺序。单位工程计算顺序一般有按施工顺序计算、按图样编号顺序进行计算、按照计价规范中规定的章节顺序来计算工程量。

按照施工顺序进行工程量的计算，先施工的先算，后施工的后算，要求造价人员对施工过程非常熟悉，能掌握施工全过程，否则会出现漏项；按照图样编号进行工程量的计算，由建施到结施、每个专业图样由前到后，先算平面，后算立面，再算剖面；先算基本图，再算详图。用这种方法进行计算，要求造价人员对计价规范的章节内容要充分熟悉，否则容易出现项目之间的混淆及漏项；按照计价规范的章节顺序，由前到后，逐项对照，计算工程量。这种方法一是要首先熟悉图样，二是要熟练掌握计价规范。特别要注意有些设计采用的新工艺、新材料、或有些零星项目套不上计价规范的，要做补充项，不能因计价规范缺项而漏项。这种方法比较适合初学者、没有一定的施工经验的造价人员采用。

2）分项工程量计算顺序。分项工程量计算顺序有以下四种：

①从图的左上角开始，顺时针方向计算，见图5-2a。

按顺时针方向计算法就是先从平面图的左上角开始，自左到右，然后再由上到下，

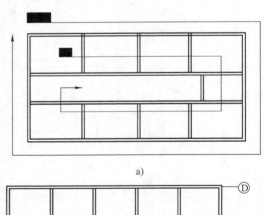

a)

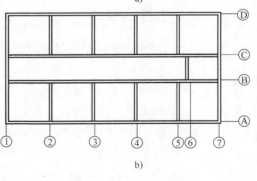

b)

图 5-2

最后转回到左上角为止，按照顺时针方向依次进行工程量计算。可用于计算外墙、外墙基础、外墙基槽、楼地面、天棚，室内装饰等工程的工程量。

②按照横竖分割计算。按照"先横后竖、先上后下、先左后右"的计算方法计算，见图 5-2b。

先计算横向，先上后下有 D、C、B、A 四道；后计算竖向，先左后右有 1、2、3、4、5、6、7 共七道轴线。一般用于计算内墙、内墙基础、各种隔墙等工程量。

③按照轴线编号顺序计算法。这种方法适合于计算内外墙基槽、内外墙基础、内外墙砌体、内外墙装饰等。

④按图样上的构配件编号进行分类计算法。按照图样结构形式特点，分别计算梁、板、柱、框架、刚架等。

总之工程量计算方法多种多样，在实际工作中，造价人员要根据自己的工作经验、习惯，采取各种形式和方法，做到计算准确，不漏项、不错项。工程量计算的技巧无外乎这样几条：熟记工程量计算规则；结合设计说明看图样；利用计算基数；准确而详细地填列工程内容，快速地套项，确定价格和费用。

（4）工程量计算格式　手工计算工程量是一项既繁杂又需要有条理的工作。每一项工程量的计算，都是针对特定的分部分项工程，所以都要有项目编码、项目名称、计量单位、工程数量、计算式等要素，为便于查找、统计，可设计成电子表格如表 5-1 形式，在表中利用 Excel 的巨大功能进行统计、计算。

表 5-1　工程量计算表

项目编码	项目名称	计量单位	工程数量	计算式	备注

5.3　工程量清单的编制

1. 工程量清单编制的一般规定

工程量清单应由具有编制招标文件能力的招标人，或受其委托具有相应资质的工程造价咨询单位进行编制。

工程量清单从广义上讲，是指按统一规定进行编制和计算的拟建工程分项工程名称及相应工程数量的明细清单，是招标文件的组成部分。"统一规定"是编制工程量清单的依据，"分项工程名称及相应工程数量"是工程量清单应体现的核心内容，"是招标文件的组成部分"说明了清单的性质，它是招投标活动的主要依据，是对招标人、投标人均有约束力的文件，一经中标且签订合同，也是合同的组成部分。

工程量清单是招标人编制标底、投标人投标报价的依据，是投标人进行公正、公平、公开竞争和工程结算时调整工程量的基础。

工程量清单的编制，专业性强，内容复杂，对编制人的业务技术水平要求比较高，能否编制出完整、严谨的工程量清单，直接影响着招标工作的质量，也是招标成败的关键。因此，规定了工程量清单应由具有编制招标文件能力的招标人或具有相应资质的工程造价咨询单位进行编制。"相应资质的工程造价咨询单位"是指具有工程造价咨询单位资质并按规定的业务范围承担工程造价咨询业务的咨询单位。

工程量清单应反映拟建工程的全部工程内容及为实现这些工程内容而进行的其他工作。借鉴国外实行工程量清单计价的做法，结合我国当前的实际情况，我国的工程量清单由分部分项工程量清单、措施项目清单和其他项目清单组成。分部分项工程量清单应表明拟建工程的全部分项实体工程名称和相应数量，编制时应避免错项、漏项；措施项目清单表明了为完成分项实体工程而必须采取的一些措施性工作，编制时力求全面；其他项目清单主要体现了招标人提出的一些与拟建工程有关的特殊要求，编制时应力求准确、全面，这些特殊要求所需的费用金额应计入报价中。

《中华人民共和国招标投标法》规定，招标文件应当包括招标项目的技术要求和投标报价要求。工程量清单体现了招标人要求投标人完成的工程项目及相应工程数量，全面反映了投标报价要求。因此，"措施项目清单""其他项目清单""计日工表"也应根据拟建工程的实际情况由招标人提出，随工程量清单发至投标人。

2. 工程量清单格式及填写案例

工程量清单格式是招标人发出工程量清单文件的格式。工程量清单要求采用统一的格式，其内容包括封面、总说明、分部分项工程量清单、措施项目清单、其他项目清单和计日工表。它应反映拟建工程的全部工程内容及为实现这些工程内容而进行的其他工作项目。这些内容我们在3.4.3节计价规范中已经学习到，在此不再详述。

5.4 工程量清单编制案例分析

5.4.1 基础（土石方）工程工程量清单编制案例及详析

5.4.1.1 基础工程工程量清单的编制

1. 条形基础

条形基础（计价规范称为带形基础）简称条基，目前常用的材料有砖、毛石、混凝土、素混凝土条基。施工图中，一般要由基础设计说明、基础平面布置图和基础详图组成。有时基础设计说明同结构设计说明合一。

条形基础设计时，因为条形基础由上部结构传来的荷载不同，基础的设计尺寸和配筋不一样，所以要对基础进行编号。条形基础的编号目前一般是J_X，也有采用JC_X，"J"即"基础"汉语拼音的第一位字母，"JC"是"基础"汉语拼音的第一字母组合，"X"是阿拉伯数字，从1开始顺次编号，以区别不同的基础设计，最大数字即代表本工程基础有几种。

按清单计价规范，条基的计算规则是按图示尺寸计算其体积，即条基断面尺寸×条基的长度。其中条基外墙按中心线（$L_{中}$），内墙按净长（$L_{净}$）。下面通过案例5-1来说明混凝土条基工程量清单的编制过程。注意计价规范将条基称为带形基础。

【案例5-1】 某工程设计现浇钢筋混凝土C20条形基础，尺寸见图5-3，基础下采用C15素混凝土垫层100mm厚，垫层每边宽出100mm。计算现浇钢筋混凝土条形基础混凝土工程量，编制其基础与垫层的工程量清单。

解：

1) 现浇钢筋混凝土（C20）条形基础工程量 = $[(4.00+4.00+4.60) \times 2 +$ _{外墙中心线长度}

$$4.60 - 1.20] \times (1.20 \times 0.15 + 0.90 \times 0.10) \, \mathrm{m}^3 + 0.60 \times 0.30 \times 0.10 \, (A \, 折合体积) \, \mathrm{m}^3 + 0.30 \times$$

$$0.10 \div 2 \times 0.30 \div 3 \times 4 \, (B \, 体积) \, \mathrm{m}^3 = 7.75 \, \mathrm{m}^3$$

（上式开头标注"内墙净长"）

2）C15 素混凝土 100mm 的工程量 = [(4.00 + 4.00 + 4.60) × 2 + (4.60 − 1.40)] × 1.4 × 0.1 m³ = [12.6 × 2 + 3.2] × 1.4 × 0.1 m³ = 3.976 m³

（上式中标注"外墙中心线长度"及"内墙净长"）

3）工程量清单编制如表 5-2 所示。

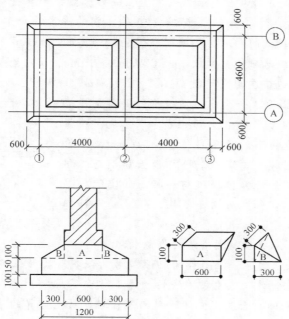

图 5-3 某工程混凝土条基基础平面图及基础详图

表 5-2 分部分项工程量清单

工程名称：××工程　　　　　　　　　　　　　　　　　　　　　　　　　第 1 页共 1 页

序号	项目编码	项目名称	项目特征	计量单位	工程数量
1	010501001001	垫层	C15 混凝土	m³	3.98
2	010501002001	带形基础	1. C20 混凝土 2. 石子粒径 < 40mm	m³	7.75

【案例分析】

1）工程量计算时将图样尺寸单位由 mm 换算成 m（后面案例不再重述）。

2）按计价规范规定的项目特征，结合图样，认真填写项目特征一栏中该清单项目的特征，以便企业正确地进行报价。编写项目特征时，结构设计说明或基础设计说明很重要，许多项目特征的信息来自于此，如材料的规格和强度等级等。

3）基础工程量计算时，垫层的工程量也进行了统计，清单编制时单独列出。垫层的工程量是断面面积×长度，其中，外墙按中心线，内墙按净长。

4）条基及条基下的垫层的工程量计算时，断面面积的计算一般都没有问题，关键是长度统计。外墙按中心线计算时要看清定位轴线是不是在中心位置。若是，直接按图样轴线尺寸统计长度即可，如本案例，中心线长度即轴线长度。另外需要强调的是，列计算公式时，最好用图样的原始尺寸，如本案例 $L_{中} = (4.0 + 4.0 + 4.6) \times 2$，按照图样从左向右、从上向下的顺序，依次采用图样轴线尺寸列式，而不是用合计 12.6×2，这样便于快速地校对工程量的正确与否；若轴线定位不在中心线位置，偏轴，如 370mm 厚砖基础定位轴线若是在 120mm 和 240mm 处，就不能按图样轴线尺寸直接统计长度，而要将轴线长度转化为中心线长度。其次是净长统计，净长指的是基础（垫层）间的净长，计算时一般应该是中心线（即轴线）长度减掉该轴线间两边的基础（或垫层）的宽度，如本案例，基础净长是轴线长度 4.6m 减掉轴线间每边基础的宽度 0.6m + 0.6m，即 1.2m，而内墙垫层的净长却是轴线长度 4.6m 减掉轴线间每边垫层的宽度 0.7 + 0.7，即 1.4m，详见图 5-4。

5）该案例是钢筋混凝土条形基础，报价时混凝土模板费用不包括在基础的综合单价中，在措施费中体现；混凝土构件中钢筋的报价也另有清单项目体现，为了加快报价速度，避免反复翻阅图样，这里应该进行模板和钢筋工程量的统计。模板工程量的计算按模板与混凝土的实际接触面积计算，不再详述。实际工程中，条基工程量的统计步

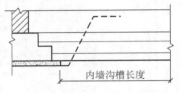

图 5-4　内墙净长示意图

骤是：根据基础平面布置图统计条基的类型个数→分别计算每一类型的条基的工程量（长度×条基的断面面积）→将所有的条基的体积求和。

统计条基的类型及长度时，以图样的轴线编号为依据，按照从左往右、从上往下（或从下向上）的顺序依次统计。从左往右统计的是 Y 方向基础的长度，从上向下（或从下向上）统计的是 X 方向基础的长度，统计时用铅笔轻轻地对已计算的基础做一记号（计算完后擦除，保证图样的整洁），这样可避免统计时漏算或重复计算。

该部分工程量统计时，要注意保护工作成果，即在前面提到的基数的问题。外墙的中心线长度（$L_{中}$）就是典型的基数，计算时只要在基础长度统计工程量时计算一遍，到计算垫层工程量、墙体工程量等项目时，就不用再次计算，直接使用即可，这样才能提高工作效率。这一点非常重要。

2. 钢筋混凝土独立基础

钢筋混凝土独立基础（以下简称独基），是框（排）架结构柱下基础的常用形式。施工图中，一般要由基础设计说明、基础平面布置图和基础详图组成。有时基础设计说明同结构设计说明合一。

按清单计价规范，独基的计算规则是按图示尺寸计算其体积。基础与柱的划分是：基础扩大面以上是柱子，以下是基础。下面通过［案例 5-2］来说明混凝土独立基础工程量清单的编制过程。

【案例 5-2】 某工程基础设计详图见图 5-5，从图样上获得的信息是：C20 混凝土强度等级，C15 素混凝土垫层 100mm 厚，试编制该混凝土独立基础的工程量清单。

解： 1）计算该基础的体积。

$$V_{基础} = [1.8 \times 1.8 \times 0.3 + 0.2 \div 3 \times (1.8 \times 1.8 + 0.6 \times 0.6 + 1.8 \times 0.6)] \text{m}^3$$

$$= [0.972 + 0.312] \text{m}^3 = 1.284 \text{m}^3$$

$$V_{垫层} = 2 \times 2 \times 0.1 \text{m}^3 = 0.4 \text{m}^3$$

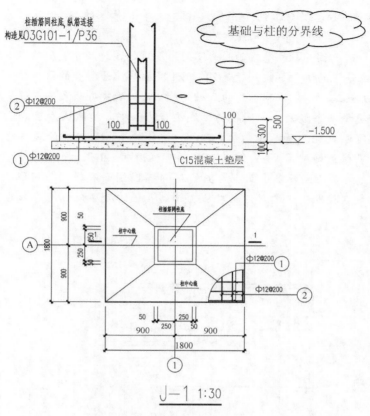

图 5-5　独立基础详图

2）清单编制如表 5-3：

表 5-3　分部分项工程量清单

工程名称：××工程　　　　　　　　　　　　　　　　　　　　　　第 1 页共 1 页

序号	项目编码	项目名称	项目特征	计量单位	工程数量
1	010501001001	垫层	C15 混凝土	m³	0.4
2	010501003001	独立基础	1. C20 混凝土 2. 石子粒径 <40mm	m³	1.28

【案例分析】

1）计算时小数点后保留三位，编制清单时，第三位小数四舍五入，小数点后保留两位（后面案例不再重述）。

2）项目编码第 10 位～12 位"001"是清单编制人员自行编制，必须从 001 开始编号，若该工程独基还有另外的种类，如混凝土强度等级不同，它的编号要从 002 开始顺次往下编码。

3）按计价规范规定的项目特征，结合图样，认真填写项目名称一栏中该清单项目的特征，以便企业正确地进行报价（后面案例不再重述）。

4）工程量计算时，垫层的工程量也必须进行计算，原因详见案例 5-2。

实际工程中，独基工程量的统计程序是：根据基础平面布置图统计独基的类型及个数→

分别计算每一类型的独基混凝土的工程量（个数×单一独基的体积）→将所有的独基的混凝土体积求和。

独立基础设计时，因为独立基础的受力不同，基础的设计尺寸和配筋不一样，所以要对基础进行编号。独立基础的编号目前一般是ZJ_X，ZJ即柱基汉语拼音的第一位字母组合，X是阿拉伯数字，从1开始编号，以区别不同的基础设计，最大数字即代表本工程基础有几种。

统计独基的类型及个数时，以图样的轴线编号为依据，按照从左往右、从上往下的顺序依次统计，这样可避免统计时漏算或重复计算。统计结果最好以统计表格的形式列出，这样条理清晰。统计表格最好利用 Excel 表格，这样可利用 Excel 强大的功能进行统计计算。

图5-6所示是某幼儿园基础平面布置图的局部（因图面有限，不好取全图），统计一下该工程基础的个数。按照编者的习惯，按从①轴到④轴的顺序来统计基础的类型及个数。统计的结果详见表5-4。

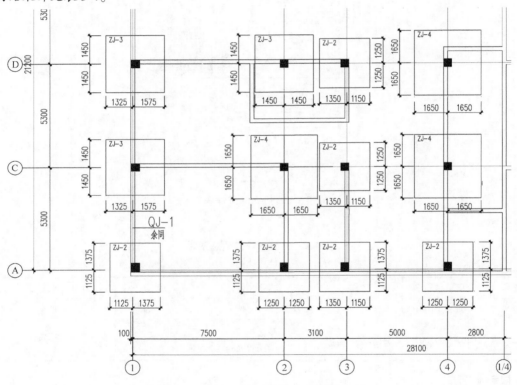

图5-6 某幼儿园基础平面布置图

工程量计算是非常繁琐、工作量很大、耗用时间最多的一项工作，工程量计算同时也是非常重要的一个环节。工程量计算与否直接影响造价的准确性。大家都知道，建筑工程造价具有多次性的计价特点，如施工图预算、施工预算、结算、审计等，所以造价人员的工程量计算书也要保存好，便于反复、多次地计价。目前工程量计算有两种方式，一是应用工程软件来计算工程量，二是采用手算工程量。采用手算工程量时，尽量充分利用计算机技术，如Excel 表格，采用电子版的工程量计算书，这样便于工程量计算书的保存和修改，提高计算速度，减轻工作量。

表 5-4　基础工程量计算表

基础类型		ZJ1	ZJ2	ZJ3	ZJ4
基础的个数	①轴		1	2	
	②轴		1	1	1
	③轴		3		
	④轴		1		2
合计			6	3	3

3. 筏板（满堂）基础

筏板基础，也称满堂基础，一般用于基底持力层较为软弱的多高层建筑。筏板基础通常有两种形式，无梁式和有梁式。

【案例 5-3】　某工程采用 C30 钢筋混凝土满堂基础，平面尺寸 52.5m×26.5m，厚度 800mm；基础下采用 C15 素混凝土垫层 100mm 厚，周边宽出基础 100mm；在长方向上有一后浇带，后浇带采用 C40 混凝土，后浇带详图见图 5-7。编制该基础的清单（表 5-5）。

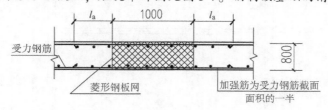

图 5-7　满堂基础后浇带构造做法详图

解：1）C40 混凝土后浇带的体积 $V = 26.5 \times 1 \times 0.8 m^3 = 21.2 m^3$

2）C30 钢筋混凝土满堂基础的体积 $V = 52.5 \times 26.5 \times 0.8 m^3 - 21.2 m^3 = 1113.00 m^3 - 21.2 m^3 = 1091.80 m^3$

3）C15 素混凝土垫层 100mm 的体积 $V = (52.5 + 0.1 \times 2) \times (26.5 + 0.1 \times 2) \times 0.1 m^3 = 52.7 \times 26.7 \times 0.1 = 140.709 m^3$

表 5-5　分部分项工程量清单

工程名称：××工程　　　　　　　　　　　　　　　　　　　　　　第 1 页共 1 页

序号	项目编码	项目名称	项目特征	计量单位	工程数量
1	010501001001	垫层	C15 混凝土	m³	140.71
2	010501004001	满堂基础	1. C30 混凝土 2. 石子粒径 <20mm	m³	1091.80
3	010508001001	后浇带	1. C40 混凝土 2. 石子粒径 <20mm	m³	21.20

【案例分析】　本案例是无梁式满堂基础。有时筏板基础被设计成箱基的底板。

满堂基础设计往往有后浇带，因为后浇带的混凝土强度等级与满堂基础不同，施工也要有加强措施，所以后浇带部分的造价肯定与满堂基础不同，因此计价规范对后浇带另有项目编码。所以本案例工程量清单编制时，项目编码是满堂基础和后浇带两项分开编制。满堂基础的清单工程量 1091.80m³ 是计算时满堂基础的体积 1113m³ 减掉后浇带的体积 21.2m³ 的计算结果。

4. 毛石条形基础

【案例5-4】 某基础工程见图5-8，分别为毛石条形基础和3:7灰土垫层，采用人工挖地槽。外墙身为偏轴线的370mm砖墙，内墙为240mm砖墙。M5.0水泥砂浆砌筑。按照清单计价规范中的工程量计算规则，试计算毛石基础的工程量并编制工程量清单（不含垫层）。

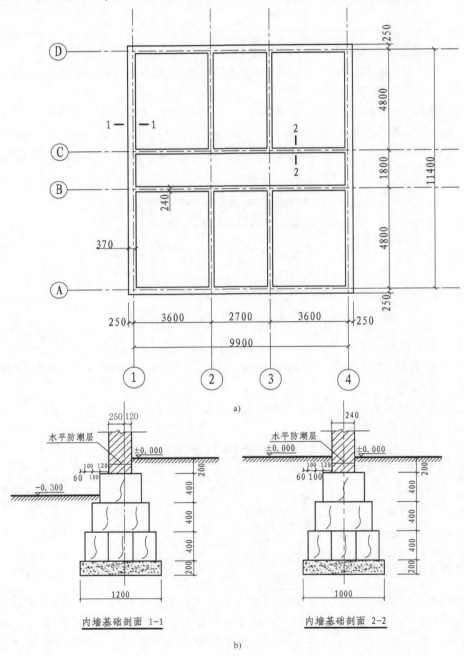

图 5-8
a）基础平面布置图　b）基础详图

解: 计算毛石基础工程量步骤如下:

1) 370mm 外墙 1—1 断面面积: $(1 \times 0.4 + 0.8 \times 0.4 + 0.6 \times 0.4) m^2 = 0.96 m^2$;

2) 370mm 外墙 1—1 基础中心线长度: $(9.9 + 2 \times 0.25 - 0.37 + 11.4 + 2 \times 0.25 - 0.37) \times 2m = 43.12m$;

3) 370mm 外墙基础工程量: $43.12 \times 0.96 m^3 = 41.40 m^3$;

4) 240mm 内墙 2—2 断面面积: $(0.88 \times 0.4 + 0.68 \times 0.4 + 0.48 \times 0.4) m^2 = 0.816 m^2$;

5) 240mm 2—2 内墙净长线长度: $[(9.9 - 2 \times 0.12) \times 2 + (4.8 - 2 \times 0.12) \times 4] m = 37.56m$;

6) 240mm 2—2 基础工程量: $37.56 \times 0.816 m^3 = 30.65 m^3$

工程量清单编制见表 5-6。

表 5-6　分部分项工程量清单

工程名称: ××工程　　　　　　　　　　　　　　　　　　　　　　　第 1 页共 1 页

序号	项目编码	项目名称	项目特征	计量单位	工程数量
1	010403001001	石基础	1. 370mm 外墙毛石基础 2. 条基 3. M5.0 水泥砂浆	m^3	41.40
2	010403001002	石基础	1. 240mm 内墙毛石基础 2. 条基 3. M5.0 水泥砂浆	m^3	30.65

【案例分析】　带条基按不同厚度分别编制工程量清单,不能将上述 240mm 内墙、370mm 外墙基础工程量合计后编制工程量清单。

5.4.1.2　土 (石) 方工程工程量清单的编制

建筑工程土石方工程主要包括土石方的挖掘、填筑、运输。

土石方的开挖有三种情况,一是大型建筑工程的场地平整,即填挖厚度在 ±30cm 以外的土石方的开挖,其工程量计算一般按照正方形网格或断面法进行计算,本书不作详述,读者可参阅施工方面的书籍;二是填挖厚度在 ±30cm 以内的场地平整,主要目的是为施工抄平和放线,是每一建筑工程必有的项目,其工程量的计算按设计图示尺寸以建筑物的首层面积计算;三是基础土石方的开挖,这是本书详述的重点内容。

1. 基础土石方的开挖工程量计算

基础土石方工程量计算因基础形式的不同,计算公式不一样。基础土石方的开挖分为基槽土石方的开挖、基坑土石方的开挖、深基坑的开挖。基槽是指槽底宽度在 3m 以内、其长度大于其宽度 3 倍以上者;基坑是指其长度小于其宽度 3 倍以下者;深基坑是指其长度小于其宽度 3 倍以下且坑底面积在 20m² 以上者。

基础土石方的计算按清单计价规范规则,是按基础下垫层的设计面积乘以挖土深度来计算其体积。其中基槽的土石方体积应该是:垫层的宽度×挖土深度×基槽的长度。其中基槽的长度是:外墙按中心线、内墙按基槽间净长。基坑和深基坑的立体几何形状相同,所以计算公式是一样的,即垫层的底面积×挖土深度。

下面通过案例 5-5 来讲解基础土石方工程量清单的编制。

【案例5-5】 某工程基础平面布置图和基础详图见图5-9。土质是二类土，要求编制该工程基础土方的工程量清单。

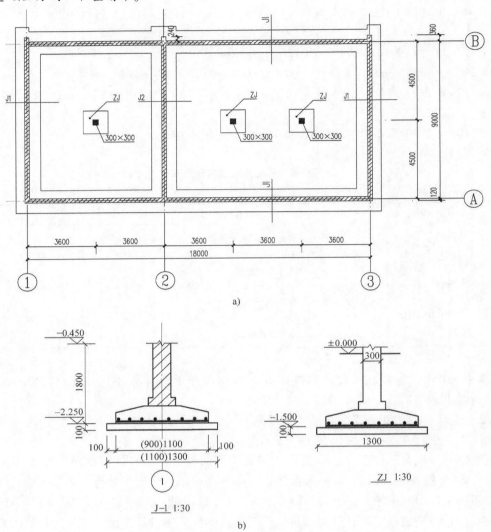

图 5-9 某工程基础施工图

a) 某工程基础平面布置图 b) 基础详图

解： 从图5-9来看，该工程基础有两种：条基和独基。所以要分别计算其土方工程量。

1) 基槽土方工程量的计算：

外墙基槽长度 $L_{中} = [(18+9) \times 2 + 0.24 \times 3] \text{m} = 54.72\text{m}$；基础编号J1；垫层底宽1.3m；

内墙基槽长度 $L_{净} = (9-1.3)\text{m} = 7.7\text{m}$；基础编号J2；垫层底宽1.1m；

挖土深度 $H = [(2.25-0.45)+0.1]\text{m} = 1.9\text{m}$；

$V = (54.72 \times 1.3 \times 1.9 + 7.7 \times 1.1 \times 1.9)\text{m}^3 = (135.158 + 16.093)\text{m}^3 = 151.251\text{m}^3$

2) 基坑土方工程量的计算：挖土深度 $H = 1.6\text{m}$；

$$V = 3 \times 1.3 \times 1.3 \times 1.6\text{m}^3 = 8.11\text{m}^3$$

工程量清单见表 5-7。

表 5-7　分部分项工程量清单

工程名称：××工程　　　　　　　　　　　　　　　　　　　　　　　第 1 页共 1 页

序号	项目编码	项目名称	项目特征	计量单位	工程数量
1	010101004001	挖基坑土方	1. 二类土 2. 挖土深度 1.9m 3. 弃土运距 15km	m³	151.25
2	010101004002	挖基坑土方	1. 二类土 2. 挖土深度 1.6m 3. 弃土运距 15km	m³	7.61

【案例分析】

1) 本案例中基础因为有条基和独基两种，且挖土深度不同所以清单序号是两项，工程量计算时要分别统计。

2) 内墙净长是指垫层间净长，计算示意图详见图 5-4。

3) 整个土方计算时，土的体积是指土在自然状态下的体积，即图样图示体积。

4) 土方在进行清单报价时，要考虑的因素很多，具体操作详见 6.3.1 的相关案例。

5) 土的种类详见 GB 50854—2013《房屋建筑与装饰工程工程量计算规范》A.1-1 的规定。实际工程中土的种类一是来自于实践，靠眼看、手摸、工具试；二是可以从地质勘察报告中获得信息。

2. 基础土方的运输、回填

基槽或基坑的回填土的体积按挖方体积减去设计室外地坪以下的基础（含垫层）的体积来计算。即基槽或基坑回填土体积 = 挖土体积 – 设计室外地坪以下埋设的垫层、基础体积。其土方体积是指土的回填压实后的体积。所以在编制清单时要指明对回填土压实的质量要求。

运土按工程的实际运距考虑。因为这部分较容易掌握，在此不再列举案例。

5.4.2　主体结构工程量清单编制案例及详析

5.4.2.1　混凝土结构工程量清单编制案例及详析

钢筋混凝土结构是我国目前大量应用的结构形式，现在混凝土结构平法标注的施工图广泛使用，所以造价人员必须掌握平法标注的混凝土结构的施工图的识图，才能正确地进行工程量的计算，完成工程报价。

平法是陈青来教授创造的"建筑结构施工图平面整体设计"的简称。至今已有十几年的发展历史，目前广泛地应用于我国建筑工程的结构设计中。

平法的基本理论是：将结构设计工程师的设计分为创造性设计内容和重复性内容两部分，创造性设计内容采用平法，重复性内容采用标准构造设计。

平法的制图规则是标准化的，结构施工图的表达采用数字化、符号化。单张图样的信息量很大且高度集中；构件分类明确，层次清晰。平法施工图与传统的施工图相比，大大提高了结构工程师的设计效率，节约了大量的施工图样（图样量能减少70%以上），同时也为施工、监理、造价人员的相关技术工作带来方便。

平法结构的施工图样包括两部分：

（1）平法施工图 平法施工图是结构设计工程师在构件类型分类的结构平面布置图上，直接按平法的制图规则标注各构件的几何尺寸和配筋。也就是平法原理中讲到的结构工程师的创造性的设计内容。

（2）标准构造详图 标准构造详图也就是平法原理中讲到的重复性的设计内容。这一部分不用设计人员进行施工图的绘制，由《混凝土结构施工图平面整体表示方法制图规则和构造详图》11G101-X 提供。

目前已出版正在使用的平法国家建筑标准设计图集有：

1）《混凝土结构施工图平面整体表示方法制图规则和构造详图（现浇混凝土框架、剪力墙、梁、板）》11G101-1。

2）《混凝土结构施工图平面整体表示方法制图规则和构造详图（现浇混凝土板式楼梯）》11G101-2。

3）《混凝土结构施工图平面整体表示方法制图规则和构造详图（独立基础、条形基础、筏形基础及桩基承台）》11G101-3。

4）《混凝土结构施工图平面整体表示方法制图规则和构造详图（剪力墙边缘构件）》12G101-4。

我国目前钢筋混凝土结构平法结构施工图的排列顺序是：结构设计总说明→基础及地下结构平法施工图→柱和剪力墙平法施工图→梁平法施工图→板平法施工图→楼梯及其他特殊构件。

平法结构施工图的表达方式主要有：平面注写方式、列表注写方式、截面注写方式。一般以平面注写方式为主，列表和截面注写方式为辅，由设计工程师根据具体的工程进行选择。平面注写一般在原位表达，信息量高而且集中，易读图；列表注写方式信息量也很大且集中，但不是原位表达，读图不直观，故作为辅助方式；截面注写方式适用于构件形状比较复杂或为异形构件的情况，故也为辅助形式。

平法的三种表达方式仅仅是注写方式不同，注写顺序一致，依次为：

1）构件编号及整体特征（如梁的跨数等）。

2）截面尺寸。

3）截面配筋。

4）必要的说明。

按平法设计绘制结构施工图时必须对所有的构件进行编号。平法对结构施工图中的构件的编号的表达方式与传统的结构施工图对构件的编号不同。平法施工图的构件编号含有构件的类型代号和序号等，其中类型代号很关键，它直接将平法施工图中的构件（也就是设计人员的创造性劳动）和与其配合的节点构造及构件构造（即施工图中不表达，由标准图集提供的重复性部分）准确无误地关联在一起。

平法结构施工图采用了表格或其他方式来注明结构竖向定位尺寸，其主要内容包括：基础底面基准标高；基础结构或地下结构层顶面标高和结构层高；地上结构各结构层的楼面标高和结构层高；各结构层号等。一般情况下，基础、基础结构或地下结构、柱及剪力墙、梁、板等的竖向定位尺寸是统一的，也就是说，在各类构件的（柱、剪力墙、梁等）平法施工图中，使用统一的竖向定位标准。所以，平法施工图的图名有两种，一种是"XX 标高至 XX 标高 X 类构件平法施工图"，图名下加注"XX 层至 XX 层"，如图名为"15.670 ~ 33.670 柱结构平法施工图（5 ~ 10 层）"；另一种是"XX 层至 XX 层 X 类构件平法施工图"，图名下加注"XX 标高至 XX 标高"，如图名为"5 ~ 10 层柱结构平法施工图（15.670 ~ 33.670）"。平法制图规则规定，在竖向定位尺寸表中的结构层号与建筑楼层的层号保持一致。

本书主要讲述单一构件如柱、剪力墙、梁、板、钢筋及其他混凝土构件的计量与计价，读者可根据本书的讲解，举一反三，融会贯通，去学习、掌握混凝土结构的计量与计价。

1. 混凝土柱

造价工程师计算混凝土柱的工程量的第一步是阅读柱平面布置图。柱平面布置图的主要功能是表达竖向构件——柱的平面布置情况。读图前，先掌握柱平法施工图制图规则中关于柱的编号问题。各种柱的编号参见表 5-8。熟记各种柱的编号很重要，它不仅仅用来区别不同的柱，还是柱平法施工图与标准图集提供的构造详图之间的关系纽带。通过柱的编号，柱平法施工图与相应的标准构造详图之间建立起明确的对应关系，这样才能在造价工程师的头脑中形成一完整的混凝土柱结构设计施工图，才能准确计算柱的混凝土工程量和柱中各种钢筋的用量。

表 5-8　柱　编　号

柱类型	代号（汉语拼音）	代号（英文）	特　征
框架柱	KJZ	FC	柱根嵌固在基础或地下结构上，并与框架梁刚性连接构成框架
框支柱	KZZ	FFC	柱根嵌固在基础或地下结构上，并与框支梁刚性连接构成框支结构。框支结构以上转换为剪力墙结构
芯柱	XZ	CC	设置在框架柱、框支柱、剪力墙柱核心部位的暗柱
梁上柱	LZ	BC	支承或悬挂在梁上的柱
剪力墙上柱	QZ	WC	支承在剪力墙顶部的柱

在表 5-8 所示柱类型一列，柱的截面可为各种截面形状，如矩形、圆形、工形、T 形等。代号有两种，一种是汉语拼音代号，它们分别由汉语拼音的第一位字母组成；一种是英文代号，分别是由英文单词的第一位字母组成，如框架柱 FC，框架柱的英文单词是 Frame Column。了解这一点，便于快速又牢固地记忆柱编号。根据目前工程的实际情况，柱编号用拼音代号较多，学习时可重点掌握拼音代号。

另外，柱平面布置图中柱的编号除了区别不同类型的柱之外，对于同一类型不同的截面尺寸的柱也要区别。如柱平面布置图中框架柱有两种尺寸：450mm × 700mm 和 350mm × 600mm，它们的编号应该为 KJZ1 和 KJZ2。也就是说用数字来区别同一类型不同截面的构件，这种表达方式同样适用于其他结构构件，如梁、板、剪力墙、基础等，这种情况在本书中不再详述。

柱平法施工图在柱平面布置图上采用截面注写方式或列表注写方式。

柱的截面注写方式是在标准层绘制的柱平面布置图的柱截面上，分别在同一编号的柱中选择一个截面，原位放大绘制其截面配筋图，以直接注写设计信息的方式来表达柱的平法施工图。注写的设计信息按照从上向下顺序，包括柱的编号、柱高（分段起止高度）、截面尺寸、纵筋、箍筋。其中柱高是选注内容。见图 5-10。

图 5-10 中，编号为 KZ1-4 柱高的设计信息详见图 5-11。

（1）截面尺寸　矩形截面柱，截面尺寸 450mm × 450mm。截面与轴线的关系详细情况是，定位轴线不是柱的中心线，水平轴线即 X 轴方向定位是在 100mm 和 350mm，竖直方向即 Y 轴方向定位是在 100mm 和 350mm（这一点对施工定位放线很关键）。

（2）配筋

1）纵筋：角筋（即放在柱截面的边角处的钢筋）4 Φ 20，截面中部钢筋 1 Φ 16。也就是说，柱中配置的纵筋由角筋和中部钢筋两部分组成。一般情况下，当纵筋采用两种直径时，施工图上必注写截面各边的中部筋的

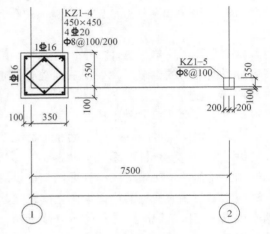

图 5-10　截面注写方式某工程一层柱
（−0.05 ~ 3.30）的平法施工图（局部）

具体数值，且应按照角筋 + 截面 b 边的中部筋 + 截面 h 边的中部筋顺序注写。不过当截面配筋对称时，设计者仅在一侧注写中部筋，对称边就省略了，见图 5-10。

2）箍筋：ϕ8@ 100/200，即采用 HPB300 级、直径是 8mm 的钢筋通长配置，加密区间距是 100mm，非加密区 200mm。箍筋的截面形状和尺寸详见图 5-10。也就是说，箍筋的类型及箍筋的复合方式，图上必有按适当比例放大的详图，该图上标注着箍筋的类型号。

另外，柱平法标注施工图上都有用表格或其他方式注明的各结构层楼（地）面标高、结构层高以及相应的结构层号。这是造价人员统计柱的工程量时关于柱高的重要技术数据。见图 5-11，用表格方式表达的各结构层楼（地）面标高、结构层高以及相应的结构层号。

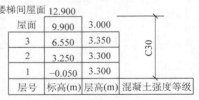

图 5-11　用表格方式表达的各结构层楼（地）面标高、结构层高以及相应的结构层号

柱的列表注写方式是在绘制的柱平面布置图上，分别在同一编号的柱中选择一个（有时设计人员会选择几个）截面，标注几何参数代号，以列表的方式来表达设计信息。也就是说，采用列表方式设计柱平法施工图时，需要在柱平面布置图上增设柱表。柱表中注写柱号、柱段起止标高、几何尺寸（含截面与轴线的偏心情况）、配筋的具体数值，并配以各柱的截面形状及其箍筋的类型图的方式来表达柱的平法施工图。柱表注写内容规定如下：

a. 按表 5-8 的规定，注写柱编号。

b. 注写各段柱的起止标高。柱分段规定：自柱根部起向上以变截面位置或截面尺寸没

有改变，但配筋改变处为界分段注写。具体规定因柱的类型不同而不同。

①框架柱或框支柱的根部标高是指基础的顶面标高。

②芯柱的根部标高是指根据结构实际需要而定的起始位置。

③梁上柱的根部标高是指梁的顶面标高。

④剪力墙上柱的根部标高分两种：当柱纵筋锚固在墙顶部时，其根部标高为墙顶标高；当柱与剪力墙重叠一层时，其根部标高是指墙顶面向下一层的结构层楼面标高。

3）注写各柱的几何尺寸及与轴线的关系。

①圆形截面柱的注写。截面尺寸：截面半径，几何参数代号是 d，柱截面与轴线的关系为方便起见，也用 b_1、b_2、h_1、h_2 的具体数值来确定。其中 $b = b_1 + b_2$；$h = h_1 + h_2$。当截面的某一边收缩变化至与轴线重合或偏到轴线的另一侧时，b_1、b_2、h_1、h_2 的某项为零或为负数。

②矩形截面柱的注写。截面尺寸：截面宽×截面高，几何参数代号是 $b \times h$，柱截面与轴线的关系由 b_1、b_2、h_1、h_2 的具体数值来确定。其中 $d = b_1 + b_2 = h_1 + h_2$。

③芯柱的注写。芯柱的截面尺寸分两种情况：一是按构造来确定其截面尺寸，并按标准图施工。这种情况设计不标注截面尺寸；二是设计者自行设计，不采用标准图做法。这种情况必须要标写截面尺寸。由于芯柱随框架柱走，不需要标注芯柱与轴线的关系。

4）注写柱纵筋配置情况。柱纵筋注写顺序：角筋、截面 b 边的中部筋、截面 h 边的中部筋。当截面配筋对称时（如矩形截面柱），可只注写一侧中部筋，对称边不写。如柱中纵筋直径全部相同，各边根数也相同，可将纵筋写在"全部纵筋"一栏中。

5）注写箍筋设计信息：

①注写箍筋类型和箍筋支数。工程上设计采用的各种箍筋类型和箍筋复合的具体方式在表的上部或图样上适当位置画出，并标有类型号及与表中对应的 b、h。

②注写柱箍筋的钢筋级别、直径、间距。

表 5-9 所示为某工程柱列表注写方式示例。

表 5-9　某工程柱列表注写方式示例

柱号	标高	$b \times h$	b_1	b_2	h_1	h_2	全部纵筋	角筋	b 边一侧中部筋	h 边一侧中部筋	箍筋类型	箍筋
KZ2	−0.030—19.470	750×700	375	375	150	550	22 Φ 22				1 (5×4)	Φ 10 @100/200
	19.470—37.470	650×600	325	325	150	450		4 Φ 22	5 Φ 22	4 Φ 20	1 (4×4)	Φ 10 @100/200

表中箍筋的类型详见后面钢筋的计量与计价的相关章节。

从以上分析可以看到，采用列表注写方式来表达柱平法施工图设计内容，信息量最集中，有时一个工程柱的施工图只要一张即可，大量节约了图样，为施工、造价人员带来方便。（具体内容见《混凝土结构施工图平面整体表示方法制图规则和构造详图（现浇混凝土框架、剪力墙、梁、板）》11G101-1）。

本书采用截面注写方式来进行柱工程量的计算，至于列表注写方式，仅仅是柱施工图表达方式不同，工程量计算程序和规则是一样的，不再详述。

另外，柱的计算规则要牢记两点：一是柱高的规定，二是柱与基础的划分界限（详见案例5-5）。

【案例5-6】 某工程一层柱局部平面布置图详见图5-12，柱高3.00m，要求计算C30混凝土（石子粒径≤20mm）KJ柱的工程量。

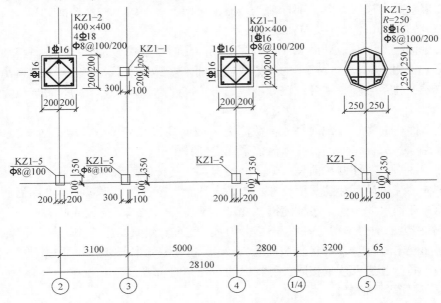

图5-12 某工程一层柱局部平面布置图

解： 计算过程详见计算书（表5-10）。

表5-10 柱工程量计算书

序号	柱编号	个数	截面/mm×mm	柱高/m	体积/m³
1	KZ1-1	2	400×400	3	0.4×0.4×3×2＝0.96
2	KZ1-2	1	400×400	3	0.4×0.4×3×1＝0.48
3	KZ1-3	1	R＝250	3	0.25×0.25×3.14×3×1＝0.589
4	KZ1-5	4	400×450	3	0.4×0.45×3×4＝2.16
5	合计				矩形柱：3.6m³；异形柱：0.589m³

工程量清单见表5-11。

表5-11 分部分项工程量清单

工程名称：××工程 　　　　　　　　　　　　　　　　　　　　第1页共1页

序号	项目编码	项目名称	项目特征	计量单位	工程数量
1	010502001001	矩形柱	1. C30混凝土强度等级 2. 石子粒径≤20mm	m³	3.60
2	010502003002	异形柱	1. C30混凝土强度等级 2. 石子粒径≤20mm	m³	0.59

【案例分析】 不同的截面尺寸，柱编号不同，如 KZ1-1 和 KZ1-5；相同的截面，配筋不同，柱编号也不相同，如 KZ1-1 和 KZ1-2；截面形式不同，柱编号肯定不同，如 KZ1-3；清单项目要按矩形柱、异形柱（凡不是矩形截面）分别列项。

另外，实际工作时，计算混凝土构件工程量的同时，也应将构件中钢筋的工程量和混凝土模板的工程量计算出来，便于快速报价。本书将另有钢筋计算的案例，在此不计。

2. 混凝土墙

剪力墙平法施工图，在剪力墙平面布置图上采用列表注写方式或截面注写方式。剪力墙平面布置图有时与柱或梁的平面布置图合二为一，有时单独绘制。剪力墙平法施工图上注明了各结构层的楼面标高、结构层高及相应的结构层号。

平法剪力墙施工图中，将剪力墙分为剪力墙柱、剪力墙梁、剪力墙身（分别简称墙柱、墙梁、墙身）三类构件。剪力墙平法施工图标注时，首先要对这三类构件进行编号。

（1）墙柱编号 墙柱编号由墙柱类型代号和序号构成，具体规定详见表 5-12。

表 5-12 墙柱编号

墙柱类型	代 号	序 号	墙柱类型	代 号	序 号
约束边缘暗柱	YAZ	XX	构造边缘暗柱	GAZ	XX
约束边缘端柱	YDZ	XX	构造边缘翼墙柱	GYZ	XX
约束边缘翼墙柱	YYZ	XX	构造边缘转角柱	GJZ	XX
约束边缘转角墙柱	YJZ	XX	非边缘暗柱	AZ	XX
构造边缘端柱	GDZ	XX	扶壁柱	FBZ	XX

剪力墙构件根据结构抗震设计要求，分为约束边缘构件和构造边缘构件，见图 5-13。

（2）墙身编号 墙身编号由墙身代号 Q、序号及墙身所配置的水平与竖向分布钢筋的排数构成，柱排数注写在括号内。具体表达方式是：QXX（X 排）。

（3）墙梁编号 墙梁编号由墙梁类型代号和序号构成，具体规定详见表 5-13。

（4）剪力墙洞口的表示 剪力墙上的洞口在剪力墙平面布置图上原位表示，并标注洞口中心平面定位尺寸。在洞口中心位置引注时，墙洞要表达四项内容：

1）洞口编号：洞口分两种，矩形洞口（JDXX）和圆形洞口（YDXX），XX 表示序号。

2）洞口几何尺寸：矩形洞口是洞宽×洞高（$b \times h$）；圆形洞口是洞口直径（D）。

3）洞口中心相对标高：即相对于结构层楼（地）面标高的洞口中心高度。

4）洞口每边补强钢筋，分以下六种情况：

①当矩形洞口的洞宽、洞高均不大于 800mm 时，如果设置构造补强钢筋，即洞口每边增加钢筋≥2 φ12 且不小于同向被切断钢筋总面积的 50%，本项免注。

如 JD4：500×350；+3.150；3 φ14；表示 4 号矩形洞口，洞宽 500mm、洞高 350mm，洞口中心距本结构层楼面 3150mm，洞口每边补强钢筋是 3 φ14。

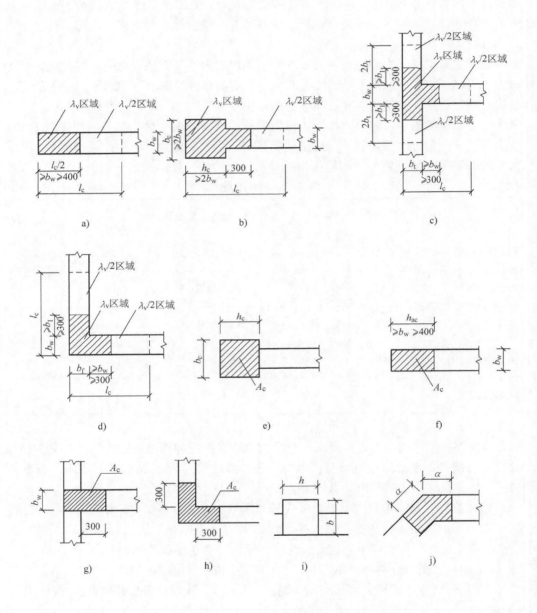

图 5-13 各类墙柱的截面形状与几何尺寸

a) 约束边缘暗柱 (YAZ)   b) 约束边缘端柱 (YDZ)   c) 约束边缘翼墙柱 (YYZ)

d) 约束边缘转角墙柱 (YJZ)   e) 构造边缘端柱 (GDZ)   f) 构造边缘暗柱 (GAZ)

g) 构造边缘翼墙柱 (GYZ)   h) 构造边缘转角柱 (GJZ)   i) 扶壁柱 (FBZ)

j) 非边缘暗柱 (AZ)

表 5-13　墙梁编号

墙梁类型	代　号	序号	墙梁类型	代　号	序号
连梁（无交叉暗撑、无交叉钢筋）	LL	XX	暗梁	AL	XX
连梁（有交叉暗撑）	LL（JC）	XX	边框梁	BKL	XX
连梁（有交叉钢筋）	LL（JG）	XX			

②当矩形洞口的洞宽、洞高均不大于 800mm 时，如果设置补强钢筋大于构造配筋，此项注写洞口每边补强钢筋的数值。

如 JD3：400×300；+3.100；3 ⏀14，表示 3 号矩形洞口，洞宽 400mm、洞高 300mm，洞口中心距本结构层楼面 3100mm，洞口每边补强钢筋是 3 ⏀14。

③当矩形洞口的洞宽大于 800mm 时，在洞口的上、下需要设置补强的暗梁，此项注写为洞口的上、下每边暗梁的纵筋、箍筋的具体数值（在标准构造详图中，补强暗梁的梁高一律定为 400mm，设计若采用标准构造详图的取值，图样不用注写任何信息；若不采用标准构造详图的做法，需另行注明）；当洞口的上、下边为剪力墙连梁时，此项免注；洞口竖向两侧按边缘构件配筋，也不在此项表达。

如 JD6：1200×1500；+1.800；6 ⏀22；⏀10@150；表示 6 号矩形洞口，洞宽 1200mm、洞高 1800mm，洞口中心距本结构层楼面 1800mm，洞口上、下设置补强的暗梁，每边暗梁纵筋是 6 ⏀22，箍筋是⏀10@150。

④当圆形洞口设置在连梁中部 1/3 范围（且圆形洞口的直径不大于 1/3 梁高）时，需要注写圆形洞口上、下水平设置的每边补强的纵筋、箍筋的具体数值。

⑤当圆形洞口设置在墙身或暗梁、边框梁位置，且圆形洞口的直径不大于 300mm 时，此项注写圆洞上、下、左、右设置的每边补强纵筋的具体数值。

⑥当圆形洞口的直径大于 300mm，但不大于 800mm 时，其加强钢筋在标准构造详图中按照外切正六边形的边长方向布置，设计仅注写正六边形中一边补强钢筋的具体数值。

（5）剪力墙壁龛的表示　当剪力墙墙身很厚时，嵌入设备就不必要穿透墙身，而只要设置为壁龛即可。矩形壁龛，代号 JBK，圆形壁龛，代号 YBK，其他同洞口。注写时注明壁龛宽×高×凹深（$b×h×d$）。

剪力墙的截面注写方式即在剪力墙平面布置图上，在相同编号的墙柱、墙梁、墙身中，选择一根墙柱、一根墙梁、一道墙身，直接在墙柱、墙梁、墙身上注写截面尺寸和配筋的具体数值。注写墙柱、墙梁、墙身时，要做到：

1）墙柱。在相同编号的墙柱中选择一截面，标注全部纵筋及箍筋的具体数值。图 5-14a 中，编号是 AZ2-3 的墙柱，截面尺寸见图 5-14b，12 根纵筋，HRB335 级，直径 14mm，箍筋通长配置，HPB300 级，直径 8mm，间距 100mm。

其中对非边缘暗柱（AZ）、扶壁柱（FBZ）需要加注尺寸；约束边缘端柱（YDZ）、构造边缘端柱（GDZ），设计时注明几何尺寸 $bc×hc$，其中约束边缘端柱（YDZ）在墙身部分的几何尺寸按标准图集取值，若设计与图集做法不一，也应另行标注；其他各柱按图集标准构造详图取值，设计不注；若设计与标准构造不同，需要注明。

2）墙身。在相同编号的墙柱中选择一道墙身，按顺序引注：墙身编号、墙厚尺寸、水平分布钢筋、竖向分布钢筋、拉筋的具体数值。其中拉筋有两种布置方式，梅花双向和双向布置，设计时须注明。另外拉筋的间距，用@ Xa（@ Xb）表示，分别表示拉筋的水平（竖向）间距是剪力墙竖向（水平）分布钢筋间距的 X 倍。即 QXX（X）XXX ϕ XXX/ϕ XXX/ϕ X@ Xa@ Xb 双向（或梅花）。

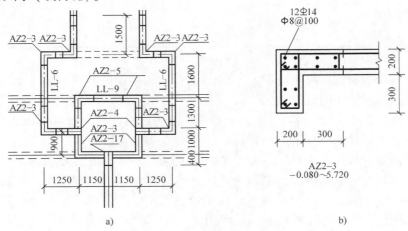

图 5-14 某剪力墙平面布置图（局部）及墙柱详图

a) 某剪力墙平面布置图（局部） b) AZ2 详图

如 Q2（2）250；ϕ 10@ 250；ϕ 10 ϕ 250；ϕ 6@ 2a2b 双向。表示：2 号剪力墙，双排配筋，墙厚 250mm，水平分布钢筋 ϕ 10@ 250，竖向分布钢筋 ϕ 10@ 250，拉筋 ϕ 6，双向布置，水平和竖向间距分别是 500mm。

3）墙梁。在相同编号的墙梁中选择一道墙梁，分不同的情况，按顺序引注：

①当连梁无斜向交叉暗撑，标注内容是：墙梁编号、所在楼层号、墙梁截面尺寸 $b \times h$、墙梁箍筋、上部纵筋、下部纵筋、墙梁顶面标高高差的具体数值。

②当连梁设有斜向交叉暗撑，要附加注写下面的内容：以 JC 打头注写一根暗撑的全部纵筋，并标注 ×2 表明有两根暗撑相互交叉（形式是：LL（JC）XX，X ϕ XX/ϕ XX@ ϕ XXX ×2.）；注写箍筋的具体数值。交叉暗撑的截面尺寸按构造确定，构造也采用标准构造详图，设计不注。

③当连梁设有交叉钢筋时，以 JG 打头附加注写一道斜向钢筋的具体数值，并标注 ×2 表明有两道斜向钢筋相互交叉。形式是：LL（JG）XX，X ϕ XX ×2。

④当墙身水平分布钢筋不能满足连梁、暗梁及边框梁的梁侧面纵向构造钢筋的要求时，应补充注明梁侧面纵筋的具体数值，注写时以 G 打头，紧跟钢筋的直径和间距。如 G ϕ 12 @ 150，表示墙梁两个侧面纵筋对称布置，HPB300 级钢筋、直径 12mm、间距 150mm。

如某剪力墙施工图中一墙梁标注如下：

LL 5

2 层：300 ×2970

3 层：300 ×2670

4 ~9 层：300 ×2070

ϕ 10@ 100（2）

4 Φ 22；4 Φ 22；

（0.800）

表达的内容是：编号是 5 号的墙梁，2 层的截面尺寸 $(b \times h)300 \times 2970$，3 层的截面尺寸 $(b \times h)300 \times 2670$，4～9 层的截面尺寸 $(b \times h)300 \times 2070$，箍筋$\Phi 10@100$，通长配置，2 支箍，梁上部纵筋 $4\Phi 22$，梁下部纵筋 $4\Phi 22$，每层墙梁顶面标高比该楼层的结构标高高出 +0.8m。

剪力墙的列表注写方式是在绘制的剪力墙平面布置图上，分别对应于剪力墙平面布置图上的编号，分别在剪力墙柱表、剪力墙身表、剪力墙梁表、剪力墙洞口表及其壁龛表中绘制截面配筋图，并注写几何尺寸和配筋的具体数值，以此来表达剪力墙平法施工图。

在剪力墙柱表中，注写内容是：

1）墙柱编号、绘制该墙柱的截面尺寸及配筋的具体数值。其中对于以下情况，采用的处理方法是：

①中对非边缘暗柱（AZ）、扶壁柱（FBZ）需要加注尺寸。

②约束边缘端柱（YDZ），设计时注明几何尺寸 $bc \times hc$，其中约束边缘端柱（YDZ）在墙身部分的几何尺寸按标准图集取值，若设计与图集做法不一，也应另行标注。

③构造边缘端柱（GDZ），设计时注明几何尺寸 $bc \times hc$。

④对于约束边缘暗柱（YAZ）、翼墙柱（YYZ）、转角墙柱（YJZ），几何尺寸可按《混凝土结构施工图平面整体表示方法制图规则和构造详图（现浇混凝土框架、剪力墙、梁板）》11G101-1 取值，设计不注；若设计采用与该图集不同的做法，设计必另行注明。

⑤构造边缘暗柱（GAZ）、翼墙柱（GYZ）、转角墙柱（GJZ），几何尺寸可按《混凝土结构施工图平面整体表示方法制图规则和构造详图（现浇混凝土框架、剪力墙、梁板）》11G101-1 取值，设计不注；若设计采用与该图集不同的做法，设计必另行注明。

2）注写各段墙柱的起至标高。墙柱分段规定：自墙柱根部起向上以变截面位置或截面尺寸没有改变，但配筋改变处为界分段注写。墙柱根部标高是指基础的顶面标高（如是框支剪力墙结构则为框支梁顶面标高）。

3）注写各段墙柱纵筋和箍筋的配置情况。纵筋注写全部纵筋；注写箍筋设计信息与柱相同，在此不再讲述。

对于约束边缘端柱（YDZ）、约束边缘暗柱（YAZ）、约束边缘翼墙柱（YYZ）、约束边缘转角墙柱（YJZ），也要注写拉筋的布置情况。

表 5-14 为某剪力墙墙柱表。

剪力墙墙身表中表达的内容如下：

1）墙身编号。

2）注写各段墙身的起止标高。墙身分段规定：自墙身根部起向上以变截面位置或截面尺寸没有改变，但配筋改变处为界分段注写。墙身根部标高是指基础的顶面标高（如是框支剪力墙结构则为框支梁顶面标高）。

3）注写水平分布钢筋、竖向分布钢筋和拉筋的具体数值。

表 5-14　某剪力墙墙柱表

剪力墙柱表

截面	
编号	AZ
标高	$-0.080 \sim 5.720$
纵筋	$12\Phi 14$
箍筋	$\Phi 8@100$

见表 5-15，某剪力墙墙身表案例。

表 5-15 某剪力墙墙身表

编号	Q1（2 排）	水平分布钢筋	Φ14@200
标高	− 0.080 ~ 30.270	竖向分布钢筋	Φ14@200
墙厚/mm	300	拉筋	Φ8@400

剪力墙梁表中表达的内容如下：

1）墙梁编号。

2）注写墙梁所在的楼层号。

3）注写墙梁顶面标高高差，即对于墙梁所在结构层楼面的标高的高度差。高为正值，低为负值，无高差，不注。

4）注写墙梁截面尺寸 $b \times h$，上部纵筋、下部纵筋和箍筋的具体数值。

5）当连梁设有斜向交叉暗撑（代号是 LL（JC）XX 且连梁截面高度不小于 400mm），要注写一根暗撑的全部纵筋，并标注 ×2 表明有两根暗撑相互交叉；注写箍筋的具体数值。交叉暗撑的截面尺寸按构造确定，若采用标准构造详图，设计不注。

6）当连梁设有斜向交叉钢筋时（代号是 LL（JG）XX 且连梁截面高度小于 400mm 但不小于 200mm），注写一道斜向钢筋的具体数值，并标注 ×2 表明有两道斜向钢筋相互交叉。若采用标准构造详图，设计不注；若设计采用与该图集不同的做法，另行注明。

当墙身水平分布钢筋能满足连梁、暗梁及边框梁的梁侧面纵向构造钢筋的要求时，该筋配置同墙身水平分布钢筋，表中不注；若不满足，应补充注明梁侧面纵筋的具体数值。

表 5-16 为某剪力墙墙梁表案例。

表 5-16 某剪力墙墙梁表

编号	LL1	上部纵筋	4 Φ22
所在楼层号	4	下部纵筋	4 Φ22
梁顶相对标高高差	− 0.080	箍筋	Φ10@150（2）
梁截面 $b \times h$	300 × 2070		

【案例 5-7】 某工程局部剪力墙柱表见图 5-15，计算 GDZ1 的混凝土工程量（C30，石子粒径 <20mm）。

解：300mm 厚剪力墙：$V = [8.67 - (-0.03) + (30.27 - 8.67)] \times (0.6 \times 0.6 + 0.6 \times$
$$0.3) m^3$$
$$= (8.7 + 21.6) \times 0.54 m^3 = 16.362 m^3$$

250mm 剪力墙：$V = (59.07 - 30.27) \times (0.6 \times 0.6 + 0.6 \times 0.25) m^3$
$$= 28.8 \times 0.51 m^3 = 14.688 m^3$$

清单编制如下（表 5-17）：

【案例分析】 从剪力墙柱表中可知，该剪力墙柱是变截面，应该分段计算其体积；按不同墙厚，分别编制工程量清单，这样便于工程量的复查。

3. 混凝土梁

梁平法施工图即在梁平面布置图上采用平面注写方式或截面注写方式来表达设计者的设

计意图。梁平面布置图是按照梁的不同结构层（标准层），将全部梁和与其相连接的柱、墙、板一起，采用适当的比例绘制的。梁平法施工图上，已注明了各结构层的顶面标高及相应的结构层号。另外，凡轴线未居中的梁必注明其偏心定位尺寸。

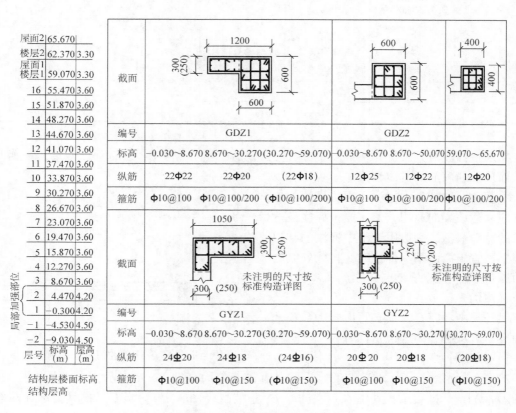

图 5-15 某工程局部剪力墙柱表

表 5-17 分部分项工程量清单

工程名称：××工程　　　　　　　　　　　　　　　　　　　　　第 1 页共 1 页

序号	项目编码	项目名称	项目特征	计量单位	工程数量
1	010504001001	直形墙	1. 石子粒径 <20mm 2. 混凝土强度等级：C30	m³	16.362
2	010504001002	直形墙	1. 石子粒径 <20mm 2. 混凝土强度等级：C30	m³	14.688

要掌握梁平法施工图的设计内容，首先要掌握梁的编号。

梁的编号是由梁的类型代号、序号、跨数及有无悬挑代号四项信息组成。具体梁的编号规定见表 5-18。

（XXA）表示一端有悬挑；（XXB）表示两端有悬挑，注意悬挑不计入跨数。见图 5-16 中的 KL1-13 (2)，表示梁的序号是第 1-13 框架梁，跨数 2 跨，无悬挑。如 L9 (3B)，表示非框架梁，序号第9号，3跨，两端都有悬挑。

表5-18　梁的编号

序号	梁类型	代号	序号	跨数及是否带有悬挑
1	楼层框架梁	KL	XX	（XX）、（XXA）或（XXB）
2	屋面框架梁	WKL	XX	（XX）、（XXA）或（XXB）
3	框支梁	KZL	XX	（XX）、（XXA）或（XXB）
4	非框架梁	L	XX	（XX）、（XXA）或（XXB）
5	悬挑梁	XL	XX	
6	井字梁	JZL	XX	（XX）、（XXA）或（XXB）

梁的平面注写方式，即在平面布置图上，分别在不同编号的梁上选择一根梁，在其上注写截面尺寸和配筋的具体数值。

平面注写包括集中标注和原位标注。集中标注表达该梁的通用数值，原位标注表达该梁的特殊数值。一般用于集中标注的某项数值不适宜于梁的某一部位时，将此处梁的数值原位表达，见图5-16。施工及预算时，原位标注优先。

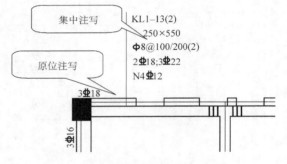

图5-16　梁平面注写方式示例

梁的集中注写有五项必写内容和一项选注内容，五项必写内容包括：

1）梁编号。

2）梁截面尺寸。当梁等截面时，用截面宽×截面高即 $b \times h$ 表示；当梁是加腋梁时，用 $b \times h$　$YC_1 \times C_2$ 表示，其中 C_1 是腋长，C_2 是腋高（图5-17）；当有悬挑且根部和端部的高度不同时，用斜线分隔根部和端部的高度值，即 $b \times h_1 / h_2$ 表示，见图5-18。

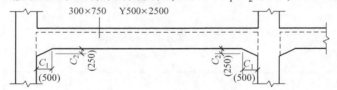

图5-17　加腋梁截面尺寸注写示意

3）梁的箍筋。包括钢筋的级别、直径、加密区与非加密区间距及肢数。

4）梁上部通长钢筋或架立筋配置。当梁中既有通长钢筋，也有架立筋时，用"+"号相连，并将架立筋注写在括号内。如2Φ22+（4ϕ12），其中2Φ22是通长钢筋，4ϕ12是架立筋。

当梁上部纵筋和下部纵筋均为通长钢

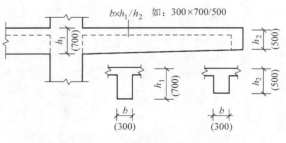

图5-18　悬挑梁截面尺寸注写示意

筋，且多数跨配筋相同时，此项可采用加注下部纵筋的配筋值的方法来表达，不过要用
";"将上、下部纵筋的配筋值分开。如 3 Φ 25；3 Φ 25，表示梁的上、下部纵筋的配筋值都
是通长布置 3 Φ 25 的钢筋。

　　5) 梁侧面纵向构造钢筋或受扭钢筋的配置。纵向构造钢筋以 G 打头，注写梁两个侧面
的总配筋值，其对称布置在梁的两侧（梁侧面纵向构造钢筋的搭接长度和锚固长度可取
15d）；受扭钢筋以 N 打头，注写梁两个侧面的总配筋值，其对称布置在梁的两侧（梁侧面
纵向受扭钢筋的搭接长度是 L_{lE}、L_l，锚固长度同框架梁下部纵筋）。如 G4 Φ 20，表示梁两
个侧面共配置了 4 根 HBRB335 级、直径 20mm 的钢筋，每边对称布置 2 根。

　　一项选注内容是梁顶面标高高差。梁顶面标高高差是指相对于结构层楼面标高的高差
值，对于位于结构夹层的梁，是指相对于结构夹层楼面标高的高差值。有高差时，写入括号
内，无高差，不写。

　　梁的原位注写内容包括梁支座上部纵筋、梁下部纵筋、附加箍筋或吊筋、修正集中标注
不适用于本跨的设计内容。分述如下：

　　(1) 梁支座上部纵筋　含该部位通长
筋在内的所有纵筋。

　　1) 当上部纵筋多于一排时，用斜线
"/"将各排纵筋自上而下分开，见图 5-19
中 7 Φ 20　5/2，表示梁的该部位有 7 根直
径 20mm、HRB400 级的钢筋，分两排放
置，上面 5 根，下面 2 根。

　　2) 当同排纵筋由两种不同的直径组成
时，用 "+" 号将两种直径的钢筋相连，
角筋在前，中部筋在后。如 2 Φ 25 + 3 Φ
22，表示一排 5 根纵筋，角筋是 2 Φ 25，
中部筋 3 Φ 22。

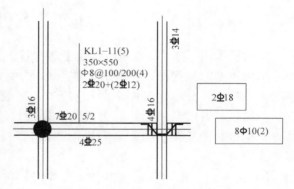

图 5-19　梁的原位标注示例

　　3) 当梁中间支座两边的上部纵筋不同时，需要在支座两边分别标注；当梁中间支座两
边的上部纵筋相同时，可只在支座一边标注即可，另一边可省略。见图 5-19 中 7 Φ 20　5/2，
虽只标在该跨的左支座，右支座上部纵筋也是如此配置。

　　(2) 梁下部纵筋

　　1) 当下部纵筋多于一排时，用斜线 "/" 将各排纵筋自上而下分开。

　　2) 当同排纵筋由两种不同的直径组成时，用 "+" 号将两种直径的钢筋相连，角筋在
前，中部筋在后。

　　3) 当梁下部纵筋不全伸入支座时，将梁支座下部纵筋减少的数量写在括号内。如 2 Φ
25 + 3 Φ 22 (−3) /5 Φ 25，表示梁下部纵筋两排，上排角筋 2 Φ 25，中部筋 3 Φ 22，其中 3
Φ 22 不伸入支座；下排 5 Φ 25，全部伸入支座。

　　(3) 附加箍筋或吊筋　见图 5-20，该处主梁上附加吊筋 2 Φ 18，附加箍筋 8 Φ 10 (2)，
即在主梁上配置直径 10mm 的 HPB300 级的箍筋共 8 道，在次梁两侧各 4 道，2 肢箍。其中
附加箍筋和吊筋的几何尺寸要结合主梁和次梁的截面尺寸才能确定。

　　(4) 修正集中标注不适用于本跨的设计内容　当集中标注的内容，即梁的截面尺寸、

箍筋、上部通长钢筋或架立筋、梁侧面构造或受扭钢筋以及梁的上顶标高高差有不适用于本跨的一项或几项数值时，用原位标注来进行修正。

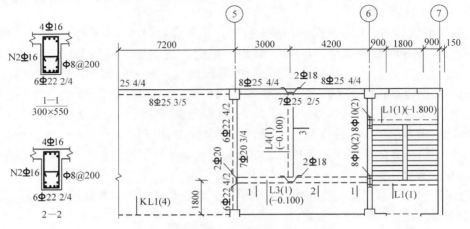

图 5-20 梁截面注写示意图

梁的截面注写方式即在梁标准层平面布置图上，在相同编号的梁中，选择一根梁，用剖面号引出该梁的配筋图，并在其上注写截面尺寸和配筋的具体数值。具体内容同平面注写方式。一般情况下，截面注写方式与平面注写方式结合使用。截面注写方式也可单独使用，当截面为异形截面时，截面注写方式较为方便。

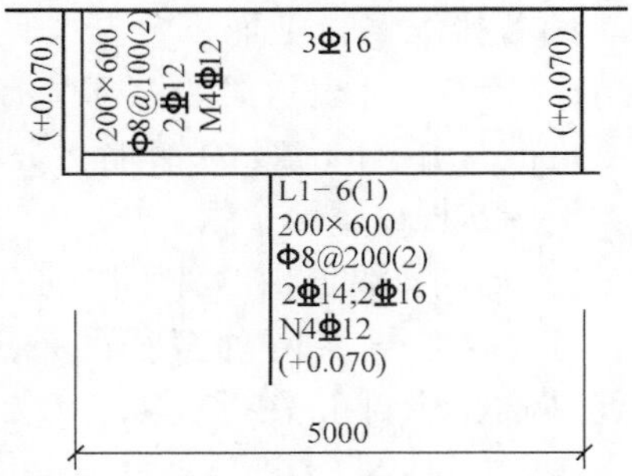

【案例5-8】 某工程梁局部平面布置图见图 5-21，该梁轴线长度 5m，计算 L1-6 的混凝土工程量清单（由设计说明得知，梁的混凝土为 C30，石子粒径 <20mm）。

图 5-21 某工程梁局部平面布置图

解： $V = [0.2 \times 0.6 \times (5 - 2 \times 0.1)] \times 1 m^3$

$\qquad = 0.58 m^3$

注意：计算该梁的长度时，梁长不是轴线尺寸 5m，而是净长，即 $5 - 2 \times 0.1$。

清单项目详见表 5-19。

表 5-19 分部分项工程量清单

工程名称：××工程 ⠀⠀⠀⠀⠀⠀⠀⠀⠀⠀⠀⠀⠀⠀⠀⠀⠀⠀⠀⠀⠀⠀⠀⠀⠀⠀⠀⠀⠀⠀⠀⠀第 1 页共 1 页

序号	项目编码	项目名称	项目特征	计量单位	工程数量
1	010503002001	矩形梁	1. C30 混凝土强度等级 2. 石子粒径 <20mm	m³	0.58

4. 混凝土板

计价规范规定，各种板按设计图示尺寸以梁板体积之和计算。不扣除构件内钢筋、预埋件及单个面积 $0.3m^2$ 以内的孔洞所占体积，伸入墙内的板头并入板体积内计算。

【案例5-9】 某工程卫生间现浇板施工图见图 5-22。轴线尺寸 3600mm×5300mm，板厚

100mm，C30 混凝土强度等级，石子粒径＜20mm 试编制该现浇板的工程量清单。

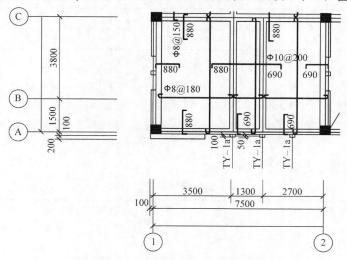

图 5-22 某工程卫生间现浇板施工图

解： $V = 3.6 \times 5.3 \times 0.1 \text{m}^3 = 1.908 \text{m}^3$

清单项目详见表 5-20。

表 5-20 分部分项工程量清单

工程名称：××工程 第 1 页共 1 页

序号	项目编码	项目名称	项目特征	计量单位	工程数量
1	010505001001	有梁板	1. 石子粒径＜20mm 2. 混凝土等级：C30	m³	1.908

5. 钢筋

钢筋混凝土结构由混凝土工程、钢筋工程、模板工程组成，混凝土、钢筋和模板工程计价规范均设置清单项目，其中模板工程包含在措施项目清单中。

本节主要讲解钢筋工程的计算。首先通过具体例子来说明钢筋的图样表达。4φ16，表示配筋是 4 根 HPB300 级钢筋，直径 16mm；HRB335 级钢筋（335/510 级，同上），图样符号φ表示，同时表示级别和直径。如 3φ25；HRB400 级钢筋（370/570 级），图样符号φ表示，同时表示级别和直径。如 3φ28；RRB400 级钢筋（540/835 级），图样符号φ^R 表示，同时表示级别和直径。如 3φ^R28。

（1）纵向钢筋的计算 钢筋的工程量是按设计图示钢筋长度乘以单位理论质量，以吨为单位计算不同规格的钢筋的质量。钢筋单位理论质量，详见表 5-21。当工作时，手头不便查表，也可按式（5-1）来计算钢筋的质量。

$$G = 0.00617 \times d^2 \qquad (5\text{-}1)$$

式中 d——钢筋的直径，单位为 mm。

式（5-1）也可用口诀来速记。钢筋每米理论质量速算口诀：

钢筋直径自相乘，单位厘米要记清，再乘 0.617，得数就是米每重。

表 5-21　常用钢筋单位理论质量

φ/mm	6	8	10	12	14	16	18	20	22	25
kg/m	0.222	0.395	0.617	0.888	1.208	1.578	1.998	2.466	2.984	3.853

例： φ20 钢筋理论质量：　$2 \times 2 \times 0.617 \text{kg/m} = 2.468 \text{kg/m}$。

φ6.5 钢筋理论质量：$0.65 \times 0.65 \times 0.617 \text{kg/m} = 0.261 \text{kg/m}$。

由此看来，钢筋工程量的计算重点是根据具体工程的结构施工图来准确计算钢筋的长度。

不同形状的钢筋，计算公式见表 5-22。

表 5-22　钢筋的计算公式

钢筋名称	钢筋简图	计算公式
直筋		构件长 – 两端保护层厚
直钩		构件长 – 两端保护层厚 + 两个弯钩长度
板中弯起筋		构件长 – 两端保护层厚 + 2 × 0.268 × （板厚 – 上下保护层厚度） + 两个弯钩长
		构件长 – 两端保护层厚 + 0.268 × （板厚 – 上下保护层厚） + 两个弯钩长
		构件长 – 两端保护层厚 + 0.268 × （板厚 – 上下保护层厚） + （板厚 – 上下保护层厚） + 一个弯钩长
		构件长 – 两端保护层厚 + 2 × 0.268 × （板厚 – 上下保护层厚） + 2 × （板厚 – 上下保护层厚）
		构件长 – 两端保护层厚 + 0.268 × （板厚 – 上下保护层厚） + （板厚 – 上下保护层厚）
		构件长 – 两端保护层厚 + 2 × （板厚 – 上下保护层厚）
梁中弯起筋		构件长 – 两端保护层厚 + 2 × 0.414 × （梁高 – 上下保护层厚） + 两个弯钩长
		构件长 – 两端保护层厚 × 2 + 0.414 × （梁高 – 上下保护层） + 2 × （梁高 – 上下保护层厚） + 2 个弯钩长
		构件长 – 两端保护层厚 + 0.414 × （梁高 – 上下保护层厚） + 2 个弯钩长
		构件长 – 两端保护层厚 + 1.414 × （梁高 – 上下保护层厚） + 2 个弯钩长
		构件长 – 两端保护层厚 + 2 × 0.414 × （梁高 – 上下保护层厚） + 2 × （梁高 – 上下保护层厚）

注：梁中弯起筋的弯起角度，如果是弯起角度为 60°，则上表中系数 0.414 改为 0.577，1.414 改为 1.577。

　　纵向受力的普通钢筋及预应力钢筋的混凝土保护层厚度，是指钢筋外边缘至混凝土表面的距离。

　　对于 HPB300 级钢筋，施工时两端要设置 180°平圆弯钩（图 5-23），设计绘制施工图时不画。

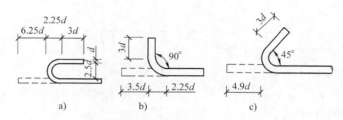

图 5-23　HPB300 级钢筋端部设置的 180°平圆弯钩
a）180°平圆弯钩　b）90°弯钩　c）135°弯钩

　　直钢筋的每边弯钩增长长度是 6.25d。d 是指钢筋的直径。除此之外，钢筋还有 90°、135°弯钩，见图 5-23。端部 90°直弯钩，弯钩增长长度是 3.5d；端部 135°斜弯钩，弯钩增长长度是 4.9d。

　　钢筋的锚固长度按混凝土结构是否有抗震要求而不同。锚固长度设计有规定时，按设计规定计算；无规定则按规范取值。

　　钢筋除盘圆钢筋外都有定尺长度，6m、9m、12m。钢筋的搭接长度设计有规定时，按设计规定计算；无规定则按规范取值。

　　（2）箍筋的计算　梁、柱、剪力墙箍筋和拉筋弯钩构造，见图 5-24。

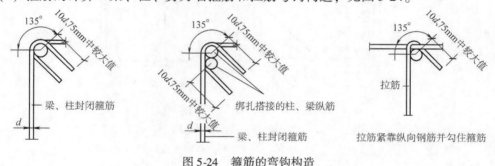

图 5-24　箍筋的弯钩构造

单根箍筋钢筋长度有如下几种算法供参考：

1）按梁、柱截面设计尺寸外围周长计算，弯钩不增加，箍筋保护层也不扣除。

2）按梁、柱截面设计尺寸周长扣减 8 个箍筋保护层后，增加箍筋弯钩长度。

3）按梁、柱主筋外表面周长增加 0.18m。（即箍筋内周长增加 0.18m）。

4）按构件断面周长 + δL（箍筋增加值）。箍筋增加值见表 5-23。

箍筋的个数计算公式：

$$箍筋个数 = （配置箍筋区间尺寸 ÷ 钢筋间距）+ 1 \qquad (5\text{-}2)$$

箍筋个数计算时，注意以下几点：

1）梁与柱相交时，梁的箍筋配置柱侧。

表 5-23 箍筋增加值

形 式		箍筋直径/mm						备 注
抗震结构		4	6	6.5	8	10	12	平直长度10d，弯心圆2.5d
		−90	−40	−30	10	70	120	

2）梁与梁相交时，次梁箍筋配置主梁梁侧。

3）梁与梁相交梁断面相同时，相交处不设箍筋。

箍筋个数计算的结果，小数点进位取整数。如计算结果是 25.12 根，取 26 根箍筋。

（3）特殊钢筋的计算

1）双箍方形（图 5-25a）：

$$外箍长度 = (B - 2c + d_0) \times 4 + 2 个弯钩增加长度 \tag{5-3}$$

$$内箍长度 = [(B - 2c) \times \sqrt{2}/2 + d_0] \times 4 + 2 个弯钩增加长度 \tag{5-4}$$

式中　c——保护层厚度；

　　　d_0——箍筋直径。

2）双箍矩形（图 5-25b）：

$$箍筋长度 = (H - 2c + d_0) \times 2 + (B - 2c + B' + 2d_0) + 2 个弯钩增加长度 \tag{5-5}$$

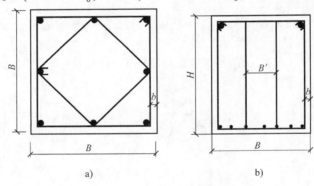

a)　　　　　　　　　　　　　b)

图 5-25　双箍方形和双箍矩形

a）双箍方形　b）双箍矩形

3）三角箍（图 5-26）：

$$箍筋长度 = (B - 2c - d_0) + \sqrt{4(H - 2c + d_0)^2 + (B - 2c + d_0)^2} +$$
$$2 个弯钩增加长度 \tag{5-6}$$

4）S 箍（拉条）（图 5-27）：

$$长度 = h + d_0 + 2 个弯钩增加长度 \tag{5-7}$$

5）螺旋箍筋（图 5-28）：每米圆形柱高螺旋箍筋长度参见表 5-24。

$$箍筋长度 = N\sqrt{P^2 + (D - 2c + d_0)^2 \pi^2} + 2 个弯钩增加长度 \tag{5-8}$$

式中　N——螺旋圈数，$N = L/P$（L 为构件长）；

　　　P——螺距；

　　　D——构件直径。

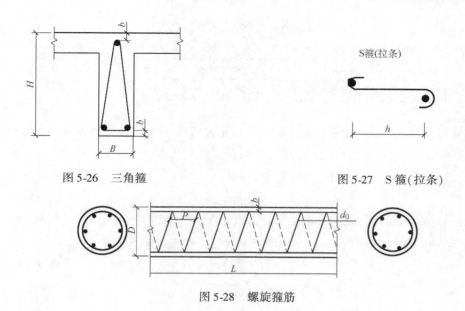

图 5-26　三角箍

图 5-27　S 箍(拉条)

图 5-28　螺旋箍筋

表 5-24　每米圆形柱高螺旋箍筋长度表

螺距/m \\ 柱径/mm	200	250	300	350	400	450	500	550
0.05	10.11	12.64	15.79	18.93	22.00	25.18	28.33	31.43
0.06	8.42	10.53	13.15	15.77	18.37	20.98	23.60	26.19
0.08	6.32	7.95	9.12	11.89	13.84	15.80	17.76	19.70
0.10	5.09	6.36	7.93	9.51	10.07	12.64	14.21	15.76
0.15	3.39	4.25	5.29	6.34	7.39	8.43	9.48	10.51

6)马凳。马凳(图 5-29)和"S 钩"。混凝土现浇板类构件(包括满堂基础)如设计为双层钢筋时,应加马凳筋。马凳筋的计算设计有规定按设计规定计算,无规定时,马凳筋规格应比底板主钢筋规格低一级(若底板钢筋规格不同时,按其中规格大的钢筋降低一个规格计算),其长度每根可按板厚设计尺寸 2 倍另加 200mm,个数按每平方米 1 个计算。

混凝土浇制墙体如有双层钢筋,应加拉结 S 钩支撑筋,计算时设计有规定的按设计规定,设计无规定按 φ8 钢筋,单根长度按墙厚加 150mm 计算,个数每平方米 3 个,计入钢筋总量。

【案例 5-10】　某工程混凝土构件中,1 φ12 钢筋外形见图 5-30,外包尺寸 5980mm,试编制工程量清单。

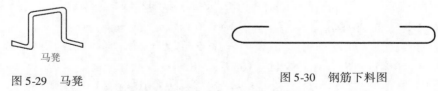

马凳

图 5-29　马凳

图 5-30　钢筋下料图

解: $G = 100 \times (5980 + 2 \times 6.25 \times 12) \div 1000 \times 0.888\text{kg} = 544.344\text{kg} = 0.544\text{t}$

清单项目详见表 5-25。

表 5-25 分部分项工程量清单

工程名称：××工程 第1页共1页

序号	项目编码	项目名称	项目特征	计量单位	工程数量
1	010515001001	现浇构件钢筋	HPB300 级：φ12	t	0.544

【案例 5-11】 按照工程量清单计价规范中的工程量计算规则，计算图 5-31 所示钢筋混凝土梁中钢筋的工程量（保护层 25mm），并编制工程量清单（表 5-26）。

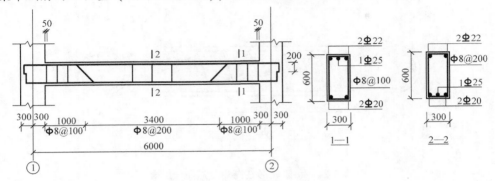

图 5-31 某工程 L1 施工图

表 5-26 分部分项工程量清单

工程名称：××工程 第1页共1页

序号	项目编码	项目名称	项目特征	计量单位	工程数量
1	010515001001	现浇混凝土钢筋	HPB300 级：φ8	t	0.027
2	010515001002	现浇混凝土钢筋	HRB335 级：φ20	t	0.034
3	010515001003	现浇混凝土钢筋	HRB335 级：φ22	t	0.041
4	010515001004	现浇混凝土钢筋	HRB335 级：φ25	t	0.029

解：钢筋工程量计算如下：

1) $2\Phi 20$：$L = (6 + 0.6 - 2 \times 0.025 + 2 \times 0.2)\text{m} = 6.95\text{m}$；

$\qquad G = 6.95 \times 2 \times 2.47\text{kg} = 34.333\text{kg} = 0.034\text{t}$；

2) $1\Phi 25$：$L = (6 + 0.6 - 2 \times 0.025 + 2 \times 0.2 + 2 \times 0.414 \times 0.55)\text{m} = 7.4054\text{m}$；

$\qquad G = 7.4054 \times 3.85\text{kg} = 28.511\text{kg} = 0.029\text{t}$；

3) $2\Phi 22$：$L = (6 + 0.6 - 2 \times 0.025 + 2 \times 0.2)\text{m} = 6.95\text{m}$；

$\qquad G = 6.95 \times 2 \times 2.98\text{kg} = 41.422\text{kg} = 0.041\text{t}$

4) $\Phi 8$ 箍筋：单根箍筋长：$L = (0.3 + 0.6) \times 2\text{m} = 1.8\text{m}$

加密区箍筋根数 $N_1 = 950 \div 100 + 1 = 10.5$，取为 11 根；非加密区箍筋根数 $N_2 = (3400 - 2 \times 200) \div 200 + 1 = 16$；合计$(2 \times 11 + 16)$根 $= 38$ 根。

$\qquad G = 1.8 \times 38 \times 0.395\text{kg} = 27.018\text{kg} = 0.027\text{t}$

【案例 5-12】 某现浇框架结构楼层梁配筋图见图 5-32，纵筋为 HRB335，箍筋为 HPB300，附加箍筋为每边 3 根，直径同主梁箍筋直径，间距 50mm，柱 450×450mm，柱纵筋直径为 25mm，保护层厚度 30mm，请计算该梁的钢筋工程量，并编制分部分项工程量清单表。

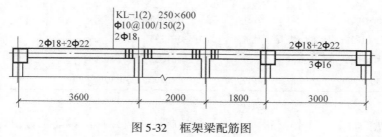

图 5-32　框架梁配筋图

解： 该梁的钢筋包含两部分，纵筋及箍筋。上部纵筋包含通长纵筋与局部纵筋，通长纵筋长度计算考虑全长加两端锚固长度；上部边跨的局部纵筋考虑锚固长度加三分之一跨度，中间跨的局部纵筋考虑两边各三分之一跨度（长跨的三分之一）。

底部纵筋逐跨计算，该工程包括两跨，要分别考虑边跨的锚固和中间跨的锚固长度。

箍筋的计算包括箍筋长度计算和箍筋根数计算，在本例中要注意箍筋加密和附加箍筋。

纵筋锚固及箍筋加密均按照三级抗震等级考虑。

以上部通长钢筋为例计算锚固长度：

$l_{aE} = 31d = 558mm >$ 柱高 $-$ 保护层厚度，当直锚不能满足要求，钢筋需要弯折，其中水平段长度 $=$ 柱高 $-$ 柱保护层 $-$ 柱纵筋直径 $= 450 - 30 - 25 = 395 > 0.4 l_{aE}$，向下弯折长度要大于 $15d$，故锚固长度 $= 395 + 15d = 665mm > l_{aE}$。

箍筋加密范围 $\geq 1.5 h_b = 900mm$，且 $\geq 500mm$。箍筋根数计算：$[(900 \div 100) \times 2 + (6950 - 1800) \div 150 + 1]$ 根 $+ [(900 \div 100) \times 2 + (2550 - 1800) \div 150 + 1]$ 根 $= (53 + 24)$ 根 $= 77$ 根。

钢筋工程量统计详见表 5-27。

表 5-27　钢筋计算表

序号	钢筋直径 /mm	位置	形状	单根长度	根数	钢筋重量
1	18	上部通长纵筋	⌐‾‾‾‾⌐	$(10.4 - 0.45 + 2 \times 0.665)m = 11.28m$	2	45.07kg
2	22	边跨上部负筋	⌐‾‾‾	$(0.725 + 6.95 \div 3)m = 3.04m$	2	18.14kg
3	22	中跨上部钢筋	‾‾‾	$[(6.95 \div 3) \times 2 + 0.45]m = 5.08m$	2	30.32kg
4	16	底部通长钢筋	⌐‾‾‾⌐	左跨：$(0.613 + 6.95 + 0.496)m = 8.06m$ 右跨：$(0.496 + 2.55 + 0.617)m = 3.66m$	3 3	55.50kg
5	10	箍筋	▢	按梁断面周长计算：0.85m	77	40.38kg

在编制分部分项工程量清单时，现浇混凝土钢筋可根据钢筋规格分别编码列项，注意计价规范强调项目特征的描述。工程量清单编制详见表 5-28。

表5-28 分部分项工程量清单表

序号	项目编码	项目名称	项目特征描述	计量单位	工程量
1	010515001001	现浇混凝土钢筋	HRB335, 直径18mm	t	0.045
2	010515001002	现浇混凝土钢筋	HRB335, 直径22mm	t	0.485
3	010515001003	现浇混凝土钢筋	HRB335, 直径16mm	t	0.555
4	010515001004	现浇混凝土钢筋	HPB300, 直径10mm	t	0.404

钢筋工程量的计算，工作量很大，为了快速报价，可以应用钢筋工程量计算软件来计算钢筋的吨位。目前钢筋工程量计算软件很多，有些算量的软件功能非常强大，如筑业钢筋算量软件2008版，把建筑构件划分为基础、柱、梁、板、墙、楼梯等几大类，在单个构件图形上，用户直接录入构件信息及每根钢筋的信息（包括构件尺寸、抗震等级、混凝土强度等级、钢筋名称、直径、级别、间距、根数等相关信息），软件就可根据内部设置的计算规则，自动计算出钢筋的长度、根数、接头数、质量等，录入所有构件信息经自动计算后，汇总得到钢筋总量。

限于篇幅，在此不详述。

【案例5-13】 某三层框架结构工程，现浇混凝土板式楼梯平面图见图5-33，梯段板厚120mm，C25混凝土，请计算该楼梯的混凝土工程量，并编制分部分项工程量清单表（表5-29）。楼梯与现浇板的连接梁宽度为250mm，位置见图5-33，一边与最后一级踏步边缘重合。

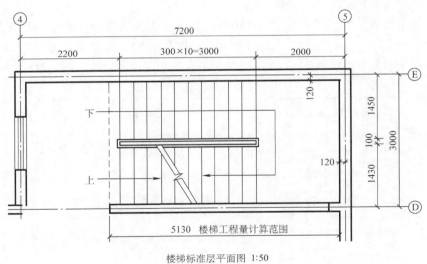

图5-33 现浇混凝土楼梯平面图

解： 计价规范规定，现浇混凝土楼梯的工程量计算规则是：按设计图示尺寸以水平投影面积计算，不扣除宽度小于500mm的楼梯井，伸入墙内部分不计算。其中水平投影面积的范围包括休息平台、平台梁、斜梁、楼梯与现浇板的连接梁，当楼梯与现浇板无梯梁相连时，以楼梯的最后一个踏步边缘加300mm为界。因此，该楼梯的混凝土工程量为

$$5.13 \times (3.0 - 0.24) \times 3 \text{m}^2 = 42.48 \text{m}^2$$

表 5-29 分部分项工程量清单表

序号	项目编码	项目名称	项目特征描述	计量单位	工程量
1	010506001001	直形楼梯	1. 石子粒径 <20mm 2. C25	m²	42.48

5.4.2.2 钢结构

随着高层、超高层、大跨、超大跨建筑的不断涌现，钢结构工程越来越多，围绕钢结构工程的计量与计价越来越多。许多工程造价人员在进行钢结构工程的造价相关工作时，总觉得钢结构工程不敢做、不会做，其实主要在两个方面存在困难。一是许多工程造价人员接触混凝土工程很多，钢结构工程毕竟是近几年来的新型结构形式，接触较少，对钢结构工程的识图存在一定的困难；二是对钢结构工程的施工不清楚，影响清单报价。钢结构工程制图是有它独特的表达方式，具体内容应该学习 GB/T 50105—2010《建筑结构制图标准》中的第 4 章，只要熟记这些制图标准，识图算量应该没问题；钢结构工程的报价将在第 6 章讲解。

【案例 5-14】 某钢结构工程 L—1g 施工图见图 5-34，钢梁采用 Q345B，截面：400mm ×200mm×8mm×12mm，共 100 根，计算本构件的工程量（暂不考虑，防火要求）。

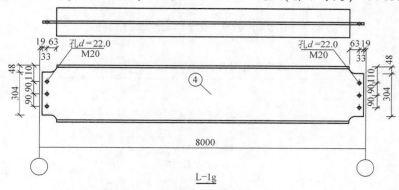

图 5-34 某工程钢梁的施工图

解：钢结构的工程量按图示净尺寸计算钢构件体积，乘以其密度 7.85kg/m³，以吨计。

该钢梁的净长：$L_{净} = (8000 - 2 \times 19)mm = 7962mm = 7.962m$；

钢梁的截面面积：$S = (2 \times 0.2 \times 0.012 + 0.376 \times 0.008)m^2$

$$= 7.808 \times 10^{-3} m^2$$

钢梁的质量：$G = 100 \times 7.962 \times 7.808 \times 10^{-3} \times 7.85kg = 48.581kg = 0.049t$

清单编制如表 5-30 所示。

表 5-30 分部分项工程量清单

工程名称：××工程　　　　　　　　　　　　　　　　　　　　　　　第 1 页共 1 页

序号	项目编码	项目名称	项目特征	计量单位	工程数量
1	010604001001	钢梁	1. Q345B，焊接 H 形钢 2. 每根重 0.062t 3. 安装高度：8.00m 4. 涂 C53-35 红丹醇酸防锈底漆一道 25μm	t	0.049

【案例分析】 钢结构工程计算工程量时，一定要将图示尺寸换算成钢构件的净尺寸，如［案例 5-14］中的钢梁的净长的计算，其中切边、打孔等不扣除其面积，螺栓、焊缝增加的质量也不增加。另外清单中的工程量是图样净量，不包括任何损耗，损耗在报价中考虑。

5.4.3 屋面工程

【案例 5-15】 某实验室屋面为卷材防水，膨胀珍珠岩保温，轴线尺寸 28m×9m，墙厚 240mm，四周女儿墙，防水卷材上卷 250mm。屋面做法为：①现浇钢筋混凝土屋面板；②1:10 水泥膨胀珍珠岩找坡，最薄处 40mm 厚；③100mm 厚憎水珍珠岩块保温层；④30mm 厚 1:3 水泥砂浆找平，6×6m 分格，油膏嵌缝；⑤SBS 改性沥青防水卷材二层；⑥20mm 厚 1:2 水泥砂浆抹光压平。请根据此条件编制分部分项工程量清单。

解： 该屋面工程涉及屋面保温和屋面防水两项工程量清单项目。

屋面防水的清单工程量为

$$[(28-0.24)\times(9-0.24)+(28+9-0.48)\times2\times0.25]m^2=261.44m^2$$

屋面保温的清单工程量为

$$(28-0.24)\times(9-0.24)m^2=243.18m^2$$

工程量清单编制见表 5-31。

表 5-31 分部分项工程量清单表

序号	项目编码	项目名称	项目特征描述	计量单位	工程量
1	010902001001	屋面卷材防水	1. 30mm 厚 1:3 水泥砂浆找平，6×6 分格，油膏嵌缝 2. SBS 改性沥青防水卷材二层 3. 20mm 厚 1:2 水泥砂浆抹光压平	m²	261.44
2	011001001001	保温隔热屋面	1. 1:10 水泥膨胀珍珠岩找坡，最薄处 40mm 厚 2. 100mm 厚憎水珍珠岩块保温层	m²	243.18

在工程量清单编制过程中，为了防止工程量数量出现重大错误，建议对工程量清单进行以下工作：

（1）清图 清单的初稿印出来后，为了防止有重大的错漏，初稿必须要交给富有经验的造价工程师进行整理、校订，以免清单出现含糊及互相矛盾的地方，同时带领下属进行"清图"工作，即大家一起细阅每一张图样，互相复查及提醒图样上的每一部分是否都有人员负责计量出来。若有遗漏，便可委派适合的人选将遗漏部分进行计量。

（2）大数复算 大数复算的方法主要是由负责造价师委派团队内量度不同部分的造价师以粗略的快速方法复核其他同事量度的数量，以避免出现重大错误。

不同项目误差的百分比有所不同，有些应较准确的项目，误差则不应超过 1%。很多时候，由于是概算复核，大部分的误差均可找到合理的解释，但仍可检测出一些大意的错误，从而提高清单数量的准确性。

第6章 建筑工程工程量清单报价

6.1 工程量清单报价的准备工作

1. 认真研究招标文件

投标企业报名参加或接受邀请参加某一工程的投标，通过资格预审后，取得招标文件，应认真研究招标文件，充分了解其内容和要求，以便有针对性地安排投标工作。在工程投标报价前必须对招标文件进行仔细分析，特别是注意招标文件中的错误和漏洞，既保证企业不受损失又为获得最大利润打下基础。

研究招标文件是为了正确理解招标文件的意图，对招标文件做出实质性响应，确保投标有效，争取中标。对图样、工程量清单、技术规范等进行重点研究分析。

（1）准备资料，熟悉并分析施工图样 施工图样是体现设计意图，反映工程全貌，明确施工项目的施工范围、内容、做法要求的文件，也是投标企业确定施工方案的重要依据。图样的详细程度取决于招标时设计所达到的深度和采用的合同形式，透彻分析图样对清单报价有很大影响，只有对施工图样有较全面而详细的了解，才能结合统一项目划分正确地分析该工程中各分部分项工程量。在对图样进行分析的过程中，如果发现图样不正确或建筑图和结构图、设备安装图矛盾时，应及时在招标答疑时提出，要求业主予以书面修改。

（2）技术规范学习 工程技术规范是描述工程技术和工艺的文件，有的是对材料、设备、施工等施工和安装方法的技术要求，有的是对工程质量进行检验、试验、验收等规定的方法和要求。如新工艺、新材料在规范中没有具体明确说明，工程量清单编制者会单独编制说明书，这种说明书详细、准确、具体。技术规范和技术说明书是投标企业投标报价的重要依据，投标企业根据技术规范、图样等资料确定施工方案、施工方法、施工工期等内容，做出合理、最优的工程量清单报价。

2. 调查工程现场条件

（1）调查工程现场条件是投标报价前的一项重要工作 投标企业在投标前必须认真、仔细、全面地对工程现场条件进行调查，了解施工现场周围的政治、经济、地理等方面情况。招标单位组织投标单位进行勘察现场的目的在于了解工程场地和周围环境情况，以获取投标企业认为有必要的信息。为便于投标企业提出问题并得到解答，勘察现场一般安排在投标预备会的前 1~2 天。

（2）招标单位应向投标企业介绍有关现场的以下情况

1）施工现场是否达到招标文件规定的条件，施工现场的地理位置和地形、地貌。

2）施工现场的地质、土质、地下水位、水文等情况。

3）施工现场气候条件，如气温、湿度、风力等。

4）现场环境，如交通、饮水、污水排放、生活用电、通信等。

5）工程在施工现场中的位置或布置。

6）临时用地、临时设施搭设等。

7）当地供电方式、方位、距离、电压等。

8）当地煤气供应能力，管线位置、标高等。

9）工程现场通讯线路的连接和铺设。

10）现场周围道路条件。

11）当地政府有关部门对施工现场管理的一般要求、特殊要求及规定，是否允许节假日和夜间施工等。

（3）调查其他情况

1）工程现场附近环境，是否需采取特殊措施加强施工现场保卫工作。

2）建筑构件和半成品的加工、制作和供应条件，商品混凝土的价格等。

3）工程现场附近各种设施和服务条件，如卫生、医疗等。

3. 影响投标报价的其他因素

工程造价除了要考虑工程本身的内容、范围、技术特点和要求、招标文件、现场情况等因素之外，还受许多其他因素影响，其中最重要的是投标企业自己制定的施工方案、施工方法、施工进度计划等。

4. 熟悉工程量计算规则

工程量的计算工作比较繁重，需要花费较长时间，只有熟悉工程量计算规则，才能准确快捷地核实业主提供的工程量是否准确，而工程量的准确与否直接影响整个投标报价的过程。

6.2　工程量清单报价的编制

6.2.1　工程量清单报价的一般规定

工程量清单报价是指投标人根据招标人发出的工程量清单的报价。工程量清单报价价款应包括按招标文件规定完成清单所列项目的全部费用。工程量清单报价应由分部分项工程量清单报价、措施项目费报价、其他项目费报价、规费、税金所组成。

工程造价应在政府宏观调控下，由市场竞争形成。在这一原则指导下，投标人的报价应在满足招标文件要求的前提下实行人工、材料、机械台班消耗量自定，价格费用自选、全面竞争、自主报价的方式。

投标企业应根据招标文件中提供的工程量清单，同时遵循招标人在招标文件中要求的报价方式和工程内容填写投标报价单。也可以依据企业定额和市场价格信息进行确定。如果是用企业定额，应以建设部1995年发布的《全国统一建筑工程基础定额》提供的人工、材料、机械消耗量为基础，而且必须与《建设工程工程量清单计价规范》中的项目编码、项目名称、计量单位、工程量计算规则相统一，以便在投标报价中可以直接套用。

清单报价采用综合单价。综合单价是指完成每分项工程每计量单位合格建筑产品所需的全部费用。综合单价应包括为完成工程量清单项目，每计量单位工程量所需的人工费、材料费、施工机械使用费、管理费、利润，并考虑风险、招标人的特殊要求等增加的费用。工程量清单中的分部分项工程费、措施项目费、其他项目费均应按综合单价报价。规费、税金按国家有关规定执行。

"全部费用"的含意应从如下三方面理解：一是考虑到我国的现实情况，综合单价包括除规费、税金以外的全部费用。二是综合单价不但适用于分部分项工程量清单，也适用于措施项目清单、其他项目清单。三是全部费用包括：完成每分项工程所含全部工程内容的费用；完成每项工程内容所需的全部费用；工程量清单项目中没有体现的，施工中又必然发生的工程内容所需的费用；因招标人的特殊要求而发生的费用；考虑风险因素而增加的费用。

由于《建设工程工程量清单计价规范》不规定具体的人工、材料、机械费的价格，所以投标企业可以依据当时当地的市场价格信息，用企业定额计算得出的人工、材料、机械消耗量，乘以工程中需支付的人工、购买材料、使用机械和消耗能源等方面的市场单价得出工料综合单价。同时必须考虑工程本身的内容、范围、技术特点要求和招标文件的有关规定、工程现场情况，以及其他方面的因素，如工程进度、质量好坏、资源安排及风险等特殊性要求，灵活机动地进行调整，组成各分项工程的综合单价作为报价，该报价应尽可能地与企业内部成本数据相吻合，而且在投标中具有一定的竞争能力。

对于属于企业性质的施工方法、施工措施和人工、材料、机械的消耗水平、取费等，《建设工程工程量清单计价规范》都没有具体规定，放给企业由企业自己根据自身和市场情况来确定。

综合单价不应包括招标人自行采购材料的价款，否则是重复计价。该部分价款已由招标人预估，并在清单"总说明"中注明金额。按规定，投标人在报价时，应把招标人预估的金额记入"其他项目清单"报价款中。

措施项目费报价的编制应考虑多种因素，除工程本身的因素外，还应考虑水文、地质、气象、环境、安全等和施工企业的实际情况。详细项目可参考"措施项目一览表"，如果出现表中未列的措施项目，编制人可在清单项目后补充。其综合单价的确定可参见企业定额或建设行政主管部门发布的系数计算。

综合单价的计算程序应按《建设工程工程量清单计价规范》的规定执行。

在综合单价确定后，投标单位便可以根据掌握的竞争对手的情况和制定的投标策略，填写工程量清单报价格式中所列明的所有需要填报的单价和合价，以及汇总表。如果有未填报的单价和合价，视为此项费用已包含在工程量清单的其他单价和合价中，结算时不得追加。

1. 工程量清单计价特别说明的情况

工程量清单计价有以下需要特别说明的情况：

1）工程量清单应采用综合单价计价。

2）分部分项工程量清单的综合单价应根据 GB 50500—2013《建设工程工程量清单计价规范》规定的综合单价组成确定。

3）措施项目清单的金额应根据拟建工程的施工方案，参照《建设工程工程量清单计价规范》规定的综合单价组成确定。

4）项目清单的金额应按下列规定确定：

①招标人部分的金额可按暂列金额确定。

②投标人的总承包服务费应根据招标人提出的要求，填写总承包服务费计价表来确定；计日工作项目费应根据"计日工表"确定。

计日工项目的综合单价应参照《建设工程工程量清单计价规范》规定的综合单价组成

填写。

5）招标工程如设标底，标底应根据招标文件中的工程量清单和有关要求、施工现场实际情况、合理的施工方法以及按照省、自治区、直辖市建设行政主管部门制定的有关工程造价计价办法进行编制。

6）投标报价应根据招标文件中的工程量清单和有关要求、施工现场实际情况及拟定的施工方案或施工组织设计，依据企业定额和市场价格信息，或参照建设行政主管部门发布的社会平均消耗量定额编制。

7）工程量清单计价格式中列明的所有需要填报的单价和合价，投标人均应填报，未填报的单价和合价视为此项费用已包含在工程量清单的其他单价和合价中。

2. 清单报价中应注意的问题

1）单价一经报出，在结算时一般不作调整，但在合同条件发生变化，如施工条件发生变化、工程变更、额外工程、加速施工、价格法规变动等条件下，可重新议定单价并进行合理调整。

2）当清单项目中工程量与单价的乘积结果与合价数字不一致时，应以单价为准。

3）工程量清单所有项目均应报出单价，未报单价视为已包括在其他单价之内。

4）注意把招标人在工程量表中未列的工程内容及单价考虑进去，不可漏算。

3. 投标报价的基本策略

（1）报价决策 任何投标策略的目的都是使业主可以接受投标报价，而且保证企业中标后能获得最大利润。承包商对一项工程进行投标时，首先应该在合理的技术方案和比较经济的价格上下工夫，以争取中标。

1）报价决策的依据。报价决策的主要资料依据是工程造价人员的预算书和各项分析指标。承包商的投标报价应当合理，报价高了，不能中标；报价低了，可能导致亏损。所以承包商应根据图样、施工组织设计以及工程本身的各种因素综合考虑，以自己的报价为依据进行科学的分析研究，做出恰当合理的报价。

2）在能承受的利润和风险内做出决策。一般来说，报价决策是多方面的，不仅仅是预算书的计算，应当是决策人员与造价人员共同对投标报价的各种因素进行分析，做出判断。

3）较低的投标报价不一定是中标的唯一因素。低报价是中标的重要因素，但不是唯一因素。投标人可以根据本企业的具体情况，提出对招标人优惠的各种条件，也可以提出某些合理的建议，使招标人能够降低成本、缩短工期。

（2）投标策略 投标策略是指承包商在投标竞争中的指导思想及参与投标竞争的方式和手段。投标策略作为投标报价取胜的方式、手段和艺术，贯穿于投标竞争的始终，内容十分丰富。在投标与否、投标项目的选择、投标报价等方面，都包含投标策略。投标策略的内容主要有：

1）注重诚信。投标人可凭借自己多年来积累的各种经营、施工管理经验，争创优质工程的质量技术措施，合理的工程造价和工期等优势争取中标。

2）加快施工进度。通过采取先进合理的措施缩短建设工期，并能保证工程的质量，从而使工程能够按时竣工，投入生产经营。

3）降低造价。投标人通过降低造价来扩大任务来源，是在当今竞争激烈的建筑市场中承揽任务的重要途径，但其前提是要保证工程质量。

4）具有长远的发展策略。投标人为了企业的发展，能不间断地承揽到施工任务，立足于市场，一般先通过降低报价争取中标，然后重点研究具有长远发展的某项施工工艺或技术等，使投标人的经营管理和效益越来越好。

（3）投标报价技巧 报价技巧是指投标报价中采用的方法或手段，不仅招标人可以接受，而且投标人不亏损，能获得较高利润。

1）以企业定额为基础进行组价。对于投标企业来说，采用工程量清单报价，必须根据企业的实际情况。根据企业定额，合理确定人工、材料、施工机械等要素的投入与配置，精心选择施工方法，仔细分析工程的成本、利润，制定合理控制各项开支的措施。在报价竞争中，投标企业必须以自身情况为基础进行报价，充分收集各种有关资料，以便合理地确定投标价。

2）不平衡报价法。不平衡报价法是指一个工程项目的总报价基本确定后，通过调整内部各个项目报价，总体上报价不变。为了在结算时能取得更好的经济效益，一般情况下采用不平衡报价法，它包括以下几个方面：

①能够尽早收回工程款的项目，报价可以适当提高。

②预计今后工程量可能会增加的项目，单价可适当提高。

③设计图样不明确，估计修改后工程量可能增加的，可以适当提高单价；而工程内容表述不清楚的，则可适当降低一些单价，待澄清后可再要求提高报价。

采用不平衡报价要建立在对工程量仔细核对分析的基础上，特别是对较低单价的项目。

工程量清单报价格式是投标人进行工程量清单报价的格式，参见 3.4 节相关内容，在此不再详述。

6.2.2 工程量清单计价的计算程序

发包与承包价的计算方法分为工料单价法和综合单价法，在此主要介绍综合单价法计价程序。建筑工程费用计算程序见表 6-1。

表 6-1 建筑工程工程量清单计价计算程序表

序号	费用项目名称	计 算 方 法
一	分部分项工程费合价	$\sum Ji \cdot Li$
	分部分项工程费单价（Ji）	$1+2+3+4+5$
	1. 人工费	$\sum$ 清单项目每计量单位工日消耗量 × 人工单价
	2. 材料费	$\sum$ 清单项目每计量单位材料消耗量 × 材料单价
	3. 机械使用费	$\sum$ 清单项目每计量单位施工机械台班消耗量 × 机械台班单价
	4. 管理费	$(1+2+3) \times$ 管理费费率
	5. 利润	$(1+2+3) \times$ 利润率
	分部分项工程量（Li）	按工程量清单数量计算
二	措施项目费	$\sum$ 单项措施费
	单项措施费	某项措施项目基价 × （1 + 管理费率 + 利润率）
三	其他项目费	（一）+（二）
	（一）招标人部分	（1）+（2）+（3）

（续）

序号	费用项目名称	计 算 方 法
三	（1）预留金	由招标人根据拟建工程实际计列
	（2）材料购置费	由招标人根据拟建工程实际计列
	（3）其他	由招标人根据拟建工程实际计列
	（二）投标人部分	（4）+（5）+（6）
	（4）总承包服务费	由投标人根据拟建工程实际或参照省发布费率计列
	（5）计日工项目费（按计日工清单数量计列）	计日工人工费×（1+管理费率+利润率）+材料费+机械使用费
	（6）其他	由投标人根据拟建工程实际计列
四	规费	（一+二+三）×规费费率
五	税金	（一+二+三+四）×税率
六	建筑工程费用合计	一+二+三+四+五

装饰工程费用计算程序见表6-2。

表 6-2　装饰工程工程量清单计价计算程序表

序号	费用项目名称	计 算 方 法
一	分部分项工程费合价	$\sum Ji.\ Li$
	分部分项工程费单价（Ji）	1+2+3+4+5
	1. 人工费	$\sum$清单项目每计量单位工日消耗量×人工单价
	2. 材料费	$\sum$清单项目每计量单位材料消耗量×材料单价
	3. 机械使用费	$\sum$清单项目每计量单位施工机械台班消耗量×机械台班单价
	4. 管理费	"1"×管理费费率
	5. 利润	"1"×利润率
	分部分项工程量（Li）	按工程量清单数量计算
二	措施项目费	$\sum$单项措施费
	单项措施费	某项措施项目基价+其中人工费×（管理费率+利润率）
三	其他项目费	（一）+（二）
	（一）招标人部分	（1）+（2）+（3）
	（1）预留金	由招标人根据拟建工程实际计列
	（2）材料购置费	由招标人根据拟建工程实际计列
	（3）其他	由招标人根据拟建工程实际计列
	（二）投标人部分	（4）+（5）+（6）
	（4）总承包服务费	由投标人根据拟建工程实际或参照省发布费率计列
	（5）计日工项目费（按计日工清单数量计列）	计日工人工费×（1+管理费率+利润率）+材料费+机械使用费
	（6）其他	由投标人根据拟建工程实际计列
四	规费	（一+二+三）×规费费率
五	税金	（一+二+三+四）×税率
六	装饰工程费用合计	一+二+三+四+五

6.3　工程量清单报价编制案例分析

目前，我国的建筑工程施行招标投标制度。工程招标时，工程量清单随招标文件一起发给投标方。投标单位在组织人员进行投标报价时，首先要根据招标工程的图样，进行工程量清单的复核，然后在正确理解图样、勘察现场、进行招标答疑后，确定投标策略，进行工程量清单的报价。工程量清单计价要考虑的因素非常多，对造价人员的综合素质、工作能力要求都很高。下面通过具体的案例，来详细讲解建筑工程工程量清单计价。

6.3.1　基础、土（石）方工程工程量清单计价编制案例

1. 基础工程工程量清单报价

【案例 6-1】　某工程混凝土独立基础工程量清单如表 6-3 所示，施工单位决定混凝土采用现场搅拌，试进行工程量清单报价。

表 6-3　分部分项工程量清单

工程名称：××工程　　　　　　　　　　　　　　　　　　　　　第 1 页　共 1 页

序号	项目编码	项目名称	项目特征	计量单位	工程数量
1	010501003001	独立基础	1. 石子粒径 <40mm 2. C20 混凝土	m³	1.28

解： 根据综合单价的定义，清单计价中的综合单价由人工费、材料费、机械使用费、管理费、利润组成。用公式来表达，即

综合单价 = 人工费 + 材料费 + 机械使用费 + 管理费 + 利润

　　　　　= 人工的消耗量 × 人工单价 + ∑（材料的消耗量 × 材料单价）+

　　　　　∑（机械消耗量 × 机械单价）+（人工费 + 材料费 + 机械使用费）×

　　　　　管理费率 +（人工费 + 材料费 + 机械使用费）× 利润率

其中，管理费率和利润率在确定报价策略时，由投标单位的决策者和造价人员在考虑诸多因素后，协商确定。

本案例暂按管理费率 12%、利润率 15% 来进行报价。这样，综合单价的确定关键就是人工费、材料费、机械使用费的确定了。

人工费、材料费、机械使用费的确定，竞争主要体现在三大生产要素的消耗量上。因为单价采用市场价，现在材料市场销售渠道畅通，竞争激烈，价格比较透明，报价前通过询价，基本上偏差不大；而三大生产要素的消耗量却是企业定额，它与企业关系非常密切，不同的企业受多种因素的影响，其消耗量肯定不是一个标准，所以报价绝对不一样，竞争力也不同。目前实行清单计价关键是施工企业要建立、健全企业定额，并不断地更新，才能在我国当前建筑业激烈的竞争中占有优势（另外，企业定额是商业秘密，注意保护）。

实行清单计价以来，消耗量的采用有两种情况：一是采用本公司的企业定额（实力较强的大公司一般都有自己的企业定额）；二是采用国家或工程所在地相关部门颁布的消耗量标准。采用企业定额测算时，消耗量水平较先进，竞争力强；而国家或工程所在地相关部门颁布的消耗量标准，由于测算时采用的是社会平均水平，所以反映的生产力水平较低，竞争力较差。所以清单报价时，应该力求采用自己企业的定额。

下面以 C20 混凝土独基为例，进行综合单价报价分析。

表 6-4 中 C20 混凝土独基的施工内容：各种原材料的上料、混凝土的现场搅拌、混凝土运输、浇捣、养护等工作内容。

表中消耗量及单价的具体数据使用的是某公司的企业定额，仅为参考。

表 6-4　C20 混凝土独基的人工、材料、机械费用分析表

(1) 人工费/元		(2) 材料费/元		(3) 机械费/元	
消耗量 /(工日/m³)	单价 /(元/工日)	消耗量 /(m³/m³)	单价 /(元/m³)	消耗量 /(台班/m³)	单价 /(元/台班)
1.57	72	1. C20 混凝土，石子粒径 <40mm：1.02； 2. 水：9.31； 3. 草袋：3.26m²	285 3.80 1.74	1. 混凝土振捣器（插入）：0.09； 2. 混凝土搅拌机 400L：1.5	12.56 135.26
小计：1.57 × 72 = 113.04		小计：1.02 × 285 + 9.31 × 3.80 + 3.26 × 1.74 = 331.75		小计：0.09 × 12.56 + 1.5 × 135.26 = 204.02	
合计：1.28 × 113.04 = 144.69		合计：1.28 × 331.75 = 424.64		合计：1.28 × 204.02 = 261.15	

由表 6-4 和表 6-5，得到表 6-6。

该清单项目的管理费：$(144.69 + 424.64 + 261.15) \times 12\%$ 元 = 99.66 元；

该清单项目的利润：$(144.69 + 424.64 + 261.15) \times 15\%$ 元 = 124.57 元；

该清单项目的综合单价：$(144.69 + 424.64 + 261.15 + 99.66 + 124.57)$ 元 ÷ 1.28m³ = 823.99 元/m³

该项目的清单报价见表 6-5。

表 6-5　分部分项工程量清单与计价

工程名称：××工程　　　　　　　　　　　　　　　　　　　　第 1 页　共 1 页

序号	项目编码	项目名称	项 目 特 征	计量单位	工程数量	金额/元		
						综合单价	合价	其中：暂估价
1	010501003001	独立基础	1. 石子粒径 <40mm 2. C20 混凝土	m³	1.28	823.99	1054.71	—

这一案例，重点让读者从消耗量及单价这些基本的造价因素来构成综合单价，以后的案例不再详述。后面案例的重点将放在从施工内容的角度来全面地确定综合单价，避免漏项。

2. 土（石）方工程的报价

【案例 6-2】 某工程土方工程量清单见表 6-6，不考虑土方外运，试进行工程量清单报价。

表 6-6　分部分项工程量清单

工程名称：××工程　　　　　　　　　　　　　　　　　　　　第 1 页　共 1 页

序号	项目编码	项目名称	项 目 特 征	计量单位	工程数量
1	010101004001	挖基坑土方	1. 二类土 2. 挖土深度 1.9m 3. 弃土运距 15km	m³	151.25

解： 土方工程报价时，考虑的主要因素有：

1）土方的工程量。清单中提供的土方工程量是按垫层的底面积×挖深来计算的，实际施工时，为了施工安全、方便，防止土方边坡失稳，施工时要放坡，所以真正施工时的土方量要远远大于清单的工程量。

基础土石方开挖，开挖方式有人工开挖、机械开挖。本案例选用人工开挖（实际报价时，开挖方式由本公司确定的施工方案来决定）。

表6-7是报价时可选用的土方开挖的坡度系数，工作中按照工程的实际情况选择。本案例 m 取0.5。

表6-7　土方开挖的坡度系数 m

土　类	放坡系数		
	人工挖土	机械挖土	
		坑内作业	坑上作业
普通土	1:0.50	1:0.33	1:0.65
坚　土	1:0.30	1:0.20	1:0.50

$$m = b/h \tag{6-1}$$

m 的概念理解详见图6-1。

式中　h——基础的挖深；

b——放坡后上口比下口宽出的数值，$b = mh$。

当基槽或基坑中土质类别不同，应根据不同土质类别的放坡系数、土质厚度求得综合放坡系数，然后再求土方工程量。综合放坡系数计算示例见图6-2。

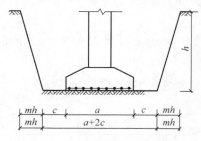

图6-1　坡度系数计算示意图

c—工作面　a—基础或垫层底宽

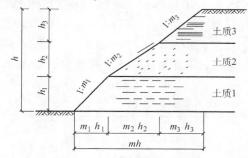

图6-2　综合放坡系数计算示例

综合放坡系数的计算公式见式（6-2）。

$$m = (m_1 h_1 + m_2 h_2 + \cdots + m_n h_n)/(h_1 + h_2 + \cdots + h_n) \tag{6-2}$$

另外，为了方便施工，必须考虑一定的工作面。工作面 c 可按表6-8取值。

表6-8　工作面 c 的取值

基础材料	单边工作面宽度/m	基础材料	单边工作面宽度/m
砖基础	0.20	基础垂直面防水层	（自防水层面）0.80
毛石基础	0.15	混凝土垫层和支挡土板	0.10
混凝土基础	0.30		

本案例根据工程实际取 $c = 0.3$。

这样，实际施工时，本案例土方量计算如下（图5-9）：

$V =$ 断面面积 $\times$ 基槽长度 $= \left[（上底 + 下底） \times 挖深 \div 2 \right] \times （外墙中心线 + 内墙净长）$

$$= \underbrace{\left[(1.3 + 0.3 \times 2) + (1.3 + 0.3 \times 2 + 2 \times 0.5 \times 1.9) \right] \times 1.9 \div 2 \times 54.72}_{J_1\ 的土方量} +$$

$$\underbrace{\left[(1.1 + 0.3 \times 2) + (1.1 + 0.3 \times 2 + 2 \times 0.5 \times 1.9) \right] \times 1.9 \div 2 \times 7.7}_{J_2\ 的土方量} = [1.9 +$$

$$3.8] \times 1.9 \div 2 \times 54.72 + [1.7 + 3.6] \times 1.9 \div 2 \times 7.7 \mathrm{m}^3 = (296.31 + 38.77) \mathrm{m}^3$$

$$= 335.08 \mathrm{m}^3$$

所以，本工程实际施工时，土方开挖量不是 $151.25\mathrm{m}^3$，而是 $335.08\mathrm{m}^3$。

2）报价时要考虑土在不同状态下的体积变化。土具有可松性（参见相关施工教材）。土方的开挖，按开挖前的天然密实体积，以立方米计算。土方回填，按回填后的竣工体积，以立方米计算。土方运输应按土在松散状态下的体积来计算。不同状态的土方体积，按表6-9换算。

表6-9 土方体积换算系数表

虚方	松填	天然密实	夯填	虚方	松填	天然密实	夯填
1.00	0.83	0.77	0.67	1.30	1.08	1.00	0.87
1.20	1.00	0.92	0.80	1.50	1.25	1.15	1.00

本案例不考虑土方外运，开挖体积按开挖前的天然密实体积。

3）报价时，要考虑综合项。按照清单计价规范的规则，该项目清单报价工程内容有：排地表水、土方开挖、挡土板支拆、截桩头、基底钎探、土的运输。本工程根据工程实际，报价时应有土方的人工开挖、基底钎探两个施工内容。

通过以上分析，该项目清单的报价分析详见表6-10。

其中，按 GB 50202—2002《建筑地基基础工程施工质量验收规范》要求（表6-11），按间距1m计算该段基底钎探需要打眼124个。

表6-10 工程量清单项目人工、材料、机械费用分析表

工程名称：××工程 　　　　　　　　　　　　　　　　　　　　　第1页 共1页

清单项目名称	工程内容	计量单位	数量	费用组成/元			
				人工费	材料费	机械费	小　计
挖基础土方： 1. 二类土 2. 条形基础 3. 挖土深度1.9m	挖土方	/m³	335.08	10052.4	—	18.04	10070.44
	钎探	眼	124	6.19×124			767.56
合　计				10819.96	—	18.04	10838.00

表6-11 轻型动力触探检验深度及间距表 　　　　　　　　　　（单位：m）

排列方式	基槽宽度	检验深度	检验间距
中心一排	<0.8	1.2	1.0~1.5m 视地层复杂情况定
两排错开	0.8~2.0	1.5	
梅花型	>2.0	2.1	

根据企业情况确定管理费率为5.1%，利润率为3.2%。

①合价：2328.00×(1+5.1%+3.2%)元=2521.00元

②综合单价：2521.00÷100.00元/m³=25.21元/m³

分部分项工程量清单与计价见表6-12。

表6-12 分部分项工程量清单与计价表

工程名称：某工程   第1页 共1页

序号	项目编号	项目名称	项目特征	计量单位	工程数量	综合单价	合价	其中：暂估价
1	010101003001	挖基础土方	1. 土壤类别：三类土 2. 基础形式：带形 3. 挖土深度：1.0m	m³	100.00	25.21	2521.00	—

6.3.2 主体结构工程量清单计价编制案例

【案例6-3】 某剪力墙结构构造端柱清单如下表所示，场外集中搅拌（50m³/h），运距8km，施工现场采用泵送混凝土（30m³/h），根据企业情况确定管理费率为5.1%，利润率为3.2%，不考虑风险因素。编制其工程量清单计价表。见表6-13、表6-14。

表6-13 分部分项工程量清单

工程名称：××工程   第1页 共1页

序号	项目编码	项目名称	项目特征	计量单位	工程数量
1	010404001001	直形墙	1. 石子粒径<20mm 2. 混凝土强度等级C30	m³	16.362

解： 目前进行清单计价，直接套用企业定额当然是最符合清单计价的精神。但是对于许多中小型企业来说，过去报价一直依赖定额，企业没有建立或健全自己的企业定额，实行清单计价后，他们需要一定时间的过渡。所以目前也有这种报价模式：采用清单格式，应用定额的消耗量进行报价。本案例即采取这种方法（定额选用《山东省建筑工程消耗量定额》2003）。

表6-14 工程量清单项目人工、材料、机械费用分析表

工程名称：某工程   第1页 共1页

清单项目名称	工程内容	定额编号	计量单位	数量	费用组成/元 其中：基价	合价
1. 石子粒径<20mm 2. 混凝土强度等级C30	场外集中搅拌混凝土50m³/h	4-4-1	10m³	1.636	151.01	247.05
	混凝土运输车运距5km内	4-4-3	10m³	1.636	274.66	449.34
	混凝土运输车每增1km	4-4-5	10m³	1.636	32.36×3	158.82
	泵送混凝土30m³/h	4-4-10	10m³	1.636	293.70	480.49
	C30混凝土现浇墙	4-2-30	10m³	1.636	2247.78	3677.37
合　计				5013.07		

合价：5013.37 × （1 + 5.1% + 3.2%）元 = 5429.48 元

综合单价：5429.38 ÷ 16.362 元/m³ = 331.83 元/m³

清单计价表见6-15。

表6-15 分部分项工程量清单与计价表

工程名称：某工程　　　　　　　　　　　　　　　　　　　　　　　第1页 共1页

序号	项目编号	项目名称	项 目 特 征	计量单位	工程数量	金额/元		
						综合单价	合价	其中：暂估价
1	010504001001	直形墙	1. 石子粒径 <20mm 2. 混凝土强度等级 C30	m³	16.362	331.83	5429.48	—

【案例分析】 采用国家或地区颁布的定额计价，要注意以下几点：

1）清单设置项目是综合项，定额子项往往是单项，所以在利用定额进行报价时，一定要套全定额子项，不要漏项；如本案例的混凝土墙，清单项目包括混凝土剪力墙的全部施工过程，即从混凝土的制作、场外运输、现场泵送、浇筑、振捣、养护等所有的工序，分别有4-4-1、4-4-3、4-4-5、4-4-10、4-2-30等五个子项组成，缺一不可。

2）要注意清单设置项目的工程量计算规则与所选用的定额相应子项的工程量计算规则是否一致。如不一致，就不能直接用清单的工程量去套用定额计价，而要按定额的工程量计算规则重新计算工程量，定额计价后，折合成分部分项工程量清单的综合单价。本案例选用定额工程量计算规则与计价规范一致，所以直接采用清单的工程量。

【案例6-4】 请利用案例5-12资料，对钢筋混凝土框架梁钢筋进行计价，并编制工程量清单综合单价分析表。招标文件中，所有规格钢筋的暂定价格均为3400元/t，运输距离为3km以内。

解： 套用山东省消耗量定额的现浇构件螺纹钢筋项目4-1-15、4-1-16、4-1-18和现浇构件箍筋4-1-54，计算钢筋工程的清单报价，其中，企业的管理费费率考虑为5.1%，利润率为3.2%。

由于山东省消耗量定额中现浇混凝土钢筋的工程量计算规则与清单规则相同，所以，钢筋的定额工程量与清单工程量相同，但在定额材料用量中考虑了材料损耗率。本案例直接用相关软件生成分部分项工程量清单计价表和综合单价分析表，详见表6-16。

表6-16 分部分项工程量清单计价表

序号	项目编码	项目名称	项目特征描述	计量单位	工程量	金额/元		
						综合单价	合价	其中：暂估价
1	010515001001	现浇混凝土钢筋	HRB335，直径18mm	t	0.045	4138.44	186.23	153
2	010515001002	现浇混凝土钢筋	HRB335，直径22mm	t	0.485	4086.52	1981.96	1649
3	010515001003	现浇混凝土钢筋	HRB335，直径16mm	t	0.555	4149.05	2302.72	1887
4	010515001004	现浇混凝土钢筋	HPB300，直径10mm	t	0.404	4251.04	1717.42	1373.6

根据计价规范精神，要求对每一个分部分项工程量清单项目都要详细列出其工作内容的构成及其费用，同时列出单位清单工程量的主要材料消耗量及其价格，为工程价款结算的调整计算提供依据。本案例仅对 010416001002（Φ22 螺纹钢筋）进行综合单价分析，其他项目类同，参见表 6-17。

表 6-17　工程量清单综合单价分析表

项目编码	010515001002			项目名称		现浇混凝土钢筋		计量单位		t
清单综合单价组成明细										
定额编号	定额名称	定额单位	数量	单价				合价		
				人工费	材料费	机械费	管理费和利润	人工费	材料费	机械费	管理费和利润
4-1-18	钢筋现浇构件螺纹钢筋Φ22	t	1.00	139.72	3552.91	67.31	326.58	139.72	3552.91	67.31	326.58
人工单价		小计						139.72	3552.91	67.31	326.58
		未计价材料									
清单项目综合单价								4086.52			
材料费明细				单位	数量	单价	合价	暂估单价	暂估合价
	螺纹钢筋Φ22			t	1.02	3400.00	3468.00		
	其他材料费/元						84.91		
	材料费小计/元						3552.91		

【案例 6-5】　请利用【案例 5-13】资料，根据《山东省建筑工程消耗量定额》对该现浇混凝土楼梯进行计价，并编制分部分项工程综合单价分析表。

解：套用山东省消耗量定额的现浇混凝土楼梯项目 4-2-42 和板厚调整项目 4-2-46，计算现浇混凝土楼梯的清单报价，其中，企业的管理费费率考虑为 5.1%，利润率为 3.2%。为节省篇幅，后面案例都仅编制综合单价分析表。

由于山东省消耗量定额中现浇混凝土楼梯的混凝土工程量计算规则与清单规则相同，所以楼梯的混凝土定额工程量也是 42.48m²。

清单计价详见表 6-18。

【案例 6-6】　根据案例 5-17 的资料，结合山东省消耗量定额，对屋面防水及屋面保温进行计价，并编制综合单价分析表（见表 6-19、表 6-20）。

解：屋面防水包括找平层、卷材铺贴和保护层三个工作内容，其定额工程量都是 261.44m²。

屋面保温的工作内容包括：屋面找坡和保温层铺贴，屋面找坡的定额工程量为

$$(28 - 0.24) \times (9 - 0.24) \times 0.08 m^3 = 19.45 m^3$$

保温层铺贴的定额工程量为

$$(28 - 0.24) \times (9 - 0.24) \times 0.1 m^3 = 24.32 m^3$$

表 6-18 现浇混凝土楼梯综合单价分析表

项目编码	010506001001		项目名称			直形楼楼		计量单位			m^2
清单综合单价组成明细											
定额编号	定额名称	定额单位	数量	单 价				合 价			
				人工费	材料费	机械费	管理费和利润	人工费	材料费	机械费	管理费和利润
4-2-42	楼梯（板厚100mm）直形无斜梁 M20.2	10m²	0.10	123.76	357.20	4.67	38.80	12.38	35.72	0.47	3.88
4-2-46	现浇混凝土楼梯板厚每增减 10mm M20.2	10m²	0.20	6.44	17.60	0.23	1.94	1.29	3.52	0.05	0.39
人工单价			小 计					13.66	39.24	0.51	4.27
28 元/工日			未计价材料费								
清单项目综合单价								57.68			

	主要材料名称、规格、型号			单位	数量	单价/元	合价/元	暂估单价/元	暂估合价/元
材料明细	@（商）现浇混凝土 C20 石子＜20mm32.5 级水泥			m³	0.24	160.00	38.56		
	其他材料费/元						0.68		
	材料费小计/元						39.24		

表 6-19 屋面卷材防水综合单价分析表

项目编码	010902001001		项目名称			屋面卷材防水		计量单位			m^2
清单综合单价组成明细											
定额编号	定额名称	定额单位	数量	单价/元				合价/元			
				人工费	材料费	机械费	管理费和利润	人工费	材料费	机械费	管理费和利润
6-2-32	SBS 改性沥青卷材（满铺）二层 平面	10m²	0.10	17.08	691.55		59.63	1.71	69.16		5.96
9-1-2	找平层水泥砂浆在填充材料上 20mm	10m²	0.10	35.20	45.47	3.40	6.98	3.52	4.55	0.34	0.70
6-2-3	水泥砂浆二次抹压厚 20mm	10m²	0.10	43.68	77.91	2.59	12.38	4.37	7.79	0.26	1.24
9-1-3	找平层水泥砂浆每增减 5mm	10m²	0.20	6.16	9.11	0.73	1.33	1.23	1.82	0.15	0.27
人工单价			小计/元					10.83	83.31	0.74	8.17
44 元/工日			未计价材料费/元								
清单项目综合单价/元								103.05			

（续）

材料明细	主要材料名称、规格、型号	单位	数量	单价/元	合价/元	暂估单价/元	暂估合价/元
	SBS 防水卷材	m²	2.38	25.00	59.48		
	其他材料费/元				23.81		
	材料费小计/元				83.31		

表 6-20　保温隔热屋面综合单价分析表

项目编码	011001001001			项目名称		保温隔热屋面		计量单位		m²

清单综合单价组成明细

定额编号	定额名称	定额单位	数量	单价/元				合价/元			
				人工费	材料费	机械费	管理费和利润	人工费	材料费	机械费	管理费和利润
6-3-15	现浇水泥珍珠岩	10m³	0.01	201.32	1329.37		136.59	1.61	10.63		1.09
6-3-5	憎水珍珠岩块	10m³	0.01	425.60	3764.43		367.95	4.26	37.65		3.68
人工单价		小计/元						5.87	48.28		4.77
44 元/工日		未计价材料费/元									
清单项目综合单价/元								58.92			

材料明细	主要材料名称、规格、型号	单位	数量	单价/元	合价/元	暂估单价/元	暂估合价/元
	水泥珍珠岩 1:10	m³	0.08	124.76	10.38		
	SG-791 胶砂浆	m³	0.04	350.00	13.83		
	珍珠岩块 500×500×100	m³	0.11	225.00	23.63		
	其他材料费/元				0.21		
	材料费小计/元				48.28		

　　通过以上清单计价基本理论的讲解，可以看到，工程量清单的编制相对简单些，比较容易掌握，只要按照清单计价规范的规定，统一的项目编码、统一的项目名称、统一的计量单位、统一的工程量计算规则、统一的表格格式，正确理解图样，认真读图，准确计算工程量，完整地编写好项目特征，按照清单格式填写即可。但是清单计价比较复杂，除具备编制清单的业务能力以外（报价前首先要符合工程量清单的工程量），还要进行报价。大家都知道清单报价采用综合单价，综合单价的确定有两个难题，一是工程量的问题，清单工程量计算的是图样净量，不考虑任何损耗，而实际施工过程中会加大某些工程内容的工程量，如必要的施工损耗、施工做法（如土方开挖中工作面的考虑）等，所以清单报价时，综合单价的确定不能直接按清单的工程量来确定，而是要考虑以上问题带来的工程量的增加，将增加的工程量折合到招标文件提供的工程量中综合体现；二是消耗量及其单价的确定，传统的定

额计价为预算人员提供了消耗量标准和单价，预算人员只要掌握定额精神，正确套用即可。清单计价消耗量标准应该来自于企业定额，三大生产要素的价格来自于市场，预算人员必须十分关心企业的造价管理，随时掌握市场价格的变化，才能在第一时间准确、合理地进行清单报价。没有企业定额，就没有自己企业的报价，就失掉了一定的竞争力。所以预算人员必须具备编制企业定额的能力，不断丰富、积累，及时修改企业定额，使得自己的报价反映本公司的竞技水平，体现企业的竞争性。另外，清单计价将措施项目从构成工程实体的项目中分离出来，预算人员必须要对建筑工程的施工熟悉，像建筑工程重要的施工方案、施工措施的选用，新材料、新技术、新工艺的应用，都应该及时分析并掌握它们对工程造价的影响，在确定综合单价时统筹考虑，合理报价。

目前，建筑工程预算软件很多，在实际工作中，一般都利用预算软件来快速报价。一般的造价软件都具备以下功能特点：

1）最先进的树形操作方法。

2）全面的定额指引查询库及简便的查询库维护功能。

3）清单报表可导出到 Excel 同时可导入 Excel 招标文件。

4）自动生成各类报表格式。

5）任意变更费用文件。

6）刷漆保温自动计算，钢筋模板、主材设备自动带出。

7）强大的换算功能。

8）简便的补充清单定额录入及直观的定额修改功能。

9）根据甲方提供的招标文件完成工程量清单报价、标底及投标文件的编制。

10）报表格式齐全、形式灵活，用户可以自由设计报表格式，满足预算和下料的要求。

第7章 工程量清单与施工合同管理

7.1 工程量清单与施工合同主要条款的关系

1. 合同在工程项目中的基本作用

1）合同控制着工程项目的实施，它详细定义了工程任务的各种方面。例如，责任人，即由谁来完成任务并对最终成果负责；工程任务的规模、范围、质量、工作量及各种功能要求；工期，即时间的要求；价格，包括工程总价格，各分部工程的单价、合价及付款方式等；未能履行合同约定的责任和义务、发生的赔偿等。这些构成了与工程相关的子目标。项目中标和计划的落实是通过合同来实现的。

2）合同作为工程项目施工任务委托和承接的法律依据，是工程实施过程中双方的最高行为准则。工程施工过程中的一切活动都是为了履行合同，都必须按合同办事，双方的行为主要靠合同来约束，所以工程管理以合同为核心。订立合同是双方的法律行为，合同一经签订，只要合同合法，双方就必须全面完成合同规定的责任和义务。如果不能履行自己的责任和义务，甚至单方面撕毁合同，则必须接受经济的，甚至法律的处罚。

3）合同是工程进行中解决双方争执的依据。由于双方经济利益不一致，在工程建设过程中争执是难免的，合同和争执有不解之缘。合同争执是经济利益冲突的表现，它常常起因于双方对合同理解的不一致，合同实施环境的变化，有一方违反合同或未能正确履行合同等情况。

2. 合同管理的重要性

由于合同将工期、成本、质量目标统一起来，划分各方面的责任和权利，所以在项目管理中合同管理居于核心地位，作为一条主线贯穿始终。没有合同管理，项目管理目标就不明确。目前国际惯例主要体现在：严格地符合国际惯例的招标投标制度、建设工程监理制度、国际通用的 FIDIC 条件等。

3. 合同的周期

不同种类的合同有不同委托方式和履行方式，它们经过不同的过程，就有不同的生命周期。在项目的合同体系中比较典型的、也是最为复杂的是工程承包合同，它经历了以下两个阶段：

1）合同的形成阶段。合同一般通过招标投标来形成，它通常从起草招标文件到定标为止。

2）合同的执行阶段。这个阶段从签订合同开始直到承包商按合同规定完成工程，并通过保修期为止。

4. 合同种类的选择

在实际工程中，不同种类的合同有不同的应用条件、不同的权利和责任的分配、不同的付款方式，对合同双方有不同的风险，应按具体情况选择合同类型。有时在一个工程承包合同中，不同的工程分项采用不同的计价方式。现代工程中最典型的合同类型有：单价合同、固定总价合同、成本加酬金合同。

5. 重要合同条款的确定

1）适于合同关系的法律，以及发生争执后提请仲裁的地点、程序等。

2）付款方式。如采用进度付款、分期付款、预付款或由承包商垫资承包。这由业主的资金来源、保证情况等因素决定。让承包商在工程上过多地垫资，会对承包商的风险、财务状况、报价和履约积极性有直接影响。当然如果业主超过实际进度预付工程款，在承包商没有出具保函的情况下，又会给业主带来风险。

3）合同价格的调整条件、范围、方法，特别是由于物价上涨、汇率变化、法律变化、海关税的变化等对合同价格调整的规定。

4）合同双方风险的分担。即将工程风险在业主和承包商之间合理分配。基本原则是，通过风险分配激励承包商努力控制三大目标，控制风险，达到最好的工程经济效益。

5）对承包商的激励措施。各种合同中都可以订立奖励条款。奖励措施如下：

①提前竣工的奖励。通常合同规定提前一天业主给承包商奖励的金额。

②提前竣工带来的提前投产，实现的盈利在合同双方之间按一定的比例分成。

③承包商如果能提出新的设计方案、新技术，使业主节约投资，合同双方按一定比例分成。

④质量奖。这在我国用得较多。合同规定，如果工程质量达到全优或获得其他奖项，业主另外支付一笔奖励金。

合同收入组成内容包括以下两部分：合同中规定的初始收入，即建筑承包商与客户在双方签订的合同中最初商定的合同总金额，它构成了合同收入的基本内容；因合同变更、索赔、奖励等构成的收入，这部分收入并不构成合同双方在签订合同时已经在合同中商定的总金额，而是在执行合同过程中由于合同变更、索赔、奖励的原因形成的追加收入。所以，在工程造价管理中，一切价款的变化都要以合同为准绳，经合同双方认可后，签字形成文件，进入计价程序，最后形成建设项目的最终造价。

7.2　工程变更和索赔管理

7.2.1　工程变更

1. 工程变更

由于工程建设的周期长，涉及的经济关系和法律关系复杂，受自然条件和客观因素的影响比较大，导致项目建设的实际情况与项目招投标时的情况相比会发生一些变化，这样就必然使得实际施工情况和合同规定的范围和内容有不一致之处，由此而产生了工程变更。工程变更包括工程量的变更、工程项目的变更、进度计划的变更、施工条件的变更等。变更产生的原因很多，有业主的原因，如业主修改项目计划、项目投资额的增减、业主对施工进度要求的变化等；有设计单位的原因，如有设计错误，必须对设计图样作修改；新技术、新材料的应用，有必要改变原设计、实施方案和实施计划；另外，国家法律法规和宏观经济政策的变化也是产生变更的一个重要的原因。总的说来，工程变更可以分为设计变更和其他变更两类。

设计变更，如果在施工中发生，将对施工进度产生很大影响。工程项目、工程量、施工方案的改变也将引起工程费用的变化。因此应尽量减少设计变更。如果必须对设计进行变更，一定要严格按照国家的规定和合同约定的程序进行。由于发包人对原设计进行变更，以及经工程师同意，承包人要求进行的设计变更，导致合同价款的增减及造成的承包人损失，由发包人承担，延误的工期应顺延。

其他变更，如果合同履行中发包人要求变更工程质量标准及发生其他实质性变更，由双方协商解决。

2. 我国现行的工程变更价款的确定

设计单位对原设计存在的缺陷提出的设计变更，应编制设计变更文件；发包方或承包方提出的设计变更，须经监理工程师审查同意后交原设计单位编制设计文件。变更涉及安全、环保等内容时应按规定经有关部门审定。施工中发包人如果需要对原工程设计变更，需要在变更前规定的时间内通知承包方。由于业主原因发生的变更，由业主承担因此而产生的经济支出，确认承包方工期的变更；变更如果由于承包方违约所致，则产生的经济支出和工期损失由承包方承担。

工程变更发生后，承包方在工程变更确定后 14 天内，提出变更工程价款的报告，经工程师确认后调整工程价款。承包方在确定变更后 14 天内不向工程师提出变更工程价款的报告时，视为该项设计变更不涉及合同价款的变更。工程师在收到变更工程价款的报告之日起 7 天内，予以确认。变更价款的确认可按照下述方法进行：

1）合同中已有适用于变更工程的价格，按合同已有的价格计算，变更合同价款。

2）合同中只有类似于变更情况的价格，可以此作为基础确定变更价格，变更合同价款。

3）合同中没有类似和适用于变更工程的价格，由承包人提出适当的变更价格，经工程师确认后执行。

7. 2. 2　索赔管理

1. 索赔的概念

20 世纪 80 年代中期，云南鲁布革引水发电工程首次采用国际工程管理模式，给中国工程界带来了巨大的冲击，而冲击的核心内容是索赔，由此索赔引起我国的重视。

索赔一词正式引入我国法规始于 1991 年颁布的《建设工程施工合同》及《建设工程施工合同管理办法》。索赔的英文 "claim" 一词本意为 "主张自身权益"，它是一种正当权利的要求，而非无理的争利，更不意味着对过错的惩罚，所以其基调是温和的。合同双方均应正确理解索赔，正确对待索赔。

所谓索赔，是指在项目合同的履行过程中，合同一方因另一方不履行或没有全面履行合同所设定的义务而遭受损失时，向对方所提出的赔偿要求或补偿要求。对工程承包人而言，索赔指由于发包人或其他方面的原因，导致承包人在施工过程中付出额外的费用或造成的损失，承包人通过合法的途径和程序，要求发包人偿还其在施工中的损失。索赔的过程实际上就是运用法律知识维护自身合法权益的过程。

2. 建设工程工程量清单计价索赔的主要内容

1) 合同中综合单价因工程量变更需调整时，除合同另有约定外，应按照下列办法确定：

①工程量漏项或设计变更引起新的工程量清单项目，其相应综合单价由承包人提出，经发包人确认后作为结算依据。

②由于工程量清单的工程数量有误或设计变更引起工程量增减，属合同约定幅度以内的，应执行原有的综合单价；属合同约定幅度以外的，其增加部分的工程量或减少后剩余部分的工程量的综合单价由承包人提出，经发包人确认后，作为结算依据。

2) 由于工程量的变更，且实际发生了除1) 外的费用损失，承包人可提出索赔要求，与发包人协商确认后，给予补偿。

3. 索赔的内容

索赔的主要内容可概括为：工期索赔和费用索赔两种。有的工程在索赔中只有费用索赔或工期索赔一种，有的工程在索赔中两种索赔全有，二者是互相联系不可分割的。

(1) 工期索赔　由于非承包人责任的原因而导致施工进度延误，要求批准顺延合同工期的索赔称之为工期索赔。工期索赔形式上是对权利的要求，以避免在原定合同竣工日不能完工，被发包人追究拖期违约责任。一旦获得批准合同工期顺延后，承包人不仅免除了承担拖期违约赔偿费的风险，而且可能因提前竣工得到奖励，最终仍反映在经济收益上。

(2) 费用索赔　费用索赔的目的是要求经济补偿。当施工的客观条件改变导致承包人增加开支，要求对超出计划成本的附加开支给予补偿，以挽回不应由承包人承担的经济损失。

4. 索赔的程序

在工程项目施工阶段，每出现一个索赔事件，都应按照国家有关规定、国际惯例和工程项目合同条件的规定，认真及时地协商解决。我国《建设工程施工合同》对索赔的程序和时间要求有明确而严格的限定，主要包括：

1) 发包人未能按合同约定履行自己的各项义务或发生错误以及应由发包人承担责任的其他情况，造成工期延误和延期支付合同价款及造成承包人的其他经济损失，承包人可按下列程序以书面形式向发包方索赔：

①索赔事件发生后28 天内，向工程师发出索赔意向通知。

②发出索赔意向通知后28 天内，向工程师提出补偿经济损失和延长工期的索赔报告及有关资料。

③工程师收到承包人送交的索赔报告和有关资料后，于28 天内给予答复，或要求承包人进一步补充索赔理由和证据。

④工程师在收到承包人送交的索赔报告和有关资料后28 天内未给予答复或未对承包人作进一步要求，视为该项索赔已经认可。

⑤当该索赔事件持续进行时，承包人应当阶段性地向工程师发出索赔意向，在索赔事件终了后28 天内，向工程师送交索赔的有关资料和最终索赔报告。

2) 承包人未能按合同约定履行自己的各项义务或发生错误给发包人造成损失，发包人也按以上各条款确定的时限向承包人提出索赔。

5. 工程索赔产生的原因

(1) 当事人违约　当事人违约常常表现为没有按照合同约定履行自己的义务。发包人违约常常表现为没有为承包人提供合同约定的施工条件、未按照合同约定的期限和数额付款等。工程师未能按照合同约定完成工作，如未能及时发出图样、指令等也视为发包人违约。

承包人违约的情况则主要是没有按照合同约定的质量、期限完成施工，或者由于不当行为给发包人造成其他损害。

（2）不可抗力事件　不可抗力又可分为自然事件和社会事件。自然事件主要是不利的自然条件和客观障碍，如在施工过程中遇到了经现场调查无法发现、业主提供的资料也未提到的、无法预料的情况，如地下水、地质断层等。社会事件则包括国家政策、法律、法令的变更，战争、罢工等。

（3）合同缺陷　合同缺陷表现为合同条件规定不严谨甚至矛盾，合同中的遗漏或错误。在这种情况下，工程师应给予解释。如果这种解释将导致成本增加或工期延长，发包人应给予补偿。

（4）合同变更　表现为设计变更、施工方法变更、追加或者取消某些工作、合同规定的其他变更等。

（5）工程师指令　工程师指令有些时候也会产生索赔，如工程师指令承包人加速施工、进行某项工作、更换某些地区材料、采取某些措施等。

（6）其他第三方原因　常常表现为与工程有关的第三方的问题而引起的对本工程的不利影响。

6. 工程索赔的处理原则

（1）索赔必须以合同为依据　不论是风险事件的发生，还是当事人不完成合同工作，都必须在合同中找到相应的依据，当然，有些依据可能是合同中隐含的。在不同的合同条件下，这些依据可能是不同的。如因为不可抗力导致的索赔，在国内《建设工程施工合同文本》条件下，承包人机械设备损坏的损失，是由承包人承担的，不能向发包人索赔；但在FIDIC 合同条件下，不可抗力事件一般都列为业主承担的风险，损失由业主承担。具体的合同中的协议条款不同，其依据的差别就更大了。

（2）及时、合理地处理索赔　索赔事件发生后，应及时提出索赔，索赔的处理也应当及时。索赔处理不及时，对双方都会产生不利影响。如承包人的索赔长期得不到合理解决，索赔积累的结果会导致其资金困难，同时会影响工程进度，给双方带来不利的影响。

（3）处理索赔还必须坚持合理性原则　既考虑到国家的有关规定，也应考虑到工程的实际情况。如承包人提出索赔要求，机械停工按照机械台班单价计算损失显然是不合理的，因为机械停工不发生运行费用。

（4）加强主动控制，减少工程索赔　这就要求在工程管理过程中，应当尽量将工作做在前面，减少索赔事件的发生。这样能够使工程更加顺利地进行，降低工程投资，缩短施工工期。

7.3　工程竣工结算与决算

7.3.1　工程结算

1. 工程竣工结算的概念及要求

建设工程竣工结算是指施工企业按照合同规定的内容全部完成所承包的工程，经验收质量合格，并符合合同要求之后，向发包单位进行的最终工程价款结算。

《建设工程施工合同（示范文本）》中对竣工结算作了详细规定：

1）工程竣工验收报告经发包方认可后28天内，承包人向发包人递交竣工结算报告及完整的结算资料，双方按照协议书约定的合同价款及专用条款约定的合同价款调整内容，进行工程结算。

2）发包方收到承包方递交的竣工结算报告及结算资料后28天内进行核实，给予确认或者提出修改意见。发包方确认竣工结算报告后通知银行向承包方支付工程竣工结算价款。承包方收到竣工结算价款后14天内将竣工工程交付发包方。

3）发包方收到竣工结算报告及结算资料后28天内无正当理由不支付工程竣工结算价款的，从第29天起按承包方同期向银行贷款利率支付拖欠工程价款的利息，并承担违约责任。

4）发包方收到竣工结算报告及结算资料后28天内不支付工程竣工结算价款，承包方可以催发包方支付结算价款。发包方收到竣工结算报告及结算资料后56天内仍不支付的，承包方可以与发包方协议将工程折价，也可以由承包方申请人民法院将该工程依法拍卖，承包方就该工程折价或者拍卖的价款优先受偿。

5）工程竣工验收报告经发包方认可后28天内，承包方未能向发包方递交竣工结算报告及完整的结算资料，造成工程竣工结算不能正常进行或工程竣工结算价款不能及时支付，发包方要求交付工程的，承包方应当交付；发包方不要求交付工程的，承包方承担保管责任。

6）发包方和承包方对工程竣工结算发生争议时，按争议的约定处理。

2. 工程竣工结算书的编制

工程竣工结算应根据"工程竣工结算书"和"工程价款结算账单"进行。工程竣工结算书是承包人按照合同约定，根据合同造价、设计变更（增减）项目、现场经济签证和施工期间国家有关政策性费用调整文件编制的，经发包人（或发包人委托的中介机构）审查确定的工程最终造价的经济文件，表示发包人应付给承包方的全部工程价款。工程价款结算账单反映了承包人已向发包人收取的工程款。

（1）工程竣工结算书的编制原则和依据

1）工程竣工结算书的编制原则：

①编制工程结算书要严格遵守国家和地方的有关规定，既要保证建设单位的利益，又要维护施工单位的合法权益。

②要按照实事求是的原则，编制竣工结算的项目一定是具备结算条件的项目，办理工程价款结算的工程项目必须是已经完成的，并且工程数量、质量等都要符合设计要求和施工验收规范，未完工程或工程质量不合格的不能结算。需要返工的，需要返修并经验收合格后，才能结算。

2）工程竣工结算书编制的依据：

①工程竣工报告、竣工图及竣工验收单。

②工程施工合同或施工协议书。

③施工图预算或投标工程的合同价款。

④设计交底及图样会审记录资料。

⑤设计变更通知单及现场施工变更记录。

⑥经建设单位签证认可的施工技术措施、技术核定单。

⑦预算外各种施工签证或施工记录。

⑧各种涉及工程造价变动的资料、文件。

（2）工程竣工结算书的内容及编制方法

1）工程竣工结算书的内容。工程竣工结算书的内容除最初中标的工程投标报价或审定的工程施工图预算的内容外还应包括以下内容：

①工程量量差。工程量量差指施工图预算的工程量与实际施工的工程数量不符所发生的量差。工程量量差主要是由于修改设计或设计漏项、现场施工变更、施工图预算错误等原因造成的。这部分应根据业主和承包商双方签证的现场记录按合同规定进行调整。

②人工、材料、机械台班价格的调整。

③费用调整。费用价差产生的原因包括：

a）由于直接费（或人工费、机械费）增加，而导致费用（包括管理费、利润、税金）增加，相应地需要进行费用调整。

b）因为在施工期间，国家或地方有新的费用政策出台，需要进行的费用调整。

④其他费用，包括零星用工费、窝工费和土方运费等，应一次结清，施工单位在施工现场使用建设单位的水、电费也应按规定在工程竣工时清算，付给建设单位。

2）工程竣工结算书的编制方法。编制工程竣工结算书的方法主要包括以下两种：

①以原工程预算书为基础，将所有原始资料中有关的变更增减项目进行详细计算，将其结果和原预算进行综合，编制竣工结算书。

②根据更改修正等原始资料绘出竣工图，据此重新编制一个完整的预算作为工程竣工结算书。

针对不同的工程承包方式，工程结算的方式也不同，工程结算书要根据具体情况采用不同方式来编制。采用施工图预算承包方式的工程，结算是在原工程预算书的基础上，加上设计变更原因造成的增、减项目和其他经济签证费用编制而成的；采用招投标方式的工程，其结算原则上应按中标价格（即合同标价）进行。如果在合同中有规定允许调价的条文，承包商在工程竣工结算时，可在中标价格的基础上进行调整；采用施工图预算加包干系数或平方米造价包干的住宅工程，一般不再办理施工过程中零星项目变动的经济洽商。在工程竣工结算时也不再办理增减调整。只有在发生超过包干范围的工程内容时，才能在工程竣工结算中进行调整。平方米造价包干的工程，按已完成工程的平方米数量进行结算。

办理竣工工程价款结算的一般公式为

$$竣工结算工程价款 = 预算或合同价款 + 施工过程中洽商增减 -$$
$$预付及已结算工程价款 - 保险金 \tag{7-1}$$

3. 工程竣工结算的审查

工程竣工结算的审查是竣工结算阶段的一项重要工作。经审查核定的工程竣工结算是核定建设工程造价的依据，也是建设项目验收后竣工决算和核定新增固定资产价值的依据。因此，建设单位、监理公司及审计部门等都十分关注竣工结算的审核把关。一般从以下几方面入手：

（1）核实合同条款 首先，应核对竣工是否符合合同条件要求，工程是否竣工验收合格，只有按合同要求完成全部工程并验收合格才能列入竣工结算。其次，应按合同约定的结算方法、材料价格及优惠条款等，对工程竣工结算进行审核，若发现合同开口或有漏洞，应请发包人与承包人认真研究，明确结算要求。

（2）检查隐蔽验收记录 所有隐蔽工程均需进行验收，两人以上签证；实行工程监理的项目应经监理工程师签证确认，审核竣工结算时应该核对隐蔽工程施工记录和验收签证，手续完整，工程量与竣工图一致方可列入结算。

（3）落实设计变更签证 设计修改变更应由原设计单位出具设计变更通知单和修改图样，设计、校审人员签字并加盖公章，经发包人和监理工程师审查同意、签证；重大设计变更应经原审核部门审批，否则不应列入结算。

（4）按图核实工程量 竣工结算的工程量应依据竣工图、设计变更和现场签证等进行核算，并按照国家规定或双方同意的计算规则计算工程量。

（5）防止重复计算计取 工程竣工结算子目多、篇幅大，往往有计算误差，应认真核算，防止因计算误差多计或少算。

4. 我国现行工程价款的主要结算方式

我国现行工程价款结算根据不同情况，可采取多种方式。

（1）按月结算 按月结算是实行旬末或月中预支、月终结算、竣工后清算的办法。跨年度竣工的工程，在年终进行工程盘点，办理年度结算。这种结算办法是按分部分项工程，即以假定"建筑安装产品"为对象，按月结算，待工程竣工后再办理竣工结算，一次结清，找补余款。我国现行建筑安装工程价款结算中，相当一部分实行的是这种按月结算。

（2）竣工后一次结算 建设项目或单项工程全部建筑安装工程建设期在12个月以内，或者工程承包合同价在100万元以下的，可以实行工程价款每月月中预支，竣工后一次结算。

（3）分段结算 分段结算是当年开工，当年不能竣工的单项工程或单位工程按照工程形象进度，划分不同阶段进行结算。分段结算可以预支工程款。分段的划分标准，由各部门、省、自治区、直辖市、计划单列市规定。

（4）目标结算 目标结算是在工程合同中，将承包工程的内容分解成不同的控制界面，以业主验收控制界面作为支付工程价款的前提条件。即将合同中的工程内容分解成不同的验收单元，当承包商完成单元工程内容，经业主验收后，业主支付构成单元工程内容的工程价款。

（5）结算双方的其他结算方式 承包商与业主办理的已完成工程价款结算，无论采取何种方式，在财务上都可以确认为已完工部分的工程收入实现。

7.3.2 工程价款及支付

1. 工程预付款

施工企业承包工程一般都实行包工包料，这就需要有一定数量的备料周转金。在工程承包合同条款中，一般要明文规定发包单位（甲方）在开工前拨付给承包单位（乙方）一定限额的工程预付备料款。此预付款构成承包人为该承包工程项目储备主要材料、结构件所需的流动资金。

工程预付款仅用于施工开始时与本工程有关的备料和动员费用。如承包方滥用此款，发包方有权立即收回。另外，建筑工程施工合同示范文本的通用条款明确规定："实行预付款的，双方应当在专用条款内约定发包人向承包人预付工程款的时间和数额，开工后按约定比例逐次扣回。"

（1）预付备料款的限额　预付备料款的限额由下列主要因素决定：主要材料费（包括外购构件）占工程造价的比例、材料储备期、施工工期。

对于承包人常年应备的备料款限额，计算公式为

$$备料款限额 = （年度承包工程总值 \times 主要材料所占比重）/$$
$$年度施工日历日天数 \times 材料储备天数 \tag{7-2}$$

一般建筑工程备料款的数额不应超过当年建筑工程量（包括水、暖、电）的 30%，安装工程按年安装工作量的 10% 计算；材料占比重较多的安装工程按年计划产值的 15% 左右拨付。

在实际工作中，备料款的数额要根据各个工程类型、合同工期、承包方式和供应体制等不同条件而定。例如，工业项目中的钢结构和管道安装占比重较大的工程，其主要材料所占比重比一般安装工程要高，因而备料款数额也要相应增大；工期短的工程比工期长的工程要高，材料由承包人自购的比由发包人供应的要高。在大多数情况下，甲乙双方都在合同中按当年工作量确定一个比例来确定备料款数额。对于包工不包料的工程项目可以不预付备料款。

（2）备料款的扣回　发包单位拨付给承包单位的备料款属于预支性质，到了工程中、后期，所储备材料的价值逐渐转移到已完成工程当中，随着主要材料的使用，工程所需主要材料的减少应以充抵工程款的方式陆续扣回。扣款的方法如下：

1）从未施工工程尚需的主要材料及构件相当于备料款数额时起扣，从每次结算工程款中，按材料比重扣抵工程款，竣工前全部扣除。备料款起扣点计算公式为

$$T = P - M/N \tag{7-3}$$

式中　T——起扣点，即预付备料款开始扣回时的累计完成工程量金额；

M——预付备料款的限额；

N——主要材料所占比重；

P——承包工程价款总额。

第一次应扣回预付备料款：

$$金额 = （累计已完工程价值 - 起扣点已完工程价值）\times 主要材料所占比重$$

以后每次应扣回预付备料款：

$$金额 = 每次结算的已完工程价值 \times 主要材料所占比重$$

2）扣款的方法可以是经双方在合同中约定承包方完成金额累计达到一定比例后，由承包方开始向发包方还款，发包方从每次应付给承包方的金额中扣回预付款，发包方应在工程竣工前将工程预付款的总额逐次扣回。

【案例 7-1】 某建设单位与承包商签订了工程施工合同，合同中含有两个子项工程，估算甲项工程量为 2300m³，乙项工程量为 3200m³，经协商，甲项合同价为 185 元/m³，乙项合同价为 165 元/m³。承包合同规定：

1）开工前建设单位应向承包商支付合同价 20% 的预付款。

2) 建设单位自第一个月起，从承包商的工程款中，按5%的比例扣留保留金。

3) 当子项工程实际工程量超过估算工程量10%时，对超出部分可进行调价，调整数为0.9。

4) 工程师签发月度付款最低金额为25万元。

5) 预付款在最后两个月扣除，每月扣除50%。

承包商每月实际完成并经工程师确认的工程量见表7-1。

表7-1 承包商每月实际完成并经工程师签证确认的工程量

项 目	月份			
	1	2	3	4
甲项	$500m^3$	$800m^3$	$800m^3$	$600m^3$
乙项	$700m^3$	$900m^3$	$800m^3$	$600m^3$

请问：

1) 预付款是多少？

2) 每月工程量价款是多少？工程师应签证的工程款是多少？实际签发的付款凭证金额是多少？

解：1) 预付款金额为

$$(2300 \times 185 + 3200 \times 165) \times 20\% 万元 = 19.07 万元$$

2) 每月工程量价款、工程师应签证的工程款及实际签发的付款凭证金额计算如下。

① 第一个月

工程量价款：$(500 \times 185 + 700 \times 165)万元 = 20.8万元$

应签证工程款：$20.8 \times (1 - 5\%)万元 = 19.76万元$

因为合同规定工程师签发月度付款最低金额为25万元，故本月工程师不签发付款凭证。

② 第二个月

工程量价款：$(800 \times 185 + 900 \times 165)万元 = 29.65万元$

应签证工程款：$29.65 \times (1 - 5\%)万元 = 28.168万元$

上个月应签证的工程款为19.76万元，本月工程师实际签发的付款凭证为$(28.168 + 19.76)万元 = 47.928万元$。

③ 第三个月

工程量价款：$(800 \times 185 + 800 \times 165)万元 = 28万元$

应签证工程款：$28 \times (1 - 5\%)万元 = 26.6万元$

应扣预付款：$19.07 \times 50\%万元 = 9.535万元$

应付款：$(26.6 - 9.535)万元 = 17.065万元$

因为合同规定工程师签发月度付款最低金额为25万元，故本月工程师不签发付款凭证。

④ 第四个月。甲项工程累计完成工程量为$2700m^3$，比原估算工程量超出$400m^3$，已超出估算工程量的10%，超出部分单价应进行调整。

甲项超出估算工程量10%的工程量为

$$[2700 - 2300 \times (1 + 10\%)]m^3 = 170m^3$$

该部分工程量单价应调整为

$$185 \times 0.9 \ 元/m^3 = 66.5 \ 元/m^3$$

乙项工程累计完成工程量为3000m³，不超过估算工程量，其单价不予调整。

本月应完成工程量价款为

$$[(600 - 170) \times 185 + 170 \times 166.5 + 600 \times 165] \ 万元 = 20.686 \ 万元$$

本月应签证的工程款为

$$20.686 \times (1 - 5\%) \ 万元 = 19.652 \ 万元$$

考虑本月预付款的扣除、上个月的应付款，本月工程师实际签发的付款凭证为

$$(20.686 + 17.065 - 19.07 \times 50\%) \ 万元 = 28.216 \ 万元$$

2. 工程进度款（中间结算）

承包人在工程建设中按月（或形象进度、控制界面）完成的分部分项工程量计算各项费用，向发包人办理月工程进度（或中间）结算，并支取工程进度款。

以按月结算为例，现行的中间结算办法是，承包人在旬末或月中向发包人提出预支工程款账单预支一旬或半月的工程款，月末再提出当月工程价款结算和已完工程月报表，收取当月工程价款，并通过银行进行结算。发包人与承包人的按月结算要对现场已完工程进行清点，由监理工程师对承包人提出的资料进行核实确认，发包人审查后签证。目前月进度款的支取一般以承包人提出的月进度统计报表作为凭证。

（1）工程进度款结算的步骤

1）由承包人对已经完成的工程量进行测量统计，并对已完工程量的价值进行计算。测量统计、计算的范围不仅包括合同内规定必须完成的工程量及价值，还应包括由于变更、索赔等发生的工程量和相关的费用。

2）承包人按约定的时间向监理单位提出已完工程报告，包括工程计量报审表和工程款支付申请表，申请对完成的合同内和由于变更产生的工程量进行核查，对已完工程量价值的计算方法和款项进行审查。

3）工程师接到报告后应在合同规定的时间内按设计图样对已完成的合格工程量进行计量，依据工程计量和对工程量价值计算审查结果，向发包人签发工程款支付证书。工程款支付证书同意支付给承包人的工程款应是已经完成的进度款减去应扣除的款项（如应扣回的预付备料款、发包人向承包人支付的材料款等）。

4）发包人对工程计量的结果和工程款支付证书进行审查确认，与承包人进行进度款结算，并在规定时间内向承包人支付工程进度款。同期用于工程上的发包人支付给承包人的材料设备价款，以及按约定发包人应按比例扣回的预付款与工程进度款同期结算。合同价款调整、设计变更调整的合同价款及追加的合同价款应与工程进度款调整支付。

（2）工程进度款结算的计算方法　工程进度款的计算主要根据已完成工程量的计量结果和发包人与承包人事先约定的工程价格的计价方法。在《建筑工程施工发包与承包计价管理办法》中规定，工程价格的计价可以采用工料单价法和综合单价法。

1）工料单价法。工料单价法是指单位工程分部分项的单价为直接费。直接费由人工、材料、机械的消耗量及其相应价格确定。管理费、规费、利润和税金等按照有关规定另行计算。

2）综合单价法。综合单价法是指单位工程分部分项工程量的单价为全费用单价。全费用单价综合计算完成分部分项工程所发生的人工费、材料费、机械使用费、管理费、规费、

利润和税金。

两种方法在选择时，既可以采用可调价格的方式，即工程价格在实施期间可随价格变化调整，也可以采用固定价格的方式，即工程价格在实施期间不因价格变化而调整，在工程价格中已考虑风险因素并在合同中明确了固定价格所包括的内容和范围。实践中采用较多的是可调工料单价法和固定综合单价法。

可调工料单价法计价要按照国家规定的工程量计算规则计算工程量，工程量乘以单价作为直接成本单价，管理费、规费、利润和税金等按照工程建设合同标准分别计算。因为价格是可调的，其材料等费用在结算时按合同规定的内容和方式进行调价。固定综合单价法包含了风险费用在内的全费用单价，故不受时间价值的影响。

3. 工程保修金（尾留款）

甲乙双方一般都在工程建设合同中约定，工程项目总造价中应预留出一定比例的尾留款作为质量保修费用（又称保留金），待工程项目保修期结束后最后拨付。尾留款的扣除一般有两种做法：

1）当工程进度款拨付累计达到该建筑安装工程造价的一定比例（一般为95%~97%）时，停止支付，预留造价部分作为尾留款。

2）尾留款（保修金）的扣除也可以从发包方向承包方第一次支付的工程进度款开始，在每次承包方应得的工程款中按约定的比例（一般是3%~5%）扣除作为保留金，直到保留金达到规定的限额为止。

4. 工程价款的动态结算

在我国，实行的是市场经济，物价水平是动态的、不断变化的。建设项目在工程建设合同周期内，随着时间的推移，经常要受到物价浮动的影响，其中人工费、机械费、材料费、运费价格的变化对工程造价产生很大影响。

为使工程结算价款基本能够反映工程的实际消耗费用，现在通常采用的动态结算办法有实际价格调整法、调价文件计算法、调值公式法等。

（1）实际价格调整法 现在建筑材料需要市场采购供应的范围越来越大，有相当一部分工程项目对钢材、木材、水泥和装饰材料等主要材料采取实际价格结算的方法。承包商可凭发票按实报销。这种方法方便而正确。但由于是实报实销，承包商对降低成本不感兴趣。另外，由于建筑材料市场采购渠道广泛，同一种材料价格会因采购地点不同有差异，甲乙双方也会因此产生纠纷。为了避免副作用，价格调整应该在地方主管部门定期发布最高限价范围内进行，合同文件中应规定发包方有权要求承包方在保证材料质量的前提下选择更廉价的材料供应来源。

（2）调价文件计算法 这种方法是甲乙双方签订合同时按当时的预算价格承包，在合同工期内按照造价部门的调价文件的规定进行材料补差（在同一价格期内按所完成的材料用量乘以价差）。也有的地方定期发布主要材料供应价格或指令性价格，对这一时期的工程进行材料补差，同时按照文件规定的调整系数，对人工、机械、次要材料费用的价差进行调整。

（3）调值公式法 根据国际惯例，对建设项目的动态结算一般采用此方法。在绝大多数国际工程项目中，甲乙双方在签订合同时就明确提出这一公式，以此作为价差调整的依据。

建筑安装调值公式一般包括固定部分、材料部分和人工部分，其表达式为

$$P = P_0\left(a_0 + a_1 A/A_0 + a_2 B/B_0 + a_3 C/C_0 + a_4 D/D_0 + \cdots\right) \tag{7-4}$$

式中　P——调值后合同款或工程实际结算款；

P_0——合同价款中工程预算进度款；

a_0——固定要素，代表合同支付不能调整的部分占合同总价中的比重。

a_1、a_2、a_3、a_4、$\cdots$为有关各项费用（如：人工费、钢材费、水泥费、运输费等）在合同总价中所占比重，$a_1 + a_2 + a_3 + a_4 + \cdots = 1$

A_0、B_0、C_0、D_0、$\cdots$为基准日期与 a_1、a_2、a_3、a_4、$\cdots$对应的各项费用的基期价格指数或价格；A、B、C、D、$\cdots$为在工程结算月份与 a_1、a_2、a_3、a_4、$\cdots$对应的各项费用的现行价格指数和价格。

各部分的成本比重系数在许多标书中要求在投标时提出，并在价格分析中予以论述。但也有由发包方（业主）在标书中规定一个允许范围，由投标人在此范围内选定。

7.3.3　工程竣工决算

工程竣工决算分为施工企业编制的单位工程竣工成本决算和建设单位编制的建设项目竣工决算两种。

1. 单位工程竣工成本决算

单位工程竣工成本决算是单位工程竣工后，由施工企业编制的，施工企业内部对竣工的单位工程进行实际成本分析，反映其经济效果的技术经济文件。

单位工程竣工成本决算以单位工程为对象，以单位工程竣工结算为依据，核算一个单位工程的预算成本、实际成本、成本降低额。工程竣工成本决算反映单位工程预算执行情况，分析工程成本节约、超支的原因，并为同类工程积累成本资料，以总结经验教训，提高企业管理水平。

2. 建设项目竣工决算

（1）建设项目竣工决算的概念　建设项目竣工决算是建设项目竣工后，由建设单位编制的、反映竣工项目从筹建开始到项目竣工交付使用为止的全部建设费用、建设成果和财务状况的总结性文件。

建设项目竣工决算是办理交付使用资产的依据，也是竣工报告的重要组成部分。建设单位与使用单位在办理资产的验收交接手续时，通过竣工决算反映了交付使用资产的全部价值，包括固定资产、流动资产、无形资产和递延资产的价值。同时，建设项目竣工决算还详细提供了交付使用资产的名称、规格、型号、数量和价值等明细资料，是使用单位确定各项新增资产价值并登记入账的依据。

建设项目竣工决算是分析和检查设计概算的执行情况，考核投资效果的依据。建设项目竣工决算反映了竣工项目计划、实际的建设规模、建设工期以及设计和实际的生产能力，也反映了概算总投资和实际的建设成本，同时还反映了所达到的主要技术经济指标。通过对这些指标计划数、概算数与实际数进行对比分析，不仅可以全面掌握建设项目计划和概算的执行情况，而且可以考核建设项目投资效果，见表7-2。

（2）建设项目竣工决算的内容

1）竣工决算报告情况说明书。竣工决算报告情况说明书主要反映竣工工程建设成果和

经验，是对竣工决算报表进行分析和补充说明的文件，是全面考核分析工程投资与造价的书面总结。其内容主要包括以下几个方面：

①建设项目概况，对工程总的评价。从工程进度、质量、安全和造价四个方面进行说明。

②各项财务和技术经济指标的分析。

③工程建设的经验及有待解决的问题。

表7-2　建设项目竣工决算表

建设单位：某公司　　　　　　　　　　　　　　　　　　开工时间　　年　　月　　日

工程名称：住宅

工程结构：砖混

建筑面积：3600m²　　　　　　　　　　　　　　　　　　竣工时间　　年　　月　　日

成本项目	预算成本/元	实际成本/元	降低额/元	降低率（％）	人工、材料、机械使用分析	预算用量	实际用量	实际用量与预算用量比较	
								节超量	节超率（％）
人工费	102870	102074	796	0.8					
材料费	1254240	1223136	31104	2.5	钢材	113t	111t	2t	1.8
机械费	167625	182012	−14387	−8.6	木材	75.6m³	75m³	0.6m³	0.8
其他直接费	6890	7205	−315	−4.6	水泥	187.5t	190.5t	−3t	−1.6
直接成本	1531625	1514427	17198	1.1	砖	501千块	495千块	6千块	1.2
施管费	278739	273218	5521	1.98	砂	211m³	216.6m³	5.6m³	−2.7
其他间接费	91890	95625	−3735	−4.1	石	181t	187.4t	−6.4t	−3.5
总计	1902254	1883270	18984	1	沥青	7.88t	7.5t	0.38t	4.8
预算总造价：2037933元（土建工程费用） 单方造价：566.09元/m² 单位工程成本：预算成本528.40元/m² 实际成本523.13元/m²					生石灰	44.55t	42.3t	2.25t	5.1
					工日	7116	7173	−57	0.8
					机械费	167625	182012	−14387	−8.6

2）竣工财务决算报表。竣工财务决算报表要根据大、中型建设项目和小型建设项目分别制定。

大、中型建设项目竣工决算报表包括建设项目竣工财务决算审批表；大、中型建设项目概况表；大、中型建设项目竣工财务决算表；大、中型建设项目交付使用资产总表；建设项目交付使用资产明细表。

小型建设项目竣工决算报表包括建设项目竣工财务决算审批表；竣工财务决算总表；建设项目交付使用资产明细表。

3. 竣工决算的编制

（1）竣工决算的编制依据　竣工决算的编制依据主要包括以下七个方面：

1）经批准的可行性研究报告、投资估算、初步设计或扩大初步设计及其概算或修正概算。

2）经批准的施工图设计及其施工图预算或标底造价、承包合同、工程结算等有关资料。

　　3）设计变更记录、施工记录或施工签证单及其施工中发生的费用记录。

　　4）有关该建设项目其他费用的合同、资料。

　　5）历年基建计划、历年财务决算及批复文件。

　　6）设备、材料调价文件和调价记录。

　　7）有关财务核算制度、办法和其他有关资料文件等。

　　（2）竣工决算的编制步骤

　　1）收集、整理和分析有关依据资料。

　　2）对照、核实工程变动情况，重新核实各单位工程、单项工程造价。

　　3）清理各项实物、财务、债务和节余物资。

　　4）填写竣工决算报表。

　　5）编制竣工决算说明。

　　6）做好工程造价对比分析。

　　7）清理、装订好竣工图。

　　8）按规定上报、审批、存档。

第 8 章　工程造价审计

8.1　工程造价审计概述

1. 工程造价审计含义

工程造价审计是建设项目审计的核心内容和主要构成要素。其重要性分别体现在《中华人民共和国审计法》,《审纪机关国家建设项目审计准则》和《内部审计实务指南第 1 号——建设项目内部审计》的有关规定中。

《中华人民共和国审计法》第 22 条规定:"审计机关对政府投资和以政府投资为主的建设项目的预算执行情况和决算进行审计监督。"

建设项目审计是基本建设经济监督活动的一种重要形式。它是审计机关依据国家的方针、政策和有关法规,运用现代审计技术方法,对建设单位投资过程、投资效益和财经纪律的遵守情况进行审查,作出客观公正的评价,并提出审计报告,以贯彻国家的投资政策,维护国家的利益,维护被审计单位的正当利益,严肃财经纪律,促使建设单位加强对投资的控制与管理,提高投资效益的一种经济监督活动。

《审纪机关国家建设项目审计准则》第 13 条规定:"审计机关对建设成本进行审计时,应当检查建设成本的真实性和合法性"。第 15 条规定:"审计机关根据需要对工程结算和工程决算进行审计时,应当检查工程价款结算与实际完成投资的真实性、合法性及工程造价控制的有效性"。

中国内部审计协会 2005 年颁发的《内部审计实务指南第 1 号——建设项目内部审计》第 32 条规定:"工程造价审计是指对建设项目全部成本的真实性、合法性进行的审查和评价。工程造价审计的主要目标包括:检查工程价格结算与实际完成的投资额的真实性、合法性;检查是否存在虚列工程、套取资金、弄虚作假、高估冒算行为等"。

因此,从理论层面上看,工程造价审计是指由独立的审计机构和审计人员,依据党和国家在一定时期颁发的方针政策、法律法规和相关的技术经济标准,运用审计技术对建设项目全过程的各项工程造价活动以及与之相联系的各项工作进行的审计、监督。

由于工程造价审计是建设项目审计的重要组成部分,因此工程造价审计在审计主体、审计范围、审计程序以及审计方法等方面与建设项目审计是一致的。

2. 工程造价审计主体

与其他专业审计一样,我国建设项目审计的主体由政府审计机关、社会审计组织和内部审计机构三大部分组成。其中,政府审计机关重点审计以国家投资或融资为主的基础设施性项目和公益性项目;社会审计组织接受被审单位或审计机关的委托对委托审计的项目实施审计。在我国的审计实务中,社会审计组织接受建设单位委托实施审计的项目大多是以企业投资为主的竞争性项目,接受政府审计机关委托进行审计的项目大多为基础性项目或公益性项目。内部审计机构则重点审计本单位或系统内投资建设的所有建设项目。

3. 工程造价审计内容

建设项目审计的内容按其审计范围可分为宏观审计和微观审计两个方面。宏观审计也称计划审计，是指对各地区、各部门投资计划的投资规模、结构、方向及拨款、贷款进行的审计。微观审计是指对具体的建设项目所涉及的建设单位、施工单位、监理单位等的相关财务收支的真实性、合法性的审查，对建设项目的投资效益进行审查，以及对建设单位内部控制制度的设置和落实情况进行审查。建设项目审计按固定资产形成过程的程序来划分，又可分为前期审计、建设过程审计、投资完成审计和投资效益审计。其具体的审计内容包括以下三个方面：

（1）投资估算、设计概算编制的审计　对以国家投资或融资为主的基础设施性项目和公益性项目，在可行性研究阶段应当审查投资估算是否准确，是否与项目工艺、项目规模相符，是否存在高估冒算现象；在初步设计阶段应当审查设计概算及修正的设计概算是否符合经批准的投资估算，检查设计概算及修正的设计概算的编制依据是否有效、内容是否完整、数据是否准确。

（2）概算执行情况审计及决算审计　对以国家投资或融资为主的基础设施性项目和公益性项目，在概算实施阶段重点审查是否存在"三超"（即概算超估算、施工图预算超概算、决算超预算）现象，审查调整概算的准确性，是否存在利用调整概算多列项目、提高标准、扩大规模的现象；竣工决算审计是在单位工程决算审计基础上，重点审查资产价值与设计概算的一致性、超支原因的合理性、结余资金的真实性等内容。

（3）工程结算审计　对以企事业单位或独立经济核算的经济实体投资为主的竞争性项目，工程造价审计的重点是工程结算审计，目的是帮助企业、事业单位减少投资浪费、提高投资效益。

8.2　工程造价审计实施

8.2.1　工程造价审计方法

审计方法是审计人员为取得审计证据，据以证实被审计事实、作出审计评价而采取的各种专门技术手段的总称。审计方法的选择是否得当，与整个审计工作进程和审计结论的正确与否有着密切的关系。

工程造价审计的方法很多，如简单审计法、全面审计法、抽样审计法、对比审计法、分组审计法、现场观察法、复核法、分析筛选法等，本书不一一介绍，主要介绍以下几种。

1. 简单审计法

在某一建设项目的审计过程中，对关于某一个不重要或者经审计人员主观经验判断认为信赖度较高的环节和方面，可就其中关键审计点进行审核，而不需全面详细审计。如在建设项目的概预算审计中，如果是信誉度较高单位编制的概预算文件，审计人员可以采取简单审计方法，仅从工程单价、收费标准两方面进行审计。

2. 全面审计法

对建设项目工程量的计算、单价的套选和取费标准的运用等所有建设项目的财务收支等进行全面审计。此种方法审查面广、细致，有利于发现建设项目中存在的各种问题。但此种方法费时费力，一般仅用于大型工程、重点项目或问题较多的建设项目。

3. 现场观察法

现场观察法是指采用对施工现场直接考察的方法，观察现场工作人员及管理活动，检查工程实际进展与图样范围（或合同义务）是否一致、吻合。审计人员对影响工程造价较大的某些关键部位或关键工序应到现场实地观察和检查，尤其对某些涉及造价调整的隐蔽工程应有针对性地在隐蔽前抽查监理验收资料，并且做好相关记录，有条件的还可以留有影像资料。

这种审计方法对十分重视工程计量工作的单价合同工程显得尤为重要。如对于土方开挖、回填等分项工程，审计人员应要求监理人员进行实测实量，分阶段验收。要严格分清不同土质、深度、体积、地下水、放坡和支撑等情况，分别测量工程量，不能只是一个工程量总数。

4. 分析筛选法

分析筛选法指造价人员综合运用各种系统方法，对建设工程项目的具体内容进行分离和分类，综合分析，发现疑点，然后揭露问题的一种方法。分析筛选法的目的在于通过分析查找可疑事项，为审计工作寻找线索，进而查出各种错误和弊端。

在分析筛选过程中，可以利用主观经验，或通过各类经济技术指标的对比，经多次筛选，选出可疑问题，然后进行审计。如先将建设项目中不同类型工程的每平方米造价与规定的标准进行比较，若未超出规定标准，就可进行简单审计，若超出规定标准，再根据各分部工程造价的比重，用积累的经验数据进行第二次筛选，如此下去，直至选取出重点。这种方法可加快审计速度。但事先须积累必要的经验数据，而且不能发现所有问题，可能会遗漏存在重大问题的环节或项目。

5. 复核法

复核法是指将有关工程资料中的相关数据和内容进行互相对照，以核实是否相符和正确的一种审计技术方法。

在工程造价审计中，可以利用工程资料之间的依存关系和逻辑关系进行审计取证。例如：通过将初步设计概算与合同总价对比，可以分析有无提高标准和增列工程的问题；将竣工结算与完成工作量、竣工图、变更、现场签证等有关资料核对，分析工程价款结算与实际完成投资是否一致和真实；将工程核算资料与会计核算资料核对，分析有无成本不实、核算不一致的情况等。

在造价审计过程中，造价审计人员利用被审单位所提供的隐蔽工程签证单与施工单位所提供的施工日志核对，普遍能查出工程结算存在重复签证与乱签证、多计隐蔽工程造价的情况。

6. 询价比价法

询价比价法是对设备材料等采购的市场公允价格进行确定的方法。主要包括市场询价和综合比价等方法。

市场询价是指审计人员通过市场询价（调查），掌握拟审计物资不同供货商的价格信息，经比较后确定有利于购买单位的最优价格，将之作为审计标准。要求对同一物资应调查三个及以上供货商，有较多的价格信息进行比较。

综合比价法是指对所购物资的进价及其他相关费用进行综合比较后确定有利于购买单位

的最优价格，将之作为审计标准。如在概算审计中，对一些设计深度不够、难以核算、投资较大的关键设备和设施应进行多方面查询核对，明确其价格构成、规格质量等情况。

工程造价审计方法各有优缺点。审计时究竟以何种方法为主，要结合项目特点、审计内容综合确定，必要时要综合运用各种方法进行审计。

8.2.2　工程造价审计程序

建设项目审计程序是指进行该项审计工作所必须遵循的先后工作顺序。按照科学的程序实施建设项目审计，可以提高审计工作效率，明确审计责任，提高审计工作质量。按照我国内部审计协会颁发的内部审计准则要求，建设项目审计程序一般可分为审计准备阶段、审计实施阶段、审计终结阶段和后续审计阶段。

1. 审计准备阶段

审计准备阶段是审计工作的起点，为审计工作的顺利实施制订科学合理的审计计划，主要包括确定审计项目，成立审计小组，制定审计方案，初步收集审计资料，下达审计通知书或签订审计业务约定书。

(1) 确定审计项目　审计项目的确定方式因审计主体的不同而有所不同。

国家审计机关主要根据上级审计机关和本级人民政府的要求，确定审计工作重点、编制年度审计计划、确定审计项目。如国家审计署每年都会制定当年的审计工作重点。

社会审计机构则主要根据自身综合实力，考虑经济利益及审计风险的大小来确定审计项目。

内部审计机构主要根据本部门和本单位当年项目建设安排，按照本单位的管理要求，根据项目的重要程度和风险大小，结合自身的能力，有重点地选择审计项目。

(2) 成立审计小组　在确定审计项目后，根据项目的性质、特点和具体审计内容合理安排组织审计人员，成立审计小组，并进行合理分工，在分工中注意审计人员的知识结构和年龄结构，进行合理组织。一般情况下，工程造价审计项目的组成人员由工程技术人员、财务会计人员、技术经济人员和管理人员组成。

(3) 制定审计方案　审计方案是对整个审计工作事前作出的整体安排。审计方案主要包括项目审计依据、目标、范围，被审项目基本情况，审计内容和分工，审计起止时间安排等内容，国家审计机关主持的审计项目在报主管领导批准后，由审计小组负责实施。

(4) 初步收集审计资料　在实施项目审计前，审计人员应初步收集与工程造价审计有关的资料，比如有关的法律、法规、规章、政策及其他标准规范等，还包括被审单位的基本情况和被审项目的以往审计档案资料等。

(5) 下达审计通知书或签订审计业务约定书　按照《中华人民共和国国家审计准则》(审计署第81号令) 规定：审计机关应当依照法律法规的规定，向被审计单位送达审计通知书。国家审计具有强制性，被审计单位没有权利选择审计主体。

社会审计机构与被审单位之间主要是通过签订业务约定书的形式，建立审计与被审计的关系，审计单位与被审单位的选择是双向的。

2. 审计实施阶段

审计实施阶段是根据计划阶段确定的范围、要点、步骤和方法等，进行取证、评价，借以形成结论，实现目标的中间过程。

(1) 进驻被审计单位，收集审计资料　审计人员按照下达的审计通知书或签订的业务约定书所规定的进点审计时间进驻被审计单位。进点后一般要开一个进点会，一方面向被审计单位领导和有关人员说明来意，宣传政策，取得理解、信任和支持；另一方面通过进点会向被审计单位领导和有关人员了解项目的一些具体情况，如建设单位和建设项目的基本情况、项目资金的来源和数量、项目概算数额及其调整、工程的进展情况、设计单位、施工单位、主要设备和材料供应商的名称地址等。

(2) 内部控制制度的测试及评价　对被审计单位内部控制制度的测试和评价属于制度基础审计方法，通过对内部制度的健全性和符合性测试，从而评价建设项目内部控制制度的有效性，并据此根据需要对审计方案进行适当修改。如果内部控制制度被评定为无效的，则需要加大实质性审计工作内容；如果内部控制制度被评定为有效的，则可适当减少实质性审计工作内容。

(3) 实施实质性审计，初步得出审计结论　根据最新的审计方案，对建设项目实施实质性审计。在此阶段，审计人员根据最新确定的审计范围和审计重点，对项目的有关资料、工程承包合同文件等文件资料和实物进行认真的审核和检查。审计过程中需要不断进入施工现场，对实物进行测量和盘点，调查收集第一手资料，保证审计内容的真实性。

在经过周密计划和详细的审计之后，审计人员可以依据国家现阶段的方针、政策、法律、法规及有关技术经济文件，对审计项目进行评价，初步得出审计结论。

(4) 编写审计报告　审计组对审计事项实施审计后，应该向审计机关提出审计组的审计报告。审计组的审计报告送审计机关前，应当征求被审计单位的意见。被审计单位应当自接到审计组的审计报告之日起10天内，将其书面意见送至审计组。审计组应当将被审计单位的书面意见一并报送审计机关。审计机关按照规定的程序对审计组的审计报告进行审议，并对被审计单位对审计组的审计报告提出的意见一并研究后，提出审计机关的审计报告；对违反国家规定的财政收支、财务收支行为，依法应当给予处理、处罚的，在法定职权范围内作出审计决定或者向有关主管机关提出处理、处罚的意见，审计机关应当将审计机关的审计报告和审计决定送达审计单位和有关主管部门。审计决定自送达之日起生效。

社会审计单位的审计报告的主送单位是审计委托单位，不需要也无权出具审计决定，审计报告只起到"鉴证"作用。内部审计机构也可以参照国家审计机关的模式完成审计报告。

3. 审计终结阶段

审计工作实施阶段结束后，审计人员应把审计过程中形成的文件资料整理归档。需要归档的主要资料有：审计工作底稿、审计报告、审计建议书、审计决定、审计通知书、审计方案和审计时所做的主要资料的复印件。

8.3　工程造价审计内容

工程造价审计的实质就是项目后评估审计中的经济性审计，其主要目标是审计工程造价的真实性、计算过程的规范性和执行过程的正确性。

8.3.1　建设项目概算审计

1. 审计概算编制依据

1）审计编制依据的合法性。设计概算必须依据经有关部门批准的可行性研究报告及投资估算进行编制，审查其是否存在"搭车"多列项目的现象，对概算投资超过批准估算投资规定幅度以上的，应分析原因，要求被审计单位重新上报审批。

2）审计编制依据的时效性。设计概算的大部分编制依据应当是国家或有关部门颁发的现行规定，注意编制概算的时间与其使用的文件资料的时间是否吻合，不能使用过时的依据资料。

3）审计编制依据的适用性。各种编制依据都有规定的使用范围，如各主管部门规定的各种专业定额及取费标准，只适用于该部门的专业工程；各地区规定的定额及取费标准只适合于本地区的工程等。在编制概算时，不得使用规定范围之外的依据资料。

2. 审计概算编制深度

一般大中型项目的设计概算应有完整的编制说明和"三级概算"（即建设项目总概算书、单项工程综合概算书、单位工程概算书），审计过程中应注意审查其是否符合规定的"三级概算"，各级概算的编制是否按规定的编制深度进行编制。

3. 审计概算书内容的完整性及合理性

1）审计建设项目总概算书。重点审计总概算中所列的项目是否符合建设项目前期决策批准的项目内容，项目的建设规模、生产能力、设计标准、建设用地、建筑面积、主要设备、配套工程和设计定员等是否符合批准的可行性研究报告，各项费用是否有可能发生，费用之间是否重复，总投资额是否控制在批准的投资估算以内，总概算的内容是否完整地包括了建设项目从筹建到竣工投产为止的全部费用。

2）审计单项工程综合概算和单位工程概算。这部分的审计应特别注意工程费用部分，重点审计在概算书中所体现的各项费用的计算方法是否得当，概算指标或概算定额的标准是否适当，工程量计算是否正确。如建筑工程采用工程所在地区的概算定额、价格指数和有关人工、材料、机械台班的单价是否符合现行规定，安装工程采用的部门或地区定额是否符合工程所在地区的市场价格水平，概算指标调整系数、主材价格、人工、机械台班和辅助调整系数是否是按当时最新规定执行，引进设备安装费率或计取标准、部分行业安装费率是否按有关部门规定计算等。对于生产性建设项目，由于工业建设项目设备投资比较大，设备费的审计也十分重要。

3）审计工程其他费用概算。重点审计其他费用的内容是否真实，在具体的建设项目中是否有可能发生，费用计算的依据是否适当，费用之间是否重复等有关内容。审计要点和难点主要在建设单位管理费审计、建设用地费审计和联合试运转费审计等方面。

4）在审计过程中，还应重点检查总概算中各项综合指标和单项指标与同类工程技术经济指标对比是否合理。

【案例 8-1】 某建设单位决定拆除本单位内的一座三层单身职工宿舍，而后在该场地上建设一栋 18 层高的综合办公大楼。同时，在原场地之外的另一建设地点新建一座与原来规模相同的单身职工宿舍，预计其建筑安装工程费造价为 50 万元。这一方案已经得到了有关部门的批准。建设单位在编制综合办公大楼的设计概算时，计算了职工宿舍拆除费 12 万元，职工安置补助费 50 万元（按照建设宿舍的费用计算）。

审计发现的问题是：

拆除费应计入综合办公大楼的设计概算。如果 12 万元的数额是正确的，该项费用的计算就是正确的。

单身职工的安置补助费也应计入综合办公大楼的设计概算,但不能按照新建职工宿舍的费用标准计算,应考虑需要安置的时间和部门规定的补助费标准计算。

在该项目设计概算中,安置费用补助费按照50万元计算,是一个典型的"夹带"项目行为,即用一个综合办公大楼的投资建设两个工程项目。

【案例8-2】 某大学新校区建设项目概算编制说明如下(建设项目总概算书、单项工程综合概算书、单位工程概算书略):

该项目总投资26808万元。其中工程费用21550万元。工程建设其他费用4258万元,预备费1000万元。

本概算根据××设计院设计的初步设计图样、初步设计说明、土建工程采用2006年版《××省建筑工程概算定额》。

概算取费标准按《××省建筑安装工程费用定额》及××市建委文件规定。

主要设备、材料按目前市场价计列。

审计发现的问题:

工程概况内容不完整。工程概况应包括建设规模、工程范围并说明工程总概算中包括和不包括的内容。经查明,本概算中未包括由该大学的共建单位负责提供的$30hm^2$(450亩)土地[总征地$33.33hm^2$(500亩)],概算编制单位应当对此加以说明。

编制依据不完整。概算中的附属建筑、设备工器具购置费及其他费用没有说明相应的编制依据和编制方法。经查明,附属建筑是根据经验估算的,设备工器具购置费与工程建设其他费用是按照可行性研究报告中的投资估算直接列入的,未进行详细的分析和测算。

该概算未编制资金筹措及资金年度使用计划。

工程概算投资的内容不完整、不合理。具体表现在:

设备购置费缺乏依据。审计发现初步设计中没有设备详单,概算中所列设备费1500万元纯属"拍脑袋"决定。

征地拆迁费不完整。本项目需征地$33.33hm^2$(500亩),而概算中未将共建单位提供$30hm^2$(450亩)用地费用列入。

未考虑有关贷款的利息费用。概算未编制资金筹措计划,所以无法计算建设期利息。但贷款是肯定要发生的,因此这样的概算也就很难作为控制实际投资的标准。

装饰装修材料的价格缺乏依据。设计单位在初步设计中,仅仅注明使用材料的品种,对装饰材料的档次标准未作出规定,这使得装饰材料的价格难以合理确定。

审计建议:要求设计单位和建设单位针对审计发现的问题加以改正和完善。

8.3.2 建设项目概算执行情况审计

对概算在工程实施过程中的执行情况进行审计的主要内容包括:

1. 项目规模、标准和内容的审计

在我国的工程建设中,概算实施中的超规模、超标准、超概算的现象较为严重。概算执行情况审计应重点审计工程承包合同中确定的建设规模、建设标准、建设内容和合同价格等是否控制在批准的初步设计及概算文件范围内。对确已超出规定范围的,应当审计是否按规定程序报原项目审批部门审查同意。对未经审查部门批准、擅自扩大建设规模、提高建设标准的，应当告知有关部门严肃处理。

2. 概算调整审计

由于工程建设项目周期较长，不确定因素较多，项目实施过程中进行适当调整是难以避免的，但是必须要加强对调整概算的审计，防止建设单位利用"调整"机会"搭车"多列项目、提高建设标准、扩大建设规模。同时，审计中应注意审查调整概算的准确性，注意调整事项是否与有关规定和市场行情相符。

3. 审计工程物资及设备采购

1）审计采购计划。要检查建设单位采购计划所列各种设备、材料是否符合已报经批准的设计文件和基本建设计划；检查所拟定的采购地点是否合理；检查采购程序是否规范；检查采购的批准权与采购权等不相容职务分离及相关内部控制是否健全、有效等。

2）审计采购合同。要检查采购是否按照公平竞争、择优择廉的原则来确定供应方；检查设备和材料的规格、品种、质量、数量、单价、包装方式、结算方式、运输方式、交货地点、期限、总价和违约责任等条款规定是否齐全；检查对新型设备、新型材料的采购是否进行实地考察、资质审查、价格合理分析及专利权真实性审查；检查采购合同与财务决算、计划、设计、施工和工程造价等各个环节衔接部位的管理情况是否存在因脱节而造成的资产流失问题等。

3）审计物资核算。要检查货款的支付是否按照合同的有关条款执行；检查代理采购中代理费用的计算和提取方法是否合理；检查有无任意提高采购费用和开支标准的问题；检查会计核算资料是否真实可靠；检查采购成本计算是否准确、合理等。

4）审计物资管理。要检查购进设备和材料是否按合同约定的质量标准进行验收，是否有健全的验收、入库和保管制度，检查验收记录的真实性、完整性和有效性；检查验收合格的设备和材料是否全部入库，有无少收、漏收、错收以及涂改凭证等问题；检查设备和材料的存放、保管、领用的内部控制制度是否健全；检查建设项目剩余或不使用的设备和材料以及废料的销售情况；检查库存物资的盘点制度及执行情况、对盘点结果的处理措施等。

8.3.3　建设项目竣工决算审计

竣工决算审计是指审计机关依法对建设项目竣工决算的真实性、合法性以及效益进行的审计监督。竣工决算审计的目的是保障建设资金合理、合法的使用，正确评价投资效益，总结建设经验，提高建设项目管理水平。

建设项目竣工决算主要包括以下内容：

1. 工程结算审计

工程结算审计包括设备采购费用，审计的重点因合同类型的不同而有所不同，一般而言，对工程变更、现场签证和工程量计量的审计是工程结算审计的重点。

1）工程变更审计。工程变更审计成为工程结算审计中的一个关注点，对工程变更的审计主要包括工程变更手续是否合理、合法；工程变更是否真实主要指工程实体与设计变更通知要求是否吻合；工程变更的工程量计算是否正确；变更工程的价款计算是否正确、合理。

2）现场签证审计。工程施工现场签证也是工程造价审计的一个重点。目前工程实践中存在的现场签证内容不清楚、程序不规范、责权不清楚等情况是造成合同价格得不到有效执行和控制的重要原因。审计人员应要求建设单位建立健全现场签证管理制度，明确签证权限，实行限额签证。同时要求签证单上必须有发包人代表、监理工程师、承包人（项目部）三方的签字和盖章，方可作为竣工结算的依据；必须明确签证的原因、位置、尺寸、数量、材料、人工、机械台班、价格和签证时间。在现场签证审计过程中还应要求各相关方及时做好现场签证，减少事后补签的情况。

3）工程量审计。工程量的审计也是工程结算审计的重点，工程量审计的含义不仅包括现场真实工程情况的检查和工程数量的计算，更包括合同范围外工程量的判定。因承包人自身原因造成的合同内工程数量的增加，在工程结算中是不予支持的；合同范围外工程量的审计更强调合同范围外工程量签证程序的审计。

2. 基建支出的审计

审计后的工程结算由财务部门进行会计核算，编制财务竣工决算报表，对财务竣工决算报表的审计重点是审查"建筑安装工程投资""设备投资""待摊投资""其他投资"的核算内容与方法是否合法、正确；列支范围是否符合现行制度的规定；其发生、分配是否真实、合法；核算所设置的会计科目及其明细科目是否正确；账务处理是否正确。在审计中，如发现费用支出不符合规定的范围，或其支出的账务处理有误，应督促建设单位根据制度的规定予以调整。审查各项目是否与历年资金平衡表中各项目期末数的关系相一致；根据"竣工工程概况表"，将基建支出的实际合计数与概算合计数进行比较，审查基建投资支出的情况。

在基建支出审计中，其他各项费用主要审计土地费用是否超过批准的设计概算，是否存在"搭车"征地行为；审计建设单位管理费的列支范围和标准是否符合有关规定；审计管理车辆购置费、生活福利设施费、工器具及办公生活家具购置费以及职工培训费的使用是否合理合规。

3. 交付使用资产审计

建设单位已经完成建造、购置过程，并已交付生产使用单位的各项资产主要包括固定资产和为生产准备的不够固定资产标准的设备、工具、器具和家具等流动资产，还包括建设单位用基建拨款或投资借款购建的在建设期间自用的固定资产，都属于交付使用资产。

交付使用资产的依据是竣工决算中交付使用资产明细表。建设单位在办理竣工验收和财产交接工作以前，必须依据"建筑安装工程投资"、"设备投资"、"其他投资"和"待摊投资"等科目的明细记录，计算交付使用资产的实际成本，以便编制交付使用资产明细表。交付使用资产明细表应由交接双方签证后才能作为交接使用资产入账的依据。

交付使用资产的审计，应审查以下几个方面：

1）交付使用资产明细表所列数量金额是否与账面相符、是否与交付使用资产总表相符、是否与设计概算相符，其中建安工程和大型设备应逐一核对，小型设备工具、器具和家具等只可抽查一部分，但其总金额应与有关数字相符。

2）交付使用资产明细表应经过移交单位和接收单位双方签章，交接双方必须落实到人，交接财产必须经双方清点过目，不可看表不看物。

3）交付使用资产的固定资产是否经过有关部门组织竣工验收，没有竣工验收报告的，不得列入交付使用资产。

4）审查交付使用资产中有无应列入待摊投资和其他投资的，如有发现应予调整。

5）审查待摊投资的分摊方法是否符合会计制度；工程竣工时，应全部分摊完，不留余额。

4. 基建收入的审计

基建收入主要指项目建设过程中各项工程建设副产品变价净收入、负荷试车和试生产收入，以及其他收入等，基建收入的审计主要包括收入的范围是否真实、合法，收入的账务处理是否正确，数据是否真实，有无转移收入、私设"小金库"的情况，基建收入的税收计缴是否正确，是否按比例进行分配。

5. 竣工结余资金审计

建设项目竣工结余资金是指建设项目竣工后剩余的资金，其主要占用形态表现为剩余的库存材料、库存设备及往来账款等。竣工结余资金的审计主要包括：

1）审计银行存款、现金和其他货币资金的结余是否真实存在。

2）对库存物资进行盘点，审计库存材料、设备的真实性和质量状况，审计处理库存物资的计价是否合理。

3）审计往来款项的真实性和准确性，包括各类预付款项的支付是否符合协议和合同、应收款项是否真实准确、重点审计坏账损失是否真实、正确、合规。

4）审计竣工结余资金的处理是否合法合规。

【案例 8-3】 某城市自来水厂是该市新建的一项基础设施工程，建设期三年，项目总投资 11493.56 万元，其中市政府筹集 4500 万元，市政公用局和市自来水公司集资解决 6993.56 万元。项目建成后，依法对该项目实行竣工决算审计。

审计发现的问题是：

1）概算漏项。少列投资 847.69 万元，错误计算少计 333.4 万元，实际材料设备涨价扣除价差预备费后增加投资 2349.82 万元，合计 3557.91 万元。

2）财务核算不合规定。建设单位将生产工人培训费 12000 元计入了待摊投资。

3）建设单位工程管理部为了工程管理方便，购买了一辆 25 万元的小轿车为管理人员使用。小轿车的使用寿命 10 年，该费用一次计入建设单位管理费用。

4）通过现场调查发现，已经记入设备投资完成额的需安装的部分设备安装工程内容存在缺少设计图样依据的问题，该部分设备的成本 500 万元。

针对以上问题，审计评价与建议是：

1）概算投资缺口 3557.91 万元，应如实向各主管部门汇报，反应超概算的原因以及各要素的详细计算过程，请示调整项目概算。

2）对财务核实不合规的地方，应按照国家规定的会计制度进行调整。

①生产工人的培训费应计入其他投资的相应科目，调减待摊投资 12000 元，调增其他投资 12000 元。

②建设单位工程管理部购买的作为工程管理的小轿车 25 万元，不应一次性全部记入该工程项目，应按小轿车在建设期的折旧费计入摊销投资——建设单位管理费。

③由于缺少部分设备安装的图样，没有同时满足"正式开始安装"的条件，不能计算设备投资完成额，应办理假退库，调减设备投资 500 万元，调增库存设备 500 万元。

8.4 清单计价的工程结算审计思路

由于工程价款结算是基建支出的重要组成部分，是固定资产价值形成的主要形式，因此工程价款结算审计一直是建设项目造价审计的重点。

在定额计价模式下，工程价款结算审计的重点是工程量的计算和定额的套用，在清单计价条件下，由于工程价款结算的依据是双方签订的合同和招投标过程中编制的工程量清单计价的相关表格，因此，在清单计价条件下，工程价款结算审计要改变过去定额模式下的审计思路。

1. 招标投标的审计

事实上，对招标投标的审计本身就是建设项目审计的一个重要内容，它不仅包括对招标程序的合法、合规性审计、开标评标定标过程的规范性审计，还包括合同签订过程的规范性、合同条款的完整性、符合性审计。由于在工程量清单计价中，工程价款结算数额更大程度地取决于双方签订的合同和工程量清单计价相关表格的各项内容。因此，在本节主要介绍对清单报价评审的审计及相应合同条款的审计。

（1）审计招标文件中矛盾和含糊的用语 招标文件中的合同条款和工程量清单直接影响投标人的报价，也将影响到工程价款的结算，审计招标文件的规范性和准确性是保证报价准确的重要环节。

【案例8-4】 某两栋高层住宅工程，建筑面积为$20000m^2$，在招标文件中明确规定合同采用固定总价合同，但在工程量清单中，详细列出了主要材料暂定价格，请提出审计意见？

审计分析：

该案例有两处不妥：

1）该工程规模较大，不宜采用固定总价合同。

2）"固定总价合同"的规定与"主要材料暂定价格"存在矛盾，因为在固定总价合同中，投标人承担价格和工程量的风险，因此投标人会在报价中考虑价格上涨的风险；而材料暂定价格限制了投标人对价格风险的估计和把握，因此，在价款结算中，这必定会成为双方各执一词、难以协调的问题所在。

（2）审计报价评审细则规定是否全面 是否明确规定可能的报价偏差及相应的评审办法。投标人在清单报价中有意或无意的偏差、错误可能会导致工程的高价结算，例如投标人对招标人费用的下浮处理、未按规定计取规费和税金、对清单项目、特征的修改，单价与合价的不一致，都在一定程度上隐瞒了其单价水平和企业实力，在评标中应作为废标处理或予以调整。

是否对投标报价与施工方法的一致性进行评审。工程量清单招标要求在技术标和商务标两方面都体现投标人的企业综合能力，要求报价紧密结合施工技术、工艺和标准，分部分项单价应该在技术标和市场价中取得支持，因此投标人的施工方法和工艺的选择，将更加直接影响工程造价，也将成为判断报价是否合理的基础，目前评标中，施工组织设计与报价的对应性评审也成为评委评审的内容之一，企业个别水平得以真实体现。

是否对不平衡报价予以重点评审，对投标人而言，不平衡报价是一种投标策略，而对招标人而言，则将导致低价发包，高价结算，更严重的是当投标单价成倍或数倍高于适中的市场价时，招标人将蒙受巨额损失，因此如何防止这种现象的产生或者将其控制在合理幅度内就成为工程量清单招标中招标人重点对待的问题。

2. 价款结算的依据的审计

现场签证、工程变更通知等都是施工单位实际发生费用的证据，是价款结算的依据和凭证。在以往的工程价款结算审计中，主要强调其真实性审计——是否有监理签字、是否与工程实际相符等。在清单计价模式下，承包商为中标不惜在报价中降低利润空间，但在工程施工阶段，承包商为了追求利润最大化，会在现场签证和工程变更上做文章，以此取得更大的利润。因此，对工程变更的必要性和经济性的审计也是同样重要的。

【案例 8-5】　某单层厂房，因土质较差，设计图样采用水泥搅拌桩和条形基础，工程量清单按此设计编制。在实际施工过程中，施工单位以节约工期为由提出变更基础设计，由原设计改为筏板基础。对此业主征求了审计的意见。

审计分析：经过技术经济论证发现虽然筏板基础可以节约少量工期，但造价却大幅度提高，因此审计人员认为原设计满足技术要求，对工期没有实质性影响，相对经济合理，建议业主采用原设计方案。

3. 审计介入时间的转变

在我国，造价审计的重点反映为建设项目决算审计，但众所周知，决算直接受概预算的影响，因此重视建设项目概预算审计、重视招投标全过程的跟踪审计，从源头控制建设项目决算，是建设项目决算真实性与可靠性的保证。此外，如本节前面所述，在工程量清单计价条件下，无论是对招标投标的审计，还是对价款结算依据的审计，都是建立在事前审计和跟踪审计的前提条件下的。因此，为提高投资效果、保证建设资金合理合法使用，工程造价审计应尽量提前介入，采取事前审计和跟踪审计的方法，向决策审计延伸，向设计方案审计延伸，向工程管理审计和质量审计方向延伸。

当然从我国审计实践上看，只有内部审计机构有条件实施"同步审计"，国家审计目前由于受到审计概念、审计体制、审计资源等诸多因素的限制，普遍开展审计该设计概算的跟踪审计还有待时日。

第9章 工程造价管理的国际惯例

9.1 日本工程造价管理

9.1.1 日本工程项目造价管理体系

1. 日本建筑业概况

日本建设业素有"永久成长产业"和"经济播种人"之称，是第二次世界大战后发展最快的产业部门之一，在国民经济中占有重要地位。日本建设业的总产值占国民经济生产总值的 8.6%。

日本对建设业的分类，通常有两种主要方法，即标准产业分类法和按建设法分类。标准产业分类法是将建筑企业划分为综合建筑公司、专业工程公司和设备工程公司等三大类，各大类还可以进一步细分。综合建筑公司是指对土木、建筑工程具有总承包能力的公司；专业工程公司是专门为建设工程提供技能并按工种（木工、瓦工等）划分的专业性公司，实际中作为分包商从事建设施工活动；设备工程公司则是指从事诸如电气、空调、给排水、机械装置等与建设有关的设备安装工程的专业公司。按建设法分类则是根据承包工程的内容、施工技术和惯例等对建筑企业进行专业分类，按照这种分类法，建设产业中的综合建设公司可以划分为土木建设公司和建筑公司两个类型，连同专业工程公司和设备工程公司，建设业共划分为 28 个业种。

日本对工程建设和建设业的管理及招标投标工作采取分工负责制。在中央，设建设省（2001 年 1 月重新组建为国土交通省代替建设省），全面负责政府机关办公建筑、国家公路、大型水利设施、国家公园和部分公私住宅工程的管理，职能机构是住宅局。其余工程项目由有关部门分管，首相府所属的环境厅、国土厅也对建设活动行使部分指示、监督和管理职能；住宅产业和建材的生产则由通商产业省主管。

2. 日本建设市场管理模式

日本具有非常完善的建筑市场管理体系，有一套行之有效的管理模式。

（1）企业从事建设业的经营活动，必须经过资格审查 只要工程达到一定的限额，无论是跨地区还是只在当地经营，都要经过资格审查，审查主要按工种和建设规模进行。

凡申请开业的企业必须向有关政府部门提交申请书，内容包括商号或名称、营业所名称及所在地。是法人的，要申报资本金额（包括出资总额）及干部姓名；是个人的，要填写主人和经理姓名、希望得到许可的建设业种类及其他营业种类。此外，还要递交工程履历书、近三年从事过的工程建设的业绩和规模、从业人数的书面保证、遵守法纪的誓约书及能证明单位负责人具有五年以上经营管理经验的书面材料；同时要交纳一项 15 万日元的执照税和 2 万日元的批准手续费。

（2）凡获得批准的企业，政府主管部门都会对其进行分类、排队造册登记 日本企业分 28 个工种工程，每种工程分 A、B、C、D、E 五个等级，每个等级确定一定的营业金额，并且划分和确定营业范围。但各地方也可根据企业的资质增加一定等级。如大阪府将土木工程划分为六等，即 A、B1、B2、C、D、E，A 等的营业额在 2.3 亿日元以上，E 等在 800 万日元以上，中间不等；而建筑工程则划分为八类，即 AA、A、B1、B2、C1、C2、D、E。AA 等的金额在 8 亿日元以上，E 等金额在 1500 万日元以上，中间不等；电气工程划分为六等；装饰工程划分为四等。然后将企业分类排队。大阪府建筑工程所掌握的 AA 企业 60 家，A 等 100 家，B1 等 200 家，B2 等 250 家，D 等 400 家，E 等 1000 家。企业都清楚自己所处的位置及排名顺序。

工程划分每两年一次，工程完成后，向社会公布。不报不候，过期不理。

（3）承发包工程不搞行政分配，一律通过招标　按照日本的法规，政府工程招标方式分一般竞争招标（公开招标）、指名竞争招标（邀请招标）、随意契约（议标）三种。

指名招标对竞标者来说是缺乏主动权的，它完全听命于发包工程的公团、公社或民间的业主，竞标方由发包方定，但好处是使私招乱雇无门。

（4）承发包工程必须严格签订和履行合同　工程一旦中标，法规要求当事人双方在各自对等的立场上，通过协商缔结公正合同，并诚实守信地去履行。合同的内容必须载明工程内容、金额、开工日期、交验方式、付款方式、利息计算、设计变更及自然灾害造成损失的处置原则及纠纷的解决方法等，计 11 项基本内容。合同必须以书面方式缔结，签名盖章后互相交换保存。

一旦出现合同纠纷，可请求"建设工程纠纷审查会"处理。审查会由不超过 15 人的委员组成。委员会并非常设机构，委员任期两年，由建设大臣或都道府县知事选择任命。委员会根据当事人的请求，可以调停和仲裁。申请处理纠纷要分别通过建设大臣或都道府县知事，具体处理原则与企业原审批机构一致。事情处理完毕要做出结论并向建设大臣或都道府县知事报告。有关费用各自负担——因出现纠纷对当事企业是不利的，所以法律做出这一规定无疑对企业是一种心理约束。

（5）政令统一，职能分工明确　在项目管理方面，虽然部门之间有分工，但法律规定是一致的，这就保证了各自依法行事，依法经营，防止混乱。

9.1.2　日本工程造价的构成和计算规则

1. 概述

日本的工程造价管理实行的是类似我国的定额取费方式，其工程积算属于一套独特的量价分离的计价模式。建设省制定一整套工程计价标准，即《建筑工程积算基准》，其工程计价的前提是首先确定工程量，工程量按照标准的工程量计算规则计算。该工程量计算规则是建筑积算研究会编制的《建筑数量积算基准》，该基准被政府公共工程和民间（私人）工程同时采用，所有工程一般先由建筑积算人员按此规则计算出工程量。工程量计算业务以设计图及设计书为基础，对工程数量进行调查、记录、合计、计量、计算，构成建筑物的各部分。其具体方法是将工程量按种目、科目、细目进行分类，即整个工程分为不同的种目（即建筑工程、电气设备工程和机械设备工程），每一种目又分为不同的科目，每一科目再细分到各个细目，每一细目相当于单位工程。由公共建筑协会组织编制的《建设省建筑工程积算基准》中制定了一套"建筑工程标准定额"，对于每一细目（单位工程）以列表的形式列明单位工程的人、材、机械的消耗量及其他经费（如分包经费），其计量单位为"一套（一揽子，Lump，sum）"，通过对其结果分类、汇总，编制详细清单，这样就可以根据材料、劳务、机械器具的市场价格计算出细目的费用，继而可算出整个工程的纯工程费。这些占整个计算业务的60%~70%，成为计算技术的基础。

整个项目的费用由纯工程费、临时设施费、现场经费、一般管理费及消费税等部分构成。对于临时设施费、现场经费和管理费按实际成本计算，或根据过去的经验按照所列纯工程费的比率予以计算。

日本作为一个发达的经济大国，市场化程度非常高，其建筑工程造价中的单价是以市场为取向的，即基本上参照市场价格。隶属于日本官方机构的"经济调查会"和"建设物价调查会"专门负责调查各种相关经济数据和指标，这些数据来自与建筑工程造价有关的刊物，其中有：《建设物价》（杂志）、《积算资料》（月刊）、《土木施工单价》（季刊）、《建筑施工单价》（季刊）、《物价版》（周刊）及《计算资料袖珍版》等期刊资料，另外还在互联网上提供一套"物价版"（周刊）登载的资料。该调查会还受托对政府使用的"计算基准"进行调查，即调查有关土木、建筑，电气、设备工程等的定额及各种经费的实际情况，报告市场各种建筑材料的工程价、材料价、印刷费、运输费和劳务费，按都道府排列。价格的资料来源是在各地商社、建材店、货场或工地实地调查。每种材料都标明由工厂运至工地，或由库房、商店运至工地的差别，并标明各月的升降情况。利用这种方法编制的工程预算比较符合实际，体现了"市场定价"的原则，而且不同地区不同价，有利于在同等条件下投标报价。

从日本的政府工程造价管理来看，日本政府指定专门机构收集政府工程的有关情况并掌握劳务、机械、材料单价，并编制复合单价，作为政府控制项目投资的依据，也可以说，政府工程基本上是由政府控制预算的。

2. 日本建筑工程计算基准

"积算"就是为了工程目标的实施而计算工程的各部分，然后将其结果进行汇总，对工程费用进行事先的预测，类似于我国的工程概预算。

（1）工程费的构成　工程费的构成如图9-1所示。

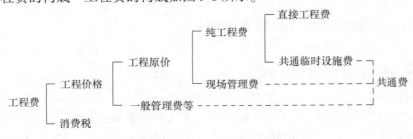

图9-1　日本工程费的构成

（2）工程费的区分　工程费按直接工程费、共通费和消费税等分别计算。直接工程费根据设计图样划分为建筑工程、电气设备和机械设备工程等，共通费分为共通临时设施费、现场管理费和一般管理费等。

1）直接工程费。直接工程费是指建造工程标的物所需的直接的必要费用，包括直接临时设施费用，按工程种目进行积算。积算就是在材料价格及机器类价格上乘以各自数量，或者是将材料价格、劳务费、机械器具费及临建材料费作为复合费用，依据《建筑工程标准定额》在复合单价或市场单价上乘以各施工单位的数量。若很难依据此种方法，可参考物价资料等的登载价格及专业承包商的报价等来确定。当工程中产生的残材还有利用价值时，应减去残材数量乘以残材价格的数额。计算直接工程费时所使用的数量，若是建筑工程应依据《建筑数量积算基准》中规定的方法，若是电气设备工程及机械设备工程应使用《建筑设备数量积算基准》中规定的方法。

2）共通费。共通费是指以下各项，在对其进行计算时，依据《建筑工程共通费积算基准》。

①共通临时设施费：是指在不止一个工程项目中共同使用的临时设施的费用。

②现场管理费：是指工程施工所必需的经费，它是共通临时设施费以外的经费。

③一般管理费：是指在工程施工时，承包方为了继续运营所必要的费用，它由一般管理费和附加利润构成。

④消费税：包括消费税及地方消费税。

⑤其他费用：包括本建设所用的电力、自来水和下水道等的负担额；变更设计费只计算变更部分工程的直接工程费，并加上与变更有关的共通费再乘以"当初的承包金额减去消费税后所得金额与当初预算价格明细表中记载的工程价格的比率"，最后再加上消费税。

（3）工程费积算流程图 日本工程费积算流程见图 9-2。

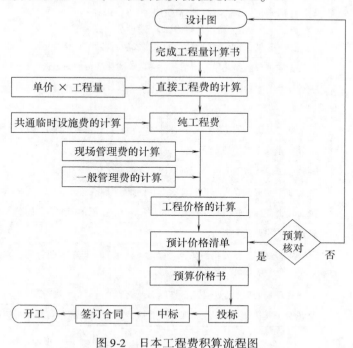

图 9-2 日本工程费积算流程图

（4）建筑工程共通费积算基准

1）共通费的区分和内容。共通费分为"共通临时设施费""现场管理费"和"一般管理费"，分别按表 9-1、表 9-2、表 9-3 的内容和附加利润计算。

表 9-1　共通临时设施费

项　　目	内　　容
准备费	占地测量、场地清理、道路占用费用，临建用租地费，其他准备所需费用
临建费	监理事务所、现场事务所、仓库、宿舍、作业人员设施等所需费用
工程设施费	临时围墙、工程用道路、临时通道、场内通信设备等工程设施所需费用
环境安全费	安全标志、消防设备等设施的设置、安全管理、信号等，邻接物的保养及赔偿等所需的费用
临时用水、电设施费	工程用电器设备、给排水设备所需的费用及工程用电器、下水道费用等
屋外整理清扫费	屋外及占地周边的整理及由此产生的处理及除雪等所需费用
机械器具费	共通工程用机械器具（测量机械、吊装机械、杂机械）所需费用
其他	材料及制品品质管理实验所需费用及不属于上述任何一项的费用

表 9-2　现场管理费

项　　目	内　　容
劳务管理费	现场工人及现场雇佣工人的劳务管理所需费用： 1）招聘及解散所需费用 2）安慰、娱乐及福利所需费用 3）未包括在纯工程2中的作用用具及作业用工作服等的费用 4）工资以外的用餐及交通所需费用 5）安全、卫生所需费用及研修训练等费用 6）根据劳动灾害保险法所负担的灾害发生时的费用
税费	工程合同书等的印花税，申请书、登记等的证纸费，固定资产、汽车税等各种政府手续费
保险费	火灾保险、工程保险、汽车保险、工会保险、赔偿责任险及费用，法定的劳动灾害保险的费用
职工工资补助	现场职工及工人的工资，各种补贴（交通费、住宅补助等）及奖金
施工图样绘制费	对外定做施工图等的费用
退休金	现场职工退休费滚入额及现场雇佣工人的退休金
法定福利费	现场职工安慰、娱乐、福利、衣着、健康诊断、医疗、婚丧、探视等所需费用
办公用品费	办公用消耗品、OA 机器等的办公用备品费、报纸图书杂志等的购入费、工程照相费
通信费	通信费、旅费及交通费
补偿费	伴随工程施工通常发生的噪声、振动、污水、工程车辆通行等，需向第三者支付的补偿费，但是电波灾害补偿费除外
成本性经营分配费	未来在现场处理的业务一部分在本店及支店处理时的经费分配额
其他	会议费、典礼费、记录工程实绩等费用，其他上述内容不包括的费用

表 9-3　一般管理费

费　　用	内　　容
董事报酬	董事、监察人的报酬
工作人员工资补贴	本公司及分公司工作人员的工资、各种补贴及奖金（包括奖金专款转入金）

（续）

费　用	内　容
退休金	本公司及分公司的董事、工作人员的退休金（包括工资专款转入额及退休养老金基金）
法定福利费	安慰、娱乐、被服租用、医疗、喜丧安慰等福利保健费用
修缮维护费	建筑物、机械、装置等的修缮维护费，仓库物资的管理费等
办公用品费	办公用消耗品，不计入固定资产的办公用备品费、报纸参考书等的购置费
通信交通费	通信费、旅费及交通费
动力、水、照明、燃料费	电力、上下水管道、煤气等费用
调查研究费	技术研究、开发等费用
广告宣传费	广告、公告或宣传等费用
营业债权欠款偿还	根据营业成交、发包领取的票据，对未收回的完成工程款损失及欠款的转入额。但非常情况除外
交际费	顾客、来客的招待费，喜丧问候、中元年终礼品费用等
捐款	向社会福利团体等的捐款
地租房租	办公室、宿舍、公司职工住宅的租地租房费
折旧额	折旧资产的折旧费
试验研究费摊销	为新产品或新技术研究而特别支出的费用摊销
开发费摊销	为新技术或采用新经营组织、资源的开发及开拓市场而特别开支的费用的摊销
捐税	不动产所得税、固定资产税及其他捐税
保险费	火灾保险及其他损害保险费
杂费	公司内部洽商等费用和团体会费及不属于一般管理费项目的其他费用

2）共通临时设施费的计算。关于表 9-1 的内容依据费用的累计计算或根据过去的实际资料，按照对直接工程比率（以下称"共通临时设施费率"）来计算。

3）现场管理费的计算。关于表 9-2 的内容，根据过去实际的纯工程费比率（以下称"现场管理费率"）计算。

4）一般管理费等的计算。关于表 9-3 的内容和附加利润，按所列于工程原价的比率计算。另外，关于合同保证金，必要时以其他方法计算。

3. 建筑工程标准定额

日本建设省制定颁布的《建筑工程标准定额》相当于我国建设部批准发布的全国统一建筑工程基础定额，将建筑工程分为不同的种类（分项工程），再将其细化成单位工程，以列表的形式列出单位工程人工材料、机械的消耗量以及分包经费。其中分包经费是以"一套"（lump，sum）计算，属于经验数据。

（1）定额内容构成及其解释　定额表中的数量、单价等的意义或计算标准如下：

1）数量：包括通常发生的切割损耗在内的材料数量。

2）材料单价：材料单价即运抵现场的价格。

3）机械器具折旧：以"建设机械等折旧算定表"为标准。

4）搬运车辆运费：以"一般货物汽车运送车辆运费"为标准。

5）劳务单价：指三省联络协议会确定的公共工程设计劳务单价。

6）其他：指分包经费等，按有关表格规定的范围予以确定。

7）复合单价：指在各细目中的材料费、附属品、杂材料以及其他的数值中的1~2个与其规定的各单价分别相乘后的合计。

（2）建筑工程标准定额 标准定额将建筑工程按科目分类，各科目细分为不同的细目，针对每个细目予以列表，列明单位工程的人工、机械、材料的标准消耗量。建筑工程科目的分类有临时设施、土方工程、基础工程、混凝土工程、模板、钢筋工程、钢结构、预制混凝土、防水、砌石工程、瓷砖、水工、金属工程、瓦工等。其中临时设施及土方工程定额的构成及计算、使用方法如下。

1）临时设施：

①临时设施资材价格按租费（资材价格×供用每天的折旧率×设计供用天数）或资材价格×折旧率计算。

②临时设施价格按折旧率计算。

③移动式起重机以卡车式起重机（液压式）为标准计算租金。但是，吊装80t以上时，以其他方法加算分解装配费。

④临时设施的定额分两类，一类为共通临时设施，另一类为直接临时设施。共通临时设施的定额包括临时围栏、临时钢板敷设、卡车式起重机（液压式）分解装配费（每次）、轮式起重机（液压式）分解零部件的搬运、轮式起重机（液压式）分解零部件的搬运（每往返一次）等。其中临时围栏的定额见表9-4。

表9-4 临时围栏

名　　　称	摘　　　要	单位	高度/mm		备注
			3000	2000	
临时围栏铁板	厚度1.2mm	m²	3.15	2.10	
圆管		m	9.36	6.24	
工长		人	0.049	0.039	
普通作业员		人	0.24	0.19	
杂费			一套	一套	劳务费的8%
其他			一套	一套	

注：1. 杂费指榔头、手摇旋转机、支架、脚手板、螺栓、夹钳等的费用。

　　2. 超过三年时另外考虑。

直接临时设施的定额包括做法、放线、框组式双排脚手架、单管双排脚手架、单管脚手架、安全扶手、斜道、钢筋、框架脚手架、主体支护工程、框组式棚脚手架、内部脚手架、灾害防治、养护防护棚、防护及整理清扫后处理等。其中做法的定额见表9-5。

2）土方工程：土方工程定额的适用土质为土砂，定额内容包括基础开挖（分挖基槽及挖基坑、无支撑带挡土墙的大开挖、水平横枋木方式支撑带挡土墙的大开挖、地脚螺栓方式支撑带挡土墙的大开挖、小规模土方、人工挖土方等）、挖至基槽底、桩间疏浚、回填土（针对挖基槽及挖基坑、带挡土墙的大开挖、小规模土方开挖、人工土方开挖等）、填土、平整夯实、夯实、压平、装载、挖出土的搬运等。其中使用 0.6m³ 反铲挖土机挖基槽及挖基坑的定额见表 9-6。

表 9-5 做 法

名 称	摘要	单位	每一处		建筑面积每平方米		备注
			平法	角法	一般	小规模、复杂	
切口圆木	细端 175mm $L = 1800$mm	根	2	3	0.15	0.2	90%
窄板	15×90mm	m²	0.005	0.01	0.0004	0.0006	90%
钉子		kg	0.014	0.028	0.001	0.002	100%
木工		人	0.08	0.12	0.006	0.008	
普通操作员			0.08	0.12	0.006	0.008	
其他			一套	一套	一套	一套	

注：备注栏的数值表示折旧率。

表 9-6 基础开挖、挖基槽及挖基坑定额

名 称	摘 要	单 位	数 量	备 注
反铲挖土机运输	0.6m³	日	0.010	
普通作业员		人	0.015	
其他			一套	

4. 日本建筑工程工程量清单的标准格式

（1）建筑工程工程量清单标准格式　建筑积算是以设计图样为基础，计量、计算构成建筑物的各部分，对其结果进行分类、汇总，对工程价格予以事先预测的技术。将分类、汇总的内容编制成文件，就是建筑工程已标价的工程量清单（以下简称清单）。积算价额的构成见图 9-3。

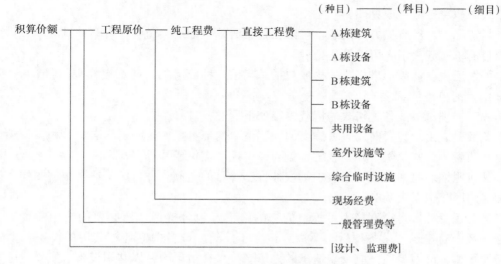

图 9-3　积算价额的构成

另外，关于对应工程量清单细目数量的计量、计算，参照《建筑数量积算基准》。

在本格式中，规定工种别方式和部分别方式两种格式。在实际操作上，可按相关协议选定格式，需要时，相应部分可以采用其他方式。

在构成建筑工程量清单标准格式的两种格式中，工种别工程量清单标准格式是以工种、材料为对象，计算各部分的价额，按工程的顺序予以记载的方式。这是将传统的积算方式进行格式化。关于直接工程费的科目是以工种为基准予以分类，即从基础到主体、装修工程，按工程顺序进行排列。部分别工程量清单标准格式是对工种别方式的进一步发展，是累计各个部分、部位的价额，算出积算价额的方式。

建筑工程量清单标准格式的构成见表9-7。

表 9-7　工程量清单标准格式的构成

工种别工程量清单标准格式	部分别工程量清单标准格式
总额书	总额书
种目清单	种目清单
科目清单	大科目清单
细目清单	中科目清单
	小科目清单
	细目清单

按表9-7进行分类、汇总积算清单的，即构成了积算价额的总额书及种目清单，对于工种别格式与部分别格式这是相同的，两种格式的实际差异在于科目清单和细目清单。另外，本格式可以作为承包者向发包者提交的估算清单（工程估价单）或者在承包合同签订后提交的支付清单的标准格式。

1）工种别工程量清单标准格式。工种别工程量清单标准格式（以下称工种别格式）主要以工种、材料为对象，计算各个部分价额，是以大概的工程顺序进行记载的方式。基于工种别格式的积算价额构成见图9-4。

但是实际上，经有关方的同意，可以在科目清单中记载共通费，省略种目清单。科目清单与细目清单一起表示，可以简化记载。

工种别工程量清单标准格式的构成包括总额书、种目清单（明细表）、科目清单（明细表）和细目清单（明细表）。

构成工种别清单的各种格式的记载内容如下所述：

①总额书。由承包者向发包者提交的积算清单的扉页上，列明工程名称、积算价额、消费税额及两者的合并总额，并记载工程概要、工期、支付条件等。

②种目明细表。在种目明细表中记载种目和种目的金额。种目区分通常根据图样、设计书。种目的区分根据表9-8。

直接工程费种目是指直接为工程目的物的施工（包含材料）所必要的费用。直接工程费按栋号区分为建筑、设备种目。不适合包含于建筑、设备中的各栋共用的设备、室外设施、场地平整、拆毁等项，应设立适当的种目名称。在清单中，以共用设备、室外设施等名称表示。

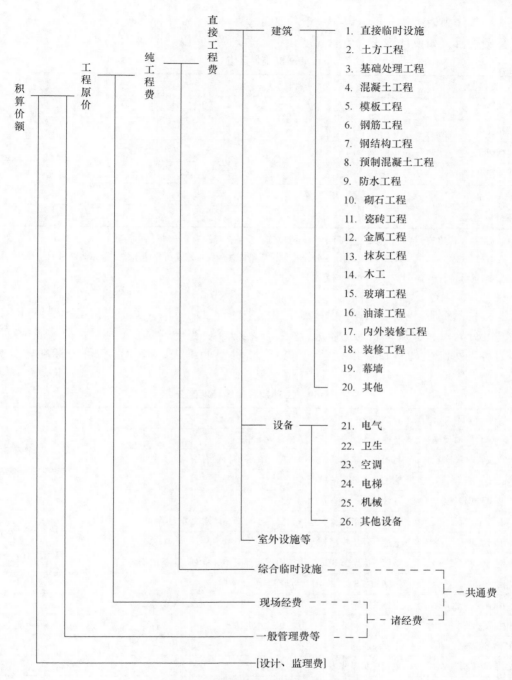

图 9-4　工种别格式的积算价额构成图

共通费种目包括：

a. 综合临时设施费。

b. 现场经费，现场经费以"一套"表示，不需要记载明细。

c. 一般管理费等，一般管理费等以"一套"表示，不需要记载明细，有必要时，与现场经费一起作为诸经费，可以以"一套"表示。

特例种目，如设计施工发包时的"设计、监理费"，以［］表示。

表9-8　种目区分

直接工程费种目	共通费种目	特例种目
A栋建筑	综合临时设施	设计、监理费
A栋设备	现场经费	
B栋建筑		
B栋设备		
共用设备	一般管理费等	
室外设施等		

注：1. 将A栋建筑、A栋设备2个种目记为A栋建筑、设备，可作为1个种目。

　　2. 栋数为1栋时，或者其他栋规模小时，将种目清单的共通费记载在科目清单中，可以省略种目清单。

　　3. 直接临时设施费包含在直接工程费中。

③科目明细表。在工种别工程量清单格式中的科目清单中，关于直接工程费种目，以工种为基准分为科目，从基础到主体进行大概工程分类。当建筑物为1栋时，把共通费等的种目作为科目明细表的科目予以记载，可以省略种目明细表。工种别科目的标准区分见表9-9。

表9-9　工种别科目的标准区分

科目	标准区分
（0. 综合临时设施）	省略种目明细表时记载于科目清单中
1. 直接临时设施	与工程直接相关的临时设施，在各种目中通用
2. 土方工程	挖土及基础下的填土、挡土墙、排水等
3. 基础处理工程	各种桩基、特殊基础等
4. 混凝土工程	现场浇筑混凝土、室内素混凝土地面及防水混凝土等
5. 模板工程	上述混凝土模板
6. 钢筋工程	钢筋混凝土（RC）、钢结构钢筋混凝土（SRC）结构的钢筋
7. 钢结构工程	钢结构（S）、钢结构钢筋混凝土（SRC）结构
8. 预制混凝土工程	主体及装饰用预应力混凝土（PC）、SPC、ALC、CB等
9. 防水工程	主要按材料或工种区分，包括水泥防水
10. 砌石结构	主要按材料或工种区分
11. 瓷砖工程	主要按材料或工种区分，包含砖
12. 木工	主要按材料或工种区分
13. 金属工程	主要按材料或工种区分
14. 抹灰工程	主要按材料或工种区分
15. 玻璃工程	主要按材料或工种区分
16. 油漆工程	主要按材料或工种区分，包含各种材质的喷漆
17. 内外装修工程	主要按材料或工种区分

（续）

科　　目	标　准　区　分
18. 装修工程	单元式制品、建筑器具、家具等
19. 幕墙	预制混凝土，金属器具
20. 其他	对于特殊的并不属于 2-19 科目中的材料及工种在本科目处理
（诸经费）	（省略种目清单时记载于科目清单）
（设计费）	（省略种目清单时记载于科目清单）

④细目明细表：

a. 细目明细表记载属于各科目中明细内容的数量、单价、金额。

b. 细目原则上将材料费、劳务费、器具工具类的折旧、搬运费等以及专业承包商的经费等概括在一起，作为相应工程内容的复合细目。但是，若有必要时可以不按复合细目记载，可以将此作为个别细目记载。细目的记载要领以工种别工程量清单记载实例作为标准。

c. 临时设施的费用、机械器具、搬运费等可以按各科目区分，即专用临时设施为该科目的细目，在几个科目中通用的为直接临时设施，全部为综合临时设施。

d. 在摘要栏中记载材料种类、材质、形状、尺寸、施工方法、列出其他单价的条件等。

e. 作为估算清单或承包金额清单部分支付或工程变更处理时，可以设置适当的细目或在备注栏中记载其明细。

2）部分别工程量清单标准格式（部分别格式）。部分别工程量清单标准格式是将建筑物的价额构成分摊到部分或部位，按这种分类算出积算价额。

各部分或部位的价额分类体系见图 9-5。

部分别工程量清单标准格式的构成包括总额计算书、种目清单、大科目明细表、中科目明细表、小科目明细表和细目明细表。

构成部分别工程量清单格式的记载内容如下：总额书（同工种别工程量清单标准格式）、种目明细表（同工种别工程量清单标准格式）、科目明细表。

在部分别工程量清单格式中的科目明细表见图 9-5，通常分为大科目、中科目和小科目三个阶段进行累计估算。

大科目明细表是指将直接工程费的各种目区分为大科目明细记载。例如，A 栋建筑情况的大科目与记载顺序包括：直接临时设施，土方、基础处理，主体结构以及外部装修及内部装修（图 9-5）。

中科目明细表是在大科目明细表中再细分为中科目明细记载。中科目为大科目和小科目的中间阶段，中科目名和记载顺序按图 9-5 进行分类。

小科目明细表是在中科目明细表中再细分为小科目明细记载，见图 9-5。

细目明细表内容如下：

①细目为表示积算价额明细表（标价的工程量清单）的最小项目。

②外部装修、内部装修的小科目见图 9-5，按主要装饰材料分类，装修细目原则上将表面处理、主装修、底层处理及附属品合成为合成细目。

合成细目构成：表面处理、主装修、底层处理及附属品。

③构成合成细目的框架底层、底面（板）类、防水层等不在主装修上合成，可以将这

些分类作为细目表示。例如，由于有防水层的屋面的装修在主装修的细目中不把防水层包含在合成素材中，可以把防水层（包含底层）作为以主装修为基准的细目。

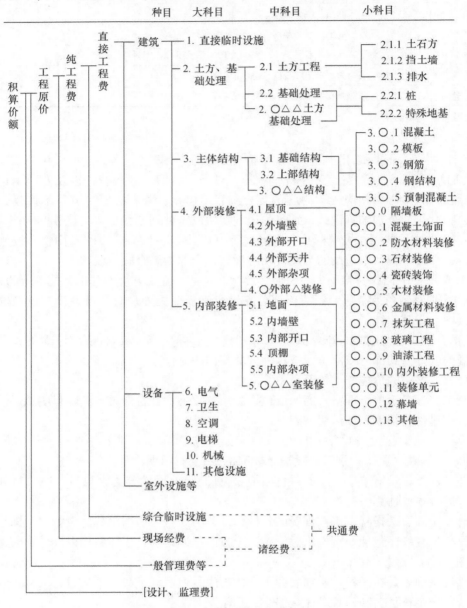

图 9-5 部分别格式的积算价额构成

④关于合成细目或其他合成单价，有必要时可以按下列任何一种方法表示：以备注栏表示；以替代合成细目的其他明细作为细目；添加合成细目明细表。

⑤附属于端壁的踢脚板、墙裙等，附属于顶棚的顶棚周边框等属于特殊制品，作为其主踢脚板、墙裙、墙壁的附属按顺序记载。

⑥外部装修、内部装修的细目可以不按合成细目，而按工种别的细目。

⑦关于主体结构，必要时添加主体结构部分别合计表。

⑧临时设施的费用、机械器具、搬运费等在各个科目可以区分的作为专用临时设施包含在合成细目中，对于不适合包含在合成细目中的部分，作为该科目的细目。几个科目共同使用的直接临时设施全部作为综合临时设施。

⑨摘要栏记载材料种类、材质、形状、尺寸、工艺及其对应单价的条件等。

⑩在估算明细表或承包金额明细表部分支付或作为工程变更处理的情况下，设置适当的细目或在备注栏中记载其明细。

（2）建筑设备工程量清单的标准格式

1）清单的构成。建筑设备工程量清单由种目清单、科目清单（必要时可设中科目清单）、细目清单构成。

"建筑设备工程量清单的标准格式"是用于编制设备工程量清单的标准格式，展示直接工程各工程种目的分类、记载方法、要领等的标准解决方法，但是根据需要，可以省略科目清单。在种目清单中记载科目清单，或者将科目清单与细目清单总括在一起表示。

2）清单的内容。构成工程量清单的各清单记载内容如下：

①种目清单。在种目清单中记载直接工程费、共通费种目的金额及消费税。

直接工程费是指为了工程标的物的施工所需的直接必要的费用（含材料费）。直接工程费种目按照设计图样及技术说明书分为"各个建筑物""室外""建筑工程"等。

共通费种目包括共通临时设施、现场管理费及一般管理费等。

其他种目。在设计施工发包等情况下，当有必要将"设计、监理费"记载于清单中时，作为目记载于种目清单中，但是当省略种目清单时，可将其作为与一般管理费等相仿的科目记载于科目清单中。

②科目清单。科目清单是以直接工程费种目中的工种为种基准区分科目、并记载其科目的金额。但是，当建筑物为一栋时，将科目清单中的科目记载于种目清单中，可以省略科目清单。有必要时，就科目清单的种类，按照其内容区分为中科目，并可以记载中科目的金额。具体内容见表 9-10。

表9-10　科目及细目清单的内容

科目的种类	细目的种类	科目的种类	细目的种类
空调设备	直接吸收式冷热水机	电灯设备	发电机
换气设备	矩形管道	内部交换设备	电缆漆
给水设备	冷却水配管		

③细目清单。细目清单是指在属于各科目或中科目的每一细目中，记载数量、单价。

临时设施的费用、机械器具、搬运费等可以在各科目中区分的，就是专用临时设施，作为该科目的细目。

备注栏记载对应材种、材质、形状、尺寸、工艺、其他单价的条件等。

当估算清单或承包金额清单需要与部分支付或变更处理相关联时，制定适当的细目，并在备注栏中记载其详情。

9.2 英国工程造价管理

9.2.1 英国工程项目造价管理体系

英国同其他的西方国家一样，依据建设项目的投资来源不同，政府投资工程和私人投资工程的工程造价管理方式也不同，但二者之间仍然有一些相同的做法。

对于政府投资的公共工程项目，必须执行统一的设计标准和投资指标。例如，卫生及社会保健部对国家投资医院的设计，按照不同的医院类型规定了每个病人、每个床位或每间房间的投资指标，工料测量师要协助建筑师核算和监控。对于私人投资的工程项目，在不违反国家的法律、法规的前提下，英国政府不干预私人投资的工程项目建设。

英国的工程造价管理是通过立项、设计、招标签约、施工过程结算等阶段性工作，贯穿于工程建设的全过程。工程造价管理在既定的投资范围内随阶段性工作的开展不断深化，从而使工期、质量、造价和预算目标得以实现。这些都是和工料测量师在工程建设全过程中的有效工作分不开的。

1. 英国开展建筑活动的主要步骤

建筑过程的各个阶段大致见图9-6。

在建筑过程的各个阶段，不同的参与者按计划行使各自的职责。图中各步骤的具体内容如下。

（1）方案设想及立项评估 业主形成概念，决定开发某片土地或从事某项建筑活动，指定建筑师，向建筑师阐明其建筑要求和投资限额（即本项目可以动用的最大资金额度）。

在这一阶段中需要业主、工料测量师、建筑师、工程师、银行家和律师的参与。有可能需要召开许多次会议来讨论一些问题。总之，在项目建设之前，许多具体问题必须得到解决。要对初步的预算进行评估，对设计方案进行比较。

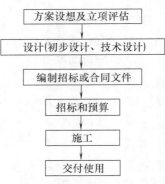

图9-6 建筑过程的各个阶段

在本阶段，还需要上报政府的计划委员会，搞清楚各项法规的要求以及计划部门对拟建项目的意见。业主的律师要研究有关的法律规定；技术人员要检查土地的测量资料、土壤报告、附属建筑物、设施要求、地下结构及城市规划要求等。

（2）设计（初步设计、技术设计） 由业主指定的建筑师进行项目可行性研究，并根据业主提出的方案结合拟建项目的功能、造价、质量和工期等要求开展设计。

立项评估阶段结束之后，初步设计阶段即开始。根据初步设计的图样和技术说明书，工料测量师编制出工程量清单（工程量表）。建筑师审查初步设计文件和预算，所有初步设计文件呈送业主审批。

通常情况下，业主和建筑师将对这些文件进行若干修改。初步设计一旦确定下来，最终技术设计阶段就开始了，技术设计文件更加详细和费时。由于建筑和工程结构图确定了工程范围，工程量清单将更加详细和准确。工料测量师（或计划工程师）将编制施工进度计划，进度计划应反映出项目实施所需的合理时间。

（3）编制招标合同文件 由业主的咨询工程师（建筑师、工程师、工料测量师）负责选择在建设费用、工期和一般市场行情等诸方面适合于本项目的合同类型。然后，据以编制相应的合同文件，并通过招标选择合适的承包商来实施发包工程。

（4）招标和预算　通过公开招标或邀请招标等各种招标方式，将编制的招标文件或合同文件分发给所选定的承包商，承包商的估价师（estimator）根据工程量清单编制报价，使承包商对该工程进行投标。大多数情况下，招标文件中都有工料测量师编制的工程量清单，业主与中标者签订工程承包合同。通常情况下，如果不进行公开招标，业主和其工料测量师一起决定邀请一些承包商提交项目的报价，就私人工程来说，一般邀请 6 ~ 8 家承包商。在招投标过程中还要涉及各种保证，如投标保证、履约保证等（本文就此还有详细介绍）。

（5）施工　中标的承包商按照业主提供的设计图样和技术规范进行施工。在施工过程中，承包商的项目经理及项目组成员与业主及其建筑师、工程师、工料测量师要密切合作，在施工过程中还要协调好与分包商、供应商的关系。

（6）交付使用　工程完工，立即移交业主进行验收，由建筑师代理业主核实该建筑物及其服务设施的性能是否已达到业主的预期目标。同时，建筑师负责就今后如何对建筑物进行维护工作提供必要的指导，并向业主交付各建筑物及电气、给排水等服务设施项目以及全部竣工图样。

2. 建筑过程各阶段的主要参与者

建筑过程各阶段的主要参与者见表 9-11。

表 9-11　建筑过程各阶段的主要参与者

参　与　者	方案设想	设计	文件编制	招标与预算	施工	交付使用
业主	▲					○
建筑师		▲	○	○	○	▲
工料测量师		○	▲	○	○	
结构工程师		▲	○		○	
服务设施工程师		▲	○		○	○
主承包商		■	■	▲	▲	○
国内分包商					▲	○
专业分包商					▲	○
法定管理机构		○				○
项目经理	■	■		■	■	■

注：▲主要参加者；■协调期间的参与者；○受邀参与者。

9.2.2　英国工程造价的构成和计算规则

英国的工程项目管理的一个重要特点就是工料测量师（quantity surveyor）的使用。在建筑工程工料测量领域里，从事工程量计算和估价及与合同管理有关的人士传统上根据其是代表业主还是代表承包商又有不同的叫法。人们将受雇于业主或作为业主代表的称为"工料测量师"，或称做业主的估价顾问；将受雇于承包商的称为"估价师（estimator）"，或称为承包商的测量师。但两者的技术能力与所需资格并没有绝对的界限划分，比如以前为某业主代表的工料测量师，以后也可能受雇于其他承包商作为其工程估价师。

工程量的测算、计算方法是工料测量的基础，由于英国没有统一的价格定额，《建筑工程工程量标准计算规则》就成为参与工程建设各方共同遵守的计算基本工程量的规则。

对于建筑工程，由皇家测量师学会组织制定的《建筑工程工程量标准计算规则》（Standard Method of Measurement of building Works，SMM）应用最为广泛，现行的是 1987 年修订的第 7 版（standard Method of Measurement of Building Works：Seventh Edition，SMM7）。对于土木工程，应用的则是英国土木工程师学会编制的《土木工程工程量标准计算规则》（Civil Engineering Standard Method of Measurement：Third Edition，CESMM3）。

1. 英国建筑工程计价的依据和模式

在英国传统的建筑工程计价模式中，一般情况下都在投标时附带由业主工料测量师编制的工程量清单，其工程量按照 SMM 规定进行编制、汇总构成工程量清单。工程量清单通常按分部分项工程划分。工程量清单的粗细程度主要取决于设计深度，与图样相对应，也与合同形式有关。在初步设计阶段，工料测量师根据初步设计图样编制工程量表，在详细的技术设计阶段（施工图设计阶段），工料测量师编制最终工程量表。在工程招投标阶段，工程量清单的作用首先是供投标者报价用，为投标者提供一个共同竞争投标报价的基础；其次，工程量清单中的单价或价格是施工过程中支付工程进度款的依据；另外当有工程变更时，其单价或价格也是合同价格调整或索赔的重要参考资料。承包商的估价师参照工程量清单进行成本要素分析；根据其以前的经验，收集市场信息资料、分发咨询单、回收相应厂商及分包商报价，对每一分项工程都填入单价以及单价与工程量相乘后的金额，其中包括人工、材料、机械设备，分包工程、临时工程、管理费和利润。所有分项工程价额之和再加上开办费、基本费用项目（这里指投标费、保证金、保险、税金等）和指定分包工程费构成工程总造价，一般也是承包商的投标报价。

（1）工程建设费的组成　在英国，一个工程项目的工程建设费从业主的角度由以下项目组成：

1）土地购置或租赁费。

2）现场清除及场地准备费。

3）工程费。

4）永久设备购置费。

5）设计费。

6）财务费用，如贷款利息等。

7）法定费用，如支付地方政府的费用、税收等。

8）其他，如广告费等。

其中，工程费由以下三部分组成。

①直接费，即直接构成分部分项工程的人工费、材料费和施工机械费。一般人工费约占 40%，材料费约占 50%，施工机械费约占 10%。直接费还包括材料搬运和损耗附加费、机械搁置费、临时工程的安装和拆除以及一些不组成永久性构筑物的消耗性材料等附加费。

②现场费，主要包括驻场职员、交通、福利和现场办公室费用，保险费以及保函费用等等，占直接费的 15% ~ 25%。

③管理费、风险费和利润，约占直接费的 15%。

（2）英国皇家特许测量师学会的建筑工程工程量计算规则　英国皇家特许测量师学会

（RICS）于 1922 年出版了第 1 版《建筑工程量标准计算规则》（SMM），几次修订出版。1988 年 7 月 1 日正式使用其第 7 版，即"SMM7"，并在英联邦国家广泛使用。英国工程量计算规则将工程量的计算划分成 23 个部分。

1）开办费及总则（preliminaries/general conditions）。主要包括一些开办费中的费用项目和一些基本规则。费用项目中划分为业主的要求和承包商的要求。

业主的要求包括：投标/分包/供应的费用，文件管理、项目管理费用、质量标准、控制的费用，现场保安费用，特殊限制、施工方法的限制、施工程序的限制、时间要求的限制费用，设备、临时设施、配件的费用，已完工程的操作、维护费用。

承包商的要求包括：现场管理及雇员的费用，现场住宿、现场设备、设施费用，机械设备费用，临时工程费用。

同时还有对业主指定的分包商、供货商、国家机关如煤气、自来水公司等的工作规定。计日工工作规则等做了说明。

2）完整的建筑工程（complete buildings）。

3）拆除、改建和翻建工程（demolition/alteration/renovation）。内容包括：拆除结构物，区域改建，支撑，修复、改造混凝土、砖、砌块、石头。对已存在墙的化学处理，对金属工程的修复、更改，对木制工程的修复、更改，真菌、甲虫根除等。

4）地基（groundwork）。内容包括：基础工程的计算规则，分为地质调查、地基处理、现场排水、土石方开挖和回填土、钻孔灌注桩、预制混凝土桩、钢板桩、地下连续墙、基础加固。

5）现浇混凝土和大型预制混凝土构件（in situ concrete/large precast concrete）。内容包括：混凝土工程、集中搅拌泵送混凝土、混凝土模板、钢筋工程、混凝土设计接缝、预应力钢筋、大型预制混凝土构件等。

6）砖石工程（masonry）。内容包括：砖石工程的计算规则，分为砖石墙身、砖石墙身附件、预制混凝土窗台、过梁、压顶等。

7）结构。主体金属工程及木制工程（structure/carcassing metal/timber）。内容包括：金属结构框架、铝合金框架、独立金属结构、预制木制构件等。

8）幕墙、屋面工程（cladding/covering）。内容包括：幕墙玻璃，结构连接件，水泥板幕墙，金属板幕墙，预制混凝土板幕墙，泥瓦、混凝土屋面等。

9）防水工程（waterproofing）。内容包括：沥青防水层，沥青屋面、隔热层、粉饰液体防水面层，沥青卷材屋面等。

10）衬板、护墙板和干筑隔墙板工程（linings/sheathing/dry partitioning）。内容包括：石膏板干衬板，硬板地面、护墙板、衬砌、挡面板工程，檩下、栏杆板内部衬砌，木地板地面，护墙板、衬砌、挡面板工程，木窄条地面、衬砌，可拆隔墙，石膏板固定型隔墙板、内墙及衬砌，骨架板材小室隔墙板，混凝土、水磨石隔墙，悬挂式顶棚，架高活动地板等。

11）门窗及楼梯工程（windows/doors/stairs）。内容包括：木制窗扇、天窗，木制门、钢制门、卷帘门，木制楼梯、扶手，钢制楼梯、扶手，一般玻璃、铅条玻璃等。

12）饰面工程（surface finishes）。内容包括：水泥、混凝土、花岗岩面层，大理石面块、地毯、墙纸、油漆、抹灰等。

13）家具、设备工程（furniture/equipment）。内容包括：一般器具、家具和设备，厨房设备，卫生洁具等。

14）建筑杂项（building fabric sundries）。内容包括：各种绝缘隔声材料，门窗贴脸，踢脚板、五金零件，设备的沟槽、地坑，设备的预留孔、支撑和盖子等。

15）人行道、绿化、围墙及现场装置工程（paving/planting/fencing/site furniture）。内容包括：石块、混凝土、砖砌人行道，三合土、水泥道路基础，围墙，各种道路，机械设备等。

16）处理系统（disposal systems）。内容包括：雨水管、天沟、地下排水管道，污水处理系统、泵，中央真空处理，夯具、浸渍机，焚化设备等。

17）管道工程（piped supply systems）。内容包括：冷热水的供应，浇灌水，喷泉，游泳池压缩空气，医疗、试验用气，真空，消防管道，喷淋系统等。

18）机械供热、冷却及制冷工程（mechanical heating/cooling/refrigeration systems）。内容包括：油锅炉、煤锅炉、热泵、蒸汽、加热制冷机械等。

19）通风与空调工程（ventilation/air conditioning systems）。内容包括：厕所、厨房、停车场通风系统，烟控，低速空调，通风管道，盘管风机，终端热泵空调，独立式空调机，窗、墙悬挂式空调机气屏等。

20）电气动力、照明系统（electrical supply/power lighting systems）。内容包括：发电设备，高压供电、配电、低压供电、公共设施供电，低压配电，一般照明、低压电，附加低压电供应，直流电供应，应急灯，路灯，电气地下供热，一般照明、动力（小规模）等。

21）通信、保安及控制系统（communications/security/control systems）。内容包括：电信，扩音系统，无线电、电视，幻灯，广告展示，钟表，数据传输，接口控制，安全探测与报警，火灾探测和报警，接地保护避雷系统，电磁屏蔽，中央控制等。

22）运输系统（transport systems）。内容包括：电梯、自动扶梯、井架和塔式起重机，机械传输，风动传输等。

23）机电服务安装（mechanical and electrical services measurement）。内容包括：管线，泵，水箱，换热器，存储油罐、加热器，清洁及化学处理，空气管线及附属设施，空气控制机，风扇，空气过滤，消声器，终端绝缘，机械安装调试，减振装置，机械控制，电线管和电缆槽，高低压电缆和电线，母线槽，电缆支撑，高压电开关设备，低压电开关设备和配电箱，接触器与点火装置，灯具，电气附属设施，接地系统，电气调试，杂项等。

（3）工程量清单（工程量表）　工程量清单的主要作用是为参加竞标者提供一个平等的报价基础。它提供了精确的工程量和质量要求，让每一个参与投标的承包商分别报价。工程量清单通常被认为是合同文本的一部分。传统上，合同条款、图样及技术规范应与工程量清单同时由发包方提供，清单中的任何错误都允许在今后修改。因而在报价时，承包商不必对工程量进行复核，这样可以减少投标的准备时间。

1）工程量清单的内容构成。工程量清单中的计价方法一般分为两类：一类是按"单价"计价项目，如土石方开挖按每立方米计价；另一类是按项包干计算，如按工程保险费这一项目计价等。编写工程量清单时要把有关项目写全，最好将所有工程量清单采用的图样号也在相应的条目说明的地方注明，以方便承包商报价。工程量清单一般由下述五部分构成。

①开办费（preliminary）。本部分的目的是使参加投标的承包商对工程概况有一个概括

的了解，内容包括参加工程的各方、工程地点、工程范围、可能使用的合同形式及其他。在 SMM7 中列出了开办费包括的项目，工料测量师根据工程特点选择费用项目，组成开办费。开办费中还应包括临时设施费用，如临时用水、用电、临时道路交通费，现场住所，围墙，工程的保护与清理等。

②分部工程概要（preambles）。在每一个分部工程或每一个工种项目开始前，有一个分部工程概要，包括对人工、材料的要求和质量检查的具体内容。

③工程量部分（measured work）。工程量部分在工程量清单中占的比重最大，它把整个工程的分项工程的工程量都集中在一起。分部工程的分类有以下几种。

a）按功能分类：无论何种形式的建筑，把其具有相同功能的部分组成在一起，可使工程量清单和图样很快地对照起来，但也可能使某些项目重复计算，对单价计算不很方便。

b）按施工顺序分类：按施工顺序分类的工程量清单是由英国建筑研究委员会开发的，其方法是按实际施工的方式来编制，但缺点是编制时间和费用太多。

c）按工种分类：采用按工种分类方法，一个工程可以由不同的人同时计算，每人都有一套图样和施工计划。其优点为：可以大大减少核对人员；工程量计算人员集中在一个工种上，对该工种较为熟悉，不必被其他工种内容所打扰；一旦某个分部工程计算完毕，可以立即打印，这样可以节省文件编辑时间。

④暂定金额和主要成本（provisional sum and prime cost）。暂定金额：根据 SMM7 的规定，工程量清单应该完整、精确地描述工程项目的质量和数量。如果设计尚未全部完成，承包商不能精确地描述某些分部工程，应给出项目名称，以暂定金额编入工程量清单。在 SMM7 中有两种形式的暂定金额：确定项目暂定金额和不确定项目暂定金额。

a）确定项目暂定金额是提供给尚未完成设计的工作的金额，同时承包商应提供下列信息：工作的性质与施工；关于该工作如何安装到建筑中去及安装到哪里；表明工作性质和范围；任何特殊限制。

b）不确定项目暂定金额是承包商在其合同项目、合同价格中，对于目标不明确的项目提供的金额。承包商报价时不仅包括成本，还有合理的管理费和利润。

不可预见费（contingency）：有时在一些难以预测的工程中，如地质情况较为复杂的工程，不可预见费可以作为暂定金额编入工程量清单中，也可以单独列入工程量清单中。在 SMM7 中没有提及这笔费用，但在实际工程运作当中却经常使用。

主要成本（prime cost）：在工程中，如业主指定分包商或指定供货商提供材料时，他们的投标中标价应以主要成本的形式编入工程量清单中。如分包商是政府机构（国家电力局、煤气公司等），该工程款应以暂定金额表示。由于分包工程款内容、范围与工程使用的合同形式有关，所以 SMM7 未对其范围做出规定。

⑤汇总（collections and summary）。为了便于投标者整理报价的内容，比较简单的方法是在工程量清单的每一页的最后做一个累加，然后在每一分部的最后做一个汇总。在工程量清单的最后把前面各个分部的名称和金额都集中在一起，得到项目投标价。

2）工程量清单的实例。工程量清单中的计价方法一般分为两类：一类是按"单价"计价项目，在工程量清单中此栏一般按实际单位计算。另一类是按"一揽子"（lump sum）包干计价项目，也有将某一设备的安装作为"一揽子"计价。表 9-12 和表 9-13 是未标价的工程量清单的一部分。

表 9-12　工程量清单（一般项目）

项目编号	项目说明（描述）	单位	数量	单价	金额
101	履约保证	一揽子	项		
102	工程保险	一揽子	项		
103	施工设备保险	一揽子	项		
104	第三方责任险	一揽子	项		
105	竣工后 12 个月的工程维修费	月	12		
106	其他				
112	为工程师办公室提供和配备设备	套	2		
113	维修工程师办公室及服务	月	24		
114	其他				
121	提供分支道路	一揽子	项		
122	分支道路交通管理及维修	月	24		
123	其他				
132	竣工时进行现场清理				
133	未包括在工程量清单中而应完成的合同义务				
	合计				

表 9-13　工程量清单（土方工程）

项目编号	项目说明（描述）	单位	数量	单价	金额
201	开挖表土（最深 25cm）废弃不用	m³	50 000		
202	开挖表土（25～50cm）储存备用，最远距离 1km	m³	45 000		
206	从批准的取土场开挖土料用于回填，运距 1km，堆积备用	m³	258 000		
207	岩石开挖（任何深度）弃渣	m³	15 000		
208	其他				

2. 费用项目构成

（1）直接费　承包商的总成本一般是由以下各种成本要素构成：人工及其相关费用，机械设备、材料、货物及其一切相关费用，临时工程，开办费、管理费，对于其报价还应计入承包商的利润，以上总计为承包商的预算价额。通常在编制项目成本预算时，承包商的估价师应该首先为这些成本要素确定一个能够统括一切的总费率，并用这一费率为工程量清单开列的每个计量项目分别计算其单价。

1）人工费。人工费通常是由劳工工资及法定雇用成本两部分组成。在英国，当计算每个劳工的综合人工费率时，除了全国建筑业联合委员会规定的每周工作最少 39h 的基本工资之外，还要计算由以下因素所引起的各种附加成本：

a）《国家劳动法》津贴；b）工时保证，例如，遇到雨天等恶劣天气，劳工工资仍应照付不误；c）规定的最低限度的红利或奖金；d）非生产性超时工作加班费；e）超产奖金；f）病假工资；g）培训及商检局税捐；h）国家保险费；i）退休、养老基金；j）解雇、解职或遣散费。

上列基本工资及附加成本合在一起的总费用即统称"综合小时费率"，如用于计算工程量清单所列各计量项目的单价，则称为"综合价"。还有一种费率叫"净小时费率"，即在计算项目单价时，只考虑基本工资（不含任何附加成本），所有附加费的成本通常都放在工程量清单的预备费部分予以单独作价。下面以一名技工的年人工费用及综合费率进行举例说明（表9-14）。

表 9-14　技术工人年人工费及综合费率计算表

货币单位：英镑

基本小时工资 × 工时数：	
2.37 × 1794	4251.78
恶劣天气：	
基本小时工资 ×60	
2.37 ×60	142.20
基本工资总额	4393.98
要保证的奖金最低额：	
47 周，按每周 39h 12.87 英镑计：	604.89
非生产性加班小时：	
基本小时工资 × 小时数	
2.37 ×85	201.45
公众假日：	
基本小时工资 ×8h ×8d	
2.37 ×8 ×8	151.68
病假工资：	
9 天，每天 7.00 英镑	63.00
实付工资总额	5502.88
国民保险：取实付工资总额的 12.2%	671.35
C. I. T. B. 费：取实付工资总额的 2%	110.06
一年休假及抚恤金	
10.15 ×47 周	477.05
小型工具费：	
取实付工资总额的 2.5%	137.57
工地人工监理费：	
取实付工资总额的 6.5%	357.69
实付工资总额加附加费	7256.56
遣散费：	
实付工资总额加附加费的 1.5%	108.85
保险：	
实付工资总额加附加费的 2%	145.13

（续）

	全年费用总额	7510.58

技工综合费率计算：

技工全年费用总额 = 7510.58 英镑

总工时 = 1794

故，综合费率 = 7510.58 英镑/1794h = 4.19 英镑/h

2）机械设备费。由于建筑工程大都以使用机械设备为主，因而在计算工程成本时，正确计算设备成本十分重要。一个比较现实可行的方法是，首先确定工程施工所需机械设备，以及这些设备在施工现场的使用期限。另外，选用的设备类型及其计划用途也会影响设备成本在预算中的分摊或分配情况。

至于各种机械设备总的小时成本，通常都可向设备租赁公司和建筑公司内部的设备主管部门查询，或者查阅公开发行的设备租赁费标准（一览表），也可按照预算编制的基本原则通过核算求得（表9-15）。

表9-15　小时单价构成计算实例 （货币单位：英镑）

假设：某项施工设备的资本成本为15 000 英镑，其估价工作寿命为5 年，每年运行1 800h；折旧值2 500 英镑；借贷资本的年利息为12.5%

资本成本	15 000.00
年利息12.5%	9 375.00
年维修费10%	7 500.00
年保险费300 英镑	1 500.00
5 年总价	33 375.00
最低折旧值/5 年租赁率/年均租赁率	2 500.00/30 875.00/6 175.00
每小时租赁费	3.43

3）材料成本。按规定，任一工程项目的材料单价应大致包括购买费、运杂费、装卸费、仓储费、搬运费、加工费、空返费和损耗费。总之，对每种材料，只需将上述各项的综合成本除以工程施工所需的材料总量，即可得出各种材料的单位成本。

4）分包费。估价师在估价时应编制出需要分包出去的项目和工程量清单。与材料的情况相同，在一项工程投标前就向几家分包商进行询价，在收到分包商的报价之后，必须对报价进行比较分析，进而选定分包商。中选的分包商的单价将要加到估价中去，同时要考虑列分包商进行监督管理和提供其他服务的费用。加到总承包商下属的分包商或业主指定分包商身上的利润可以在估价阶段加入，也可以留在投标会议之后再加入。估算材料和分包商费用的差别是，在大多数情况下，材料费与施工机械费及人工费一起形成分项工程的成本单价，而分包商报的单价在许多情况下加上监督费之后单独开列。

作为初步研究的一部分，要分包出去的工程应该由总承包商的估价师事先确定下来。在决定哪些工程要分包时，需考虑的因素主要包括该项工程的专业性及合同规模大小。大多数承包商根据行业划分，确定他们通常要分包出去的工程类型。大多数承包公司都保有一份适合各种类型工程的认可分包商名单，当做其估价师比较分包商报价时的参考手册。总包商选择分包商主要考虑下列因素：总承包商管理分包商的费用、材料、材料费用、生产率及管理人员的控制和效率。

5）项目直接费单价计算示例。项目直接费单价计算示例见表 9-16。

表 9-16　硬土开挖土石方单价计算表

技术条件：挖至指定高程，最大挖深不超过 1.00m	
1. 估算依据	
（1）土壤类型：硬土	
（2）开挖方式：机械开挖	
（3）机械产量：14m³/h	
（4）基本费率：	
机械成本及操作人员费用：18.50 英镑/h	
2. 综合单价/英镑	
机械成本及操作人员费（8.50 英镑/h）	18.50
闲置时间（设为 25%）	4.63
成本/h	23.13
机械效率：14m³/h	
折合 1m³ 的成本（23.13/14）	1.65
3. 1m³ 单价	1.65 英镑

（2）管理费　建筑成本的每一要素（人工、机械设备及材料）一般都与现场的具体施工项目直接有关。为叙述方便起见，任何不属于某个具体施工项目的成本要素可一概称之为管理费。

1）现场管理费。现场管理费一般是指为工程施工提供必要的现场管理及设备开支的各种费用。该项费用或建筑成本只有在工程付诸实施时才会发生，因而称为直接成本，其内容包括维持一定数量的现场监督人员、办公室、临时道路、安全防卫、炊事设施及电力供应等成本。估价师在编制这部分成本时，宜考虑到工程预定的合同期限和设备的供应、安装、维护及其清理费用等开支。

2）公司总部办公管理费。这部分成本也可称为开办费或筹建费，其内容包括开展经营业务所需的全部费用，与现场管理费相似，它也并不直接与任何单个施工项目有关，而且也不局限于某个具体工程项目。只要承包商在从事经营活动，不管其是否接到合同，这项成本就始终存在。该项办公管理费包括的项目见表 9-17。

表 9-17　公司总部办公管理费

承包商管理费	数量/英镑
资本利息	8 500
银行贷款利息	5 000
办公室租金	6 250
各种税率	2 000

（续）

承包商管理费	数量/英镑
与工程承包合同无直接关系的员工薪水	70 000
办公室电话、取暖、照明费	1 800
各种手续费	4 000
文具费、邮资及杂项开支	3 500
公司养老金	10 000
办公室保险费	1 500
办公设备及其他未作价的小型设备折旧费	2 000
各级经理的费用及开支	10 000
与具体工程合同无直接关系的运输费，包括设备运行费	8 000
一般费用	1 450
公司一年经营总成本	134 000

承包商应划拨的管理费比例

公司年营业额假定为 1 775 000 英镑，管理费所占比例应为

$(134\ 000/1\ 775\ 000) \times 100\% = 7.55\%$

注：表中反映的并非管理费全部内容，而只是摘要列出一些经常性项目。

建筑公司的办公管理费，其开支大小主要取决于：年营业额、承接项目的类型、雇员能力与办事效率、管理费组成。

（3）风险金和利润 如果估计到发生亏损的可能性较大时，就要加入一笔风险金。利润通常根据当时的市场行情来估计。

3. 成本要素分析——业主指定分包商实施的工程

当该项目由业主指定分包商（nominated sub-contractors）时，其工程项目成本要考虑以下情况：

1）除合同条款另有要求外，由业主指定分包商施工的工程应另立一个不包括利润的金额数，一般将该金额称为主要成本，在这种情况下，可列出一个专供增加总承包商利润的项目。

2）由总承包商协助的项目应单独列项，内容包括：

①使用承包商管理的设备。

②使用施工机械。

③使用承包商的设施。

④使用临时工程。

⑤为指定分包商提供的办公和仓库位置。

⑥清除废料。

⑦指定分包商所需的脚手架（说明细节）。

⑧施工机械或其他类似设备的卸货、分配、起吊及安装到位的项目（说明细节）。

4. 成本要素分析——业主指定供货商（nominated suppliers）提供的货物、材料或服务

除合同条款另有规定外，由业主指定的商人提供的货物、材料或服务应列一个不包括利

润的金额数，一般将该金额称为主要成本，在这种情况下，可列出一个专供增加承包货物材料等的项目，应根据 SMM7 中有关条款处理的规定。所谓处理包括卸货、储存、分配及起吊，在工程量清单中应说明其细节，以便于承包商安排运输及支付费用。

5. 成本要素分析——由政府或地方当局实施的工程

除合同条款另有要求外，只能由政府或地方当局实施的工程应另列一个不包括利润的金额数，在这种情况下，可列出一个专供增加承包商利润的项目。

凡由承包商协助的工作，应另列项目，内容包括：

①使用承包商管理的设备。

②使用施工机械。

③使用承包商的设施。

④使用临时工程。

⑤为专业单位提供的办公和仓库位置。

⑥清除废料。

⑦指定分包商所需的脚手架（说明细节）。

⑧施工机械或其他类似设备的卸货、分配、起吊及安装到位的项目（说明细节）。

6. 成本要素分析——计日工作（day works）

在工程实施过程中，任何由于本身性质关系，属于变化不定、不能进行准确计量、估价的施工项目，其费用可以基于当时的现行价格按计日工费率计算。其计算方法通常是在工程量清单中加进一笔暂定金或备用金（多半是属于不确定项目暂列金额），计划用来支付日后可能产生的任何计日工施工项目所需的费用。列出这笔预备金的意图在于为那些不能按主要或直接成本进行估算的项目提供一个评估标准，因而在投标阶段，估价师就必须预留一定比例的人工、材料和设备的附加金额，以便必要时用来支付这些计日工项目所需的各种管理费、利润及其他种种费用（如由不确定气候因素引起的意外开支及发放奖金等）。

1）计日工费。计日工作的费用应另列一金额数，或分别列出各不同工种的暂定工时数量表。

2）人工费。人工费中应包括直接从事计日工作操作所需的工资、奖金及所有津贴（包括操作所需的机械及运输设备）。上述的费用应根据适当的雇佣协议执行，如无协议，则应按有关人员的实际支付工资计算。

3）材料费。计日工作的材料费应该另列一项金额数，或包括各种不同材料的暂定数量表。所列金额数应为运至现场的实际发票所列明的价格，即材料的进货价格，其中包括运输成本在内，但商业营销折扣除外；或者是指承包商将其原存货按现行价格作价后，再加上一定额度的搬运费或管理费。

4）设备费。专门用于计日工作中的施工机械费应该另外列一项金额数；或包括各种不同设备种类的暂定台时量表，或每台机械的使用时间。该项费用可按皇家特许测量师学会（RICS）颁布的现行设备费率一览表进行计算。施工机械费中应包括燃料费、消耗材料费、折旧费、维修及保险费。

5）其他项目。每项计日工作的人工、材料或施工机械费上可另列一个增加承包人的开办费、管理费及利润的项目。该项目常因公司不同而不同，这主要取决于下列因素：a）工程类型及其规模；b）工地所在地点与公司总部的位置；c）合同风险；d）订单情况；e）

建筑市场状况；f）竞争优势水平；g）地理区域；h）施工工期与建筑公司的产出率。

承包人的开办费、管理费及利润应包括：a）工人的雇佣（招聘）费用；b）材料的储存、运输和储存损耗费，承包人的管理费；c）计日工作以外的施工机械费；d）承包人的设施；e）临时工程；f）杂项项目。

7. 成本要素分析——暂定金（provisional sums）

暂定金有时也叫"待定金额或备用金"。这是业主在发出招标文件时，为数量不明确或不详的工作或费用所提供的一项金额，但不得另计利润。每个承包商在投标报价时均应将此暂定金额数计入工程总报价，暂定金额可用于工程施工、提供物料、购买设备、技术服务、分包项目以及其他意外支出，该款项可全部或部分动用，也可以完全不用，但在没有取得业主工料测量师许可的情况下，承包商无权使用此款项。为防止工程量清单中计列的各种暂定金在具体用途上含糊不清或发生偏差，SMM7明文规定，应将所有的暂定金区分为用途与项目明确的或不明确的两类。

1）不确定项目暂定金。一般来说，承包商在其合同项目、合同价格中，对于目标不明确的项目一旦需要任何额外费用，承包商便都可从暂定金中列支。不确定项目暂定金包括：临时应急工程、钢窗、用以连接业主建筑物边界围墙与围栏的附属工程。

2）确定项目暂定金。承包商在其拟定的合同项目、合同计划或合同价格中，对于目标已明确的项目都得为其设置暂定金。这样，今后万一需要，也就不至于再产生任何索赔或要求补偿等问题。但为了能够就这些项目的暂定金充分地作好计划安排，承包商事先必须设法了解并掌握工厂特征、规模、数量、质量和工程位置、施工方法、限制条件等工程信息。

9.2.3 英国的工程造价信息

在英国，建筑市场信息无论对业主还是对承包商都是必不可少的，它是工程估价和结算的重要依据，对建筑市场非常重要。在英国，有关建筑的信息和统计的资料主要由贸工部（Department of Trade and Industry）的建筑市场情报局（Construction Market Intelligence Division，CMID）以及国家统计办公室（Office for National Statistics，ONS）共同负责收集整理并定期出版发行。这是由官方发布的信息。同时各咨询机构、业主和承包商也非常注重搜集整理相关信息和保留历史数据，尤其是承包商，收集和整理工程造价信息对他们来说是作为其日后估价的依据，所以这些信息无论对工程造价专业人士还是对承包商都至关重要。

工程造价信息的发布往往采取价格指数（price indices）、成本指数（cost indices）的形式，同时也对投资、建筑面积等信息进行收集和发布。

建筑直接成本主要包括材料费、人工费和机械设备费，英国国家统计办公室定期收集有关建筑工程的各种相关数据，并汇总出版。贸工部的建筑市场情报局也定期公布有关各种建筑材料的市场价格及价格指数的波动情况。

9.3 美国工程造价管理

9.3.1 美国工程项目造价管理体系

1. 美国建设项目工程造价管理的特点

（1）结合工程质量及工期管理造价 在美国的工程管理体系中，并没有把造价同工期、质量割裂开来单独管理，而是把它们作为一个系统来进行综合管理。其理念是：任何工程必须在满足工程质量标准要求的前提下合理地确定工期；任何工程必须先有工程质量标准要求，然后才谈得上造价的合理确定；工程必须严格按计划工期履行，才有可能不突破预定的造价。

（2）追求全生命周期的费用最小 在美国，在计算出工程造价后，一般还要计算工程投入运行后的维护费，做出工程生命期的费用估算，并对工程进行全面的效益分析，从而避免片面追求低造价，而工程投产后维护使用费用不断增加的弊端。

（3）广泛应用价值工程 美国的工程造价的估算是建立在价值工程基础上的，在工程设计方案的研究和论证中，一般都有估价师的参与，以保证在实现功能的前提下，尽可能减少工程成本，使造价建立在合理的水平上，从而取得最好的投资效益。

（4）十分重视工作分解结构（Work Breakdown structure，WBS）及会计编码 为保证项目的顺利实施，对于大中型项目，还必须对所应完成的工作进行必要的分解，确定各个单元的成本和实施计划，这一过程称为工作分解结构。在 WBS 的基础上进行会计的统一编码。美国的项目参与各方历来十分重视 WBS 及会计编码，将其视为成本计划和进度计划管理的基础。

（5）对工程造价变更与工程结算的严格控制

1）工程造价变更。在美国一般只有发生以下事项时，才可以进行工程造价的变更：合同变更；工程内部调整；重新安排项目计划。

工程造价的变更需填报工程预算基价变更申请表等一系列文件，经业主与主管工程师批准后方可执行工程造价的变更。

2）工程结算。对于承包商未超出预算的付款结算申请，经业主委托的建筑师/造价工程师审查，经业主批准后予以结算；凡是超过预算 5% 以上的付款申请，必须经过严格的原因分析与审查。

2. 美国项目管理的常见模式及方法

（1）业主直接管理模式 该方式是项目管理的一种传统模式，在这种方法下，业主分别与设计机构和承包商签订设计和施工合同，业主直接对设计和施工工作进行管理；在施工阶段，业主则雇佣专业设计人员代替业主承担对承包商的管理、监督工作。

（2）设计—建造（Design—Building）模式 所谓设计—建造模式，就是在项目原则确定以后，业主只需选择唯一的实体即一个设计建造承包商负责项目的设计与施工，由设计建造承包商对设计、施工阶段的成本负责。

（3）建设管理模式（Construction Manage，CM） 该管理模式有两种，第一种为建设经理是业主的代理人，业主参加全部的合同协议的情形；第二种为建设经理同时也是建造者。

建设管理模式与以往的其他模式相比，主要特点是可以实现设计、招标、施工的科学有效地充分搭接，从而大大缩短整个项目的建设周期，并且可以有效地降低成本。

（4）代理式项目管理方式（Project Manage，PM） 代理式项目管理不是一种工程项目管理模式，而是为项目选定适当的咨询服务。在该方式下，项目经理被看做是可以代替业主的一个方便的工具，并且可以对按照不同方式建造（例如设计投标建造或者设计建造）的每个单独的项目或工地的完成交付进行监督。

代理式项目管理的目的是实现项目的三大目标控制，并向业主提供合同管理、信息管理和组织协调等服务。

3. 项目管理的最新进展及对工程造价的影响

（1）项目管理中的现代合作伙伴关系　20世纪80年代，美国管理学界提出在工程项目领域的合作伙伴管理思想和理念。合作伙伴思想的精髓在于要在工程建筑的服务提供者与服务购买者之间，用崭新的共担风险、相互合作的伙伴关系来替代原有的互不信任、利益冲突的对立关系。

这一思想以及实施方案先是在私营项目管理中被采用，随后美国的陆军工程师公司（The us Array Corps of Engineers，USACE）以及华盛顿州交通部（WADOT）、田纳西州交通部（TXDOT）等一系列政府部门开始在政府性项目中进行了积极的试验和应用，在降低工程造价、保证工程质量、缩短建设工期等方面起到了良好的作用。

（2）合同方式和定价方法的创新　近年来，美国在工程的定价方式上有了不少创新和改革，其目的是在保留业主投资控制、风险约束机制的同时，也融入对咨询顾问和承包商积极性的激励机制。这类合同有"固定价格激励费合同"（Fixed Price Incentive Fee，FPIF）与"成本加激励费合同"（Cost Plus Incentive Fee，CPIF）。其基本原则是：承包商如降低成本、提高质量会得到较高的利润；反之，其利润就会减少。

（3）项目计划和控制的技术手段的创新　美国在项目计划和控制的技术手段上也在不断创新，其中"已获价值技术"（Eared—value，Technique）是在原有的工作分解结构、横道（甘特）图和计划进度网络技术的基础上新开发的一种技术手段。

已获价值技术由三个基础模块组成，第一个模块称为计划内工作的预算成本（Bud-geted Cost of Work Scheduled，BCWS），BCWS表示预计完成某一特定任务的成本；第二个模块称为已完成工作的实际成本（Actual Cost of Work Performed，ACWP）；第三个模块为已完成工作的预算成本（Budgeted Cost of Work Performed，BCWP）。已获价值技术作为综合控制工程造价和进度的一个方法，在美国得到了广泛采用，国防部、能源部、交通部等要求承包商在特大型项目中使用这种方法。

（4）项目信息管理的进展　现代工程项目正呈现出如下的趋势：工程项目变得越来越复杂，专业化分工越来越细，项目的参与者越来越多，一个项目可能有几十个甚至上百个不同的合作伙伴，包括业主、设计师、承包商、建筑师、律师、承租人和保险商，所有这些合作伙伴都需要了解有关项目的一万条甚至更多的具体信息。以前，关于工程信息的传递及处理一直是相对比较落后的。

随着现代高新技术特别是互联网技术的不断发展，这一状况正得到改善，美国波士顿最老的建筑公司之一乔治B. H. 麦克姆贝公司的协作构造公司和其他十几家公司设立了一个名为"因特网项目管理"的网站。在这个网站上，所有合作伙伴可以看到、评论和修改其项目中的细节，可以更迅速地通知工人有关已做的修改，节省图样和邮寄的费用，使所犯的过失较少。

9.3.2　美国工程造价的构成和计算规则

1. 美国工程项目造价的构成

美国承包商的投标报价由工程成本和利润两部分组成。

实施一项工程需要的成本被分成直接成本和间接成本。

直接成本为与要完成的特定工程有关的所有成本单元，通常与相应成本单元的工程量成线性关系。

间接成本为除了与要完成的特定工程有关的成本单元外的所有成本单元。间接成本经常因工程时间长短而变化，通常都是在工程直接成本确定以后才能确定。

一项工程的直接成本和间接成本被分解为五个基本单元，这些单元是：人工、材料、施工设备、分包费用、服务和其他费用。其中，服务和其他费用包括工地管理费、一般条件费、许可证费用、税款和保险费等。

2. 工程细目划分及成本编码

美国在工程估价体系中有一个非常重要的组成要素，即有一套前后连贯统一的工程成本编码。所谓工程成本编码，就是将一般工程按其工艺特点细分为若干分部分项工程，并给每个分部分项工程编个专用的号码，作为该分部分项工程的代码，以便在工程管理和成本核算中区分工程的各个分部分项工程。

美国建筑标准协会（CSI）发布过两套编码系统，分别叫做标准格式（MASTER FOR, MAT）和部位单价格式（UNIT-IN-PLACE），这两套系统应用于几乎所有的建筑物工程和一般的承包工程。其中，标准格式用于项目运行期间的项目控制，部位单价格式用于前期的项目分析。

（1）标准格式（一级代码）的工作细目划分（表 9-18）

表 9-18　标准格式（一级代码）的工作细目

CSI 代码	名　　称	CSI 代码	名　　称
01	总体要求	09	装饰工程
02	现场工作	10	特殊产品
03	混凝土工程	11	设备
04	砖石工程	12	室内用品
05	金属工程	13	特殊结构
06	木材及塑料工程	14	运输系统
07	隔热防潮工程	15	机械工程
08	门窗工程	16	电气工程

（2）部位单价格式（一级代码）的工作分解结构（表 9-19）

表 9-19　部位单价格式（一级代码）的工作细目

CSI 代码	名　　称	CSI 代码	名　　称
分单元 1	基础	分单元 7	传输部分
分单元 2	下层结构	分单元 8	机械部分
分单元 3	主体结构	分单元 9	电器部分
分单元 4	外檐	分单元 10	一般条件
分单元 5	屋顶	分单元 11	特殊结构
分单元 6	内部结构	分单元 12	现场作业

3. 工业项目的工作细目划分

对于工业项目，由于它们所需的是对设备、管系、仪器以及其他的在此类工程中占支配地位的项目，此时一般都使用下面的编码体系或在此基础上稍作修改。

典型的工业工程编码见表9-20。

表9-20 典型的工业工程编码

代 码	名 称	代 码	名 称
1	现场/土木	7	导管
2	混凝土/基础	8	电气
3	结构/钢制品	9	仪器/工艺控制
4	建筑物/建筑学	10	油漆/涂层
5	管道系统	11	绝热
6	设备		

4. 使用标准格式估价的具体案例

使用标准格式估价的具体案例见表9-21。

表9-21 估价摘要表

项目： 工程量： 单位：美元

业主： 估价： 日期：

编号	说 明	人工	材料	设备	分包商	总计
1000	一般条件	180 000	8 100	30 500	2 400	221 000
2100	拆除及现场准备	7 500	3 500	11 000		22 000
2200	挖土方				11 500	11 500
2350	沉箱				5 800	58 000
2510	沥青路面				35 000	35 000
2520	现场混凝土	14 500	10 900	2 600		28 000
3100	模板	46 000	8 100	21 500		75 600
3200	绑钢筋		33 300			
3300	混凝土材料	22 000	76 000	13 500		111 500
3400	装饰	15 600	1 500			17 100
3500	混凝土其他工程	22 500	18 900	2 500		43 900
3440	预制构件				520 000	520 000
4000	砖石工程				42 000	42 000
5050	楼梯安装及楼梯中杂项				210 000	210 000
5100	楼梯、楼梯面板材料		518 000			518 000

（续）

编号	说　明	人工	材料	设备	分包商	总计
5500	金属材料加工				127 000	127 000
6100	木工	28 000	15 000			43 000
6200	预制木构件	39 000	50 000			89 000
7500	屋顶及防烟防火				59 900	59 900
7900	结构部位密封				14 900	14 900
8100	金属门及框架	26 000	98 750			124 750
8700	门窗五金		42 000			42 000
8900	幕墙				230 000	230 000
9200	金属结构				598 000	598 000
9300	瓷砖				91 000	91 000
9500	隔声处理				174 600	174 600
9680	地毯				125 000	125 000
9900	油漆和墙面涂料				57 000	57 000
10100	盥洗室设备	2 200	7 500			9 700
10200	盥洗室附件	6 900	11 700			18 600
10300	气窗	8 000	27 000			35 000
10400	公告牌	300	650			950
10500	橱柜	850	3 250			4 100
10600	其他	5 000	17 400			22 400
11170	垃圾通道和小门				22 000	22 000
11400	厨房设备和器具				180 000	180 000
14000	电梯				200 000	200 000
15000	采暖通风				1 547 000	1 547 000
15300	消防				57 800	57 800
16000	电气工程				562 000	562 000
	总工程成本					
	加涨价因素					
	不包括资金成本的合计					

9.3.3 工程项目合同价格的确定

在美国，对于政府工程，除了少数的特殊情况外，一般规定必须进行招投标；对于私人工程，是否采用招标程序，政府则不予干预，但实际上，大多数工程项目的合同价格都是通过招投标方式来确定的。

美国工程招投标的基本做法是，首先由招标人在有关媒体上刊登招标公告，发售标书。投标者阅读公告后，购买招标文件，编制标书，递交投标文件。在事先确定的日期公开开标，按照一定的规则评标，最后由招标人决定中标者进行工程建设。

标书中应提供项目的说明以及所有的项目规格标准和特殊要求。如果此项目涉及建筑或者特殊设备的设计和生产时，招标内容也包括工程技术或者建筑图样的费用。

1. 投标过程

由于美国的工程发包大部分采用的都是招投标，因此投标就成了承包商获取施工项目的重要手段。

美国承包商对投标策略的研究十分看重，他们把投标策略看成是一门科学，认真研究投标时的指导方针，以便保证用最少的资本投资取得最大的经济效果，赚取最多的利润。

根据美国总承包商协会的有关资料介绍，美国承包商的有关工程投标的工作一般分五个阶段，每个阶段由若干步骤组成，具体流程详见图9-7。

(1) 决定投标和计划阶段 美国承包商对于是否对某一个工程进行投标是很慎重的，因为每进行一次投标都要花费昂贵的成本，并且要占用管理人员管理其他正在进行的项目的时间；同时还要影响到承包商寻求合作的分包商和供应商，因为如果承包商不能中标的话，这些分包商和供应商的投标成本是得不到补偿的。

1) 决定是否投标。一般来讲，承包商要对内部及外部的一些因素进行综合考虑后才决定是否进行投标。这些因素分别是：

内部因素：投标时间、履约担保、企业的总体经营计划、专业人员状况、投标成本、其他正在决定是否投标的项目、设备、管理能力、保障人员、财务因素。

外部因素：竞争者、与工程当事人的关系、合同中的设计要点、合同中的条件、文件质量、劳工供应情况、许可证问题、社区关系、可用的供应商及分包商资源、时间因素、资金的可用性及特殊需求。

2) 建立估价班子。决定投标后的首要工作就是建立估价班子。估价班子成立后，估价负责人会很快将任务分配给每个成员，并建立估价进度计划表，同时还会确定是否需要外援。

3) 文件管理。美国承包商在进行投标估价中，对招标文件的管理是非常重视的。招标文件一般包括：招标通告、投标须知、投保单（由 A/E 或业主提供）、一般条件、修正后的一般条件、特殊条件、技术条件、设计图、附件等。承包商对文件的管理包括两个方面：一方面要保证自己全部完整地从业主或 A/E 那里取得所需的全部文件，以便自己能全面准确地了解招标要求；另一方面要确保能向供货商和分包商正确地分发或转发有关资料，以保证能得到准确真实的报价。

(2) 投标估算的基础性研究阶段 投标估算建立在对工程认真分析的基础上。分析包括几个基础性的研究：现场调研、施工方法的选择、施工进度的安排。研究由估价班子进行，在进展的关键时刻由管理人员核准。

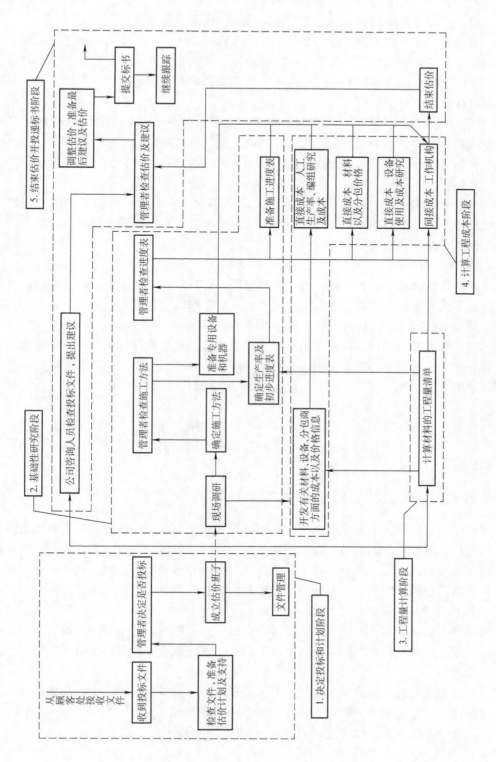

图 9-7　美国承包商投标工作流程

（3）工程量计算 工程量计算人员需要提供工程中除了拟进行分包的其他每个单元的成本核算，包括：准备采购的材料、人工、施工设备、服务及其他项目。

值得一提的是，在计算工程量时，都是根据承包商拟采用的施工方法来进行，但对于挖沟及挖基础等土方工程而言，其工程量与选择的施工方法关系很大。为了在发生索赔时能有一个统一的依据，在招标文件中关于计量规则的有关条款中要明确一个计算方法，以便在发生工程变更时计算变更量。

（4）计算工程成本 计算工程成本时，将工程造价分成两大类——直接成本和间接成本分别进行计算，其中，间接成本通常都是在工程直接成本确定以后才进行计算。

一项工程的直接和间接成本被分解为六个基本单元：人工费、材料、施工设备、分包费用、服务和其他费用。

（5）最终标价的确定 当项目所有组成单元的成本确定以后，将它们汇总即可得到总成本，在此基础上再加上适当的毛利即是投标价。该阶段的主要工作是：选择或建立适当的汇总表格、初步汇总以及管理者审查。

2. 评标过程

有关评标的具体做法及有关原则，美国并没有统一的规定。一般来讲，联邦政府、各州及地方政府对于采用招标方式进行采购的政府投资项目一般均采用最低价中标原则。私人工程投资者则针对不同性质、不同规模的工程采用相应的措施。

对于一些比较重要的项目，评标时要对技术、进度、质量、费用以及商务条款等有关条件进行综合评选。一般要组织专题评标组进行评标，这个组织包括工程技术人员、采购人员、财务及计划人员、施工人员。评标过程一般包括预筛选、对投标书进行评估分析、投标书的澄清等。

次要项目投标书的评估一般不需由工程技术、财务和施工等部门参加组成评标小组，而由采购部门单独负责。评估方法是从最低报价的投标书开始，依次进行评估，直至找到可以接受的投标书为止。

9.3.4 美国工程造价的控制和结算

在合同价格确定以后，对于业主来讲，在实施过程中，工程造价的控制主要通过有效的合同管理来进行。对于承包商来讲，除了要通过合同管理以确保获得自己的合理收入外，还要通过其他经济和技术手段，严格控制工程成本，以保证自己利润的实现。对于工程价款的结算以及在防范工程风险中双方各自的职责，也在合同有关条款中予以明确。

1. 工程造价的合同管理

在合同管理中，业主和承包商首先需要履行自己的一般职责。业主方的一般职责主要有提供资料和服务，自费取得永久构筑物的开发、施工、使用或占有所需的所有其他许可、批准、地役权和评估。

承包商的一般职责有：提供完成工程所必需的所有劳务人员、材料、设备和服务；负责工程的监督和协调，包括施工方式、方法、技术、顺序和所采用程序，应该仅在合同文件、合适的许可证及合适的本地法律所允许的区域内实施工程等。

2. 索赔及其他争议的解决方式

索赔是工程合同管理的一项关键工作。美国对于索赔工作的处理方式有协商、调解、仲裁、诉讼等几种，其中协商和调解属于争议的友好解决方式。

（1）协商　出现索赔事项后，首先都是考虑协商解决。双方一般都是通过有权解决争端的双方代表的直接磋商来努力解决争端，期间建筑师/工程师也可以作为协调人进行协调。双方如协商一致则争议即算解决完毕，如协商不一致则进行调解或提交仲裁及诉讼。

（2）调解　美国在工程合同争议解决实践中积累了丰富的经验，有多种中间调解方式，统称为"解决合同争端的替代方式"（Alternative Disputes Resolution，ADR），其中由双方共同指定一人或多人作为中间调解人的方式有以下几种：小型审理、中间审理以及合同争议评审团等。

（3）仲裁　美国仲裁协会（AAA）是美国最有权威的仲裁机构，它除有通用的《美国仲裁协会商事仲裁规则》以外，还在征求美国土木建筑行业意见的基础上，制定了《建筑业仲裁规则》作为仲裁法来执行。《建筑业仲裁规则》对土木工程施工合同争议的仲裁详细地规定了仲裁的组织、程序、工作方法、裁决方式、仲裁费用等。

仲裁分咨询仲裁和有约束力的仲裁两种，均按照当前《美国仲裁协会的施工行业规则》进行咨询仲裁。

（4）诉讼　诉讼一般是在协商和调解失败后合同双方不愿意采用仲裁方式而采用的另外一种解决争议的方式，一般来讲，仲裁和诉讼只能选择其一。

诉讼应向位于项目所在地的管辖权之内的相应的州或联邦法庭提出。

（5）发生争议时的其他有关事项

1）工程的继续和付款。除非另有书面协议，承包商在争议解决的处理过程中应该继续工程并遵守工程日表格。如果承包商继续实施工程，业主应按协议继续支付工程款。

2）争端解决的费用。在解决了的争端中占优势的一方有权要求对方赔偿己方在解决争端过程中所支付的合理的律师费、诉讼费和其他费用。

3）留置权。解决争议的有关规定不能限制承包商按留置权法律应有的、未明确放弃的任何权力或实施任何补救措施。

3. 工程造价的支付和结算

对于承包商未超出预算的付款结算申请，经业主委托的建筑师/造价工程师审查，经业主批准后予以结算。

凡是超过预算5%以上的付款申请，必须经过严格的原因分析与审查。一般只有发生以下事项时，才可以进行工程造价的变更。这些事项是：合同变更、工程内部调整以及重新安排项目计划等。工程造价的变更均需填报工程预算基价变更申请表等一系列文件，经业主与主管工程师批准后方可执行。

4. 工程的担保和保险制度

由于大多数工程项目都具有投资大、工期长的特点，在建设过程中不可预见的因素较多，业主和承包商以及工程的其他参与方都面临着各种风险。为了有效地管理风险，避免或减少损失的发生，美国建有完善的工程担保和工程保险制度。

（1）工程担保制度　工程担保最早起源于美国。1894年，美国国会通过了"赫德法案"，要求所有公共工程必须事先取得工程担保。1908年，美国成立了担保业联合会。1935年，美国国会又通过了"米勒法案"，要求签订10万美元以上的联邦政府合同时，承包商必须提供全额的履约担保及付款担保。1942年，美国的许多州也规定州政府投资兴建的公共工程项目必须取得担保，称为"小米勒法案"。由于工程担保能够运用信用手段，加强工程建设各方之间的责任关系，有效地保障各方的利益，因此在非政府投资项目中也得到了广泛应用。

工程担保主要包括投标担保、履约担保、业主支付担保及付款担保。投标担保可以有效地排除不合格的承包商参加投标；履约担保可以充分保障业主依照合同条件完成工程的合法权益；业主支付担保可以有效地防止发生拖欠工程款的现象；付款担保使得业主避免了必要的法律纠纷和管理负担。

除以上所提到的担保类型外，还可以根据工程的具体情况，选用保修担保、预付款担保、分包担保、保留金担保等。

（2）工程保险制度 工程保险是西方发达国家普遍应用的最有效的工程风险管理手段之一，美国也不例外。美国的工程保险主要涉及以下种类：承包商险（涉及建筑工程方面一切保险）、安装工程险、工人赔偿险（即工伤险和意外伤害险）、承包商设备险、机动车辆险、一般责任险、职业责任险、产品责任险、环境污染责任险和综合险等。

无论是工程保证担保，还是工程保险，担保机构或保险公司都要对业主及承包商的综合能力，尤其是历史记录进行分析评估，然后据此确定是否提供担保及保险以及确定费率。这种机制强调的是"守约则受益，失信则遭损"信念，这样便促使有关各方强化自律意识，促进规范运作，确保工程建设各项目标的实现。

9.4 中国香港地区工程造价管理

9.4.1 中国香港地区工程项目造价管理体系

中国香港地区对政府投资工程和私人工程采取不同的管理模式。对政府投资工程，一般由政府相关部门作为业主代表对工程建设进行全过程的管理，如果资源有限或工程量大，政府有关部门会委托社会工程咨询机构代行管理；对非政府投资工程，业主一般委托专业的工程咨询机构代行管理。就工程造价管理而言，没有一个行使政府管理职能的管理主体，即政府对工程造价采取不干预政策，政府投资工程管理部门在政府投资工程中对工程造价的管理仅是代表投资方所进行的管理行为，不具有行政职能。

中国香港特别行政区政府设有屋宇署，负责全香港工程建设的建设标准、建造安全、使用安全及环境保护等方面的监管工作，但对政府投资工程采取豁免政策。

1. 政府工程的工程造价管理体系

中国香港的政府投资工程分为两大部分，即公共屋村工程和工务工程，其中工务工程又分两类，其中一类是常规的工务工程，另一类是像机场、铁路等特殊的工务工程。在政府投资工程中，以常规的工务工程更具有代表性。工务工程一般分建筑、路政、土木工程、拓展、渠务、水务、机电工程等几类，分别由中国香港工务局下属的七个专业署负责具体组织、实施。工务局内设工务政策部、计划与资源部、行政部、法律咨询部和建筑业检讨部等五个常设部行使基本的管理职能。图9-8是中国香港工务局的组织架构图。

工务局各专业署及常设部的基本职能如下。

（1）建造业检讨部 为临时建造业统筹委员会制定组织架构；征询业界对成立常设建

造业统筹委员会的意见；促成立法；使临时建造业统筹委员会可以成为法定机构；制订所需机制，使工务局能全面统筹所有有关本地建造业的事宜；制定具体计划，以便政府和业界跟进检讨委员会的建议；监督有关方面研究对政策影响深远而又需动用庞大资源的事宜；检讨本地建造业的改革进度。

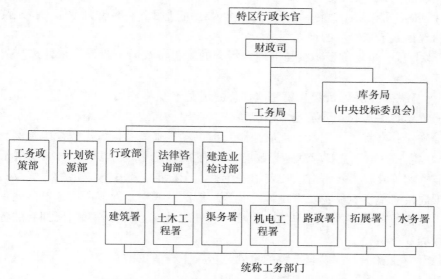

图 9-8　中国香港工务局的组织架构图

（2）计划资源部　确保工务计划如期实施，并且符合经济效益；检讨及精简公共工程的施工程序、守则和有关系统；管理工务局和各工务部门的资源，以及监察工务计划的开支；管理公共工程综合管理资料系统；检讨工务部门架构及编制。

（3）工务政策部　制定有关公共工程的采购、建造标准和素质及公共工程的建筑安全等政策；负责有关供水、斜坡安全及防洪等工作的政策事宜；确保承建商和顾问的素质；鼓励公共工程项目使用资讯科技，以及推广香港建造业及有关的专业服务。

（4）法律咨询部　就工务政策及其他法律事宜，向工务局提供意见；就建筑合约各方面事宜及有关建筑和其他法律事宜，向各有关部门提供意见；就建筑合约及有关建筑问题，向其他政府部门提供意见，协助解决有关建筑合约的纠纷。解决办法包括调解及仲裁。

（5）行政部　策划、管理及检讨人力资源；策划及安排办公地点及办公室的保养维修工作；提供广泛的行政支援，使工务局运作顺畅；制定及检讨工务局的行政及一般的规则条例并做指引。

（6）建筑署　负责策划、设计、兴建、保养一切政府建筑物，制定一切政府建筑计划预算和控制工程开支（水务署建筑物和公共屋村除外）。该署拥有数目庞大的地盘监督人员，按地区或分区编组执行工作。建筑物条例执行处专责监督私人楼宇及街道工程，以确保一切均能符合建筑物条例的标准，管制非法的建筑工程及未经批准而改变用途等，确保私人楼宇适宜使用，符合设计及经核准的用途。

（7）拓展署　负责监管新市镇发展计划的完成，同时负责设计、编订、统筹及监管市区发展。

（8）路政署 就交通政策的实施事宜向运输局负责，但有关兴建公路的工务政策、建筑标准、合约程序和工务计划的统筹事宜则向工务局负责。

（9）土木工程署 负责开拓工程，负责设计和建造海港工程（包括填海、渠务、污水处理及排放系统），以及机场土木工程的保养等，非新市镇的计划建设工程的可行性研究，大型建设计划的土地拓展工程；负责有关安全及经济利用土地的土力工作，特别注重与建筑工程有关的现存或未来斜坡的稳固程度。

（10）渠务署 主要负责防洪与治理水污染的工程，致力于改善污水处理与疏导河流及雨水的系统。

（11）水务署 水务署负责收集、储存、滤清雨水及将食用水供给用户的部门。其主要工作包括：策划有关水源发展及供水系统事宜，设计及兴建水务设施，负责供水及分配系统的操作及维修保养事宜，食用水的水质控制，提供客户服务及执行水务设施条例。

（12）机电工程署 主要职责是为政府提供有关屋宇设备、电气、机械及电子装置的意见，负责监察此等装置是否符合法规要求及维持安全标准，就中国香港的煤气及石油气工业的所有事项向政府提供意见；负责设计、装置、测试、操作及保养所有政府的屋宇设备、电器、空调、机构及电子装置，还包括废物及污水处理设施，政府各部门所拥有的各类型车辆的维修和保养。

以上各个专业署中，都设有工料测量处，负责工程造价的管理。

2. 私人工程的工程造价管理体系

在中国香港，私人工程是工程建设的主要部分，约占全部投资的60%～70%。私人工程的投资管理活动政府不予直接干预，一般都由业主委托给社会工程造价咨询机构进行。但由于建设项目对社会、经济、生活都有巨大的影响，因此，政府对非政府投资工程项目的实施有严格的监督管理制度，从而会对工程造价产生一定的影响。

（1）政府对私人投资工程的管理程序

1）图样审批。根据有关规定，除了新界地区乡村3层或65m²以下的新建房屋和不变更楼宇结构的更改工程外，任何工程必须向屋宇署提交工程设计图样，包括方案设计图（建筑图）、结构设计图、地基设计图、排水渠道设计图和地形平整设计图，以及地质勘察报告等有关文字资料。报送图样由业主聘请的认可人士负责，一式八份。屋宇署收到图样后，要送消防署、地政总署、渠务署、路政署、规划署、环保署等有关部门征求意见。

2）开工许可。屋宇建设申请人应当在工程开工前的7天内，向屋宇署提交所聘任的认可人士和注册结构工程师的名单；同时，受聘者也要在7天内向屋宇署提交同意受聘的证明、由该受聘者签署的委任注册承包商的证明，以及遵守法律的承担责任书。屋宇署还应当审查所聘请的承包商是否注册。所有的条件都合格后，屋宇署才批准工程正式开工。

3）施工过程中的监督。为了加强对各个建筑项目的监督，屋宇署于1995年10月成立了地盘监察组，由13名专业工程师、测量师和其他专业人员组成。其任务为：监察及审查项目的施工过程；发现并找出不符合规定的情况；制止危险作业；建议并采取补救措施以消除危险；引用法律对违反规定者进行起诉或者处分。

4）竣工验收。竣工验收的程序如下：

①工程完工后7天内，承包商向认可人士和结构工程师提交完工报告，证明该工程是按照《建筑物条例》进行的，并证明该建筑物是按照批准的图样完成，并认为结构安全稳定。

②认可人士和结构工程师在收到承建商的报告 14 天内，对完工报告进行认真审查，如认为可信，签署意见并签字后连同承建商的完工报告一并提交屋宇署。

③消防局进行消防验收，机电工程署进行机电和电梯验收，渠务署进行排水验收，合格后颁发合格证明书。

④屋宇署接到上述报告和合格证明书后，对这些文件进行审查，并派人赴现场实地检查，认为一切符合法规和标准后，颁发使用许可证。

（2）私人投资工程中的许可专业人士制度　所谓许可专业人士即经专业组织推荐，参加并通过政府考试的特许注册的工料测量师、建筑师或工程师，这些专业人士是政府、项目业主和承包商之间的桥梁。中国香港的建筑法规规定，业主和承包商向政府建设主管部门申报各种许可或价格资料，都必须由其委托的许可专业人士提出申请，其内容必须符合有关法规要求，并由许可专业人士签章。

在中国香港工程建设和建筑业管理中，许可专业人士处于统筹负责、举足轻重的地位。由于他们出色的专业技能、全面而深入的专业知识和严谨、公平、公正的专业责任（操守），促使中国香港整个建筑业水平不断提高。按照中国香港《建筑物条例》的规定，许可专业人士包括：由有关专业组织推荐，并经政府考试批准的有资格代表业主统筹建筑事务的建筑师、工程师和测量师。

3. 建筑市场的准入清出制度

工程建设是一项专业性较强的工作，只有具备一定资质的公司和个人才被允许进入建筑市场提供服务。中国香港建筑市场的准入制度从其针对的对象来说主要有：一是专门针对承建商法人的注册制度；二是针对工程建设专业人士个人的注册制度；三是针对工程建设一般专业人员和技术工人的培训上岗制度。

针对承建商和专业人士的管理机构是各种注册委员会（局），由其对承建商、工程建设专业人员进行动态管理，如果承建商、工程建设专业人员的行为违反了有关规定，就会被取消注册，从而失去在建设市场承揽业务的权利。

承建商根据允许其承建工程范围，可分为一般承建商和专业承建商，一般承建商可承建各种类型的工程，而专业承建商只可以承建其专业范围内的工作。

专业人士包括建筑师、建造师、屋宇保养测量师、土木工程师、建造机械工程师、环境工程师、产业测量师、水力工程师、室内设计师、园景规划师、工料测量师、安全主任、结构工程师、城市设计师等。

中国香港专门设有建造业训练局，负责一般专业人员和技术工人的岗前培训和在职培训，他们只有获得有关的合格证书后方可上岗。

4. 中国香港的工料测量师行

在中国香港，工料测量师行是直接参与工程造价管理的咨询部门，他们受雇于业主，业务范围涉及各类工程初步费用结算、成本规划、承包合同管理、招标代理、造价控制、工程结算以及项目管理等方面的内容。工料测量师行从工程初步设计开始直至竣工期间的每一个阶段都参与工程造价的确定与控制活动，实现了对工程造价的全过程一体化管理。另外，工料测量师行在业主、建筑师、工程师和承包商之间充当公正、客观的联系人，他们以自己的专业知识、服务质量和专业操守在社会上赢得了广泛的声誉。一些信誉好的大型工料测量行（如利比、威宁谢等）还定期向社会发表工程投标价格指数和价格、成本信息，从而在社会上颇具权威性，在业主和承包商之中有着广泛的影响力。

9.4.2 中国香港地区工程项目造价的构成和计算规则

中国香港的工程计价一般先确定工程量，而这种工程量的计算规则是中国香港测量师根据英国皇家测量师学会编制的《英国建筑工程量计算规则》（SMM）编译而成的《香港建筑工程工程量计算规则》（Hong Kong Standard Method of Measurement）（第 3 版）（SMM Ⅲ）。一般而言，所有招标工程均已由工料测量师计算出了工程量，并在招标文件中附有工程量清单，承包商无须再计算或复核。

在中国香港这个建筑自由市场里，没有一个统一的、共同遵守的定额和消耗指标。各承包商和工料测量师都是根据各自积累的经验资料，结合政府公布的各种指数，考虑当前的工料物价情况、自己的管理水平、利润及风险、投标技巧等进行计价和投标报价。可以说，在中国香港建筑产品是完全放开的，通过市场调节工程造价。

1. 中国香港建筑工程工程量计算规则（SMM）

中国香港建筑工程工程量的标准计算规则（SMM）是中国香港地区建筑工程的工程量计算法规。无论是政府工程还是私人工程，都必须遵照该标准计算规则进行工程量计算，如同中国内地预算定额中规定的工程量计算规则一样，是法定性文件。经过三次修订，现在执行的是 1979 年修订的第 3 版，即 SMM Ⅲ，基本内容如下。

1）基本原理。包括工程量清单、量度的原理、量度的基本单位、成本项目划分等内容。

2）内容。包括总则、一般条款与初步项目、土石方工程、打桩与沉箱、挖掘、混凝土工程、瓦工、排水工程、沥青工、砌石工、屋面工、粗木工、细木工、建筑五金、钢铁工、抹灰工、管道工、玻璃工、油漆工。

工程量表是按工种分类（类似内地的分部工程，但比内地预算定额的项目划分还要细）列出所有项目的名称、工作内容、数量和计算单位。工程项目的分类一般为：土方、混凝土、砌砖、沥青、排水、屋面、抹灰、电、管道及其他工程（如空调、电梯、消防等）。SMM Ⅲ对每一项目如何计算工程量都有明确的规定。

2. 中国香港建筑服务设施安装工程量计量标准方法

该计量标准方法是中国香港地区安装工程的工程量计算法规。目前实施的是 1993 年的第 1 版，基本内容如下。

1）总则。包括工程量清单、计量原则、计量单位、图样与说明书、制表单位、成本计算内容等。

2）一般条款。包括合同条件、一般事宜等。

3）有关各类安装工程的计算规则。包括电力安装工程、机械安装工程、物业管理系统、安全系统和通信系统安装工程等。

3. 中国香港工程造价费用组成

按 SMM Ⅲ规定，本地区工程项目划分为 17 项，加上开办费共 18 项工程费用。其标准内容如下。

1）开办费（即临时设施费和临时管理费）。

①保证金：为防止承包商施工中途违约，签约时业主要求承包商必须出具一定的保证金

或出具银行的保证书，工程完成后退回承包商（金额由标书规定），一般为 5%～20%。银行或保险公司出具保证金时，收取一定费用，一般为保证金费用 10%×年数。

②保险费；包括建筑工程一切险、安装工程一切险、第三者保险、劳工保险。

③承包商临时设施（搭建临时办公室、仓库、现场管理人员工资、办公用费）。

④施工用电费。

⑤施工用水费。

⑥脚手架。

⑦现场看更费。

⑧现场测量费。

⑨承包商职工交通费。

⑩材料检验试验费、图样文件纸张费。

⑪施工照相费。

⑫施工机械设备费。

⑬顾问公司驻现场工程师办公室。

⑭顾问公司驻现场工程师试验室。

⑮现场招牌费。

⑯工作训练税和防尘税。

⑰现场围护费。

以上项目不一定都发生，发生时才计取，不发生不计取。

2）泥工工程（即土石方工程）。

3）混凝土工程。

4）砌砖工程。

5）地渠工程（即排水工程）。

6）沥青工程。

7）砌石工程。

8）屋面工程。

9）粗木工程。

10）细木工程。

11）小五金工程。

12）铁及金属工程。

13）批挡工程（即抹灰工程）。

14）水喉工程（即管道工程）。

15）玻璃工程。

16）油漆工程。

17）电力工程。

18）其他工程（如空调、电梯、消防）。

9.4.3　中国香港地区工程造价的计价和确定

中国香港地区工程项目造价的预算主要由工料测量师依据以往各年的历史资料估测出。

工程项目造价的确定通过招投标来实现，控制通过合同来实现。

1. 中国香港工程造价的计价过程

计价分业主估价和承包商报价。

业主估价通常由业主委托社会咨询服务机构工料测量师行进行，作为业主对工程投资的测算和期望值。根据工程进展情况分为A、B、C三阶段。

A阶段（即可行性研究阶段）：这段时间由于没有图样，只有总平面图和红线以及周围环境，工料测量师多参照以往的工程实例，初步做出估价。

B阶段（方案阶段）：这个阶段已完成了建筑物的草图，工料测量师根据草图进行工料测量，作为控制造价的依据。

C阶段（施工图阶段）：这个阶段是工料测量师根据不同的设计以及《中国香港建筑工程工程量计算规则》的规定计算工程量，参照近期同类工程的分项工程价格，或在市场上索取材料价格经分析计算出详尽的预算，作为甲方的预算或标底基础。在香港不论什么工程，标底或预算不需要审查或审核，只要测量师完成后，经资深工料测量师认可，测量师行领导人签字，即可作为投资的标底或控制造价的依据。

中国香港的工程价格管理主要发挥专业人士（工程测量师）在计价中的作用，一般不注重单位（测量师行）的作用。在工程价格纠纷处理中，不论私人工程还是政府工程，由中国香港特区注册的特许仲裁人学会会员出面调解，以解决双方在经济上的权益问题。

如建筑署的某项工程与承包商之间在价格上发生分歧，一方收集资料，反映于仲裁人处，仲裁人在收到资料后，除留个人阅读外，复印一份给另一方，让其进行答复。如另一方认为对方所提问题证据不足，可由仲裁人依照香港的法律进行调解、仲裁。如果双方或一方对仲裁结果不满意可上诉法院，由法院依法判决。由于向法院上诉一般需要较长的时间，所以大部分经仲裁的工程价格纠纷均可以解决。

根据中国香港有关工料测量师介绍，中国香港目前的工程总价格组成：人工费占25%左右；管理费、现场费（开办费）为18%；利润为5%~10%；材料设备为55%左右。

中国香港承包商不交营业税，只交所得税，只有承包商在年度获得利润后，才对政府交税。

2. 工程建设的招标投标

中国香港没有独立的招标投标制度，只有政府采购方面的强制性规定。政府采购一般情况下必须采用招标投标。但在绝大多数私人工程中，招标投标也是工程建设承发包双方确定合同价格的主要方式。

（1）招标方法　中国香港地区的政府建造项目所采用的招标方法有三种：即公开招标、有限招标和协商招标。以上三种方法各有利弊，分别用于不同投资来源的建设项目。在中国香港地区，广泛采用的是有限招标。

1）公开招标。公开招标是公开面对任何希望能承包该项目的承包商。通常是通过在报纸上登载广告和利用建造业的宣传刊物来吸引有兴趣且具备资格的建造商参与竞投。

公开招标的优点是允许新公司加入建筑行业，而不至于出现垄断局面，是完全的市场化。在这种竞争下，所报的造价较低。因此，公开招标给建造商带来极大的竞争机会。但是，最低的报价并不一定能达到发包商的要求而最后得标。

公开招标的缺点是浪费许多评估时间。相对来说，申请者越多，对不中标公司的补偿也越多。这些费用是由业主所承担的。

2）有限招标。有限招标能够避免大部分由公开招标导致的问题，在中国香港政府项目上被广泛推荐采用。业主通常考虑到承包商的经济和施工能力，才决定授标。

有限招标比公开招标竞争激烈，价格方面比公开招标高，报价较为合理，所承担的风险也较低。从某种程度上来看，承包商的报价更能反映出工程实际情况和它的管理水平。

中国香港多数公共建筑项目是受建筑处和房屋事务处管制的。这两部门在选择承建商方面大都采用有限招标的方法，很少通过协商招标选择，因此造价水平比较合理。

3）协商招标。业主和承建商就工程项目通过双方协商能快速达成一致的协议。协商的方式不一，业主可以直接和指定的一家承包商进行协商，也可选择几个承包商分别商讨合约概要，并通过对比选择最合适的一个来承建。这种招标方式用于独特的和紧急的工程，缺点是工程造价比其他两种招标方式要高。

（2）招标文件的编制及合同形式 中国香港的私人工程一般采用固定价格形式，投标者必须对施工过程中的价格变动进行预计，在投标价中把价格浮动因素考虑在内。而政府工程标价均为可浮动价格，投标价中只需考虑当时价格水平，同时对浮动费实行单列。针对工程出现的不同情况，标书中浮动费计算有如下三种形式：

1）标书中有工程量表，由承包商自行定价时，浮动费按承包商填写的浮动比例表计算。

2）标书中有工程量表，并给出主要材料和人工单价，浮动费由承包商根据上述价格以浮动总价形式计算。

3）标书中工程量不全或只有主要工程量，但已给出主要材料和人工单价，由投标者自行确定单价调整百分比，此形式多用于维修工程。

当市场价格浮动超过一定限度后，允许对政府工程标价进行调整。在中国香港的建筑工程标准合同中规定，当材料价格浮动超过5%、人工费浮动超过10%时，损失方可申请对价差进行补偿。人工费价差以每月政府统计处颁布的工资标准和建造商会汇总公布的平均指数计算；材料价差则按政府统计处每月公布的材料价格指数计算，主要含六种材料价格，即砂、石、钢筋、水泥、石灰和砖。

（3）投标 在中国香港，对投标的解释一般是指投标者要约的过程。大部分投标者都根据自己的造价成本加上利润作为投标价。在很多情况下，不同的投标者的造价成本有可能很接近，甚至一样，但是利润的估计不同，各投标者会考虑自身的实际情况，如风险评估技术复杂程度、类似工程经验、资金管理、市场策略等，对同一项目做出不同的利润估计。

一般而言，投标者都希望争取更多的竞投机会，希望在中标项目上获取最大的利润。有经验的投标者往往凭借对某些项目管理经验，综合使用投标技巧（前置报价、优化设计合约索赔等）使自己的报价有竞争力。

投标者还要列出工程项目、施工履历、组织结构、施工计划、财务能力、流动资金、以往仲裁记录等。

（4）评标 每个工程项目评标，其目的是在收回的投标书中选择出最合适的投标者进行承建。一般选择的标准都会参照事先制定的评标大纲（评标办法）。评标大纲的主要内容如下：

1）投标价格。这是最先考虑的因素，特别是政府的建设项目。在各投标者的资格已被审查认可，而标书也基于同一条件下，报价便成为主要的考虑因素。在一些大型的建设项目或带有设计要求的招标，政府也曾经选择过较高报价的投标者。

对一般商业性的建设项目，开发商往往考虑项目投资大小、回报速度或回报量。因此，投标价只是所有考虑因素中的一项。

2）财务能力。一般政府或私人建设项目都会要求投标者提交财务能力证明。以防因财务困难而拖延工期。业主会要求跨国经营或大型企业属下的工程承包公司的母公司承担连带责任。

对中标者实行投标限制，主要是看中标者现在已承揽了多少工程项目，如果已超限，就不再允许投标，甲级上限1500万港元；乙级上限5000万港元；丙级无上限。

3）相似工程的施工经验。招标书中一般要求列明投标者具有相似工程项目的建造经验。这在评标时作为一个必需的因素对待。在"设计+施工"合约工程项目中占有更大的比重。施工进度计划也要求明确标识。

4）以往工地施工安全表现。有无安全事故，有无违法（劳工法、雇佣非法劳工等）行为。

5）以往违法（包括招标投标违纪）记录。评标人要具有专业资格并有很强的实际工作能力和非常的实践经验。评标人的理解能力也直接影响评标结果。否则，往往会发生以下情况：对一些前置报价等未能察觉；投标者刻意针对设计上的漏洞而进行的报价，评标人也可能忽略；对设计方案完整程度的认识及设计变更；由于市场因素变化导致工程项目在施工期间在用料、施工方法、施工工序上出现重大改变及在造价方面产生未能预计的变动等，从而导致评标偏差或错误。

一般情况下，评标人会按照评标大纲要求做出评标报告。投标者过去的业绩和信誉也是评标人要考虑的因素。对于设备工程项目，评标人在考虑设备及安装报价的同时，要考虑使用期成本。

标底是业主对工程项目的造价的预测和期望值，一般都作为成本控制的估计，不作为评标的依据。评标时一般不以工程造价预算为准，工程造价预算一般都由工料测量师制定。

施工企业的投标报价是保密的，业主也不能公开外传。开标时，投标单位不参加，由业主以书面形式通知中标单位。

开标后会通知投标者他是否是前三标，但并不马上决标，而是由招标单位选出几家中标候选单位，经过详细的标书审核，最后才确定中标单位。决标一般需要1~2个月时间。

（5）承包商资质管理　特别行政区工程必须得到中国香港特别行政区工务局批准可承包政府工程的承包商注册牌照，才能参加投标。特别行政区工程按工程额分为A、B、C三级牌照（即承建资格），A级牌承包商有资格承包2000万港元以下工程；B级牌照承包商可承包5000万港元以下工程；C级牌照承包商工程总价不受限制。如特别行政区有一幢房子，工程金额是6000万港元，那么必须具有建筑C级牌照的承包商才能参加投标，A级和B级牌照的承包商则不允许参加投标。有些较大工程或特殊工程（如海底隧道），需先进行资格预审，审查合格后方可投标。特别行政区工程发包时，有关部门在《香港特别行政区政府宪报》（The H K Government Cazette）上登载招标通告，规定工程的级别，以便有资格的承包商在招标信息引导下，有选择性地投标。《香港特别行政区政府宪报》还刊登特别行政区各类条例法规的修改补充，每星期五出版一期，在中国香港特别行政区刊物发行处公开发售，完全公开化。中国香港特别行政区对可承包政府工程的承包商的资质管理是相当严格的。是否允许一个承包商注册或升级，均以能否达到所要求进入级别的经济和技术标准为前提条件，一般该承包商只是先被指定为具有预备资格，直至其在本名册中或较高等级的地位上做出业绩，被得到肯定的评价之后。工务局具有把任何承包商从名册中开除的权力，并无须通知和提出任何理由。如果承包商的表现不能令人满意或在三年内没有做到一个合格守法的投标竞争，那么就有可能受到降级的处分或被除名。又如果在指定的时间内，对于特别行政区所要求的财务经济标准，承包商未能提出账目细本、回答质询和足够的资料或改进不足，特别行政区也无须进一步通告，即可暂停承包商的一切经营活动或从名册中删除。

中国香港地区招标投标方式给我们一定的启示。资格预审以企业资金（包括企业自有资金和第三方担保资金）为主要考核标准（即施工的支付和赔付能力）。其好处，对于业主来说，无论是企业自有资金也好，还是银行或担保公司的保函也好，都可以证明企业现实的财务实力。对于建筑市场的发展，其好处也是显而易见：一是支持了有实力企业的发展；二是防止了企业盲目扩张而引起的过度竞争。有资金限制，企业就只能量力而行，到处抢标的情况必然减少，过度竞争可以得到控制；三是提高了企业对信用的重视。

工程评标定标以最低标价为基本选择。这种方法首先体现了其竞争的公平、公正性，只有管理水平高、成本低的企业才有机会中标，鼓励了企业加强管理；其次，简化了很多程序，节省了大量人工和时间，大大节约了市场运作成本；第二，杜绝了腐败。人为因素减少，评定标中的人情、关系、权力都无法发挥作用，腐败没有滋生的土壤。

实行中标价的复核程序，以此减少差错，既对业主有利，也对施工企业有利，可以及早发现问题，减少损失。

3. 中国香港地区工程造价的控制和结算

中国香港地区工程项目造价通过合同来控制，也依据合同来结算。

（1）工程建设的合同形式　中国香港工程建设的合同形式是业主同承包商双方形成标价和合同条款的前提，其方式主要有以下几类：

1）工程量清单合同形式（或总价合同方式）。这类合同标价的基础是项目的工程量。因此需要详细地度量和估算工程量，并形成详细的工程量清单。工程量是根据设计图样量度的，并应用标准的计量方法和手册量度出每一工序的工程量。工程量是招标书的重要组成部分，投标者需要对应每一工序的工程量填入工序单价（包括工资、设备费、材料费）。每一项工序的工程量乘上单价即为工序费用，所有工序费用的总和即是工程费用。工程费用加利润即为投标价。

2）工程量规范合同形式。按照这种合同方式，招标方不必提供工程量清单，但会对工程质量、材料质量等有关规范作详细说明。承包商需要按照这些规范自己去量度每一工序的工程量，并填入单价，最后提交一个投标价。这种合同方式将风险全部转移给承包商。当实际工程量变化很大时，常常会出现许多纠纷。这类合同方式只适合于小型的房屋类工程。

3）无工程量单价合同（又称单价合同）。采用这种合同方式，招标书内只对部分或全部工序的工程量给出一个大概的数量，在实际施工时这些工程量允许变动。投标者被要求对应每一个工序给出一个单价。付款时业主根据实际工程量乘以承包商所给出的单价付给。这类合同主要适用于维修工程、小型基础设施。

4）合同条款。有多种标准合同，在应用时根据具体的建设项目对合同条款进行增减。

（2）中国香港建筑总承包合同的主要内容　这里以中国香港建筑总承包合约为例做介绍。中国香港建筑工程的合约模式虽有多种，但在实际运作中，大部分的合约采用传统合约模式，其中又以"有清单"类型者居多。其优点是业主可以很方便地控制工程造价，缺点则是前期工作投入量较大。工程的招标文件一般由业主委托顾问公司编制，公司的有关部门与聘请的顾问公司共同进行招标工作。同时，公司聘用的专业律师亦参与制定和审核招标文件。在招标前，合约的主体即已由业主编制完成。在招标定标期间形成的合约文件主要为双方往来的信件、补充协议等。

以下简述中国香港建筑工程合约文件的组成及主要内容。

1）招标说明（instruction to tender）。招标说明中对编制投标文件的内容、格式做出具体规定，明确投标的截止时间、送标地点；招投标文件内容有错误或疑问时的解决方法；招投标双方权利和义务的关系，双方联系方式；现场勘查及资料查阅的规定等。同时附有招标文件总目录、图样总目录等。

2）回标表格（form of tender）。回标表格为一标准样式随招标文件发出。投标人在其上填写投标总金额及工期，签署盖章后随投标文件报送业主。回标表格上应填投标有效期（一般为 3 个月）。有时，业主要求投标人提出两种以上的投标方案，以便其在投标价增加与工期压缩之间进行比较选择。

3）履约保证书（warranty）。履约保证书规定了总承包人及担保人的担保承诺及担保金额。

4）合约协议（article of agreement）。合约协议中明确了参与工程建设的各单位及代表人、合约文件的组成及解释次序、延期赔偿金、保修期、结算期等主要条款。

5）合约条款（conditions of contract）。合约条款分为：一般合约条款和特殊合约条款。

①一般合约条款。通常采用中国香港特别行政区或专业协会制定的标准合约中适用本工程的版本经适当修改而成。使用标准合约可以节省时间和费用，同时因为经常使用，又为权威部门所制定，双方都已对条款较为熟悉，对其严谨性和公正性放心，出现纷争时也容易找到标准解释。

②特殊合约条款。标准合约因不是针对具体工程而制定，因此无法涵盖工程的全部内容和所有细节。故在一般合约条款之外，需另行订立特别合约条款，以对一般合约条款进行补充、量化。

在一些大型工程中，为避免合约条款显得过于复杂和不连贯，由业主制定招标文件时，将一般合约条款与特别合约条款两者合一，全面重新编写合约条款。

6）规范（specification）。

①一般规范。一般规范的内容为对工程总的说明，并规定了业主在安全、质量、环保、材料、设备、行政管理、工地临时设施、临时工程等方面对总承包方的要求。

②特别规范。特别规范分项说明各工序的材料要求、操作程序、验收标准和程序、试验和检验等。其工序分类法与一般规范有所不同，土建部分一般划分为拆卸和改建工程、打桩和沉箱工程、土方工程、混凝土工程、砌砖工程、沥青工程（防水）、屋面工程、木结构工程、木装修工程、五金铁件、钢铁金属工程、抹灰工程、玻璃工程、油漆工程等。

7）工程量清单（bill of quantities）。

①工程量计算规则。工程量计算规则详细说明了各分项工程的工程量计算方法，界定各

分项工程单价所包含的详细内容。为减少日后与承包方的争议，单价内容都订立得尽可能详细和全面。有部分公司将工程量计算规则分为一般计算规则（套用香港测量师专业协会编制的《标准量度规则》和特殊计算规则）。同时还注明两者有矛盾时以特殊计算规则为准。

②工程量清单。一般包括以下几个部分：

a）基本项目（preliminaries）。基本项目中可包含全部工程内容。在分项工程单价内不包括的费用（如保险费、环保费、水电费）或无法分别计算的费用（如塔式起重机费）均可列入基本项目中。其栏目可以按照合约条款目录设置。每项只填写总价，没有数量和单价。并不是每个栏目都要填写一个表格，不过任何项目若没有填上价款，其所需费用则被视做已包括在其他项目的价款或工程单价内。填上的价款可视为总包方的风险包干，一般结算时不会调整。同时，对每一项价格，业主均要求提交该价格的细目。

b）分项工程金额。分项工程金额是按工程、规格分类汇总，每次填写数量、单位、单价、总价。数量和单位一般由业主计算和填写（无数量单的则需由投标方自行计算），投标方填写每一项目的单价和总价。单价须包括人工、材料、机械、管理费、利润、税金等所有可以估计到会发生费用的项目。单价一经确定就不能调整（除非有计算错误），是今后变更索赔的计算依据。业主在评标时重点审查单价是否合理，而投标方则尽量设法提高今后有可能发生变更项目的单价。工程量清单的数量是暂定的还是不可调整的，业主会在工程清单总说明内明确说明，对此投标人必须特别注意。

c）暂定金额与指定金额。暂定金额是指为在发出招标文件时无法完全预见、定义或详示的工程或费用所预留的金额，该部分在最后估算时以实调整，并在总价内增加或扣除。

指定金额是指由指定分包人执行的工程或服务，或由指定供货商供给的材料所预留的金额。该项金额不包括总承包人的利润及管理费、配合费。总承包人应根据业主给出的指定分包金额另行报价。通常规定，当指定金额最终有调整时，总承包人的利润可以调整，而管理费、配合费则不能调整。

d）计日工作单价表。当工作不能正确计量和估价时，经建筑师同意，可以采用计日工作单价。

人工单价：按不同工种分别报价，其费用包括雇员的薪金、津贴、奖金，工头和监工的薪金，日常开支和利润。

物料：以发票价为基础，加上所填报的日常开支和利润（为一百分数）。

机械设备：各类机械使用的直接费用加上所填报的日常开支及利润（为一百分数），但不包括操作人员费用。

保修期计日工作：在以上价格基础上填写一个添加的百分比数，用以完成竣工后至保修期完成前所做的业主所要求的保修工程以外的工作。

8）图样（drawing）（略）。

9）其他文件（appendix）。其他文件包括定标前双方往来的文件、信函、中标通知书、会议记录、保证书等。中国香港建筑工程合约非常详尽、严密，绝少有缺漏之项，甚至不惜内容重复和略显啰唆。其目的就是尽量减少争议和误解，以规避风险，最大限度地控制工程造价，保障合约各方的利益。

（3）工程的合同管理及价款结算　在工程施工阶段，中国香港十分注意完善的合同管理对工程的进度、质量及造价的控制的影响。主要体现在以下方面：

1）完善的成本控制计划与系统。工料测量师一般会在每个月制定一份"工程财政报告表"，给予业主、建筑师和工程师参考。一旦发现最新的工程造价预测比原先合同价位高时，除非业主同意造价的增加，否则工料测量师连同建筑师及工程师（有时亦邀请承包商参与）会立刻研究降低造价的方法，例如更改设计，选用比较便宜的材料甚至缩小工程的规模。

2）业主方和承包方都有一套完善的工程资料记录系统，将重要的资料（如事情发生的时间、地点和过程）保存下来，便于结算时核对。

3）竣工结算一般以定标价为依据办理，如施工中需要增减工程量，则允许根据单价合同计算。

9.5　世界银行贷款项目工程造价的构成

1978年，世界银行、国际咨询工程师联合会对项目的总建设成本（相当于我国的工程造价）作了统一的规定，其详细内容如下。

1. 项目直接建设成本

项目直接建设成本包括以下内容。

1）土地征购费。

2）场外设施费用，如道路、码头、桥梁、机场、输电线路等的设施费用。

3）场地费用，指用于场地准备、场区道路、铁路、围栏、场地设施等的建设费用。

4）工艺设备费，指主要设备、辅助设备及零配件的购置费用，包括海运包装费、交货港离岸价，但不包括税金。

5）设备安装费，指设备供应商的监理费用，本国劳务及工资费用，辅助材料、设备设施、消耗品和工具等费用，以及安装承包商的管理费和利润等。

6）管道系统费用，指与系统的材料及劳务相关的费用。

7）电器设备费，其内容与4）相似。

8）电器安装费，指设备供应商的监理费用，本国劳务与工资费用，辅助材料、电缆、管道和工具费用，以及营造承包商的管理费和利润。

9）仪器仪表费，指所有自动仪表、控制板、配线和辅助材料的费用以及供应商的监理费用，外国或本国劳务及工资费用，承包商的管理费和利润。

10）机械的绝缘和油漆费，指与机械及管道的绝缘和油漆相关的全部费用。

11）工艺建筑费，指原材料、劳务费以及与基础、建筑结构、屋顶、内外装修、公共设施有关的全部费用。

12）服务性建筑费用，其内容与第10）项相似。

13）工厂普通公共设施费用，包括材料和劳务费以及与供水、燃料供应、通风、蒸汽发生及分配、下水道、污物处理等公共设施有关的费用。

14）车辆费，指工艺操作必需的机动设备零件费用，包括海运包装费用以及交货港的离岸价，但不包括税金。

15）其他当地费用，指那些不能归类于以上任何一个项目，不能计入项目间接成本，但在建设期间又是必不可少的当地费用，如临时设备、临时公共设施及场地的维持费，营地设施及其管理，建筑保险和债券，杂项开支等费用。

2. 项目间接建设成本

项目间接建设成本包括以下内容。

1）项目管理费。包括：总部人员的薪金及福利费，以及用于初步和详细工程设计、采购、时间和成本控制、行政和其他一般管理费用；施工管理现场人员的薪金、福利费和用于施工现场监督、质量保证、现场采购、时间及成本控制、行政及其他施工、管理机构的费用；零星杂项费用，如返工、旅行、生活津贴、业务支出等；各种酬金。

2）开工试车费。指工厂投料试车必需的劳务和材料费用（项目直接成本包括项目完工后的试车和空运转费用）。

3）业主的行政性费用。指业主的项目管理人员费用及支出（其中某些费用必须排除在外，并在"估算基础"中详细说明）。

4）生产前费用。指前期研究、勘测、建矿、采矿等费用（其中一些费用必须排除在外，并在"估算基础"中详细说明）。

5）运费和保险费。指海运、国内运输、许可证及佣金、海洋保险、综合保险等费用。

6）地方税。指地方关税、地方税及特殊项目征收的税金。

3. 应急费

应急费用包括以下内容。

（1）明确项目的准备金　此项准备金用于在估算时不可能明确的潜在项目，包括那些在做成本估算时因为缺乏完整、准确和详细的资料而不能完全预见和不能注明的项目，并且这些项目是必须完成的，或它们的费用是必须要发生的。在每一个组成部分中均单独以一定的百分比确定，并作为估算的一个项目单独列出。此项准备金不是为了支付工作范围以外可能增加的项目，不是用以应付天灾、非正常经济情况及罢工等情况，也不是用来补偿估算的任何误差，而是用来支付那些肯定要发生的费用。因此，它是估算不可少的一个组成部分。

（2）不可预见准备金　此项准备金（在未明确项目准备金之外）用于在估算达到了一定的完整性并符合技术标准的基础上，由于物质、社会经济的变化，导致估算增加的情况。此种情况可能发生，也可能不发生。因此，不可预见准备金只是一种储备，可能不动用。

4. 建设成本上升费用

通常，估算中使用的构成工资率、材料和设备价格基础的截止日期就是"估算日期"。必须对该日期或已知基础成本进行调整，以补偿直至工程结束时的未知价格增长。

工程的各个主要组成部分（国内劳务和相关成本、本国材料、本国设备、外国设备、项目管理机构）的细目划分决定以后，便可确定每一个主要组成部分的增长率。这个增长率是一项判断因素。它以已发表的国内和国际成本指数、公司记录等为依据，并与实际供应商核对，然后根据确定的增长率和从工程进度表中获得的每项活动的中点值算出每项主要成本的上升值。

附 录

附录 A 土石方工程

A.1 土 方 工 程

土方工程工程量清单项目设置、项目特征描述的内容、计量单位及工程量计算规则，应按表 A.1 的规定执行。

表 A.1 土方工程（编号：010101）

项目编码	项目名称	项目特征	计量单位	工程量计算规则	工作内容
010101001	平整场地	1. 土壤类别 2. 弃土运距 3. 取土运距	m²	按设计图示尺寸以建筑物首层建筑面积计算	1. 土方挖填 2. 场地找平 3. 运输
010101002	挖一般土方			按设计图示尺寸以体积计算	1. 排地表水 2. 土方开挖 3. 围护（挡土板）及拆除 4. 基底钎探 5. 运输
010101003	挖沟槽土方	1. 土壤类别 2. 挖土深度 3. 弃土运距		按设计图示尺寸以基础垫层底面积乘以挖土深度计算	
010101004	挖基坑土方		m³		
010101005	冻土开挖	1. 冻土厚度 2. 弃土运距		按设计图示尺寸开挖面积乘厚度以体积计算	1. 爆破 2. 开挖 3. 清理 4. 运输
010101006	挖淤泥、流砂	1. 挖掘深度 2. 弃淤泥、流砂距离		按设计图示位置、界限以体积计算	1. 开挖 2. 运输

（续）

项目编码	项目名称	项目特征	计量单位	工程量计算规则	工作内容
010101007	管沟土方	1. 土壤类别 2. 管外径 3. 挖沟深度 4. 回填要求	1. m 2. m³	1. 以米计量，按设计图示以管道中心线长度计算 2. 以立方米计量，按设计图示管底垫层面积乘以挖土深度计算；无管底垫层按管外径的水平投影面积乘以挖土深度计算。不扣除各类井的长度，井的土方并入	1. 排地表水 2. 土方开挖 3. 围护（挡土板）、支撑 4. 运输 5. 回填

注：1. 挖土方平均厚度应按自然地面测量标高至设计地坪标高间的平均厚度确定。基础土方开挖深度应按基础垫层底表面标高至交付施工场地标高确定，无交付施工场地标高时，应按自然地面标高确定。

　　2. 建筑物场地厚度 ≤ ±300mm 的挖、填、运、找平，应按本表中平整场地项目编码列项。厚度 > ±300mm 的竖向布置挖土或山坡切土应按本表中挖一般土方项目编码列项。

　　3. 沟槽、基坑、一般土方的划分为：底宽 ≤7m 且底长 >3 倍底宽为沟槽；底长 ≤3 倍底宽且底面积 ≤150m² 为基坑；超出上述范围则为一般土方。

　　4. 挖土方如需截桩头时，应按桩基工程相关项目列项。

　　5. 桩间挖土不扣除桩的体积，并在项目特征中加以描述。

　　6. 弃土、取土运距可以不描述，但应注明由投标人根据施工现场实际情况自行考虑，决定报价。

　　7. 土壤的分类应按表 A.1-1 确定，如土壤类别不能准确划分时，招标人可注明为综合，由投标人根据地勘报告决定报价。

　　8. 土方体积应按挖掘前的天然密实体积计算。非天然密实土方应按表 A.1-2 折算。

　　9. 挖沟槽、基坑、一般土方因工作面和放坡增加的工程量（管沟工作面增加的工程量）是否并入各土方工程量中，应按各省、自治区、直辖市或行业建设主管部门的规定实施，如并入各土方工程量中，办理工程结算时，按经发包人认可的施工组织设计规定计算，编制工程量清单时，可按表 A.1-3～表 A.1-5 规定计算。

　　10. 挖方出现流砂、淤泥时，如设计未明确，在编制工程量清单时，其工程数量可为暂估量，结算时应根据实际情况由发包人与承包人双方现场签证确认工程量。

　　11. 管沟土方项目适用于管道（给排水、工业、电力、通信）、光（电）缆沟〔包括：人（手）孔、接口坑〕及连接井（检查井）等。

表 A.1-1　土壤分类表

土壤分类	土 壤 名 称	开 挖 方 法
一、二类土	粉土、砂土（粉砂、细砂、中砂、粗砂、砾砂）、粉质黏土、弱中盐渍土、软土（淤泥质土、泥炭、泥炭质土）、软塑红黏土、冲填土	用锹、少许用镐、条锄开挖。机械能全部直接铲挖满载者
三类土	黏土、碎石土（圆砾、角砾）混合土、可塑红黏土、硬塑红黏土、强盐渍土、素填土、压实填土	主要用镐、条锄、少许用锹开挖。机械需部分刨松方能铲挖满载者或可直接铲挖但不能满载者
四类土	碎石土（卵石、碎石、漂石、块石）、坚硬红黏土、超盐渍土、杂填土	全部用镐、条锄挖掘、少许用撬棍挖掘。机械须普遍刨松方能铲挖满载者

注：本表土的名称及其含义按国家标准《岩土工程勘察规范》GB 50021—2001（2009 年版）定义。

表 A. 1-2 土方体积折算系数表

天然密实度体积	虚方体积	夯实后体积	松填体积
0.77	1.00	0.67	0.83
1.00	1.30	0.87	1.08
1.15	1.50	1.00	1.25
0.92	1.20	0.80	1.00

注：1. 虚方指未经碾压、堆积时间≤1 年的土壤。

2. 本表按《全国统一建筑工程预算工程量计算规则》GJDGZ—101—95 整理。

3. 设计密实度超过规定的，填方体积按工程设计要求执行；无设计要求按各省、自治区、直辖市或行业建设行政主管部门规定的系数执行。

表 A. 1-3 放坡系数表

土类别	放坡起点 /m	人工挖土	机械挖土		
			在坑内作业	在坑上作业	顺沟槽在坑上作业
一、二类土	1.20	1:0.5	1:0.33	1:0.75	1:0.5
三类土	1.50	1:0.33	1:0.25	1:0.67	1:0.33
四类土	2.00	1:0.25	1:0.10	1:0.33	1:0.25

注：1. 沟槽、基坑中土类别不同时，分别按其放坡起点、放坡系数，依不同土类别厚度加权平均计算。

2. 计算放坡时，在交接处的重复工程量不予扣除，原槽、坑作基础垫层时，放坡自垫层上表面开始计算。

表 A. 1-4 基础施工所需工作面宽度计算表

基 础 材 料	每边各增加工作面宽度/mm
砖基础	200
浆砌毛石、条石基础	150
混凝土基础垫层支模板	300
混凝土基础支模板	300
基础垂直面做防水层	1000（防水层面）

注：本表按《全国统一建筑工程预算工程量计算规则》GJDGZ—101—95 整理。

表 A. 1-5 管沟施工每侧所需工作面宽度计算表

管沟材料 \ 管道结构宽/mm	≤500	≤1000	≤2500	>2500
混凝土及钢筋混凝土管道/mm	400	500	600	700
其他材质管道/mm	300	400	500	600

注：1. 本表按《全国统一建筑工程预算工程量计算规则》GJDGZ—101—95 整理。

2. 管道结构宽：有管座的按基础外缘，无管座的按管道外径。

A. 2 石 方 工 程

石方工程工程量清单项目设置、项目特征描述的内容、计量单位及工程量计算规则，应按表 A. 2 的规定执行。

表 A.2　石方工程（编号：010102）

项目编码	项目名称	项目特征	计量单位	工程量计算规则	工作内容
010102001	挖一般石方	1. 岩石类别 2. 开凿深度 3. 弃碴运距	m³	按设计图示尺寸以体积计算	1. 排地表水 2. 凿石 3. 运输
010102002	挖沟槽石方			按设计图示尺寸沟槽底面积乘以挖石深度以体积计算	
010102003	挖基坑石方			按设计图示尺寸基坑底面积乘以挖石深度以体积计算	
010102004	挖管沟石方	1. 岩石类别 2. 管外径 3. 挖沟深度	1. m 2. m³	1. 以米计量，按设计图示以管道中心线长度计算 2. 以立方米计量，按设计图示截面积乘以长度计算	1. 排地表水 2. 凿石 3. 回填 4. 运输

注：1. 挖石应按自然地面测量标高至设计地坪标高的平均厚度确定。基础石方开挖深度应按基础垫层底表面标高至交付施工现场地标高确定，无交付施工场地标高时，应按自然地面标高确定。

2. 厚度 > ±300mm 的竖向布置挖石或山坡凿石应按本表中挖一般石方项目编码列项。

3. 沟槽、基坑、一般石方的划分为：底宽≤7m 且底长 > 3 倍底宽为沟槽；底长≤3 倍底宽且底面积≤150m² 为基坑；超出上述范围则为一般石方。

4. 弃碴运距可以不描述，但应注明由投标人根据施工现场实际情况自行考虑，决定报价。

5. 岩石的分类应按表 A.2-1 确定。

6. 石方体积应按挖掘前的天然密实体积计算。非天然密实石方应按表 A.2-2 折算。

7. 管沟石方项目适用于管道（给排水、工业、电力、通信）、光（电）缆沟［包括：人（手）孔、接口坑］及连接井（检查井）等。

表 A.2-1　岩石分类表

岩石分类		代表性岩石	开挖方法
极软岩		1. 全风化的各种岩石 2. 各种半成岩	部分用手凿工具、部分用爆破法开挖
软质岩	软岩	1. 强风化的坚硬岩或较硬岩 2. 中等风化—强风化的较软岩 3. 未风化—微风化的页岩、泥岩、泥质砂岩等	用风镐和爆破法开挖
	较软岩	1. 中等风化—强风化的坚硬岩或较硬岩 2. 未风化—微风化的凝灰岩、千枚岩、泥灰岩、砂质泥岩等	用爆破法开挖
硬质岩	较硬岩	1. 微风化的坚硬岩 2. 未风化～微风化的大理岩、板岩、石灰岩、白云岩、钙质砂岩等	用爆破法开挖
	坚硬岩	未风化～微风化的花岗岩、闪长岩、辉绿岩、玄武岩、安山岩、片麻岩、石英岩、石英砂岩、硅质砾岩、硅质石灰岩等	用爆破法开挖

注：本表依据 GB 50218—1994《工程岩体分级标准》和 GB 50021—2001《岩土工程勘察规范（2009 年版）》整理。

表 A. 2-2　非天然密实石方体积折算系数表

石方类别	天然密实度体积	虚方体积	松填体积	码方
石方	1.0	1.54	1.31	
块石	1.0	1.75	1.43	1.67
砂夹石	1.0	1.07	0.94	

注：本表按建设部颁发《爆破工程消耗量定额》GYD—102—2008 整理。

A. 3　回　　填

回填工程量清单项目设置、项目特征描述的内容、计量单位及工程量计算规则，应按表 A. 3 的规定执行。

表 A. 3　回填（编号：010103）

项目编码	项目名称	项目特征	计量单位	工程量计算规则	工作内容
010103001	回填方	1. 密实度要求 2. 填方材料品种 3. 填方粒径要求 4. 填方来源、运距	m³	按设计图示尺寸以体积计算 　1. 场地回填：回填面积乘平均回填厚度 　2. 室内回填：主墙间面积乘回填厚度，不扣除间隔墙 　3. 基础回填：按挖方清单项目工程量减去自然地坪以下埋设的基础体积（包括基础垫层及其他构筑物）	1. 运输 2. 回填 3. 压实
010103002	余方弃置	1. 弃废料品种 2. 运距		按挖方清单项目工程量减利用回填方体积（正数）计算	余方点装料运输至弃置点

注：1. 填方密实度要求，在无特殊要求情况下，项目特征可描述为满足设计和规范的要求。

　2. 填方材料品种可以不描述，但应注明由投标人根据设计要求验方后方可填入，并符合相关工程的质量规范要求。

　3. 填方粒径要求，在无特殊要求情况下，项目特征可以不描述。

　4. 如需买土回填应在项目特征填方来源中描述，并注明买土方数量。

附录 B　地基处理与边坡支护工程

B. 1　地　基　处　理

地基处理工程量清单项目设置、项目特征描述的内容、计量单位及工程量计算规则，应按表 B. 1 的规定执行。

表 B. 1　地基处理（编号：010201）

项目编码	项目名称	项目特征	计量单位	工程量计算规则	工作内容
010201001	换填垫层	1. 材料种类及配比 2. 压实系数 3. 掺加剂品种	m³	按设计图示尺寸以体积计算	1. 分层铺填 2. 碾压、振密或夯实 3. 材料运输

（续）

项目编码	项目名称	项目特征	计量单位	工程量计算规则	工作内容
010201002	铺设土工合成材料	1. 部位 2. 品种 3. 规格	m²	按设计图示尺寸以面积计算	1. 挖填锚固沟 2. 铺设 3. 固定 4. 运输
010201003	预压地基	1. 排水竖井种类、断面尺寸、排列方式、间距、深度 2. 预压方法 3. 预压荷载、时间 4. 砂垫层厚度		按设计图示处理范围以面积计算	1. 设置排水竖井、盲沟、滤水管 2. 铺设砂垫层、密封膜 3. 堆载、卸载或抽气设备安拆、抽真空 4. 材料运输
010201004	强夯地基	1. 夯击能量 2. 夯击遍数 3. 夯击点布置形式、间距 4. 地耐力要求 5. 夯填材料种类			1. 铺设夯填材料 2. 强夯 3. 夯填材料运输
010201005	振冲密实（不填料）	1. 地层情况 2. 振密深度 3. 孔距			1. 振冲加密 2. 泥浆运输
010201006	振冲桩（填料）	1. 地层情况 2. 空桩长度、桩长 3. 桩径 4. 填充材料种类	1. m 2. m³	1. 以米计量，按设计图示尺寸以桩长计算 2. 以立方米计量，按设计桩截面乘以桩长以体积计算	1. 振冲成孔、填料、振实 2. 材料运输 3. 泥浆运输
010201007	砂石桩	1. 地层情况 2. 空桩长度、桩长 3. 桩径 4. 成孔方法 5. 材料种类、级配		1. 以米计量，按设计图示尺寸以桩长（包括桩尖）计算 2. 以立方米计量，按设计桩截面乘以桩长（包括桩尖）以体积计算	1. 成孔 2. 填充、振实 3. 材料运输
010201008	水泥粉煤灰碎石桩	1. 地层情况 2. 空桩长度、桩长 3. 桩径 4. 成孔方法 5. 混合料强度等级	m	按设计图示尺寸以桩长（包括桩尖）计算	1. 成孔 2. 混合料制作、灌注、养护 3. 材料运输
010201009	深层搅拌桩	1. 地层情况 2. 空桩长度、桩长 3. 桩截面尺寸 4. 水泥强度等级、掺量		按设计图示尺寸以桩长计算	1. 预搅下钻、水泥浆制作、喷浆搅拌提升成桩 2. 材料运输

（续）

项目编码	项目名称	项目特征	计量单位	工程量计算规则	工作内容
010201010	粉喷桩	1. 地层情况 2. 空桩长度、桩长 3. 桩径 4. 粉体种类、掺量 5. 水泥强度等级、石灰粉要求	m	按设计图示尺寸以桩长计算	1. 预搅下钻、喷粉搅拌提升成桩 2. 材料运输
010201011	夯实水泥土桩	1. 地层情况 2. 空桩长度、桩长 3. 桩径 4. 成孔方法 5. 水泥强度等级 6. 混合料配比		按设计图示尺寸以桩长（包括桩尖）计算	1. 成孔、夯底 2. 水泥土拌和、填料、夯实 3. 材料运输
010201012	高压喷射注浆桩	1. 地层情况 2. 空桩长度、桩长 3. 桩截面 4. 注浆类型、方法 5. 水泥强度等级		按设计图示尺寸以桩长计算	1. 成孔 2. 水泥浆制作、高压喷射注浆 3. 材料运输
010201013	石灰桩	1. 地层情况 2. 空桩长度、桩长 3. 桩径 4. 成孔方法 5. 掺和料种类、配合比		按设计图示尺寸以桩长（包括桩尖）计算	1. 成孔 2. 混合料制作、运输、夯填
010201014	灰土（土）挤密桩	1. 地层情况 2. 空桩长度、桩长 3. 桩径 4. 成孔方法 5. 灰土级配			1. 成孔 2. 灰土拌和、运输、填充、夯实
010201015	柱锤冲扩桩	1. 地层情况 2. 空桩长度、桩长 3. 桩径 4. 成孔方法 5. 桩体材料种类、配合比		按设计图示尺寸以桩长计算	1. 安、拔套管 2. 冲孔、填料、夯实 3. 桩体材料制作、运输
010201016	注浆地基	1. 地层情况 2. 空钻深度、注浆深度 3. 注浆间距 4. 浆液种类及配比 5. 注浆方法 6. 水泥强度等级	1. m 2. m³	1. 以米计量，按设计图示尺寸以钻孔深度计算 2. 以立方米计量，按设计图示尺寸以加固体积计算	1. 成孔 2. 注浆导管制作、安装 3. 浆液制作、压浆 4. 材料运输

（续）

项目编码	项目名称	项目特征	计量单位	工程量计算规则	工作内容
010201017	褥垫层	1. 厚度 2. 材料品种及比例	1. m² 2. m³	1. 以平方米计量，按设计图示尺寸以铺设面积计算 2. 以立方米计量，按设计图示尺寸以体积计算	材料拌合、运输、铺设、压实

注: 1. 地层情况按表 A.1-1 和表 A.2-1 的规定，并根据岩土工程勘察报告按单位工程各地层所占比例（包括范围值）进行描述。对无法准确描述的地层情况，可注明由投标人根据岩土工程勘察报告自行决定报价。

2. 项目特征中的桩长应包括桩尖，空桩长度＝孔深－桩长，孔深为自然地面至设计桩底的深度。

3. 高压喷射注浆类型包括旋喷、摆喷、定喷，高压喷射注浆方法包括单管法、双重管法、三重管法。

4. 如采用泥浆护壁成孔，工作内容包括土方、废泥浆外运，如采用沉管灌注成孔，工作内容包括桩尖制作、安装。

B.2　基坑与边坡支护

基坑与边坡支护工程量清单项目设置、项目特征描述的内容、计量单位及工程量计算规则，应按表 B.2 的规定执行。

表 B.2　基坑与边坡支护（编码：010202）

项目编码	项目名称	项目特征	计量单位	工程量计算规则	工作内容
010202001	地下连续墙	1. 地层情况 2. 导墙类型、截面 3. 墙体厚度 4. 成槽深度 5. 混凝土种类、强度等级 6. 接头形式	m³	按设计图示墙中心线长乘以厚度乘以槽深以体积计算	1. 导墙挖填、制作、安装、拆除 2. 挖土成槽、固壁、清底置换 3. 混凝土制作、运输、灌注、养护 4. 接头处理 5. 土方、废泥浆外运 6. 打桩场地硬化及泥浆池、泥浆沟
010202002	咬合灌注桩	1. 地层情况 2. 桩长 3. 桩径 4. 混凝土种类、强度等级 5. 部位	1. m 2. 根	1. 以米计量，按设计图示尺寸以桩长计算 2. 以根计量，按设计图示数量计算	1. 成孔、固壁 2. 混凝土制作、运输、灌注、养护 3. 套管压拔 4. 土方、废泥浆外运 5. 打桩场地硬化及泥浆池、泥浆沟
010202003	圆木桩	1. 地层情况 2. 桩长 3. 材质 4. 尾径 5. 桩倾斜度		1. 以米计量，按设计图示尺寸以桩长（包括桩尖）计算 2. 以根计量，按设计图示数量计算	1. 工作平台搭拆 2. 桩机移位 3. 桩靴安装 4. 沉桩

（续）

项目编码	项目名称	项目特征	计量单位	工程量计算规则	工作内容
010202004	预制钢筋混凝土板桩	1. 地层情况 2. 送桩深度、桩长 3. 桩截面 4. 沉桩方法 5. 连接方式 6. 混凝土强度等级	1. m 2. 根	1. 以米计量，按设计图示尺寸以桩长（包括桩尖）计算 2. 以根计量，按设计图示数量计算	1. 工作平台搭拆 2. 桩机移位 3. 沉柱 4. 板桩连接
010202005	型钢桩	1. 地层情况或部位 2. 送桩深度、桩长 3. 规格型号 4. 桩倾斜度 5. 防护材料种类 6. 是否拔出	1. t 2. 根	1. 以吨计量，按设计图示尺寸以质量计算 2. 以根计量，按设计图示数量计算	1. 工作平台搭拆 2. 桩机移位 3. 打（拔）桩 4. 接桩 5. 刷防护材料
010202006	钢板桩	1. 地层情况 2. 桩长 3. 板桩厚度	1. t 2. m²	1. 以吨计量，按设计图示尺寸以质量计算 2. 以平方米计量，按设计图示墙中心线长乘以桩长以面积计算	1. 工作平台搭拆 2. 桩机移位 3. 打拔钢板桩
010202007	锚杆（锚索）	1. 地层情况 2. 锚杆（索）类型、部位 3. 钻孔深度 4. 钻孔直径 5. 杆体材料品种、规格、数量 6. 预应力 7. 浆液种类、强度等级	1. m 2. 根	1. 以米计量，按设计图示尺寸以钻孔深度计算 2. 以根计量，按设计图示数量计算	1. 钻孔、浆液制作、运输、压浆 2. 锚杆（锚索）制作、安装 3. 张拉锚固 4. 锚杆（锚索）施工平台搭设、拆除
010202008	土钉	1. 地层情况 2. 钻孔深度 3. 钻孔直径 4. 置入方法 5. 杆体材料品种、规格、数量 6. 浆液种类、强度等级			1. 钻孔、浆液制作、运输、压浆 2. 土钉制作、安装 3. 土钉施工平台搭设、拆除
010202009	喷射混凝土、水泥砂浆	1. 部位 2. 厚度 3. 材料种类 4. 混凝土（砂浆）类别、强度等级	m²	按设计图示尺寸以面积计算	1. 修整边坡 2. 混凝土（砂浆）制作、运输、喷射、养护 3. 钻排水孔、安装排水管 4. 喷射施工平台搭设、拆除

（续）

项目编码	项目名称	项目特征	计量单位	工程量计算规则	工作内容
010202010	钢筋混凝土支撑	1. 部位 2. 混凝土种类 3. 混凝土强度等级	m³	按设计图示尺寸以体积计算	1. 模板（支架或支撑）制作、安装、拆除、堆放、运输及清理模内杂物、刷隔离剂等 2. 混凝土制作、运输、浇筑、振捣、养护
010202011	钢支撑	1. 部位 2. 钢材品种、规格 3. 探伤要求	t	按设计图示尺寸以质量计算。不扣除孔眼质量，焊条、铆钉、螺栓等不另增加质量	1. 支撑、铁件制作（摊销、租赁） 2. 支撑、铁件安装 3. 探伤 4. 刷漆 5. 拆除 6. 运输

注：1. 地层情况按表 A.1-1 和表 A.2-1 的规定，并根据岩土工程勘察报告按单位工程各地层所占比例（包括范围值）进行描述。对无法准确描述的地层情况，可注明由投标人根据岩土工程勘察报告自行决定报价。

　　2. 土钉置入方法包括钻孔置入、打入或射入等。

　　3. 混凝土种类：指清水混凝土、彩色混凝土等，如在同一地区既使用预拌（商品）混凝土，又允许现场搅拌混凝土时，也应注明（下同）。

　　4. 地下连续墙和喷射混凝土（砂浆）的钢筋网、咬合灌注桩的钢筋笼及钢筋混凝土支撑的钢筋制作、安装，按附录 E 中相关项目列项。本分部未列的基坑与边坡支护的排桩按附录 C 中相关项目列项。水泥土墙、坑内加固按表 B.1 中相关项目列项。砖、石挡土墙、护坡按附录 D 中相关项目列项。混凝土挡土墙按附录 E 中相关项目列项。

附录 C　桩 基 工 程

C.1　打　　桩

　　打桩工程量清单项目设置、项目特征描述的内容、计量单位及工程量计算规则，应按表 C.1 的规定执行。

表 C.1　打桩（编号：010301）

项目编码	项目名称	项目特征	计量单位	工程量计算规则	工作内容
010301001	预制钢筋混凝土方桩	1. 地层情况 2. 送桩深度、桩长 3. 桩截面 4. 桩倾斜度 5. 沉桩方法 6. 接桩方式 7. 混凝土强度等级	1. m 2. m³ 3. 根	1. 以米计量，按设计图示尺寸以桩长（包括桩尖）计算 2. 以立方米计量，按设计图示截面积乘以桩长（包括桩尖）以实体积计算 3. 以根计量，按设计图示数量计算	1. 工作平台搭拆 2. 桩机竖拆、移位 3. 沉桩 4. 接桩 5. 送桩

（续）

项目编码	项目名称	项目特征	计量单位	工程量计算规则	工作内容
010301002	预制钢筋混凝土管桩	1. 地层情况 2. 送桩深度、桩长 3. 桩外径、壁厚 4. 桩倾斜度 5. 沉桩方法 6. 桩尖类型 7. 混凝土强度等级 8. 填充材料种类 9. 防护材料种类	1. m 2. m³ 3. 根	1. 以米计量，按设计图示尺寸以桩长（包括桩尖）计算 2. 以立方米计量，按设计图示截面积乘以桩长（包括桩尖）以实体积计算 3. 以根计量，按设计图示数量计算	1. 工作平台搭拆 2. 桩机竖拆、移位 3. 沉桩 4. 接桩 5. 送桩 6. 桩尖制作安装 7. 填充材料、刷防护材料
010301003	钢管桩	1. 地层情况 2. 送桩深度、桩长 3. 材质 4. 管径、壁厚 5. 桩倾斜度 6. 沉桩方法 7. 填充材料种类 8. 防护材料种类	1. t 2. 根	1. 以吨计量，按设计图示尺寸以质量计算 2. 以根计量，按设计图示数量计算	1. 工作平台搭拆 2. 桩机竖拆、移位 3. 沉桩 4. 接桩 5. 送桩 6. 切割钢管、精割盖帽 7. 管内取土 8. 填充材料、刷防护材料
010301004	截(凿)桩头	1. 桩类型 2. 桩头截面、高度 3. 混凝土强度等级 4. 有无钢筋	1. m³ 2. 根	1. 以立方米计量，按设计桩截面乘以桩头长度以体积计算 2. 以根计量，按设计图示数量计算	1. 截（切割）桩头 2. 凿平 3. 废料外运

注：1. 地层情况按表 A.1-1 和表 A.2-1 的规定，并根据岩土工程勘察报告按单位工程各地层所占比例（包括范围值）进行描述。对无法准确描述的地层情况，可注明由投标人根据岩土工程勘察报告自行决定报价。
　　2. 项目特征中的桩截面、混凝土强度等级、桩类型等可直接用标准图代号或设计桩型进行描述。
　　3. 预制钢筋混凝土方桩、预制钢筋混凝土管桩项目以成品桩编制，应包括成品桩购置费，如果用现场预制，应包括现场预制桩的所有费用。
　　4. 打试验桩和打斜桩应按相应项目单独列项，并应在项目特征中注明试验桩或斜桩（斜率）。
　　5. 截（凿）桩头项目适用于附录B、附录C所列桩的桩头截（凿）。
　　6. 预制钢筋混凝土管桩桩顶与承台的连接构造按附录E相关项目列项。

C.2 灌 注 桩

灌注桩工程量清单项目设置、项目特征描述的内容、计量单位及工程量计算规则，应按表 C.2 的规定执行。

表 C.2 灌注桩（编号：010302）

项目编码	项目名称	项目特征	计量单位	工程量计算规则	工作内容
010302001	泥浆护壁成孔灌注桩	1. 地层情况 2. 空桩长度、桩长 3. 桩径 4. 成孔方法 5. 护筒类型、长度 6. 混凝土种类、强度等级	1. m 2. m³ 3. 根	1. 以米计量，按设计图示尺寸以桩长（包括桩尖）计算 2. 以立方米计量，按不同截面在桩上范围内以体积计算 3. 以根计量，按设计图示数量计算	1. 护筒埋设 2. 成孔、固壁 3. 混凝土制作、运输、灌注、养护 4. 土方、废泥浆外运 5. 打桩场地硬化及泥浆池、泥浆沟
010302002	沉管灌注桩	1. 地层情况 2. 空桩长度、桩长 3. 复打长度 4. 桩径 5. 沉管方法 6. 桩尖类型 7. 混凝土种类、强度等级			1. 打（沉）拔钢管 2. 桩尖制作、安装 3. 混凝土制作、运输、灌注、养护
010302003	干作业成孔灌注桩	1. 地层情况 2. 空桩长度、桩长 3. 桩径 4. 扩孔直径、高度 5. 成孔方法 6. 混凝土种类、强度等级			1. 成孔、扩孔 2. 混凝土制作、运输、灌注、振捣、养护
010302004	挖孔桩土（石）方	1. 地层情况 2. 挖孔深度 3. 弃土（石）运距	m³	按设计图示尺寸（含护壁）截面积乘以挖孔深度以立方米计算	1. 排地表水 2. 挖土、凿石 3. 基底钎探 4. 运输
010302005	人工挖孔灌注桩	1. 桩芯长度 2. 桩芯直径、扩底直径、扩底高度 3. 护壁厚度、高度 4. 护壁混凝土种类、强度等级 5. 桩芯混凝土种类、强度等级	1. m³ 2. 根	1. 以立方米计量，按桩芯混凝土体积计算 2. 以根计量，按设计图示数量计算	1. 护壁制作 2. 混凝土制作、运输、灌注、振捣、养护
010302006	钻孔压浆桩	1. 地层情况 2. 空钻长度、桩长 3. 钻孔直径 4. 水泥强度等级	1. m 2. 根	1. 以米计量，按设计图示尺寸以桩长计算 2. 以根计量，按设计图示数量计算	钻孔、下注浆管、投放骨料、浆液制作、运输、压浆

（续）

项目编码	项目名称	项目特征	计量单位	工程量计算规则	工作内容
010302007	灌注桩后压浆	1. 注浆导管材料、规格 2. 注浆导管长度 3. 单孔注浆量 4. 水泥强度等级	孔	按设计图示以注浆孔数计算	1. 注浆导管制作、安装 2. 浆液制作、运输、压浆

注: 1. 地层情况按表 A.1-1 和表 A.2-1 的规定，并根据岩土工程勘察报告按单位工程各地层所占比例（包括范围值）进行描述。对无法准确描述的地层情况，可注明由投标人根据岩土工程勘察报告自行决定报价。
　　2. 项目特征中的桩长应包括桩尖，空桩长度＝孔深－桩长，孔深为自然地面至设计桩底的深度。
　　3. 项目特征中的桩截面（桩径）、混凝土强度等级、桩类型等可直接用标准图代号或设计桩型进行描述。
　　4. 泥浆护壁成孔灌注桩是指在泥浆护壁条件下成孔，采用水下灌注混凝土的桩。其成孔方法包括冲击钻成孔、冲抓锥成孔、回旋钻成孔、潜水钻成孔、泥浆护壁的旋挖成孔等。
　　5. 沉管灌注桩的沉管方法包括锤击沉管法、振动沉管法、振动冲击沉管法、内夯沉管法等。
　　6. 干作业成孔灌注桩是指不用泥浆护壁和套管护壁的情况下，用钻机成孔后，下钢筋笼，灌注混凝土的桩，适用于地下水位以上的土层使用。其成孔方法包括螺旋钻成孔、螺旋钻成孔扩底、干作业的旋挖成孔等。
　　7. 混凝土种类：指清水混凝土、彩色混凝土、水下混凝土等，如在同一地区既使用预拌（商品）混凝土，又允许现场搅拌混凝土时，也应注明（下同）。
　　8. 混凝土灌注桩的钢筋笼制作、安装，按附录 E 中相关项目编码列项。

附录 D　砌　筑　工　程

D.1　砖　砌　体

砖砌体工程量清单项目设置、项目特征描述的内容、计量单位及工程量计算规则，应按表 D.1 的规定执行。

表 D.1　砖砌体（编号：010401）

项目编码	项目名称	项目特征	计量单位	工程量计算规则	工作内容
010401001	砖基础	1. 砖品种、规格、强度等级 2. 基础类型 3. 砂浆强度等级 4. 防潮层材料种类	m³	按设计图示尺寸以体积计算 　包括附墙垛基础宽出部分体积，扣除地梁（圈梁）、构造柱所占体积，不扣除基础大放脚 T 形接头处的重叠部分及嵌入基础内的钢筋、铁件、管道、基础砂浆防潮层和单个面积 ≤0.3m² 的孔洞所占体积，靠墙暖气沟的挑檐不增加 　基础长度：外墙按外墙中心线，内墙按内墙净长线计算	1. 砂浆制作、运输 2. 砌砖 3. 防潮层铺设 4. 材料运输
010401002	砖砌挖孔桩护壁	1. 砖品种、规格、强度等级 2. 砂浆强度等级		按设计图示尺寸以立方米计算	1. 砂浆制作、运输 2. 砌砖 3. 材料运输

（续）

项目编码	项目名称	项目特征	计量单位	工程量计算规则	工作内容
010401003	实心砖墙			按设计图示尺寸以体积计算 扣除门窗、洞口、嵌入墙内的钢筋混凝土柱、梁、圈梁、挑梁、过梁及凹进墙内的壁龛、管槽、暖气槽、消火栓箱所占体积，不扣除梁头、板头、檩头、垫木、木楞头、沿缘木、木砖、门窗走头、砖墙内加固钢筋、木筋、铁件、钢管及单个面积≤0.3m² 的孔洞所占的体积。凸出墙面的腰线、挑檐、压顶、窗台线、虎头砖、门窗套的体积亦不增加。凸出墙面的砖垛并入墙体体积内计算	
010401004	多孔砖墙	1. 砖品种、规格、强度等级 2. 墙体类型 3. 砂浆强度等级、配合比	m³	1. 墙长度：外墙按中心线、内墙按净长计算 2. 墙高度： （1）外墙：斜（坡）屋面无檐口天棚者算至屋面板底；有屋架且室内外均有天棚者算至屋架下弦底另加 200mm；无天棚者算至屋架下弦底另加 300mm，出檐宽度超过 600mm 时按实砌高度计算；与钢筋混凝土楼板隔层者算至板顶。平屋顶算至钢筋混凝土板底 （2）内墙：位于屋架下弦者，算至屋架下弦底；无屋架者算至天棚底另加 100mm；有钢筋混凝土楼板隔层者算至楼板顶；有框架梁时算至梁底 （3）女儿墙：从屋面板上表面算至女儿墙顶面（如有混凝土压顶时算至压顶下表面） （4）内、外山墙：按其平均高度计算 3. 框架间墙：不分内外墙按墙体净尺寸以体积计算 4. 围墙：高度算至压顶上表面（如有混凝土压顶时算至压顶下表面），围墙柱并入围墙体积内	1. 砂浆制作、运输 2. 砌砖 3. 刮缝 4. 砖压顶砌筑 5. 材料运输
010401005	空心砖墙				

（续）

项目编码	项目名称	项目特征	计量单位	工程量计算规则	工作内容
010401006	空斗墙	1. 砖品种、规格、强度等级 2. 墙体类型 3. 砂浆强度等级、配合比	m³	按设计图示尺寸以空斗墙外形体积计算。墙角、内外墙交接处、门窗洞口立边、窗台砖、屋檐处的实砌部分体积并入空斗墙体积内	1. 砂浆制作、运输 2. 砌砖 3. 装填充料 4. 刮缝 5. 材料运输
010401007	空花墙			按设计图示尺寸以空花部分外形体积计算，不扣除空洞部分体积	
010401008	填充墙	1. 砖品种、规格、强度等级 2. 墙体类型 3. 填充材料种类及厚度 4. 砂浆强度等级、配合比		按设计图示尺寸以填充墙外形体积计算	
010401009	实心砖柱	1. 砖品种、规格、强度等级 2. 柱类型 3. 砂浆强度等级、配合比		按设计图示尺寸以体积计算。扣除混凝土及钢筋混凝土梁垫、梁头、板头所占体积	1. 砂浆制作、运输 2. 砌砖 3. 刮缝 4. 材料运输
010401010	多孔砖柱				
010401011	砖检查井	1. 井截面、深度 2. 砖品种、规格、强度等级 3. 垫层材料种类、厚度 4. 底板厚度 5. 井盖安装 6. 混凝土强度等级 7. 砂浆强度等级 8. 防潮层材料种类	座	按设计图示数量计算	1. 砂浆制作、运输 2. 铺设垫层 3. 底板混凝土制作、运输、浇筑、振捣、养护 4. 砌砖 5. 刮缝 6. 井池底、壁抹灰 7. 抹防潮层 8. 材料运输
010401012	零星砌砖	1. 零星砌砖名称、部位 2. 砖品种、规格、强度等级 3. 砂浆强度等级、配合比	1. m³ 2. m² 3. m 4. 个	1. 以立方米计量，按设计图示尺寸截面积乘以长度计算 2. 以平方米计量，按设计图示尺寸水平投影面积计算 3. 以米计量，按设计图示尺寸长度计算 4. 以个计量，按设计图示数量计算	1. 砂浆制作、运输 2. 砌砖 3. 刮缝 4. 材料运输

（续）

项目编码	项目名称	项目特征	计量单位	工程量计算规则	工作内容
010401013	砖散水、地坪	1. 砖品种、规格、强度等级 2. 垫层材料种类、厚度 3. 散水、地坪厚度 4. 面层种类、厚度 5. 砂浆强度等级	m²	按设计图示尺寸以面积计算	1. 土方挖、运、填 2. 地基找平、夯实 3. 铺设垫层 4. 砌砖散水、地坪 5. 抹砂浆面层
010401014	砖地沟、明沟	1. 砖品种、规格、强度等级 2. 沟截面尺寸 3. 垫层材料种类、厚度 4. 混凝土强度等级 5. 砂浆强度等级	m	以米计量，按设计图示以中心线长度计算	1. 土方挖、运、填 2. 铺设垫层 3. 底板混凝土制作、运输、浇筑、振捣、养护 4. 砌砖 5. 刮缝、抹灰 6. 材料运输

注：1. "砖基础"项目适用于各种类型砖基础：柱基础、墙基础、管道基础等。

2. 基础与墙（柱）身使用同一种材料时，以设计室内地面为界（有地下室者，以地下室室内设计地面为界），以下为基础，以上为墙（柱）身。基础与墙身使用不同材料时，位于设计室内地面高度≤±300mm时，以不同材料为分界线，高度>±300mm时，以设计室内地面为分界线。

3. 砖围墙以设计室外地坪为界，以下为基础，以上为墙身。

4. 框架外表面的镶贴砖部分，按零星项目编码列项。

5. 附墙烟囱、通风道、垃圾道应按设计图示尺寸以体积（扣除孔洞所占体积）计算并入所依附的墙体体积内。当设计规定孔洞内需抹灰时，应按本规范附录 M 中零星抹灰项目编码列项。

6. 空斗墙的窗间墙、窗台下、楼板下、梁头下等的实砌部分，按零星砌砖项目编码列项。

7. "空花墙"项目适用于各种类型的空花墙，使用混凝土花格砌筑的空花墙，实砌墙体与混凝土花格应分别计算，混凝土花格按混凝土及钢筋混凝土中预制构件相关项目编码列项。

8. 台阶、台阶挡墙、梯带、锅台、炉灶、蹲台、池槽、池槽腿、砖胎模、花台、花池、楼梯栏板、阳台栏板、地垄墙、≤0.3m²的孔洞填塞等，应按零星砌砖项目编码列项。砖砌锅台与炉灶可按外形尺寸以个计算，砖砌台阶可按水平投影面积以平方米计算，小便槽、地垄墙可按长度计算，其他工程以立方米计算。

9. 砖砌体内钢筋加固，应按附录 E 中相关项目编码列项。

10. 砖砌体勾缝按附录 M 中相关项目编码列项。

11. 检查井内的爬梯按附录 E 中相关项目编码列项；井内的混凝土构件按附录 E 中混凝土及钢筋混凝土预制构件编码列项。

12. 如施工图设计标注做法见标准图集时，应在项目特征描述中注明标注图集的编码、页号及节点大样。

D.2　砌　块　砌　体

砌块砌体工程量清单项目设置、项目特征描述的内容、计量单位及工程量计算规则，应按表 D.2 的规定执行。

表 D.2　砖块砌体（编号：010402）

项目编码	项目名称	项目特征	计量单位	工程量计算规则	工作内容
010402001	砌块墙	1. 砌块品种、规格、强度等级 2. 墙体类型 3. 砂浆强度等级	m³	按设计图示尺寸以体积计算 扣除门窗、洞口、嵌入墙内的钢筋混凝土柱、梁、圈梁、挑梁、过梁及凹进墙内的壁龛、管槽、暖气槽、消火栓箱所占体积，不扣除梁头、板头、檩头、垫木、木楞头、沿缘木、木砖、门窗走头、砌块墙内加固钢筋、木筋、铁件、钢管及单个面积≤0.3m² 的孔洞所占的体积。凸出墙面的腰线、挑檐、压顶、窗台线、虎头砖、门窗套的体积亦不增加。凸出墙面的砖垛并入墙体体积内计算 1. 墙长度：外墙按中心线、内墙按净长计算 2. 墙高度： （1）外墙：斜（坡）屋面无檐口天棚者算至屋面板底；有屋架且室内外均有天棚者算至屋架下弦底另加 200mm；无天棚者算至屋架下弦底另加 300mm，出檐宽度超过 600mm 时按实砌高度计算；与钢筋混凝土楼板隔层者算至板顶；平屋面算至钢筋混凝土板底 （2）内墙：位于屋架下弦者，算至屋架下弦底；无屋架者算至天棚底另加 100mm；有钢筋混凝土楼板隔层者算至楼板顶；有框架梁时算至梁底 （3）女儿墙：从屋面板上表面算至女儿墙顶面（如有混凝土压顶时算至压顶下表面） （4）内、外山墙：按其平均高度计算 3. 框架间墙：不分内外墙按墙体净尺寸以体积计算 4. 围墙：高度算至压顶上表面（如有混凝土压顶时算至压顶下表面），围墙柱并入围墙体积内	1. 砂浆制作、运输 2. 砌砖、砌块 3. 勾缝 4. 材料运输

（续）

项目编码	项目名称	项目特征	计量单位	工程量计算规则	工作内容
010402002	砌块柱	1. 砌块品种、规格、强度等级 2. 墙体类型 3. 砂浆强度等级	m³	按设计图示尺寸以体积计算 扣除混凝土及钢筋混凝土梁垫、梁头、板头所占面积	1. 砂浆制作、运输 2. 砌砖、砌块 3. 勾缝 4. 材料运输

注：1. 砌体内加筋、墙体拉结的制作、安装，应按附录 E 中相关项目编码列项。

2. 砌块排列应上、下错缝搭砌，如果搭错缝长度满足不了规定的压搭要求，应采取压砌钢筋网片的措施，具体构造要求按设计规定。若设计无规定时，应注明由投标人根据工程实际情况自行考虑；钢筋网片按附录 F 中相应编码列项。

3. 砌体垂直灰缝宽>30mm 时，采用 C20 细石混凝土灌实。灌注的混凝土应按附录 E 相关项目编码列项。

D.3　石　砌　体

石砌体工程量清单项目设置、项目特征描述的内容、计量单位及工程量计算规则，应按表 D.3 的规定执行。

表 D.3　石砌体（编号：010403）

项目编码	项目名称	项目特征	计量单位	工程量计算规则	工作内容
010403001	石基础	1. 石料种类、规格 2. 基础类型 3. 砂浆强度等级	m³	按设计图示尺寸以体积计算 包括附墙垛基础宽出部分体积，不扣除基础砂浆防潮层及单个面积≤0.3m² 的孔洞所占体积，靠墙暖气沟的挑檐不增加体积。基础长度：外墙按中心线，内墙按净长计算	1. 砂浆制作、运输 2. 吊装 3. 砌石 4. 防潮层铺设 5. 材料运输
010403002	石勒脚			按设计图示尺寸以体积计算，扣除单个面积>0.3m² 的孔洞所占的体积	
010403003	石墙	1. 石料种类、规格 2. 石表面加工要求 3. 勾缝要求 4. 砂浆强度等级、配合比		按设计图示尺寸以体积计算 扣除门窗、洞口、嵌入墙内的钢筋混凝土柱、梁、圈梁、挑梁、过梁及凹进墙内的壁龛、管槽、暖气槽、消火栓箱所占体积，不扣除梁头、板头、檩头、垫木、木楞头、沿缘木、木砖、门窗走头、石墙内加固钢筋、木筋、铁件、钢管及单个面积≤0.3m² 的孔洞所占的体积。凸出墙面的腰线、挑檐、压顶、窗台线、虎头砖、门窗套的体积亦不增加。凸出墙面的砖垛并入墙体体积内计算	1. 砂浆制作、运输 2. 吊装 3. 砌石 4. 石表面加工 5. 勾缝 6. 材料运输

（续）

项目编码	项目名称	项目特征	计量单位	工程量计算规则	工作内容
010403003	石墙	1. 石料种类、规格 2. 石表面加工要求 3. 勾缝要求 4. 砂浆强度等级、配合比	m³	1. 墙长度：外墙按中心线、内墙按净长计算 2. 墙高度： （1）外墙：斜（坡）屋面无檐口天棚者算至屋面板底；有屋架且室内外均有天棚者算至屋架下弦底另加200mm；无天棚者算至屋架下弦底另加300mm，出檐宽度超过600mm时按实砌高度计算；有钢筋混凝土楼板隔层者算至板顶；平屋顶算至钢筋混凝土板底 （2）内墙：位于屋架下弦者，算至屋架下弦底；无屋架者算至天棚底另加100mm；有钢筋混凝土楼板隔层者算至楼板顶；有框架梁时算至梁底 （3）女儿墙：从屋面板上表面算至女儿墙顶面（如有混凝土压顶时算至压顶下表面） （4）内、外山墙：按其平均高度计算 3. 围墙：高度算至压顶上表面（如有混凝土压顶时算至压顶下表面），围墙柱并入围墙体积内	1. 砂浆制作、运输 2. 吊装 3. 砌石 4. 石表面加工 5. 勾缝 6. 材料运输
010403004	石挡土墙			按设计图示尺寸以体积计算	1. 砂浆制作、运输 2. 吊装 3. 砌石 4. 变形缝、泄水孔、压顶抹灰 5. 滤水层 6. 勾缝 7. 材料运输
010403005	石柱				1. 砂浆制作、运输 2. 吊装 3. 砌石 4. 石表面加工 5. 勾缝 6. 材料运输
010403006	石栏杆		m	按设计图示以长度计算	

（续）

项目编码	项目名称	项目特征	计量单位	工程量计算规则	工作内容
010403007	石护坡	1. 垫层材料种类、厚度 2. 石料种类、规格 3. 护坡厚度、高度 4. 石表面加工要求 5. 勾缝要求 6. 砂浆强度等级、配合比	m³	按设计图示尺寸以体积计算	1. 砂浆制作、运输 2. 吊装 3. 砌石 4. 石表面加工 5. 勾缝 6. 材料运输
010403008	石台阶				1. 铺设垫层 2. 石料加工 3. 砂浆制作、运输 4. 砌石 5. 石表面加工 6. 勾缝 7. 材料运输
010403009	石坡道		m²	按设计图示以水平投影面积计算	
010403010	石地沟、明沟	1. 沟截面尺寸 2. 土壤类别、运距 3. 垫层材料种类、厚度 4. 石料种类、规格 5. 石表面加工要求 6. 勾缝要求 7. 砂浆强度等级、配合比	m	按设计图示以中心线长度计算	1. 土方挖、运 2. 砂浆制作、运输 3. 铺设垫层 4. 砌石 5. 石表面加工 6. 勾缝 7. 回填 8. 材料运输

注：1. 石基础、石勒脚、石墙的划分：基础与勒脚应以设计室外地坪为界。勒脚与墙身应以设计室内地面为界。石围墙内外地坪标高不同时，应以较低地坪标高为界，以下为基础；内外标高之差为挡土墙时，挡土墙以上为墙身。

2. "石基础"项目适用于各种规格（粗料石、细料石等）、各种材质（砂石、青石等）和各种类型（柱基、墙基、直形、弧形等）基础。

3. "石勒脚""石墙"项目适用于各种规格（粗料石、细料石等）、各种材质（砂石、青石、大理石、花岗石等）和各种类型（直形、弧形等）勒脚和墙体。

4. "石挡土墙"项目适用于各种规格（粗料石、细料石、块石、毛石、卵石等）、各种材质（砂石、青石、石灰石等）和各种类型（直形、弧形、台阶形等）挡土墙。

5. "石柱"项目适用于各种规格、各种石质、各种类型的石柱。

6. "石栏杆"项目适用于无雕饰的一般石栏杆。

7. "石护坡"项目适用于各种石质和各种石料（粗料石、细料石、片石、块石、毛石、卵石等）。

8. "石台阶"项目包括石梯带（垂带），不包括石梯膀，石梯膀应按附录C石挡土墙项目编码列项。

9. 如施工图设计标注做法见标准图集时，应在项目特征描述中注明标注图集的编码、页号及节点大样。

D. 4　垫　　层

垫层工程量清单项目设置、项目特征描述的内容、计量单位及工程量计算规则，应按表 D. 4 的规定执行。

表 D. 4　垫层（编号：010404）

项目编码	项目名称	项目特征	计量单位	工程量计算规则	工作内容
010404001	垫层	垫层材料种类、配合比、厚度	m³	按设计图示尺寸以立方米计算	1. 垫层材料的拌制 2. 垫层铺设 3. 材料运输

注：除混凝土垫层应按附录 E 中相关项目编码列项外，没有包括垫层要求的清单项目应按本表垫层项目编码列项。

D. 5　相关问题及说明

D. 5. 1　标准砖尺寸应为 240mm × 115mm × 53mm。

D. 5. 2　标准砖墙厚度应按表 D. 5. 2 计算。

表 D. 5. 2　标准砖墙计算厚度表

砖数（厚度）	1/4	1/2	3/4	1	$1\frac{1}{2}$	2	$2\frac{1}{2}$	3
计算厚度/mm	53	115	180	240	365	490	615	740

附录 E　混凝土及钢筋混凝土工程

E. 1　现浇混凝土基础

现浇混凝土基础工程量清单项目设置、项目特征描述的内容、计量单位及工程量计算规则应按表 E. 1 的规定执行。

表 E. 1　现浇混凝土基础（编号：010501）

项目编码	项目名称	项目特征	计量单位	工程量计算规则	工作内容
010501001	垫层				1. 模板及支撑制作、安装、拆除、堆放、运输及清理模内杂物、刷隔离剂等
010501002	带形基础			按设计图示尺寸以体积计算。不扣除伸入承台基础的桩头所占体积	
010501003	独立基础	1. 混凝土种类 2. 混凝土强度等级	m³		
010501004	满堂基础				2. 混凝土制作、运输、浇筑、振捣、养护
010501005	桩承台基础				

（续）

项目编码	项目名称	项目特征	计量单位	工程量计算规则	工作内容
010501006	设备基础	1. 混凝土种类 2. 混凝土强度等级 3. 灌浆材料及其强度等级	m³	按设计图示尺寸以体积计算。不扣除伸入承台基础的桩头所占体积	1. 模板及支撑制作、安装、拆除、堆放、运输及清理模内杂物、刷隔离剂等 2. 混凝土制作、运输、浇筑、振捣、养护

注：1. 有肋带形基础、无肋带形基础应按本表中相关项目列项，并注明肋高。

　　2. 箱式满堂基础中柱、梁、墙、板按附录表 E.2、表 E.3、表 E.4、表 E.5 相关项目分别编码列项；箱式满堂基础底板按本表的满堂基础项目列项。

　　3. 框架式设备基础中柱、梁、墙、板分别按附录表 E.2、表 E.3、表 E.4、表 E.5 相关项目编码列项；基础部分按本表相关项目编码列项。

　　4. 如为毛石混凝土基础，项目特征应描述毛石所占比例。

E.2　现浇混凝土柱

　　现浇混凝土柱工程量清单项目设置、项目特征描述的内容、计量单位及工程量计算规则应按表 E.2 的规定执行。

表 E.2　现浇混凝土柱（编号：010502）

项目编码	项目名称	项目特征	计量单位	工程量计算规则	工作内容
010502001	矩形柱	1. 混凝土种类 2. 混凝土强度等级	m³	按设计图示尺寸以体积计算 柱高： 1. 有梁板的柱高，应自柱基上表面（或楼板上表面）至上一层楼板上表面之间的高度计算 2. 无梁板的柱高，应自柱基上表面（或楼板上表面）至柱帽下表面之间的高度计算 3. 框架柱的柱高：应自柱基上表面至柱顶高度计算 4. 构造柱按全高计算，嵌接墙体部分（马牙槎）并入柱身体积 5. 依附柱上的牛腿和升板的柱帽，并入柱身体积计算	1. 模板及支架（撑）制作、安装、拆除、堆放、运输及清理模内杂物、刷隔离剂等 2. 混凝土制作、运输、浇筑、振捣、养护
010502002	构造柱				
010502003	异形柱	1. 柱形状 2. 混凝土种类 3. 混凝土强度等级			

注：混凝土种类：指清水混凝土、彩色混凝土等，如在同一地区既使用预拌（商品）混凝土，又允许现场搅拌混凝土时，也应注明（下同）。

E.3　现浇混凝土梁

　　现浇混凝土梁工程量清单项目设置、项目特征描述的内容、计量单位及工程量计算规则应按表 E.3 的规定执行。

表 E.3　现浇混凝土梁（编号：010503）

项目编码	项目名称	项目特征	计量单位	工程量计算规则	工作内容
010503001	基础梁			按设计图示尺寸以体积计算。伸入墙内的梁头、梁垫并入梁体积内	1. 模板及支架（撑）制作、安装、拆除、堆放、运输及清理模内杂物、刷隔离剂等
010503002	矩形梁				
010503003	异形梁	1. 混凝土种类	m³	梁长：	
010503004	圈梁	2. 混凝土强度等级		1. 梁与柱连接时，梁长算至柱侧面	
010503005	过梁			2. 主梁与次梁连接时，次梁长算至主梁侧面	2. 混凝土制作、运输、浇筑、振捣、养护
010503006	弧形、拱形梁				

E.4　现浇混凝土墙

现浇混凝土墙工程量清单项目设置、项目特征描述的内容、计量单位及工程量计算规则应按表 E.4 的规定执行。

表 E.4　现浇混凝土墙（编号：010504）

项目编码	项目名称	项目特征	计量单位	工程量计算规则	工作内容
010504001	直形墙			按设计图示尺寸以体积计算	1. 模板及支架（撑）制作、安装、拆除、堆放、运输及清理模内杂物、刷隔离剂等
010504002	弧形墙	1. 混凝土种类	m³	扣除门窗洞口及单个面积 > 0.3m² 的孔洞所占体积，墙垛及突出墙面部分并入墙体积计算内	
010504003	短肢剪力墙	2. 混凝土强度等级			2. 混凝土制作、运输、浇筑、振捣、养护
010504004	挡土墙				

注：短肢剪力墙是指截面厚度不大于 300mm、各肢截面高度与厚度之比的最大值大于 4 但不大于 8 的剪力墙；各肢截面高度与厚度之比的最大值不大于 4 的剪力墙按柱项目编码列项。

E.5　现浇混凝土板

现浇混凝土板工程量清单项目设置、项目特征描述的内容、计量单位及工程量计算规则应按表 E.5 的规定执行。

表 E.5　现浇混凝土板（编号：010505）

项目编码	项目名称	项目特征	计量单位	工程量计算规则	工作内容
010505001	有梁板			按设计图示尺寸以体积计算，不扣除单个面积 ≤ 0.3m² 的柱、垛以及孔洞所占体积	1. 模板及支架（撑）制作、安装、拆除、堆放、运输及清理模内杂物、刷隔离剂等
010505002	无梁板			压形钢板混凝土楼板扣除构件内压形钢板所占体积	
010505003	平板	1. 混凝土种类	m³	有梁板（包括主、次梁与板）按梁、板体积之和计算，无梁板按板和柱帽体积之和计算，各类板伸入墙内的板头并入板体积内，薄壳板的肋、基梁并入薄壳体积内计算	2. 混凝土制作、运输、浇筑、振捣、养护
010505004	拱板	2. 混凝土强度等级			
010505005	薄壳板				
010505006	栏板				

（续）

项目编码	项目名称	项目特征	计量单位	工程量计算规则	工作内容
010505007	天沟（檐沟）、挑檐板			按设计图示尺寸以体积计算	1. 模板及支架（撑）制作、安装、拆除、堆放、运输及清理模内杂物、刷隔离剂等 2. 混凝土制作、运输、浇筑、振捣、养护
010505008	雨篷、悬挑板、阳台板	1. 混凝土种类 2. 混凝土强度等级	m³	按设计图示尺寸以墙外部分体积计算。包括伸出墙外的牛腿和雨篷反挑檐的体积	
010505009	空心板			按设计图示尺寸以体积计算。空心板（GBF 高强薄壁蜂巢芯板等）应扣除空心部分体积	
010505010	其他板			按设计图示尺寸以体积计算	

注：现浇挑檐、天沟板、雨篷、阳台与板（包括屋面板、楼板）连接时，以外墙外边线为分界线；与圈梁（包括其他梁）连接时，以梁外边线为分界线。外边线以外为挑檐、天沟、雨篷或阳台。

E.6　现浇混凝土楼梯

现浇混凝土楼梯工程量清单项目设置、项目特征描述的内容、计量单位及工程量计算规则应按表 E.6 的规定执行。

表 E.6　现浇混凝土楼梯（编号：010506）

项目编码	项目名称	项目特征	计量单位	工程量计算规则	工作内容
010506001	直形楼梯	1. 混凝土种类 2. 混凝土强度等级	1. m² 2. m³	1. 以平方米计量，按设计图示尺寸以水平投影面积计算。不扣除宽度≤500mm 的楼梯井，伸入墙内部分不计算 2. 以立方米计量，按设计图示尺寸以体积计算	1. 模板及支架（撑）制作、安装、拆除、堆放、运输及清理模内杂物、刷隔离剂等 2. 混凝土制作、运输、浇筑、振捣、养护
010506002	弧形楼梯				

注：整体楼梯（包括直形楼梯、弧形楼梯）水平投影面积包括休息平台、平台梁、斜梁和楼梯的连接梁。当整体楼梯与现浇楼板无梯梁连接时，以楼梯的最后一个踏步边缘加 300mm 为界。

E.7　现浇混凝土其他构件

现浇混凝土其他构件工程量清单项目设置、项目特征描述的内容、计量单位及工程量计算规则应按表 E.7 的规定执行。

表 E.7　现浇混凝土其他构件（编号：010507）

项目编码	项目名称	项目特征	计量单位	工程量计算规则	工作内容
010507001	散水、坡道	1. 垫层材料种类、厚度 2. 面层厚度 3. 混凝土种类 4. 混凝土强度等级 5. 变形缝填塞材料种类	m²	按设计图示尺寸以水平投影面积计算。不扣除单个≤0.3m² 的孔洞所占面积	1. 地基夯实 2. 铺设垫层 3. 模板及支撑制作、安装、拆除、堆放、运输及清理模内杂物、刷隔离剂等 4. 混凝土制作、运输、浇筑、振捣、养护 5. 变形缝填塞
010507002	室外地坪	1. 地坪厚度 2. 混凝土强度等级			

（续）

项目编码	项目名称	项目特征	计量单位	工程量计算规则	工作内容
010507003	电缆沟、地沟	1. 土壤类别 2. 沟截面净空尺寸 3. 垫层材料种类、厚度 4. 混凝土种类 5. 混凝土强度等级 6. 防护材料种类	m	按设计图示以中心线长度计算	1. 挖填、运土石方 2. 铺设垫层 3. 模板及支撑制作、安装、拆除、堆放、运输及清理模内杂物、刷隔离剂等 4. 混凝土制作、运输、浇筑、振捣、养护 5. 刷防护材料
010507004	台阶	1. 踏步高、宽 2. 混凝土种类 3. 混凝土强度等级	1. m² 2. m³	1. 以平方米计量，按设计图示尺寸水平投影面积计算 2. 以立方米计量，按设计图示尺寸以体积计算	1. 模板及支撑制作、安装、拆除、堆放、运输及清理模内杂物、刷隔离剂等 2. 混凝土制作、运输、浇筑、振捣、养护
010507005	扶手、压顶	1. 断面尺寸 2. 混凝土种类 3. 混凝土强度等级	1. m 2. m³	1. 以米计量，按设计图示的中心线延长米计算 2. 以立方米计量，按设计图示尺寸以体积计算	1. 模板及支架（撑）制作、安装、拆除、堆放、运输及清理模内杂物、刷隔离剂等 2. 混凝土制作、运输、浇筑、振捣、养护
010507006	化粪池、检查井	1. 部位 2. 混凝土强度等级 3. 防水、抗渗要求	1. m³ 2. 座	1. 按设计图示尺寸以体积计算 2. 以座计量，按设计图示数量计算	
010507007	其他构件	1. 构件的类型 2. 构件规格 3. 部位 4. 混凝土种类 5. 混凝土强度等级	m³		

注：1. 现浇混凝土小型池槽、垫块、门框等，应按本表其他构件项目编码列项。

2. 架空式混凝土台阶，按现浇楼梯计算。

E.8 后 浇 带

后浇带工程量清单项目设置、项目特征描述的内容、计量单位及工程量计算规则应按表E.8的规定执行。

表 E.8 后浇带（编号：010508）

项目编码	项目名称	项目特征	计量单位	工程量计算规则	工作内容
010508001	后浇带	1. 混凝土种类 2. 混凝土强度等级	m³	按设计图示尺寸以体积计算	1. 模板及支架（撑）制作、安装、拆除、堆放、运输及清理模内杂物、刷隔离剂等 2. 混凝土制作、运输、浇筑、振捣、养护及混凝土交接面、钢筋等的清理

E.9 预制混凝土柱

预制混凝土柱工程量清单项目设置、项目特征描述的内容、计量单位及工程量计算规则应按表 E.9 的规定执行。

表 E.9 预制混凝土柱（编号：010509）

项目编码	项目名称	项目特征	计量单位	工程量计算规则	工作内容
010509001	矩形柱	1. 图代号 2. 单件体积 3. 安装高度 4. 混凝土强度等级 5. 砂浆（细石混凝土）强度等级、配合比	1. m³ 2. 根	1. 以立方米计量，按设计图示尺寸以体积计算 2. 以根计量，按设计图示尺寸以数量计算	1. 模板制作、安装、拆除、堆放、运输及清理模内杂物、刷隔离剂等 2. 混凝土制作、运输、浇筑、振捣、养护 3. 构件运输、安装 4. 砂浆制作、运输 5. 接头灌缝、养护
010509002	异形柱				

注：以根计量，必须描述单件体积。

E.10 预制混凝土梁

预制混凝土梁工程量清单项目设置、项目特征描述的内容、计量单位及工程量计算规则应按表 E.10 的规定执行。

表 E.10 预制混凝土梁（编号：010510）

项目编码	项目名称	项目特征	计量单位	工程量计算规则	工作内容
010510001	矩形梁	1. 图代号 2. 单件体积 3. 安装高度 4. 混凝土强度等级 5. 砂浆（细石混凝土）强度等级、配合比	1. m³ 2. 根	1. 以立方米计量，按设计图示尺寸以体积计算 2. 以根计量，按设计图示尺寸以数量计算	1. 模板制作、安装、拆除、堆放、运输及清理模内杂物、刷隔离剂等 2. 混凝土制作、运输、浇筑、振捣、养护 3. 构件运输、安装 4. 砂浆制作、运输 5. 接头灌缝、养护
010510002	异形梁				
010510003	过梁				
010510004	拱形梁				
010510005	鱼腹式吊车梁				
010510006	其他梁				

注：以根计量，必须描述单件体积。

E.11 预制混凝土屋架

预制混凝土屋架工程量清单项目设置、项目特征描述的内容、计量单位及工程量计算规则应按表 E.11 的规定执行。

表 E.11 预制混凝土屋架（编号：010511）

项目编码	项目名称	项目特征	计量单位	工程量计算规则	工作内容
010511001	折线型	1. 图代号 2. 单件体积 3. 安装高度 4. 混凝土强度等级 5. 砂浆（细石混凝土）强度等级、配合比	1. m³ 2. 榀	1. 以立方米计量，按设计图示尺寸以体积计算 2. 以榀计量，按设计图示尺寸以数量计算	1. 模板制作、安装、拆除、堆放、运输及清理模内杂物、刷隔离剂等 2. 混凝土制作、运输、浇筑、振捣、养护 3. 构件运输、安装 4. 砂浆制作、运输 5. 接头灌缝、养护
010511002	组合				
010511003	薄腹				
010511004	门式刚架				
010511005	天窗架				

注：1. 以榀计量，必须描述单件体积。

2. 三角形屋架按本表中折线型屋架项目编码列项。

E.12 预制混凝土板

预制混凝土板工程量清单项目设置、项目特征描述的内容、计量单位及工程量计算规则应按表 E.12 的规定执行。

表 E.12 预制混凝土板（编号：010512）

项目编码	项目名称	项目特征	计量单位	工程量计算规则	工作内容
010512001	平板	1. 图代号 2. 单件体积 3. 安装高度 4. 混凝土强度等级 5. 砂浆（细石混凝土）强度等级、配合比	1. m³ 2. 块	1. 以立方米计量，按设计图示尺寸以体积计算。不扣除单个面积≤300mm×300mm 的孔洞所占体积，扣除空心板空洞体积 2. 以块计量，按设计图示尺寸以数量计算	1. 模板制作、安装、拆除、堆放、运输及清理模内杂物、刷隔离剂等 2. 混凝土制作、运输、浇筑、振捣、养护 3. 构件运输、安装 4. 砂浆制作、运输 5. 接头灌缝、养护
010512002	空心板				
010512003	槽形板				
010512004	网架板				
010512005	折线板				
010512006	带肋板				
010512007	大型板				
010512008	沟盖板、井盖板、井圈	1. 单件体积 2. 安装高度 3. 混凝土强度等级 4. 砂浆强度等级、配合比	1. m³ 2. 块（套）	1. 以立方米计量，按设计图示尺寸以体积计算 2. 以块计量，按设计图示尺寸以数量计算	

注：1. 以块、套计量，必须描述单件体积。
2. 不带肋的预制遮阳板、雨篷板、挑檐板、拦板等，应按本表平板项目编码列项。
3. 预制 F 形板、双 T 形板、单肋板和带反挑檐的雨篷板、挑檐板、遮阳板等，应按本表带肋板项目编码列项。
4. 预制大型墙板、大型楼板、大型屋面板等，按本表中大型板项目编码列项。

E.13 预制混凝土楼梯

预制混凝土楼梯工程量清单项目设置、项目特征描述的内容、计量单位及工程量计算规则应按表 E.13 的规定执行。

表 E.13 预制混凝土楼梯（编号：010513）

项目编码	项目名称	项目特征	计量单位	工程量计算规则	工作内容
010513001	楼梯	1. 楼梯类型 2. 单件体积 3. 混凝土强度等级 4. 砂浆（细石混凝土）强度等级	1. m³ 2. 段	1. 以立方米计量，按设计图示尺寸以体积计算。扣除空心踏步板空洞体积 2. 以段计量，按设计图示数量计算	1. 模板制作、安装、拆除、堆放、运输及清理模内杂物、刷隔离剂等 2. 混凝土制作、运输、浇筑、振捣、养护 3. 构件运输、安装 4. 砂浆制作、运输 5. 接头灌缝、养护

注：以块计量，必须描述单件体积。

E.14　其他预制构件

其他预制构件工程量清单项目设置、项目特征描述的内容、计量单位及工程量计算规则应按表 E.14 的规定执行。

表 E.14　其他预制构件（编号：010514）

项目编码	项目名称	项目特征	计量单位	工程量计算规则	工作内容
010514001	垃圾道、通风道、烟道	1. 单件体积 2. 混凝土强度等级 3. 砂浆强度等级	1. m³ 2. m² 3. 根 （块、套）	1. 以立方米计量，按设计图示尺寸以体积计算。不扣除单个面积≤300mm×300mm 的孔洞所占体积，扣除烟道、垃圾道、通风道的孔洞所占体积 2. 以平方米计量，按设计图示尺寸以面积计算。不扣除单个面积≤300mm×300mm 的孔洞所占面积 3. 以根计量，按设计图示尺寸以数量计算	1. 模板制作、安装、拆除、堆放、运输及清理模内杂物、刷隔离剂等 2. 混凝土制作、运输、浇筑、振捣、养护 3. 构件运输、安装 4. 砂浆制作、运输 5. 接头灌缝、养护
010514002	其他构件	1. 单件体积 2. 构件的类型 3. 混凝土强度等级 4. 砂浆强度等级			

注：1. 以块、根计量，必须描述单件体积。

　　2. 预制钢筋混凝土小型池槽、压顶、扶手、垫块、隔热板、花格等，按本表中其他构件项目编码列项。

E.15　钢筋工程

钢筋工程工程量清单项目设置、项目特征描述的内容、计量单位及工程量计算规则应按表 E.15 的规定执行。

表 E.15　钢筋工程（编号：010515）

项目编码	项目名称	项目特征	计量单位	工程量计算规则	工作内容
010515001	现浇构件钢筋	钢筋种类、规格	t	按设计图示钢筋（网）长度（面积）乘单位理论质量计算	1. 钢筋制作、运输 2. 钢筋安装 3. 焊接（绑扎）
010515002	预制构件钢筋				1. 钢筋制作、运输 2. 钢筋安装 3. 焊接（绑扎）
010515003	钢筋网片				1. 钢筋网制作、运输 2. 钢筋网安装 3. 焊接（绑扎）
010515004	钢筋笼				1. 钢筋笼制作、运输 2. 钢筋笼安装 3. 焊接（绑扎）
010515005	先张法预应力钢筋	1. 钢筋种类、规格 2. 锚具种类		按设计图示钢筋长度乘单位理论质量计算	1. 钢筋制作、运输 2. 钢筋张拉

（续）

项目编码	项目名称	项目特征	计量单位	工程量计算规则	工作内容
010515006	后张法预应力钢筋	1. 钢筋种类、规格 2. 钢丝种类、规格 3. 钢绞线种类、规格 4. 锚具种类 5. 砂浆强度等级	t	按设计图示钢筋（丝束、绞线）长度乘单位理论质量计算 1. 低合金钢筋两端均采用螺杆锚具时，钢筋长度按孔道长度减0.35m计算，螺杆另行计算 2. 低合金钢筋一端采用镦头插片，另一端采用螺杆锚具时，钢筋长度按孔道长度计算，螺杆另行计算 3. 低合金钢筋一端采用镦头插片，另一端采用帮条锚具时，钢筋增加0.15m计算；两端均采用帮条锚具时，钢筋长度按孔道长度增加0.3m计算 4. 低合金钢筋采用后张混凝土自锚时，钢筋长度按孔道长度增加0.35m计算 5. 低合金钢筋（钢绞线）采用JM、XM、QM型锚具，孔道长度≤20m时，钢筋长度增加1m计算，孔道长度>20m时，钢筋长度增加1.8m计算 6. 碳素钢丝采用锥形锚具，孔道长度≤20m时，钢丝束长度按孔道长度增加1m计算，孔道长度>20m时，钢丝束长度按孔道长度增加1.8m计算 7. 碳素钢丝采用镦头锚具时，钢丝束长度按孔道长度增加0.35mm计算	1. 钢筋、钢丝、钢绞线制作、运输 2. 钢筋、钢丝、钢绞线安装 3. 预埋管孔道铺设 4. 锚具安装 5. 砂浆制作、运输 6. 孔道压浆、养护
010515007	预应力钢丝				
010515008	预应力钢绞线				
010515009	支撑钢筋（铁马）	1. 钢筋种类 2. 规格		按钢筋长度乘单位理论质量计算	钢筋制作、焊接、安装
010515010	声测管	1. 材质 2. 规格型号		按设计图示尺寸以质量计算	1. 检测管截断、封头 2. 套管制作、焊接 3. 定位、固定

注：1. 现浇构件中伸出构件的锚固钢筋应并入钢筋工程量内。除设计（包括规范规定）标明的搭接外，其他施工搭接不计算工程量，在综合单价中综合考虑。

2. 现浇构件中固定位置的支撑钢筋、双层钢筋用的"铁马"在编制工程量清单时，如果设计未明确，其工程数量可为暂估量，结算时按现场签证数量计算。

E.16　螺栓、铁件

螺栓、铁件工程量清单项目设置、项目特征描述的内容、计量单位及工程量计算规则应按表 E.16 的规定执行。

表 E.16　螺栓、铁件（编号：010516）

项目编码	项目名称	项目特征	计量单位	工程量计算规则	工作内容
010516001	螺栓	1. 螺栓种类 2. 规格	t	按设计图示尺寸以质量计算	1. 螺栓、铁件制作、运输 2. 螺栓、铁件安装
010516002	预埋件	1. 钢材种类 2. 规格 3. 铁件尺寸			
010516003	机械连接	1. 连接方式 2. 螺纹套筒种类 3. 规格	个	按数量计算	1. 钢筋套丝 2. 套筒连接

注：编制工程量清单时，如果设计未明确，其工程数量可为暂估量，实际工程量按现场签证数量计算。

E.17　相关问题及说明

E.17.1　预制混凝土构件或预制钢筋混凝土构件，如施工图设计标注做法见标准图集时，项目特征注明标准图集的编码、页号及节点大样即可。

E.17.2　现浇或预制混凝土和钢筋混凝土构件，不扣除构件内钢筋、螺栓、预埋件、张拉孔道所占体积，但应扣除劲性骨架的型钢所占体积。

附录 F　金属结构工程

F.1　钢　网　架

钢网架工程量清单项目设置、项目特征描述、计量单位及工程量计算规则应按表 F.1 的规定执行。

表 F.1　钢网架（编码：010601）

项目编码	项目名称	项目特征	计量单位	工程量计算规则	工作内容
010601001	钢网架	1. 钢材品种、规格 2. 网架节点形式、连接方式 3. 网架跨度、安装高度 4. 探伤要求 5. 防火要求	t	按设计图示尺寸以质量计算。不扣除孔眼的质量，焊条、铆钉等不另增加质量	1. 拼装 2. 安装 3. 探伤 4. 补刷油漆

F.2　钢屋架、钢托架、钢桁架、钢架桥

钢屋架、钢托架、钢桁架、钢架桥工程量清单项目设置、项目特征描述、计量单位及工程量计算规则应按表 F.2 的规定执行。

表 F.2 钢屋架、钢托架、钢桁架、钢架桥（编码：010602）

项目编码	项目名称	项目特征	计量单位	工程量计算规则	工作内容
010602001	钢屋架	1. 钢材品种、规格 2. 单榀质量 3. 屋架跨度、安装高度 4. 螺栓种类 5. 探伤要求 6. 防火要求	1. 榀 2. t	1. 以榀计量，按设计图示数量计算 2. 以吨计量，按设计图示尺寸以质量计算。不扣除孔眼的质量，焊条、铆钉、螺栓等不另增加质量	1. 拼装 2. 安装 3. 探伤 4. 补刷油漆
010602002	钢托架	1. 钢材品种、规格 2. 单榀质量 3. 安装高度 4. 螺栓种类 5. 探伤要求 6. 防火要求	t	按设计图示尺寸以质量计算。不扣除孔眼的质量，焊条、铆钉、螺栓等不另增加质量	
010602003	钢桁架				
010602004	钢架桥	1. 桥类型 2. 钢材品种、规格 3. 单榀质量 4. 安装高度 5. 螺栓种类 6. 探伤要求			

注：以榀计量，按标准图设计的应注明标准图代号，按非标准图设计的项目特征必须描述单榀屋架的质量。

F.3 钢 柱

钢柱工程量清单项目设置、项目特征描述、计量单位及工程量计算规则应按表 F.3 的规定执行。

表 F.3 钢柱（编号：010603）

项目编码	项目名称	项目特征	计量单位	工程量计算规则	工作内容
010603001	实腹钢柱	1. 柱类型 2. 钢材品种、规格 3. 单根柱质量 4. 螺栓种类 5. 探伤要求 6. 防火要求	t	按设计图示尺寸以质量计算。不扣除孔眼的质量，焊条、铆钉、螺栓等不另增加质量，依附在钢柱上的牛腿及悬臂梁等并入钢柱工程量内	1. 拼装 2. 安装 3. 探伤 4. 补刷油漆
010603002	空腹钢柱				
010603003	钢管柱	1. 钢材品种、规格 2. 单根柱质量 3. 螺栓种类 4. 探伤要求 5. 防火要求		按设计图示尺寸以质量计算。不扣除孔眼的质量，焊条、铆钉、螺栓等不另增加质量，钢管柱上的节点板、加强环、内衬管、牛腿等并入钢管柱工程量内	

注：1. 实腹钢柱类型指十字、T、L、H 形等。
2. 空腹钢柱类型指箱形、格构等。
3. 型钢混凝土柱浇筑钢筋混凝土，其混凝土和钢筋应按附录 E 混凝土及钢筋混凝土工程中相关项目编码列项。

F.4 钢 梁

钢梁工程量清单项目设置、项目特征描述、计量单位及工程量计算规则应按表 F.4 的规定执行。

表 F.4 钢梁（编号：010604）

项目编码	项目名称	项目特征	计量单位	工程量计算规则	工作内容
010604001	钢梁	1. 梁类型 2. 钢材品种、规格 3. 单根质量 4. 螺栓种类 5. 安装高度 6. 探伤要求 7. 防火要求	t	按设计图示尺寸以质量计算。不扣除孔眼的质量,焊条、铆钉、螺栓等不另增加质量,制动梁、制动板、制动桁架、车挡并入钢吊车梁工程量内	1. 拼装 2. 安装 3. 探伤 4. 补刷油漆
010604002	钢吊车梁	1. 钢材品种、规格 2. 单根质量 3. 螺栓种类 4. 安装高度 5. 探伤要求 6. 防火要求			

注：1. 梁类型指 H、L、T 形、箱形、格构式等。

2. 型钢混凝土梁浇筑钢筋混凝土,其混凝土和钢筋应按本规范附录 E 混凝土及钢筋混凝土工程中相关项目编码列项。

F.5 钢板楼板、墙板

钢板楼板、墙板工程量清单项目设置、项目特征描述、计量单位及工程量计算规则应按表 F.5 的规定执行。

表 F.5 钢板楼板、墙板（编号：010605）

项目编码	项目名称	项目特征	计量单位	工程量计算规则	工作内容
010605001	钢板楼板	1. 钢材品种、规格 2. 钢板厚度 3. 螺栓种类 4. 防火要求	m²	按设计图示尺寸以铺设水平投影面积计算。不扣除单个面积 ≤0.3m² 柱、垛及孔洞所占面积	1. 拼装 2. 安装 3. 探伤 4. 补刷油漆
010605002	钢板墙板	1. 钢材品种、规格 2. 钢板厚度、复合板厚度 3. 螺栓种类 4. 复合板夹芯材料种类、层数、型号、规格 5. 防火要求		按设计图示尺寸以铺挂展开面积计算。不扣除单个面积 ≤0.3m² 的梁、孔洞所占面积,包角、包边、窗台泛水等不另加面积	

注：1. 钢板楼板上浇筑钢筋混凝土,其混凝土和钢筋应按附录 E 混凝土及钢筋混凝土工程中相关项目编码列项。

2. 压型钢楼板按本表中钢板楼板项目编码列项。

F.6 钢 构 件

钢构件工程量清单项目设置、项目特征描述、计量单位及工程量计算规则应按表 F.6 的规定执行。

表 F.6 钢构件（编号：010606）

项目编码	项目名称	项目特征	计量单位	工程量计算规则	工作内容
010606001	钢支撑、钢拉条	1. 钢材品种、规格 2. 构件类型 3. 安装高度 4. 螺栓种类 5. 探伤要求 6. 防火要求			
010606002	钢檩条	1. 钢材品种、规格 2. 构件类型 3. 单根质量 4. 安装高度 5. 螺栓种类 6. 探伤要求 7. 防火要求			
010606003	钢天窗架	1. 钢材品种、规格 2. 单榀质量 3. 安装高度 4. 螺栓种类 5. 探伤要求 6. 防火要求	t	按设计图示尺寸以质量计算，不扣除孔眼的质量，焊条、铆钉、螺栓等不另增加质量	1. 拼装 2. 安装 3. 探伤 4. 补刷油漆
010606004	钢挡风架	1. 钢材品种、规格 2. 单榀质量 3. 螺栓种类 4. 探伤要求 5. 防火要求			
010606005	钢墙架				
010606006	钢平台	1. 钢材品种、规格 2. 螺栓种类 3. 防火要求			
010606007	钢走道				
010606008	钢梯	1. 钢材品种、规格 2. 钢梯形式 3. 螺栓种类 4. 防火要求			
010606009	钢护栏	1. 钢材品种、规格 2. 防火要求			

（续）

项目编码	项目名称	项目特征	计量单位	工程量计算规则	工作内容
010606010	钢漏斗	1. 钢材品种、规格 2. 漏斗、天沟形式 3. 安装高度 4. 探伤要求	t	按设计图示尺寸以质量计算，不扣除孔眼的质量，焊条、铆钉、螺栓等不另增加质量，依附漏斗或天沟的型钢并入漏斗或天沟工程量内	1. 拼装 2. 安装 3. 探伤 4. 补刷油漆
010606011	钢板天沟				
010606012	钢支架	1. 钢材品种、规格 2. 安装高度 3. 防火要求		按设计图示尺寸以质量计算，不扣除孔眼的质量，焊条、铆钉、螺栓等不另增加质量	
010606013	零星钢构件	1. 构件名称 2. 钢材品种、规格			

注：1. 钢墙架项目包括墙架柱、墙架梁和连接杆件。

　　2. 钢支撑、钢拉条类型指单式、复式；钢檩条类型指型钢式、格构式；钢漏斗形式指方形、圆形；天沟形式指矩形沟或半圆形沟。

　　3. 加工铁件等小型构件，按本表中零星钢构件项目编码列项。

F.7　金属制品

金属制品工程量清单项目设置、项目特征描述、计量单位及工程量计算规则应按表 F.7 的规定执行。

表 F.7　金属制品（编号：010607）

项目编码	项目名称	项目特征	计量单位	工程量计算规则	工作内容
010607001	成品空调金属百页护栏	1. 材料品种、规格 2. 边框材质	m²	按设计图示尺寸以框外围展开面积计算	1. 安装 2. 校正 3. 预埋铁件及安螺栓
010607002	成品栅栏	1. 材料品种、规格 2. 边框及立柱型钢品种、规格		按设计图示尺寸以框外围展开面积计算	1. 安装 2. 校正 3. 预埋铁件 4. 安螺栓及金属立柱
010607003	成品雨篷	1. 材料品种、规格 2. 雨篷宽度 3. 晾衣杆品种、规格	1. m 2. m²	1. 以米计量，按设计图示接触边以米计算 2. 以平方米计量，按设计图示尺寸以展开面积计算	1. 安装 2. 校正 3. 预埋铁件及安螺栓
010607004	金属网栏	1. 材料品种、规格 2. 边框及立柱型钢品种、规格	m²	按设计图示尺寸以框外围展开面积计算	1. 安装 2. 校正 3. 安螺栓及金属立柱
010607005	砌块墙钢丝网加固	1. 材料品种、规格 2. 加固方式		按设计图示尺寸以面积计算	1. 铺贴 2. 铆固
010607006	后浇带金属网				

注：抹灰钢丝网加固按本表中砌块墙钢丝网加固项目编码列项。

F.8 相关问题及说明

F.8.1 金属构件的切边，不规则及多边形钢板发生的损耗在综合单价中考虑。

F.8.2 防火要求指耐火极限。

附录 G 木结构工程

G.1 木 屋 架

木屋架工程量清单项目设置、项目特征描述、计量单位及工程量计算规则应按表 G.1 的规定执行。

表 G.1 木 屋 架（编号：010701）

项目编码	项目名称	项目特征	计量单位	工程量计算规则	工作内容
010701001	木屋架	1. 跨度 2. 材料品种、规格 3. 刨光要求 4. 拉杆及夹板种类 5. 防护材料种类	1. 榀 2. m³	1. 以榀计量，按设计图示数量计算 2. 以立方米计量，按设计图示的规格尺寸以体积计算	1. 制作 2. 运输 3. 安装 4. 刷防护材料
010701002	钢木屋架	1. 跨度 2. 木材品种、规格 3. 刨光要求 4. 钢材品种、规格 5. 防护材料种类	榀	以榀计量，按设计图示数量计算	

注：1. 屋架的跨度应以上、下弦中心线两交点之间的距离计算。

2. 带气楼的屋架和马尾、折角以及正交部分的半屋架，按相关屋架项目编码列项。

3. 以榀计量，按标准图设计的应注明标准图代号，按非标准图设计的项目特征必须按本表要求予以描述。

G.2 木 构 件

木构件工程量清单项目设置、项目特征描述、计量单位及工程量计算规则应按表 G.2 的规定执行。

表 G.2 木 构 件（编号：010702）

项目编码	项目名称	项目特征	计量单位	工程量计算规则	工作内容
010702001	木柱	1. 构件规格尺寸 2. 木材种类 3. 刨光要求 4. 防护材料种类	m³	按设计图示尺寸以体积计算	1. 制作 2. 运输 3. 安装 4. 刷防护材料
010702002	木梁		m³		
010702003	木檩		1. m³ 2. m	1. 以立方米计量，按设计图示尺寸以体积计算 2. 以米计量，按设计图示尺寸以长度计算	

（续）

项目编码	项目名称	项目特征	计量单位	工程量计算规则	工作内容
010702004	木楼梯	1. 楼梯形式 2. 木材种类 3. 刨光要求 4. 防护材料种类	m²	按设计图示尺寸以水平投影面积计算。不扣除宽度≤300mm的楼梯井，伸入墙内部分不计算	1. 制作 2. 运输 3. 安装 4. 刷防护材料
010702005	其他木构件	1. 构件名称 2. 构件规格尺寸 3. 木材种类 4. 刨光要求 5. 防护材料种类	1. m³ 2. m	1. 以立方米计量，按设计图示尺寸以体积计算 2. 以米计量，按设计图示尺寸以长度计算	

注：1. 木楼梯的栏杆（栏板）、扶手，应按 GB 50854—2013《房屋建筑与装饰工程工程量计算规范》附录 Q 中的相关项目编码列项。

2. 以米计量，项目特征必须描述构件规格尺寸。

G.3　屋面木基层

屋面木基层工程量清单项目设置、项目特征描述、计量单位及工程量计算规则应按表 G.3 的规定执行。

表 G.3　屋面木基层（编号：010703）

项目编码	项目名称	项目特征	计量单位	工程量计算规则	工作内容
010703001	屋面木基层	1. 椽子断面尺寸及椽距 2. 望板材料种类、厚度 3. 防护材料种类	m²	按设计图示尺寸以斜面积计算。 不扣除房上烟囱、风帽底座、风道、小气窗、斜沟等所占面积。小气窗的出檐部分不增加面积	1. 椽子制作、安装 2. 望板制作、安装 3. 顺水条和挂瓦条制作、安装 4. 刷防护材料

附录 H　门窗工程

H.1　木　门

木门工程量清单项目设置、项目特征描述、计量单位及工程量计算规则应按表 H.1 的规定执行。

表 H.1　木门（编号：010801）

项目编码	项目名称	项目特征	计量单位	工程量计算规则	工作内容
010801001	木质门	1. 门代号及洞口尺寸 2. 镶嵌玻璃品种、厚度	1. 樘 2. m²	1. 以樘计量，按设计图示数量计算 2. 以平方米计量，按设计图示洞口尺寸以面积计算	1. 门安装 2. 玻璃安装 3. 五金安装
010801002	木质门带套				
010801003	木质连窗门				
010801004	木质防火门				

（续）

项目编码	项目名称	项目特征	计量单位	工程量计算规则	工作内容
010801005	木门框	1. 门代号及洞口尺寸 2. 框截面尺寸 3. 防护材料种类	1. 樘 2. m	1. 以樘计量,按设计图示数量计算 2. 以米计量,按设计图示框的中心线以延长米计算	1. 木门框制作、安装 2. 运输 3. 刷防护材料
010801006	门锁安装	1. 锁品种 2. 锁规格	个 (套)	按设计图示数量计算	安装

注：1. 木质门应区分镶板木门、企口木板门、实木装饰门、胶合板门、夹板装饰门、木纱门、全玻门（带木质扇框）、木质半玻门（带木质扇框）等项目,分别编码列项。

2. 木门五金应包括：折页、插销、门碰珠、弓背拉手、搭机、木螺钉、弹簧折页（自动门）、管子拉手（自由门、地弹门）、地弹簧（地弹门）、角铁、门轧头（地弹门、自由门）等。

3. 木质门带套计量按洞口尺寸以面积计算,不包括门套的面积,但门套应计算在综合单价中。

4. 以樘计量,项目特征必须描述洞口尺寸;以平方米计量,项目特征可不描述洞口尺寸。

5. 单独制作安装木门框按木门框项目编码列项。

H.2 金 属 门

金属门工程量清单项目设置、项目特征描述、计量单位及工程量计算规则应按表 H.2 的规定执行。

表 H.2 金属门（编号：010802）

项目编码	项目名称	项目特征	计量单位	工程量计算规则	工作内容
010802001	金属 (塑钢)门	1. 门代号及洞口尺寸 2. 门框或扇外围尺寸 3. 门框、扇材质 4. 玻璃品种、厚度	1. 樘 2. m²	1. 以樘计量,按设计图示数量计算 2. 以平方米计量,按设计图示洞口尺寸以面积计算	1. 门安装 2. 五金安装 3. 玻璃安装
010802002	彩板门	1. 门代号及洞口尺寸 2. 门框或扇外围尺寸			
010802003	钢质防火门	1. 门代号及洞口尺寸 2. 门框或扇外围尺寸 3. 门框、扇材质			1. 门安装 2. 五金安装
010802004	防盗门				

注：1. 金属门应区分金属平开门、金属推拉门、金属地弹门、全玻门（带金属扇框）、金属半玻门（带扇框）等项目,分别编码列项。

2. 铝合金门五金包括：地弹簧、门锁、拉手、门插、门铰、螺钉等。

3. 金属门五金包括 L 形执手插锁（双舌）、执手锁（单舌）、门轧头、地锁、防盗门机、门眼（猫眼）、门碰珠、电子锁（磁卡锁）、闭门器、装饰拉手等。

4. 以樘计量,项目特征必须描述洞口尺寸,没有洞口尺寸必须描述门框或扇外围尺寸,以平方米计量,项目特征可不描述洞口尺寸及框、扇的外围尺寸。

5. 以平方米计量,无设计图示洞口尺寸,按门框、扇外围以面积计算。

H.3 金属卷帘（闸）门

金属卷帘（闸）门工程量清单项目设置、项目特征描述、计量单位及工程量计算规则应按表 H.3 的规定执行。

表 H.3　金属卷帘（闸）门（编号：010803）

项目编码	项目名称	项目特征	计量单位	工程量计算规则	工作内容
010803001	金属卷帘（闸）门	1. 门代号及洞口尺寸 2. 门材质 3. 启动装置品种、规格	1. 樘 2. m²	1. 以樘计量,按设计图示数量计算 2. 以平方米计量,按设计图示洞口尺寸以面积计算	1. 门运输、安装 2. 启动装置、活动小门、五金安装
010803002	防火卷帘（闸）门				

注：以樘计量,项目特征必须描述洞口尺寸;以平方米计量,项目特征可不描述洞口尺寸。

H.4　厂库房大门、特种门

厂库房大门、特种门工程量清单项目设置、项目特征描述、计量单位及工程量计算规则应按表 H.4 的规定执行。

表 H.4　厂库房大门、特种门（编号：010804）

项目编码	项目名称	项目特征	计量单位	工程量计算规则	工作内容
010804001	木板大门	1. 门代号及洞口尺寸 2. 门框或扇外围尺寸 3. 门框、扇材质 4. 五金种类、规格 5. 防护材料种类	1. 樘 2. m²	1. 以樘计量,按设计图示数量计算 2. 以平方米计量,按设计图示洞口尺寸以面积计算	1. 门(骨架)制作、运输 2. 门、五金配件安装 3. 刷防护材料
010804002	钢木大门				
010804003	全钢板大门				
010804004	防护铁丝门			1. 以樘计量,按设计图示数量计算 2. 以平方米计量,按设计图示门框或扇以面积计算	
010804005	金属格栅门	1. 门代号及洞口尺寸 2. 门框或扇外围尺寸 3. 门框、扇材质 4. 启动装置的品种、规格		1. 以樘计量,按设计图示数量计算 2. 以平方米计量,按设计图示洞口尺寸以面积计算	1. 门安装 2. 启动装置、五金配件安装
010804006	钢质花饰大门	1. 门代号及洞口尺寸 2. 门框或扇外围尺寸 3. 门框、扇材质		1. 以樘计量,按设计图示数量计算 2. 以平方米计量,按设计图示门框或扇以面积计算	1. 门安装 2. 五金配件安装
010804007	特种门			1. 以樘计量,按设计图示数量计算 2. 以平方米计量,按设计图示洞口尺寸以面积计算	

注：1. 特种门应区分冷藏门、冷冻间门、保温门、变电室门、隔声门、防射线门、人防门、金库门等项目,分别编码列项。

　　2. 以樘计量,项目特征必须描述洞口尺寸,没有洞口尺寸必须描述门框或扇外围尺寸;以平方米计量,项目特征可不描述洞口尺寸及框、扇的外围尺寸。

　　3. 以平方米计量,无设计图示洞口尺寸,按门框、扇外围以面积计算。

H.5 其 他 门

其他门工程量清单项目设置、项目特征描述、计量单位及工程量计算规则应按表 H.5 的规定执行。

表 H.5 其他门（编号：010805）

项目编码	项目名称	项目特征	计量单位	工程量计算规则	工作内容
010805001	电子感应门	1. 门代号及洞口尺寸 2. 门框或扇外围尺寸 3. 门框、扇材质			
010805002	旋转门	4. 玻璃品种、厚度 5. 启动装置的品种、规格 6. 电子配件品种、规格			1. 门安装 2. 启动装置、五金、电子配件安装
010805003	电子对讲门	1. 门代号及洞口尺寸 2. 门框或扇外围尺寸 3. 门材质	1. 樘 2. m²	1. 以樘计量，按设计图示数量计算 2. 以平方米计量，按设计图示洞口尺寸以面积计算	
010805004	电动伸缩门	4. 玻璃品种、厚度 5. 启动装置的品种、规格 6. 电子配件品种、规格			
010805005	全玻自由门	1. 门代号及洞口尺寸 2. 门框或扇外围尺寸 3. 框材质 4. 玻璃品种、厚度			1. 门安装 2. 五金安装
010805006	镜面不锈钢饰面门	1. 门代号及洞口尺寸 2. 门框或扇外围尺寸			
010805007	复合材料门	3. 框、扇材质 4. 玻璃品种、厚度			

注：1. 以樘计量，项目特征必须描述洞口尺寸，没有洞口尺寸必须描述门框或扇外围尺寸；以平方米计量，项目特征可不描述洞口尺寸及框、扇的外围尺寸。

2. 以平方米计量，无设计图示洞口尺寸，按门框、扇外围以面积计算。

H.6 木 窗

木窗工程量清单项目设置、项目特征描述、计量单位及工程量计算规则应按表 H.6 的规定执行。

表 H.6 木 窗（编号：010806）

项目编码	项目名称	项目特征	计量单位	工程量计算规则	工作内容
010806001	木质窗	1. 窗代号及洞口尺寸 2. 玻璃品种、厚度	1. 樘 2. m²	1. 以樘计量，按设计图示数量计算 2. 以平方米计量，按设计图示洞口尺寸以面积计算	1. 窗安装 2. 五金、玻璃安装

（续）

项目编码	项目名称	项目特征	计量单位	工程量计算规则	工作内容
010806002	木飘（凸）窗	1. 窗代号及洞口尺寸 2. 玻璃品种、厚度	1. 樘 2. m²	1. 以樘计量，按设计图示数量计算 2. 以平方米计量，按设计图示尺寸以框外围展开面积计算	1. 窗安装 2. 五金、玻璃安装
010806003	木橱窗	1. 窗代号 2. 框截面及外围展开面积 3. 玻璃品种、厚度 4. 防护材料种类			1. 窗制作、运输、安装 2. 五金、玻璃安装 3. 刷防护材料
010806004	木纱窗	1. 窗代号及框的外围尺寸 2. 窗纱材料品种、规格		1. 以樘计量，按设计图示数量计算 2. 以平方米计量，按框的外围尺寸以面积计算	1. 窗安装 2. 五金安装

注：1. 木质窗应区分木百叶窗、木组合窗、木天窗、木固定窗、木装饰空花窗等项目，分别编码列项。
　　2. 以樘计量，项目特征必须描述洞口尺寸，没有洞口尺寸必须描述窗框外围尺寸；以平方米计量，项目特征可不描述洞口尺寸及框的外围尺寸。
　　3. 以平方米计量，无设计图示洞口尺寸，按窗框外围以面积计算。
　　4. 木橱窗、木飘（凸）窗以樘计量，项目特征必须描述框截面及外围展开面积。
　　5. 木窗五金包括：折页、插销、风钩、木螺丝、滑轮滑轨（推拉窗）等。

H.7　金　属　窗

金属窗工程量清单项目设置、项目特征描述、计量单位及工程量计算规则应按表 H.7 的规定执行。

表 H.7　金　属　窗（编号：010807）

项目编码	项目名称	项目特征	计量单位	工程量计算规则	工作内容
010807001	金属（塑钢、断桥）窗	1. 窗代号及洞口尺寸 2. 框、扇材质 3. 玻璃品种、厚度	1. 樘 2. m²	1. 以樘计量，按设计图示数量计算 2. 以平方米计量，按设计图示洞口尺寸以面积计算	1. 窗安装 2. 五金、玻璃安装
010807002	金属防火窗				
010807003	金属百叶窗	1. 窗代号及洞口尺寸 2. 框、扇材质 3. 玻璃品种、厚度		1. 以樘计量，按设计图示数量计算 2. 以平方米计量，按设计力示洞口尺寸以面积计算	
010807004	金属纱窗	1. 窗代号及框的外围尺寸 2. 框材质 3. 窗纱材料品种、规格	1. 樘 2. m²	1. 以樘计量，按设计图示数量计算 2. 以平方米计量，按框的外围尺寸以面积计算	1. 窗安装 2. 五金安装
010807005	金属格栅窗	1. 窗代号及洞口尺寸 2. 框外围尺寸 3. 框、扇材质		1. 以樘计量，按设计图示数量计算 2. 以平方米计量，按设计图示洞口尺寸以面积计算	

（续）

项目编码	项目名称	项目特征	计量单位	工程量计算规则	工作内容
010807006	金属（塑钢、断桥）橱窗	1. 窗代号 2. 框外围展开面积 3. 框、扇材质 4. 玻璃品种、厚度 5. 防护材料种类	1. 樘 2. m²	1. 以樘计量，按设计图示数量计算 2. 以平方米计量，按设计图示尺寸以框外围展开面积计算	1. 窗制作、运输、安装 2. 五金、玻璃安装 3. 刷防护材料
010807007	金属（塑钢、断桥）飘（凸）窗	1. 窗代号 2. 框外围展开面积 3. 框、扇材质 4. 玻璃品种、厚度			1. 窗安装 2. 五金、玻璃安装
010807008	彩板窗	1. 窗代号及洞口尺寸 2. 框外围尺寸 3. 框、扇材质 4. 玻璃品种、厚度		1. 以樘计量，按设计图示数量计算 2. 以平方米计量，按设计图示洞口尺寸或框外围以面积计算	
010807009	复合材料窗				

注：1. 金属窗应区分金属组合窗、防盗窗等项目，分别编码列项。
2. 以樘计量，项目特征必须描述洞口尺寸，没有洞口尺寸必须描述窗框外围尺寸；以平方米计量，项目特征可不描述洞口尺寸及框的外围尺寸。
3. 以平方米计量，无设计图示洞口尺寸，按窗框外围以面积计算。
4. 金属橱窗、飘（凸）窗以樘计量，项目特征必须描述框外围展开面积。
5. 金属窗五金包括：折页、螺钉、执手、卡锁、铰拉、风撑、滑轮、滑轨、拉把、拉手、角码、牛角制等。

H.8 门 窗 套

门窗套工程量清单项目设置、项目特征描述、计量单位及工程量计算规则应按表 H.8 的规定执行。

表 H.8 门 窗 套（编号：010808）

项目编码	项目名称	项目特征	计量单位	工程量计算规则	工作内容
010808001	木门窗套	1. 窗代号及洞口尺寸 2. 门窗套展开宽度 3. 基层材料种类 4. 面层材料品种、规格 5. 线条品种、规格 6. 防护材料种类	1. 樘 2. m² 3. m	1. 以樘计量，按设计图示数量计算 2. 以平方米计量，按设计图示尺寸以展开面积计算 3. 以米计量，按设计图示中心以延长米计算	1. 清理基层 2. 立筋制作、安装 3. 基层板安装 4. 面层铺贴 5. 线条安装 6. 刷防护材料
010808002	木筒子板	1. 筒子板宽度 2. 基层材料种类 3. 面层材料品种、规格 4. 线条品种、规格 5. 防护材料种类			
010808003	饰面夹板筒子板				

（续）

项目编码	项目名称	项目特征	计量单位	工程量计算规则	工作内容
010808004	金属门窗套	1. 窗代号及洞口尺寸 2. 门窗套展开宽度 3. 基层材料种类 4. 面层材料品种、规格 5. 防护材料种类	1. 樘 2. m² 3. m	1. 以樘计量，按设计图示数量计算 2. 以平方米计量，按设计图示尺寸以展开面积计算 3. 以米计量，按设计图示中心以延长米计算	1. 清理基层 2. 立筋制作、安装 3. 基层板安装 4. 面层铺贴 5. 刷防护材料
010808005	石材门窗套	1. 窗代号及洞口尺寸 2. 门窗套展开宽度 3. 粘结层厚度、砂浆配合比 4. 面层材料品种、规格 5. 线条品种、规格			1. 清理基层 2. 立筋制作、安装 3. 基层抹灰 4. 面层铺贴 5. 线条安装
010808006	门窗木贴脸	1. 门窗代号及洞口尺寸 2. 贴脸板宽度 3. 防护材料种类	1. 樘 2. m	1. 以樘计量，按设计图示数量计算 2. 以米计量，按设计图示尺寸以延长米计算	安装
010808007	成品木门窗套	1. 门窗代号及洞口尺寸 2. 门窗套展开宽度 3. 门窗套材料品种、规格	1. 樘 2. m² 3. m	1. 以樘计量，按设计图示数量计算 2. 以平方米计量，按设计图示尺寸以展开面积计算 3. 以米计量，按设计图示中心以延长米计算	1. 清理基层 2. 立筋制作、安装 3. 板安装

注：1. 以樘计量，项目特征必须描述洞口尺寸、门窗套展开宽度。

2. 以平方米计量，项目特征可不描述洞口尺寸、门窗套展开宽度。

3. 以米计量，项目特征必须描述门窗套展开宽度、筒子板及贴脸宽度。

4. 木门窗套适用于单独门窗套的制作、安装。

H.9　窗　台　板

窗台板工程量清单项目设置、项目特征描述、计量单位及工程量计算规则应按表 H.9 的规定执行。

表 H.9　窗　台　板（编号：010809）

项目编码	项目名称	项目特征	计量单位	工程量计算规则	工作内容
010809001	木窗台板	1. 基层材料种类 2. 窗台面板材质、规格、颜色 3. 防护材料种类	m²	按设计图示尺寸以展开面积计算	1. 基层清理 2. 基层制作、安装 3. 窗台板制作、安装 4. 刷防护材料
010809002	铝塑窗台板				
010809003	金属窗台板				
010809004	石材窗台板	1. 粘结层厚度、砂浆配合比 2. 窗台板材质、规格、颜色			1. 基层清理 2. 抹找平层 3. 窗台板制作、安装

H.10 窗帘、窗帘盒、轨

窗帘、窗帘盒、轨工程量清单项目设置、项目特征描述、计量单位及工程量计算规则应按表 H.10 的规定执行。

表 H.10 窗帘、窗帘盒、轨（编号：010810）

项目编码	项目名称	项目特征	计量单位	工程量计算规则	工作内容
010810001	窗帘	1. 窗窗材质 2. 窗帘高度、宽度 3. 窗帘层数 4. 带幔要求	1. m 2. m²	1. 以米计量，按设计图示尺寸以成活后长度计算 2. 以平方米计量，按图示尺寸以成活后展开面积计算	1. 制作、运输 2. 安装
010810002	木窗帘盒	1. 窗帘盒材质、规格 2. 防护材料种类	m	按设计图示尺寸以长度计算	1. 制作、运输、安装 2. 刷防护材料
010810003	饰面夹板、塑料窗帘盒				
010810004	铝合金窗帘盒				
010810005	窗帘轨	1. 窗帘轨材质、规格 2. 轨的数量 3. 防护材料种类			

注：1. 窗帘若是双层，项目特征必须描述每层材质。
　　2. 窗帘以米计量，项目特征必须描述窗帘高度和宽。

附录 J 屋面及防水工程

J.1 瓦、型材及其他屋面

瓦、型材及其他屋面工程量清单项目设置、项目特征描述、计量单位及工程量计算规则应按表 J.1 的规定执行。

表 J.1 瓦、型材及其他屋面（编号：010901）

项目编码	项目名称	项目特征	计量单位	工程量计算规则	工作内容
010901001	瓦屋面	1. 瓦品种、规格 2. 粘结层砂浆的配合比	m²	按设计图示尺寸以斜面积计算 不扣除房上烟囱、风帽底座、风道、小气窗、斜沟等所占面积。小气窗的出檐部分不增加面积	1. 砂浆制作、运输、摊铺、养护 2. 安瓦、作瓦脊
010901002	型材屋面	1. 型材品种、规格 2. 金属檩条材料品种、规格 3. 接缝、嵌缝材料种类			1. 檩条制作、运输、安装 2. 屋面型材安装 3. 接缝、嵌缝
010901003	阳光板屋面	1. 阳光板品种、规格 2. 骨架材料品种、规格 3. 接缝、嵌缝材料种类 4. 油漆品种、刷漆遍数		按设计图示尺寸以斜面积计算 不扣除屋面面积≤0.3m²孔洞所占面积	1. 骨架制作、运输、安装、刷防护材料、油漆 2. 阳光板安装 3. 接缝、嵌缝

（续）

项目编码	项目名称	项目特征	计量单位	工程量计算规则	工作内容
010901004	玻璃钢屋面	1. 玻璃钢品种、规格 2. 骨架材料品种、规格 3. 玻璃钢固定方式 4. 接缝、嵌缝材料种类 5. 油漆品种、刷漆遍数	m²	按设计图示尺寸以斜面积计算 不扣除屋面面积≤0.3m²孔洞所占面积	1. 骨架制作、运输、安装、刷防护材料、油漆 2. 玻璃钢制作、安装 3. 接缝、嵌缝
010901005	膜结构屋面	1. 膜布品种、规格 2. 支柱（网架）钢材品种、规格 3. 钢丝绳品种、规格 4. 锚固基座做法 5. 油漆品种、刷漆遍数		按设计图示尺寸以需要覆盖的水平投影面积计算	1. 膜布热压胶接 2. 支柱（网架）制作、安装 3. 膜布安装 4. 穿钢丝绳、锚头锚固 5. 锚固基座、挖土、回填 6. 刷防护材料，油漆

注：1. 瓦屋面若是在木基层上铺瓦，项目特征不必描述粘结层砂浆的配合比，瓦屋面铺防水层，按表 J.2 屋面防水及其他中相关项目编码列项。

2. 型材屋面、阳光板屋面、玻璃钢屋面的柱、梁、屋架，按附录 F 金属结构工程、附录 G 木结构工程中相关项目编码列项。

J.2　屋面防水及其他

屋面防水及其他工程量清单项目设置、项目特征描述、计量单位及工程量计算规则应按表 J.2 的规定执行。

表 J.2　屋面防水及其他（编号：010902）

项目编码	项目名称	项目特征	计量单位	工程量计算规则	工作内容
010902001	屋面卷材防水	1. 卷材品种、规格、厚度 2. 防水层数 3. 防水层做法	m²	按设计图示尺寸以面积计算 1. 斜屋顶（不包括平屋顶找坡）按斜面积计算，平屋顶按水平投影面积计算 2. 不扣除房上烟囱、风帽底座、风道、屋面小气窗和斜沟所占面积 3. 屋面的女儿墙、伸缩缝和天窗等处的弯起部分，并入屋面工程量内	1. 基层处理 2. 刷底油 3. 铺油毡卷材、接缝
010902002	屋面涂膜防水	1. 防水膜品种 2. 涂膜厚度、遍数 3. 增强材料种类			1. 基层处理 2. 刷基层处理剂 3. 铺布、喷涂防水层
010902003	屋面刚性层	1. 刚性层厚度 2. 混凝土种类 3. 混凝土强度等级 4. 嵌缝材料种类 5. 钢筋规格、型号		按设计图示尺寸以面积计算。不扣除房上烟囱、风帽底座、风道等所占面积	1. 基层处理 2. 混凝土制作、运输、铺筑、养护 3. 钢筋制安

（续）

项目编码	项目名称	项目特征	计量单位	工程量计算规则	工作内容
010902004	屋面排水管	1. 排水管品种、规格 2. 雨水斗、山墙出水口品种、规格 3. 接缝、嵌缝材料种类 4. 油漆品种、刷漆遍数	m	按设计图示尺寸以长度计算。如设计未标注尺寸，以檐口至设计室外散水上表面垂直距离计算	1. 排水管及配件安装、固定 2. 雨水斗、山墙出水口、雨水箅子安装 3. 接缝、嵌缝 4. 刷漆
010902005	屋面排（透）气管	1. 排（透）气管品种、规格 2. 接缝、嵌缝材料种类 3. 油漆品种、刷漆遍数		按设计图示尺寸以长度计算	1. 排（透）气管及配件安装、固定 2. 铁件制作、安装 3. 接缝、嵌缝 4. 刷漆
010902006	屋面（廊、阳台）泄（吐）水管	1. 吐水管品种、规格 2. 接缝、嵌缝材料种类 3. 吐水管长度 4. 油漆品种、刷漆遍数	根（个）	按设计图示数量计算	1. 水管及配件安装、固定 2. 接缝、嵌缝 3. 刷漆
010902007	屋面天沟、檐沟	1. 材料品种、规格 2. 接缝、嵌缝材料种类	m²	按设计图示尺寸以展开面积计算	1. 天沟材料铺设 2. 天沟配件安装 3. 接缝、嵌缝 4. 刷防护材料
010902008	屋面变形缝	1. 嵌缝材料种类 2. 止水带材料种类 3. 盖缝材料 4. 防护材料种类	m	按设计图示以长度计算	1. 清缝 2. 填塞防水材料 3. 止水带安装 4. 盖缝制作、安装 5. 刷防护材料

注：1. 屋面刚性层无钢筋，其钢筋项目特征不必描述。

　　2. 屋面找平层按 GB 50854—2013《房屋建筑与装饰工程工程量计算规范》附录 L 楼地面装饰工程"平面砂浆找平层"项目编码列项。

　　3. 屋面防水搭接及附加层用量不另行计算，在综合单价中考虑。

　　4. 屋面保温找坡层按附录 K 保温、隔热、防腐工程"保温隔热屋面"项目编码列项。

J.3　墙面防水、防潮

墙面防水、防潮工程量清单项目设置、项目特征描述、计量单位及工程量计算规则应按表 J.3 的规定执行。

表 J.3　墙面防水、防潮（编号：010903）

项目编码	项目名称	项目特征	计量单位	工程量计算规则	工作内容
010903001	墙面卷材防水	1. 卷材品种、规格、厚度 2. 防水层数 3. 防水层做法	m²	按设计图示尺寸以面积计算	1. 基层处理 2. 刷粘结剂 3. 铺防水卷材 4. 接缝、嵌缝

（续）

项目编码	项目名称	项目特征	计量单位	工程量计算规则	工作内容
010903002	墙面涂膜防水	1. 防水膜品种 2. 涂膜厚度、遍数 3. 增强材料种类	m²	按设计图示尺寸以面积计算	1. 基层处理 2. 刷基层处理剂 3. 铺布、喷涂防水层
010903003	墙面砂浆防水（防潮）	1. 防水层做法 2. 砂浆厚度、配合比 3. 钢丝网规格			1. 基层处理 2. 挂钢丝网片 3. 设置分格缝 4. 砂浆制作、运输、摊铺、养护
010903004	墙面变形缝	1. 嵌缝材料种类 2. 止水带材料种类 3. 盖缝材料 4. 防护材料种类	m	按设计图示以长度计算	1. 清缝 2. 填塞防水材料 3. 止水带安装 4. 盖缝制作、安装 5. 刷防护材料

　注：1. 墙面防水搭接及附加层用量不另行计算，在综合单价中考虑。

　　　2. 墙面变形缝，若做双面，工程量乘系数2。

　　　3. 墙面找平层按附录 M 墙、柱面装饰与隔断、幕墙工程"立面砂浆找平层"项目编码列项。

J.4　楼（地）面防水、防潮

　　楼（地）面防水、防潮工程量清单项目设置、项目特征描述、计量单位及工程量计算规则应按表 J.4 的规定执行。

表 J.4　楼（地）面防水、防潮（编号：010904）

项目编码	项目名称	项目特征	计量单位	工程量计算规则	工作内容
010904001	楼（地）面卷材防水	1. 卷材品种、规格、厚度 2. 防水层数 3. 防水层做法 4. 反边高度	m²	按设计图示尺寸以面积计算 1. 楼（地）面防水：按主墙间净空面积计算，扣除凸出地面的构筑物、设备基础等所占面积，不扣除间壁墙及单个面积≤0.3m² 柱、垛、烟囱和孔洞所占面积 2. 楼（地）面防水反边高度≤300mm 算作地面防水，反边高度＞300mm 按墙面防水计算	1. 基层处理 2. 刷粘结剂 3. 铺防水卷材 4. 接缝、嵌缝
010904002	楼（地）面涂膜防水	1. 防水膜品种 2. 涂膜厚度、遍数 3. 增强材料种类 4. 反边高度			1. 基层处理 2. 刷基层处理剂 3. 铺布、喷涂防水层
010904003	楼（地）面砂砂防水（防潮）	1. 防水层做法 2. 砂浆厚度、配合比 3. 反边高度			1. 基层处理 2. 砂浆制作、运输、摊铺、养护
010904004	楼（地）面变形缝	1. 嵌缝材料种类 2. 止水带材料种类 3. 盖缝材料 4. 防护材料种类	m	按设计图示以长度计算	1. 清缝 2. 填塞防水材料 3. 止水带安装 4. 盖缝制作、安装 5. 刷防护材料

　注：1. 楼（地）面防水找平层按本规范附录 L 楼地面装饰工程"平面砂浆找平层"项目编码列项。

　　　2. 楼（地）面防水搭接及附加层用量不另行计算，在综合单价中考虑。

附录 K 保温、隔热、防腐工程

K.1 保温、隔热

保温、隔热工程量清单项目设置、项目特征描述、计量单位及工程量计算规则应按表K.1的规定执行。

表 K.1 保温、隔热（编号：011001）

项目编码	项目名称	项目特征	计量单位	工程量计算规则	工作内容
011001001	保温隔热屋面	1. 保温隔热材料品种、规格、厚度 2. 隔气层材料品种、厚度 3. 粘结材料种类、做法 4. 防护材料种类、做法		按设计图示尺寸以面积计算。扣除面积>0.3m² 孔洞及占位面积	1. 基层清理 2. 刷粘结材料 3. 铺粘保温层 4. 铺、刷（喷）防护材料
011001002	保温隔热天棚	1. 保温隔热面层材料品种、规格、性能 2. 保温隔热材料品种、规格及厚度 3. 粘结材料种类及做法 4. 防护材料种类及做法		按设计图示尺寸以面积计算。扣除面积>0.3m² 上柱、垛、孔洞所占面积，与天棚相连的梁按展开面积，计算并入天棚工程量内	
011001003	保温隔热墙面	1. 保温隔热部位 2. 保温隔热方式 3. 踢脚线、勒脚线保温做法 4. 龙骨材料品种、规格	m²	按设计图示尺寸以面积计算。扣除门窗洞口以及面积>0.3m² 梁、孔洞所占面积；门窗洞口侧壁以及与墙相连的柱，并入保温墙体工程量内	1. 基层清理 2. 刷界面剂 3. 安装龙骨 4. 填贴保温材料 5. 保温板安装 6. 粘贴面层 7. 铺设增强格网、抹抗裂、防水砂浆面层 8. 嵌缝 9. 铺、刷（喷）防护材料
011001004	保温柱、梁	5. 保温隔热面层材料品种、规格、性能 6. 保温隔热材料品种、规格及厚度 7. 增强网及抗裂防水砂浆种类 8. 粘结材料种类及做法 9. 防护材料种类及做法		按设计图示尺寸以面积计算 1. 柱按设计图示柱断面保温层中心线展开长度乘保温层高度以面积计算，扣除面积>0.3m² 梁所占面积 2. 梁按设计图示梁断面保温层中心线展开长度乘保温层长度以面积计算	
011001005	保温隔热楼地面	1. 保温隔热部位 2. 保温隔热材料品种、规格、厚度 3. 隔气层材料品种、厚度 4. 粘结材料种类、做法 5. 防护材料种类、做法		按设计图示尺寸以面积计算。扣除面积>0.3m² 柱、垛、孔洞等所占面积。门洞、空圈、暖气包槽、壁龛的开口部分不增加面积	1. 基层清理 2. 刷粘结材料 3. 铺粘保温层 4. 铺、刷（喷）防护材料

（续）

项目编码	项目名称	项目特征	计量单位	工程量计算规则	工作内容
011001006	其他保温隔热	1. 保温隔热部位 2. 保温隔热方式 3. 隔气层材料品种、厚度 4. 保温隔热面层材料品种、规格、性能 5. 保温隔热材料品种、规格及厚度 6. 粘结材料种类及做法 7. 增强网及抗裂防水砂浆种类 8. 防护材料种类及做法	m²	按设计图示尺寸以展开面积计算。扣除面积 > 0.3m² 孔洞及占位面积	1. 基层清理 2. 刷界面剂 3. 安装龙骨 4. 填贴保温材料 5. 保温板安装 6. 粘贴面层 7. 铺设增强格网、抹抗裂防水砂浆面层 8. 嵌缝 9. 铺、刷（喷）防护材料

注：1. 保温隔热装饰面层，按 GB 50854—2013《房屋建筑与装饰工程工程量计算规范》附录 L、M、N、P、Q 中相关项目编码列项；仅做找平层按 GB 50854—2013《房屋建筑与装饰工程工程量计算规范》附录 L 楼地面装饰工程"平面砂浆找平层"或 GB 50854—2013《房屋建筑与装饰工程工程量计算规范》附录 M 墙、柱面装饰与隔断、幕墙工程"立面砂浆找平层"项目编码列项。
2. 柱帽保温隔热应并入顶棚保温隔热工程量内。
3. 池槽保温隔热应按其他保温隔热项目编码列项。
4. 保温隔热方式：指内保温、外保温、夹心保温。
5. 保温柱、梁适用于不与墙、顶棚相连的独立柱、梁。

K.2 防 腐 面 层

防腐面层工程量清单项目设置、项目特征描述、计量单位及工程量计算规则应按表 K.2 的规定执行。

表 K.2 防腐面层（编号：011002）

项目编码	项目名称	项目特征	计量单位	工程量计算规则	工作内容
011002001	防腐混凝土面层	1. 防腐部位 2. 面层厚度 3. 混凝土种类 4. 胶泥种类、配合比	m²	按设计图示尺寸以面积计算 1. 平面防腐：扣除凸出地面的构筑物、设备基础等以及面积 > 0.3m² 孔洞、柱、垛等所占面积，门洞、空圈、暖气包槽、壁龛的开口部分不增加面积 2. 立面防腐：扣除门、窗、洞口以及面积 > 0.3m² 孔洞、梁所占面积，门、窗、洞口侧壁、垛突出部分按展开面积并入墙面积内	1. 基层清理 2. 基层刷稀胶泥 3. 混凝土制作、运输、摊铺、养护
011002002	防腐砂浆面层	1. 防腐部位 2. 面层厚度 3. 砂浆、胶泥种类、配合比			1. 基层清理 2. 基层刷稀胶泥 3. 砂浆制作、运输、摊铺、养护
011002003	防腐胶泥面层	1. 防腐部位 2. 面层厚度 3. 胶泥种类、配合比			1. 基层清理 2. 胶泥调制、摊铺
011002004	玻璃钢防腐面层	1. 防腐部位 2. 玻璃钢种类 3. 贴布材料的种类、层数 4. 面层材料品种			1. 基层清理 2. 刷底漆、刮腻子 3. 胶浆配制、涂刷 4. 粘布、涂刷面层

（续）

项目编码	项目名称	项目特征	计量单位	工程量计算规则	工作内容
011002005	聚氯乙烯板面层	1. 防腐部位 2. 面层材料品种、厚度 3. 粘结材料种类	m²	按设计图示尺寸以面积计算 1. 平面防腐：扣除凸出地面的构筑物、设备基础等以及面积 > 0.3m² 孔洞、柱、垛等所占面积，门洞、空圈、暖气包槽、壁龛的开口部分不增加面积 2. 立面防腐：扣除门、窗、洞口以及面积 > 0.3m² 孔洞、梁所占面积，门、窗、洞口侧壁、垛突出部分按展开面积并入墙面积内	1. 基层清理 2. 配料、涂胶 3. 聚氯乙烯板铺设
011002006	块料防腐面层	1. 防腐部位 2. 块料品种、规格 3. 粘结材料种类 4. 勾缝材料种类			1. 基层清理 2. 铺贴块料 3. 胶泥调制、勾缝
011002007	池、槽块料防腐面层	1. 防腐池、槽名称、代号 2. 块料品种、规格 3. 粘结材料种类 4. 勾缝材料种类	m²	按设计图示尺寸以展开面积计算	1. 基层清理 2. 铺贴块料 3. 胶泥调制、勾缝

注：防腐踢脚线，应按 GB 50854—2013《房屋建筑与装饰工程工程量计算规范》附录 L 楼地面装饰工程"踢脚线"项目编码列项。

K.3 其他防腐

其他防腐工程量清单项目设置、项目特征描述、计量单位及工程量计算规则应按表 K.3 的规定执行。

表 K.3 其他防腐（编号：011003）

项目编码	项目名称	项目特征	计量单位	工程量计算规则	工作内容
011003001	隔离层	1. 隔离层部位 2. 隔离层材料品种 3. 隔离层做法 4. 粘贴材料种类	m²	按设计图示尺寸以面积计算 1. 平面防腐：扣除凸出地面的构筑物、设备基础等以及面积 > 0.3m² 孔洞、柱、垛等所占面积，门洞、空圈、暖气包槽、壁龛的开口部分不增加面积 2. 立面防腐：扣除门、窗、洞口以及面积 > 0.3m² 孔洞、梁所占面积，门、窗、洞口侧壁、垛突出部分按展开面积并入墙面积内	1. 基层清理、刷油 2. 煮沥青 3. 胶泥调制 4. 隔离层铺设

（续）

项目编码	项目名称	项目特征	计量单位	工程量计算规则	工作内容
011003002	砌筑沥青浸渍砖	1. 砌筑部位 2. 浸渍砖规格 3. 胶泥种类 4. 浸渍砖砌法	m³	按设计图示尺寸以体积计算	1. 基层清理 2. 胶泥调制 3. 浸渍砖铺砌
011003003	防腐涂料	1. 涂刷部位 2. 基层材料类型 3. 刮腻子的种类、遍数 4. 涂料品种、刷涂遍数	m²	按设计图示尺寸以面积计算 1. 平面防腐:扣除凸出地面的构筑物、设备基础等以及面积 > 0.3m² 孔洞、柱、垛等所占面积,门洞、空圈、暖气包槽、壁龛的开口部分不增加面积 2. 立面防腐:扣除门、窗、洞口以及面积 > 0.3m² 孔洞、梁所占面积,门、窗、洞口侧壁、垛突出部分按展开面积并入墙面积内	1. 基层清理 2. 刮腻子 3. 刷涂料

注:浸渍砖砌法指平砌、立砌。

参 考 文 献

[1] 中华人民共和国住房和城乡建设部. GB 50010—2010 混凝土结构设计规范 [S]. 北京：中国建筑工业出版社，2010.

[2] 陈青来. 钢筋混凝土结构平法设计与施工规则 [M]. 北京：中国建筑工业出版社，2007.

[3] 全国造价工程师执业资格考试培训教材编审委员会. 建设工程技术与计量 [M]. 北京：中国计划出版社，2003.

[4] 中华人民共和国住房和城乡建设部. GB 50500—2013 建设工程工程量清单计价规范 [S]. 北京：中国计划出版社，2013.

[5] 建设工程工程量清单计价规范编制组. 建设工程工程量清单计价规范（GB 50500—2013）宣贯辅导材料 [M]. 北京：中国计划出版社，2013.

[6] 冶金工业部建筑研究总院设计院. 压型钢板、夹芯板屋面及墙体建筑构造（01J925-1）[S]. 北京：中国建筑标准设计研究所，2002.

[7] 中国建筑标准设计研究院. 混凝土结构施工图平面整体表示方法绘图规则和构造详图 11G101-1（现浇混凝土框架、剪力墙、梁、板）[S]. 北京：中国建筑标准设计研究所，2011.

[8] 焦红. 钢结构工程的计量与计价 [M]. 北京：中国建筑工业出版社，2005.

[9] 王松岩. 钢结构设计与应用实例 [M]. 北京：中国建筑工业出版社，2007.

[10] 戚安邦. 工程项目全面造价管理 [M]. 天津：南开大学出版社，2003.

[11] 山东省建设厅. 山东省建筑工程消耗量定额（上下册）[M]. 北京：中国建筑工业出版社，2003.

[12] 高显义. 工程合同管理 [M]. 上海：同济大学出版社，2006.

[13] 严玲，尹贻林. 工程造价导论 [M]. 天津：天津大学出版社，2004.

[14] 天津理工大学 IPPCE 研究所. 工程造价新技术 [M]. 天津：天津大学出版社，2006.

[15] 山东省建设标准定额站. 山东省建筑工程量清单计价办法 [M]. 北京：中国建筑工业出版社，2004.

[16] 山东省建设工程造价专业人员资格考试指导用书编委会. 建设工程造价管理 [M]. 北京：中国计划出版社，2000.

[17] 于立君. 工程经济学 [M]. 北京：机械工业出版社，2005.

[18] 闫瑾. 建筑工程计价 [M]. 北京：地震出版社，2004.

[19] 田松花. 论企业定额的编制与应用 [J]. 山西建筑，2005（3）：145-147.

[20] 全国造价工程师考试培训教材委员会. 工程造价的确定与控制 [M]. 2 版. 北京：中国计划出版社，2001.

[21] 邹庆梁，杨南方，王世超. 建筑工程造价管理 [M]. 北京：中国建筑工业出版社，2005.

[22] 郝建新. 工程造价管理的国际惯例 [M]. 天津：天津大学出版社，2002.

[23] 龚维丽. 工程造价的确定与控制 [M]. 2 版. 北京：中国计划出版社，2001.

[24] 福昭. 工程量清单计价编制与实例详解 [M]. 北京：中国建材工业出版社，2004.

[25] 姜慧，吴强. 工程造价 [M]. 北京：中国水利水电出版社，知识产权出版社，2006.

[26] 胡磊，彭时青. 建设工程工程量清单编制实例 [M]. 北京：机械工业出版社，2005.

[27] 张建平，严伟，等. 工程计量学 [M]. 北京：机械工业出版社，2006.

[28] 宁素莹. 建设工程价格管理 [M]，北京：中国建材工业出版社，2005.

[29] 焦红. 工程概预算 [M]. 北京：北京大学出版社，2009.

[30] 徐学东. 建筑工程估价与报价 [M]. 北京：中国计划出版社，2005.

[31] 孙昌玲，张国华. 土木工程造价 [M]. 2 版. 北京：中国建筑工业出版社，2008.

[32] 谭大路. 工程估价 [M]. 3 版. 北京：中国建筑工业出版社，2008.

[33] 刘钟莹. 工程估价 [M]. 南京：东南大学出版社，2003.

[34] 中国建设工程造价管理协会. 建设工程造价管理理论与实务 （一） [M]. 北京：中国计划出版社，2008.

[35] 李建峰. 工程计价与造价管理 [M]. 北京：中国电力出版社，2008.

[36] 时现. 建设项目审计 [M]. 北京：北京大学出版社，2008.

[37] 中国内部审计协会. 建设项目审计 [M]. 北京：中国时代经济出版社，2008.

[38] 中天恒会计师事务所. 基本建设项目审计案例分析 [M]. 北京：中国时代经济出版社，2008.

[39] 沈杰. 工程造价管理 [M]. 南京：东南大学出版社，2006.

[40] 丰艳萍，邹坦. 工程造价管理 [M]. 北京：机械工业出版社，2011.

信 息 反 馈 表

尊敬的老师：

　　您好！感谢您多年来对机械工业出版社的支持和厚爱！为了进一步提高我社教材的出版质量，更好地为我国高等教育发展服务，欢迎您对我社的教材多提宝贵意见和建议。另外，如果您在教学中选用了《建筑工程计量与计价》第 2 版（焦红 主编），欢迎您提出修改建议和意见。索取课件的授课教师，请填写下面的信息，发送邮件即可。

一、基本信息

姓名：_____　　性别：_____　　职称：_____　　职务：_____

邮编：_____　　地址：_____

学校：_____　　院系：_____　　任课专业：_____

任教课程：_____　　手机：_____　　电话：_____

电子邮件：_____　　QQ：_____

二、您对本书的意见和建议

　　（欢迎您指出本书的疏误之处）

三、您对我们的其他意见和建议

请与我们联系：

100037　机械工业出版社·高等教育分社

Tel：010-88379542（O）刘编辑

E-mail：ltao929@163.com

http://www.cmpedu.com（机械工业出版社·教育服务网）

http://www.cmpbook.com（机械工业出版社·门户网）